Mrs. Wilsons Kochbuch

Zahlreiche neue Rezepte basierend auf den gegenwärtigen wirtschaftlichen Bedingungen

Mary A. Wilson

Writat

Diese Ausgabe erschien im Jahr 2024

ISBN: **9789359942544**

Herausgegeben von
Writat
E-Mail: info@writat.com

Inhalt

VORWORT

Der Einfluss gut zubereiteter, wohlschmeckender Speisen auf die Gesundheit und das allgemeine Wohlbefinden der Familie ist ebenso sicher wie der von Temperaturschwankungen und hat schwerwiegendere Folgen für dauerhaftes Gutes oder Schlechtes.

Das weise alte Sprichwort „Sag mir, was du isst, und ich sage dir, was du bist" ist heute genauso voller Sinnlichkeit wie damals, denn Essen macht uns körperlich fit und voll effiziente oder klägliche Misserfolge mit körperlichen Komplikationen, die uns ständig in der Hand des Arztes halten.

Die lebenswichtigen Essenzen dessen, was wir zum Essen zubereiten, sind „medizinische Boten", die Licht für das Auge, Kraft für die Gliedmaßen, Schönheit für die Wangen und Wachsamkeit für das Gehirn bringen, wie Vitamine, oder im fehlgeleiteten Prozess verzerrt, die harten Vorboten von sind Schmerz und Schwäche für das menschliche System. Wie groß ist dann der Einfluss dessen, der es vorbereitet!

Der Astrologie zufolge war Einfluss „eine Kraft oder Tugend, die von den Planeten auf Menschen und Dinge ausströmt", aber aus der Küche als Sonnen- und Wärmezentrum strömt tatsächlich ein planetarischer Einfluss, der uns macht oder verdirbt.

Wissenschaftliches Kochen bedeutet die Beseitigung von Verschwendung, die Erhaltung essbarer Ressourcen und die Erhaltung ihrer potenziellen Energie durch die Zubereitung attraktiver, vitalisierender Lebensmittel mit minimalem Kosten- und Arbeitsaufwand und sorgt so in weitem, tiefem Maße für Harmonie, persönlichen Komfort und häuslichen Frieden.

Das Vorwort eines Buches ist allzu oft ein flacher, geistloser Vorwand, um es der Öffentlichkeit anzubieten, statt eine herzliche Ankündigung in willkommenen Worten über die Ankunft einer so ersehnten Versorgung für ein wirkliches Bedürfnis zu sein, also komme ich zum wesentlichen Punkt Ich möchte sofort sagen, dass hier auf diesen Seiten meine besten Rezepte versammelt sind, die wirklich „im Feuer erprobt" wurden, die tatsächlichen Arbeitsergebnisse langjähriger Lehrtätigkeit und Vorlesungen, die im Interesse dieser Ansprüche „auf den neuesten Stand" gebracht wurden Die heimische Wirtschaft ist heute, wie selten zuvor, in ihren Ansprüchen zwingend.

Es fällt auch auf, dass hier nicht der strenge Kochbuchstil verwendet wird, sondern die Rezepte so präsentiert werden, als würden sich Hausfrau und Autorin über das jeweilige Gericht unterhalten, und ihr sage ich: Wenn Sie die Ideen und Methoden von früher aufgeben, können Sie preiswertes, schmackhaftes Essen genießen. Denken Sie daran, dass Sie als Fortbewegungsmittel auch nicht gerne in einer Pferdekutsche fahren würden. Warum also die Rezepte von damals verwenden?

Die tüchtige Hausfrau, deren fleißige Hände Brot, Kuchen und Gebäck backen, verbreitet einen unbezahlbaren Einfluss in der Gemeinschaft, eine Großzügigkeit, die nicht an Festtagen, Feiertagen oder Feiertagen, sondern dreimal täglich stattfindet, gesund und willkommen wie der erste Sonnenstrahl des Frühlings und kostbar für jedes so gesegnete, immer wachsende und strahlende Zuhause. Möge dieses Buch zu diesem Wachstum und einer größeren Ausstrahlung beitragen!

DER AUTOR

FRAU WILSONS KOCHBUCH

Brot, der Stab des Lebens, muss schmackhaft und gut sein, damit wir beim Essen satt werden.

Können Sie sich etwas vorstellen, das eine Mahlzeit schneller verdirbt als schlechtes, zu feuchtes, teigiges oder schweres Brot?

Brot kann zu Recht als „Stab des Lebens" bezeichnet werden, da es länger haltbar ist als jedes andere einzelne Lebensmittel.

Dennoch denken viele Frauen, dass Brotbacken eine einfache Aufgabe sei; dass die Zutaten nacheinander gemischt werden können und gute Ergebnisse erzielt werden; oder dass jede Art von Mehl gutes Brot ergibt. Das ist ein großer Fehler. Um gutes, schmackhaftes Brot zu backen, bedarf es guter Materialien, eines angemessenen Maßes an Sorgfalt und Aufmerksamkeit. Aber zuerst muss man das Mehl kennen.

Eine gute Mischung aus hartem Wintermehl ist erforderlich und kann leicht getestet werden, indem man eine kleine Menge davon in die Hand drückt. Wenn das Mehl gut ist, behält es die Form der Hand. Graham- oder Vollkornmehl und Roggenmehl können zur Abwechslung und zum Brotbacken verwendet werden.

Andere Getreidemehle enthalten kein Gluten, sodass sie allein für die Herstellung von Hefebroten verwendet werden können. Denken Sie daran, um Misserfolgen vorzubeugen. Hefe ist eine einzellige Pflanze und muss für ihr erfolgreiches Wachstum die richtige Temperatur, Feuchtigkeit und Nahrung erhalten. Wenn diese bereitgestellt werden, vermehrt sich jede kleine Zelle tausendfach und drückt und dehnt so den Teig. Dadurch geht er auf oder wird locker.

WARUM DER TEIG FÄLLT

Wenn die Hefezellen alle Nahrung aufgenommen oder verbraucht haben, die sie aus Zucker, Mehl usw. gewinnen können, wird der Teig zurückgehen oder fallen. Wenn nun der Teig zu einem bestimmten Zeitpunkt vorsichtig gehandhabt wird, geschieht dies nicht, und aus diesem Grund darf der Teig nur eine bestimmte Zeit lang stehen, bevor er verarbeitet und dann in die Formen gegeben wird.

Zum Brotbacken werden nur wenige Utensilien benötigt, diese müssen jedoch peinlich sauber sein, damit das Brot einen guten Geschmack hat. Kartoffeln und anderes gekochtes Getreide können mit gutem Erfolg verwendet werden. Komprimierte Hefe liefert die besten Ergebnisse, und es kann entweder die Biskuitteig- oder die reine Teigmethode verwendet werden.

Brot, das mit der Biskuitteigmethode hergestellt wird, benötigt eine längere Backzeit als Brot, das mit der Direktteigmethode hergestellt wird. Biskuitteig besteht darin, den Biskuitteig zu setzen und gehen zu lassen, bis er wieder zusammenfällt, normalerweise in zweieinhalb Stunden, und dann so viel Mehl hinzuzufügen, dass ein Teig entsteht, der sich leicht verarbeiten lässt.

Bei der geraden Teigmethode wird zunächst ein Teig hergestellt. Um Brot erfolgreich zu backen, legen Sie den Teig nicht über den Herd, stellen Sie ihn nicht auf die Heizkörper und legen Sie ihn nicht an einen Ort, an dem er Zugluft ausgesetzt ist, damit er aufgehen kann. Kälte kühlt den Teig und verzögert die Hefebildung. Hefe wächst nur bei einer warmen, feuchten Temperatur von 80 bis 85 Grad Fahrenheit erfolgreich.

TEIGBOX

Ich möchte der Hausfrau von einer Teigbox erzählen, die meiner Meinung nach sehr gut funktioniert. Der Erfolg des Bäckers beim Brotbacken beruht auf der Tatsache, dass er die Temperatur seiner Werkstatt regulieren und so verhindern kann, dass Zugluft den Teig auskühlt. Bei dieser Schachtel handelt es sich lediglich um eine gewöhnliche Crackerschachtel mit aufklappbarem Deckel. Anschließend wird es innen mit dickem Asbestpapier ausgekleidet und außen mit Wachstuch abgedeckt. Die Schüssel mit dem Teig wird dann in die Box gestellt, damit sie ihre Temperatur behält und während des Aufgehens keine Zugluft entsteht. Bei kaltem Wetter kann diese Box erhitzt werden, indem man zu Beginn des Teigmischens ein warmes Bügeleisen hineinstellt und das Bügeleisen dann herausnimmt, bevor man den Teig in die Box legt. Diese Box wird den Zeit- und Kostenaufwand in ein paar Wochen problemlos amortisieren und gleichzeitig einen Ausfall verhindern.

Um nun die richtige Temperatur zu ermitteln, verwenden Sie immer ein Thermometer. Denken Sie daran, dass Sie die richtige Temperatur von Flüssigkeiten, die zum Brotbacken verwendet werden, nicht mit dem Finger oder mit dem Löffel messen können. Für diese Arbeit reicht jedes einfache Thermometer aus, das es im Haus gibt. Schrubben Sie es mit Soda und Wasser, um die Farbe zu entfernen. Denken Sie daran, bei kaltem Wetter die Rührschüssel zu erhitzen. Achten Sie darauf, dass die Temperatur des Mehls nicht unter 65 Grad Fahrenheit liegt.

Für die Herstellung von Brot kann ausschließlich Wasser oder die Hälfte Wasser und Milch verwendet werden. Wenn die Milch verwendet wird, muss sie überbrüht und dann abgekühlt werden. Kondens- oder Kondensmilch muss nicht überbrüht werden. Fügen Sie einfach heißes Wasser hinzu, um die richtige Temperatur zu erreichen.

Punkte, die für ein erfolgreiches Backen sorgen

Rührschüsseln aus Ton oder saubere Eimer aus Zedernholz eignen sich am besten zum Einlegen des Brotteigs. Diese Utensilien speichern die Hitze und sind leicht zu reinigen. Wenn sie gut abgedeckt sind, verhindern sie, dass sich auf dem Teig eine harte Kruste bildet.

Achten Sie darauf, den Teig ausreichend gehen zu lassen, das heißt, ihn ausreichend lange gehen zu lassen, wie in den Rezepten angegeben.

Verwenden Sie eine gute Mehlmischung.

Verwenden Sie den Handballen in der Nähe des Handgelenks, um den Teig zu kneten und zu verarbeiten. Das Kneten ist am wichtigsten und sollte gründlich durchgeführt werden. Haben Sie keine Angst, den Teig zu beschädigen; Sie können damit so grob umgehen, wie Sie möchten. Starkes, aktives Kneten verteilt die Hefeorganismen, entwickelt die Elastizität des Glutens und verleiht dem Teig Körper und Festigkeit.

Nun noch ein Wort zum Backen. Brot wird gebacken, um die Gärung abzutöten und die klebrigen Wände des Teigs an Ort und Stelle zu halten und die Stärke zu kochen und ihn so schmackhaft und leicht verdaulich zu machen.

Ein Ofen bei 350 Grad Fahrenheit ist erforderlich. Höher sollte es nicht sein. Zu viel Hitze bräunt das Brot, bevor es in der Mitte backen kann.

SALZ

Salz steuert die Wirkung der Hefe. Es verzögert oder verzögert auch die ordnungsgemäße Gärung, wenn zu große Mengen davon verwendet werden. Wenn der Mischung jedoch nicht genügend Salz hinzugefügt wird, wird die Hefe zu aktiv und es entsteht ein zu helles Brot. Eine Unze Salz pro Liter Flüssigkeit im Sommer und eine dreiviertel Unze im Winter liefern dem Heimbäcker die besten Ergebnisse.

BROT BACKEN

Nun auf ein Formbrett legen und in fünf Teile bzw. Laibe schneiden. Pro Laib sind etwa 19 Unzen einzuplanen. Nehmen Sie den Teig zwischen den Händen und formen Sie ihn zu einer runden Kugel. Auf das Formbrett legen und zehn Minuten abdecken. Drücken Sie nun den Teig mit der Handfläche flach und falten Sie ihn dann zur Hälfte zusammen, indem Sie ihn mit der Hand gut durchklopfen. Nehmen Sie nun den Teig zwischen die Hände und klopfen Sie ihn gegen das Formbrett, falten Sie die Enden ein und formen Sie ihn zu Broten. In gut gefettete Pfannen legen und die Oberseite jedes

Laibs mit Backfett bestreichen. Abdecken und 45 Minuten gehen lassen. Im heißen Ofen 45 Minuten backen und beim Herausnehmen aus dem Ofen mit Backfett bestreichen. Abkühlen lassen und dann ist das Brot gebrauchsfertig.

SCHWAMMMETHODE

Im Allgemeinen ergibt die Biskuitteigmethode ein helleres und weißeres Brot als das Brot, das mit der einfachen Teigmethode hergestellt wird. Brot, das im Direktteigverfahren hergestellt wird, hat gegenüber Brot, das im Biskuitteigverfahren hergestellt wird, hinsichtlich Geschmack, Textur und Haltbarkeit Vorteile.

SCHWAMMMETHODE

Ein Liter Wasser oder halb Wasser und halb Milch, 80 Grad Fahrenheit,

Zwei Hefekuchen,

Zweieinhalb Liter oder zweieinhalb Pfund Mehl,

Eine Unze Zucker.

Zucker und Hefe im Wasser auflösen und das Mehl hinzufügen. Zum gründlichen Vermischen verrühren und dann drei Stunden lang gehen lassen, dann hinzufügen

Eine Unze Salz,

Eineinhalb Unzen Backfett,

Eineinhalb Liter oder eineinhalb Pfund Mehl.

Zu einem glatten, elastischen Teig verarbeiten. Dies dauert in der Regel etwa zehn Minuten, nachdem das Mehl in den Teig eingearbeitet wurde. In eine gefettete Schüssel geben und den Teig dann umdrehen, um ihn mit Backfett zu bestreichen. Dadurch wird verhindert, dass sich auf dem Teig eine Kruste bildet. Den Teig zwei Stunden gehen lassen, dann die Seiten bis zur Mitte des Teigs herunterziehen und festdrücken. Den Teig umdrehen und eineinhalb Stunden gehen lassen.

DIE PFLEGE DES BROTES NACH DEM BACKEN

Das Glas, der Topf oder die Schachtel, in der das Brot aufbewahrt wird, sollte peinlich sauber sein. Im Winter sollte es an einem Tag pro Woche und im Frühling, Sommer und Frühherbst dreimal pro Woche gebrüht und gelüftet werden. Bedenken Sie, dass Brot, das in einer schlecht belüfteten Kiste aufbewahrt wird, schimmelt und verdirbt und daher nicht mehr zum Essen geeignet ist.

Legen Sie das frisch gebackene Brot auf einen Rost, um es gründlich abzukühlen, bevor Sie es aufbewahren. Legen Sie kein altes Brot zusammen mit dem neuen Brot in die Kiste. Planen Sie, das altbackene Brot für Toast, Dressings, Brot- und Puddings, Croutons und Krümel zu verwenden.

DER LEBENSMITTELWERT VON BROT

Weizen enthält die sechzehn notwendigen Elemente für die Ernährung, und wenn er zu schmackhaftem Brot verarbeitet wird, macht er etwa 40 Prozent aus. unseres gesamten Lebensmittelbedarfs. Altes Brot lässt sich viel leichter verdauen als frisches Brot, da der Speichel beim gründlichen Zerkauen im Mund direkt auf den stärkehaltigen Inhalt einwirkt. Frisches Brot wird, wenn es nicht gründlich gekaut wird, damit es gut zerkleinert werden kann, im Magen zu einer harten, pastösen Kugel, die dieses Organ dazu benötigt, zusätzliche Magensäfte zu produzieren, um diese Teigkugel aufzubrechen.

Ein bis drei Tage altes Brot ist leicht verdaulich. Graham- und Vollkornbrot enthalten einen größeren Anteil an Nährstoffen als Weißbrot.

OFENTEMPERATUR

Viele Hausfrauen sind der Meinung, dass es unmöglich ist, beim Backen im Gasherd genaue Ergebnisse zu erzielen. Dies liegt daran, dass nur wenige Frauen das Prinzip des Backens mit Gas wirklich verstehen.

Um einen langsamen Ofen zu gewährleisten, zünden Sie beide Brenner an und lassen Sie sie fünf Minuten lang brennen. Drehen Sie dann beide auf niedrige Stufe und drehen Sie den Hebel, der den Gasfluss steuert, um zwei Drittel zu. Dadurch wird eine gleichmäßige Hitze aufrechterhalten. Ein langsamer Ofen erfordert eine Hitze von 250 bis 275 Grad Fahrenheit. Ein mäßiger Ofen hat eine Hitze von 350 bis 375 Grad Fahrenheit. Dies kann erreicht werden, indem man beide Brenner des Gasherds acht Minuten lang brennt und sie dann auf die Hälfte herunterdreht, um diese Hitze beizubehalten.

Ein heißer Ofen benötigt eine Temperatur von 220 bis 230 °C und die Brenner müssen zwölf Minuten lang brennen und dann nach einem Viertel der Zeit ausgeschaltet werden.

Diese Hitze ist intensiv und viel zu heiß für Brot, Gebäck und Kuchen. Fleisch benötigt diese Hitze für die Hälfte der Garzeit. Diese Hitze ist auch zum Braten, Grillen usw. erforderlich.

Versuchen Sie beim Backen auch, den gesamten Platz im Ofen auszunutzen, indem Sie zwei oder mehr Gerichte gleichzeitig zubereiten. Gemüse kann in Auflaufformen, Tontöpfe oder sogar normale Kochtöpfe gegeben werden.

Decken Sie es gut ab und garen Sie es im Ofen, bis es weich ist. Dadurch werden andere im Ofen backende Lebensmittel nicht beschädigt.

Legen Sie kein Brot, Kuchen oder Gebäck auf die oberste Ablage; Legen Sie sie stattdessen auf die untere Schiene und garen Sie sie bei mittlerer Hitze. Wussten Sie, dass es unter uns immer noch Frauen gibt, die fest davon überzeugt sind, dass der Kuchen mit Sicherheit verderben wird, wenn man andere Lebensmittel zum Backen in den Ofen gibt? Das ist ein Fehler; Nutzen Sie jeden Platz im Ofen aus.

Ein Backofenthermometer macht sich schnell bezahlt. Achten Sie unbedingt auf das Aufheizen des Ofens. Wenn der Ofen zu heiß ist, geht die Wärme verloren, während er ausreichend abkühlt. Dadurch wird Gas verschwendet. Wenn Sie Lebensmittel zum ersten Mal in den Ofen stellen, halten Sie die Ofentür zunächst zehn Minuten lang geschlossen und öffnen Sie sie dann bei Bedarf.

Durch das Einlegen von Speisen in den Ofen wird die Hitze erheblich reduziert. Versuchen Sie nicht, die Hitze zu erhöhen; Sobald die Mischung die richtige Temperatur erreicht hat, beginnt der Backvorgang wie gewohnt und das Gericht kann innerhalb der vorgegebenen Zeit aus dem Ofen genommen werden.

Lassen Sie den Ofen niemals auf das Essen warten; Lassen Sie die Lebensmittel lieber an einem kühlen Ort, während der Ofen aufheizt.

Wählen Sie vor dem Mischen der Materialien die Pfannen aus, die am besten in den Ofen passen. Dies bedeutet nicht, dass Sie Ihre derzeitige Ausrüstung entsorgen müssen. Das bedeutet, dass Sie solche Pfannen in Gruppen aufstellen sollten, die den gesamten Ofenraum ausfüllen, ohne dass es zu Engpässen kommt. Berücksichtigen Sie diesen Umstand beim Kauf neuer Utensilien.

Das beste und weißeste Roggenmehl wird ähnlich wie Weizenmehl aus der Mitte der Körner gemahlen. Wenn beim Mahlen nur die Kleie entfernt wird, entsteht das dunklere Mehl mit einem kräftigen, ausgeprägten Geschmack. Aus dem Roggenmehl wird Pumpernickel hergestellt, ein Schweizer und schwedisches Roggenmehlbrot.

HAUSGEMACHTE HEFE

Vier Kartoffeln waschen, dann in Scheiben schneiden, ohne sie zu schälen, in einen Topf geben und drei Liter Wasser hinzufügen. Kochen, bis die Kartoffeln weich sind, dann hinzufügen

Eine halbe Tasse Hopfen.

Eine halbe Stunde lang langsam kochen. Reiben Sie die Mischung durch ein feines Sieb und gießen Sie dann die heiße Mischung darüber

Eineinhalb Tassen Mehl,

Ein Esslöffel Salz,

Eine viertel Tasse brauner Zucker.

Rühren, bis alles gut vermischt ist und keine Klumpen mehr entstehen. Auf 80 Grad Fahrenheit abkühlen lassen. Jetzt hinzufügen

Ein Hefekuchen, gelöst in einer Tasse Wasser, 80 Grad Fahrenheit

Gut umrühren und dann an einem warmen Ort zehn Stunden lang gären lassen. Nun in ein Glas oder einen Topf füllen und an einem kühlen Ort aufbewahren.

BENUTZEN

Verwenden Sie anderthalb Tassen dieser Mischung anstelle des Hefekuchens. Vor Gebrauch immer gut umrühren und darauf achten, dass die Mischung nicht gefriert. Dieser Kartoffelferment muss im Winter alle achtzehn Tage und im Sommer alle zwölf Tage frisch hergestellt werden.

GERADER TEIG WIENER

Ein Liter Wasser oder Milch,

Eine Unze Salz,

Eine Unze Zucker.

Gut umrühren, bis sich alles aufgelöst hat, und dann hinzufügen

Zwei Hefekuchen,

Vier Liter Mehl,

Eineinhalb Unzen Backfett.

Zu einem glatten Teig verarbeiten und zehn Minuten lang kneten. Anschließend in eine gut gefettete Schüssel geben und den Teig wenden, damit er gut bedeckt ist. Dadurch wird verhindert, dass sich auf dem Teig eine Kruste bildet.

Decken Sie die Schüssel ab und stellen Sie sie zum Gehen für dreieinhalb Stunden beiseite. Legen Sie nun den Teig darüber, indem Sie ihn zur Mitte, zu den Seiten und an den Enden hin einziehen, bis eine kompakte Masse entsteht. Den Teig umdrehen, abdecken und eine Stunde gehen lassen. Nun auf das Formbrett legen und mit der gleichen Methode wie beim Biskuitteig Brote formen.

LAIT ZUBEREITEN

Wenn der Teig bereit ist, sich zu Broten zu formen, fahren Sie fort; Verwenden Sie die für Biskuitteig beschriebene Methode und rollen Sie den Laib schließlich auf dem Formbrett aus, sodass die Enden spitz zulaufen. Legen Sie nun ein sauberes Tuch in eine tiefe Backform und bestreuen Sie das Tuch mit Maismehl. Legen Sie den Teiglaib auf das Tuch und bestreuen Sie ihn leicht mit Maismehl. Heben Sie nun das Tuch nah an den Teig heran, sodass zwischen jedem Laib eine Stofftrennwand entsteht.

Lassen Sie den Teig etwa 45 Minuten lang gehen. Wenn Sie bereit zum Backen sind, heben Sie den Teig vorsichtig aus dem Tuch, legen Sie ihn auf ein Backblech und schneiden Sie ihn mit einem scharfen Messer leicht ein. Mit einem Ei und Wasser waschen, waschen und im heißen Ofen 45 Minuten backen. Einen kleinen Topf mit kochendem Wasser hinzufügen, um Dampf zu erzeugen und den Laib beim Backen feucht zu halten.

Die Hälfte der oben genannten Rezepte für kleine Familien.

UM DAS BERÜHMTE FRANZÖSISCHE BROT ZU MACHEN

Zwei mittelgroße Kartoffeln schälen und in Scheiben schneiden. In drei Tassen Wasser sehr weich kochen. Nach dem Garen durch ein Sieb reiben und abkühlen lassen. Von dieser Mischung müssen zwei Tassen vorhanden sein. Wenn die Mischung etwa 80 Grad Fahrenheit hat, gießen Sie sie in die Rührschüssel und fügen Sie hinzu

Ein Hefekuchen zerbröckelte,

Eine halbe Unze Backfett (1 Esslöffel),

Eine Unze Zucker (2 Esslöffel),

Dreiviertel Unze Salz (2 Teelöffel).

Umrühren, bis es sich vollständig aufgelöst hat, und dann acht Tassen Mehl hinzufügen. Zu einem Teig verarbeiten und dann wie bei der geraden Teigmethode vorgehen. Wenn der Teig für die Pfannen bereit ist, schneiden oder teilen Sie ihn in sechs Stücke und formen Sie ihn zu Broten mit einer Dicke von 7,6 cm und einer Länge von 30 cm. Lassen Sie ihn wie das Wienerbrot aufgehen und backen Sie ihn dann mit der gleichen Methode.

ROGGENBROT

Zwei Tassen Wasser, 80 Grad Fahrenheit,

Zwei Esslöffel Zucker,

Zwei Teelöffel Salz.

Mischen und dann hinzufügen

Ein Hefekuchen,

Fünf Tassen Weißmehl,

Drei Tassen Roggenmehl,

Zwei Esslöffel Backfett.

Zu einem Teig verarbeiten und dreieinhalb Stunden gären lassen, dann wie bei der Methode mit geradem Teig fortfahren. Wenn der Teig für die Formen bereit ist, verwenden Sie die gleiche Methode wie für Wienerbrot. Auf ähnliche Weise backen, wobei der Ofen auf 200 Grad Celsius vorgeheizt wird. Für Roggenbrot muss der Ofen heißer sein als für Weizenbrot. Waschen Sie das Roggenbrot beim Herausnehmen aus dem Ofen mit warmem Wasser. Nach Belieben können Kümmelsamen hinzugefügt werden.

GRAHAM BROT

Zwei Tassen Wasser, 80 Grad Fahrenheit,

Vier Esslöffel Sirup,

Zwei Esslöffel Zucker,

Zwei Teelöffel Salz.

Rühren Sie, bis es sich aufgelöst hat, und zerbröseln Sie dann einen Hefekuchen hinein, lösen Sie ihn gründlich auf und fügen Sie ihn dann hinzu

Vier Tassen Weißmehl,

Dreieinhalb Tassen Grahammehl,

Drei Esslöffel Backfett.

Zu einem Teig verarbeiten und dann wie bei der geraden Teigmethode vorgehen.

VOLLSTÄNDIGES WEIZENBROT

Zwei Tassen Wasser,

Drei Esslöffel Sirup,

Zwei Esslöffel Zucker,

Zwei Teelöffel Salz.

Gründlich vermischen und dann einen Hefekuchen hineinkrümeln und umrühren, bis er sich aufgelöst hat, dann hinzufügen

Siebeneinhalb Tassen Weizenmehl.

Zu einem glatten, elastischen Teig verarbeiten und wie bei einem geraden Teig vorgehen.

PFLAUMENBROT

Ein halbes Pfund Pflaumen gründlich waschen, entsteinen und mit einer Schere in kleine Stücke von der Größe einer Rosine schneiden. Wenn das Brot bereit ist, in die Formen zu gehen, die Pflaumen hinzufügen und den Teig gut durchkneten, um die Pflaumen zu verteilen. Anschließend in Pfannen füllen und wie gewohnt verfahren.

Kleiebrot

Zwei Tassen Wasser, 80 Grad Fahrenheit,

Eine halbe Tasse Kartoffelpüree,

Drei Esslöffel Sirup,

Zwei Esslöffel Zucker,

Zwei Teelöffel Salz.

Mischen und dann zu einem Hefekuchen zerkrümeln. Rühren, bis es sich aufgelöst hat, und dann hinzufügen

Sechs Tassen Weizenmehl,

Zweieinhalb Tassen Kleie.

Gehen Sie wie bei der Direktteigmethode vor.

KALIFORNISCHES ORANGENBROT

Die Schale von zwei Orangen abreiben und dann in eine Schüssel geben und hinzufügen

Eine Tasse Orangensaft, auf 80 Grad Fahrenheit erwärmt,

Zwei Esslöffel geschmolzenes Backfett,

Vier Esslöffel Zucker,

Eineinhalb Teelöffel Salz,

Ein Ei.

Zum Mischen schlagen, dann einen Hefekuchen in einer Tasse Wasser bei 80 Grad Fahrenheit auflösen und zur obigen Mischung hinzufügen; dann so viel Mehl einarbeiten, dass ein glatter, elastischer Teig entsteht; normalerweise etwa acht Tassen. In eine gefettete Schüssel geben und den Teig wenden, sodass er gründlich mit Fett bedeckt ist. Abdecken und drei Stunden gehen lassen. Die Teigecken zur Mitte ziehen und festdrücken, umdrehen und nochmals eine Stunde gehen lassen. Das Ausstanzen wiederholen und anschließend eine Dreiviertelstunde gehen lassen. Auf ein Formbrett legen und unter Zugabe von Teig drei Laibe formen

Eine halbe Tasse entkernte Rosinen pro Laib,

Eine halbe Tasse gehackte Mandeln für den zweiten Laib,

und lassen Sie den dritten Laib glatt. In gefettete Pfannen geben und eine Dreiviertelstunde gehen lassen. Im heißen Ofen 40 Minuten backen. Die Temperatur des Ofens sollte 400 Grad Fahrenheit betragen.

Dieses Brot eignet sich hervorragend für Sandwiches. Eine der Ursachen für das Scheitern beim Brotbacken zu Hause liegt zweifellos darin, dass der Prozess überstürzt erfolgt und das Brot nicht ausreichend gebacken wird. Die Größe und Form der Backformen beeinflusst die Qualität des Brotes. Vermeiden Sie zu tiefe oder flache Pfannen. Eine Pfanne mit den Maßen 7½ x 4¼ Zoll liefert die besten Ergebnisse.

Drehen Sie das Brot zum Abkühlen auf ein Kuchengitter. Dies ermöglicht eine freie Luftzirkulation.

BOSTONER SCHWARZBROT

In eine Schüssel geben

Zwei Tassen Semmelbrösel,

Eine halbe Tasse Sirup,

Ein Teelöffel Backpulver,

Ein Esslöffel Wasser.

Das Backpulver im Esslöffel Wasser auflösen und hinzufügen

Zwei Tassen heißes Wasser.

Zum Mischen verrühren, dann abkühlen lassen und hinzufügen

Eine halbe Tasse Maismehl,

Eine halbe Tasse Grahammehl.

Zum gründlichen Mischen schlagen, dann in gut gefettete Formen gießen und abdecken und anderthalb Stunden lang dämpfen oder kochen lassen.

Nehmen Sie den Deckel ab und stellen Sie es zum Trocknen zwanzig Minuten lang in einen langsamen Ofen. Eine 1-Pfund-Kaffeedose ergibt eine hervorragende Form.

BOSTONER SCHWARZBROT

In eine Rührschüssel geben

Zwei Drittel Tasse Melasse,

Zwei Tassen Sauermilch,

Eineinhalb Teelöffel Backpulver.

Umrühren, um das Soda vollständig aufzulösen, dann hinzufügen

Zwei Drittel Tasse Grahammehl,

Eine Tasse Maismehl,

Eine Tasse Roggenmehl,

Eine halbe Tasse entkernte Rosinen.

Zum gründlichen Mischen schlagen, dann eine 1-Pfund-Kaffeedose gründlich einfetten und zu zwei Dritteln mit dieser Mischung füllen. Den Deckel aufsetzen und zwei Stunden lang dämpfen, dann den Deckel abnehmen und die Dose zum Trocknen in den Ofen stellen. Anstelle der Kaffeedosen können 1-Pfund-Backpulverdosen verwendet werden.

SCHOTTISCHES HAFERBROT

In eine Schüssel geben

Eine Tasse Brühmilch, abgekühlt auf 30 °C,

Eine Tasse Wasser, 80 Grad Fahrenheit,

Eine halbe Tasse Sirup,

Zwei Teelöffel Salz.

Einen Hefekuchen hineinkrümeln und dann verrühren, bis sich der Hefekuchen aufgelöst hat, und dann hinzufügen

Vier Tassen Mehl.

Zum Mischen verrühren und den Biskuit dann zweieinhalb Stunden gehen lassen. Jetzt hinzufügen

Zwei Tassen Haferflocken,

Zwei Tassen Mehl.

Zu einem glatten, elastischen Teig kneten und dann in eine gefettete Schüssel geben und den Teig wenden, damit er gründlich mit Backfett bedeckt ist. Eineindreiviertel Stunden gehen lassen. Ziehen Sie die Ecken zur Mitte nach unten und schlagen Sie sie fest. Umdrehen und eine Stunde gehen lassen. Nun auf ein Formbrett stürzen und in Laibe schneiden. Zwischen den Händen formen und auf das Formbrett legen und abdecken. Zehn Minuten quellen lassen und dann zu Pfannen formen. In gut gefettete Pfannen legen und die Oberseite der Brote mit geschmolzenem Backfett bestreichen. Vierzig Minuten gehen lassen. Im heißen Ofen backen.

PARKER HOUSE ROLLS

In eine Schüssel geben

Drei Esslöffel Zucker,

Eineinhalb Teelöffel Salz,

Vier Esslöffel Backfett.

Überbrühen und in die Schüssel gießen

Eineinhalb Tassen Milch.

Umrühren, um alles gründlich zu vermischen; auf 80 Grad Fahrenheit abkühlen lassen. Nun einen Hefekuchen hineinkrümeln, dabei umrühren, bis er sich vollständig aufgelöst hat, und dann hinzufügen

Sechs Tassen gesiebtes Mehl.

Zu einem glatten, elastischen Teig kneten; die Schüssel reinigen und gründlich einfetten, in die Schüssel geben und fest gegen den Boden drücken, umdrehen; dann abdecken und dreieinhalb Stunden gehen lassen. Den Teig durchkneten oder andrücken, umdrehen und eine Stunde gehen lassen. Nun auf ein Formbrett geben und wie ein langes französisches Brot formen und mit einer Schere oder einem französischen Messer in Stücke von der Größe eines großen Eies schneiden. Schnell zwischen den Händen zu einer runden Kugel rollen, auf ein Formbrett legen und zehn Minuten gehen lassen. Mit einem kleinen Nudelholz oder der Handfläche flach drücken, mit Backfett bestreichen, wie eine Handtasche falten und auf ein gut gefettetes Backblech mit zwei Zoll Abstand legen und zwanzig Minuten gehen lassen; 15 Minuten im heißen Ofen backen, sofort nach der Herausnahme aus dem Ofen mit geschmolzenem Backfett bestreichen.

RASPFENROLLEN

Bereiten Sie den Teig wie für Parker House-Rolls vor, indem Sie ihn in Stücke von der Größe einer kleinen Orange schneiden. Formen Sie ihn zwischen den Händen, legen Sie ihn auf ein Formbrett und lassen Sie ihn fünf Minuten lang zugedeckt backen. Rollen Sie ihn nun mit der Handfläche auf dem Formbrett zu einer Kugel. Legen Sie ihn auf ein gut gefettetes Backblech. Lassen Sie ihn 25 Minuten gehen und backen Sie ihn 20 Minuten lang in einem mäßig heißen Ofen. Lassen Sie ihn abkühlen und reiben Sie jede Rolle mit einer Reibe ab, um eine dünne Schicht der Kruste zu entfernen.

MITTAGSBRÖTCHEN

Bereiten Sie den Teig wie für Parker House-Brötchen vor und schneiden Sie ihn in eigroße Stücke. Formen Sie ihn rund, decken Sie ihn ab und lassen Sie ihn zehn Minuten gehen. Rollen Sie ihn zwischen Brett und Händen auf und formen Sie an den Enden der Brötchen Spitzen. Beenden Sie den Teig wie für Parker House-Brötchen.

RICH PARKER HOUSE ROLLS

Einen halben Liter Milch zum Kochen bringen und

Vier Esslöffel Backfett.

Auf 80 Grad Fahrenheit abkühlen lassen und dann in die Rührschüssel gießen und hinzufügen

Drei Esslöffel Zucker,

Zwei Teelöffel Salz,

Ein gut geschlagenes Ei,

Ein Hefekuchen, in vier Esslöffeln Wasser aufgelöst, gründlich vermischen

Und dann hinzufügen

Dreidreiviertel Pints oder siebeneinhalb Tassen gesiebtes Mehl.

Zu einem glatten, elastischen Teig verarbeiten, eine saubere Schüssel einfetten und den Teig hineingeben. Mehrmals wenden, um den Teig gründlich mit dem Backfett zu überziehen. Dadurch wird verhindert, dass sich eine Kruste bildet. An einen zugfreien Ort stellen und dreieinhalb Stunden gehen lassen, dann ausschlagen und umdrehen. Eineinviertel Stunden gehen lassen. Nochmals durchstanzen und dann eine Dreiviertelstunde gehen lassen. Drehen Sie nun das Teigbrett um und formen Sie einen langen Streifen, der nicht ganz so dick ist wie das Nudelholz. Brechen Sie den Teig in etwa 30 Gramm schwere Stücke. Zu Kugeln formen und dann abdecken und zehn Minuten lang quellen oder gehen lassen; Nehmen Sie eine Teigkugel, runden Sie sie auf dem Brett gut ab und drücken Sie sie dann mit der Handfläche leicht flach. Markieren Sie nun mit der Rückseite eines Messers eine deutliche Falte in der Mitte der Rolle. Falten Sie die Rolle im Taschenbuchstil um und klopfen Sie dabei kräftig mit der Hand auf die Wendung der Rolle. Auf gut gefettete Formen legen und die Brötchen mit Backfett bestreichen. Zwanzig Minuten gehen lassen, dann mit Ei waschen und im heißen Ofen backen.

FINGER- ODER SANDWICHROLLEN

Verwenden Sie den Rollenteig von Parker House und schneiden Sie ihn in Stücke mit einem Gewicht von 1,5 Unzen. Zu Kugeln formen, diese dann auf ein Brett legen und zehn Minuten lang abgedeckt quellen lassen. Formen Sie nun fingerförmige Formen, legen Sie sie auf gefettete Pfannen und verfahren Sie wie bei Parker House-Brötchen.

EGEL

Bereiten Sie den Teig wie Fingerbrötchen zu, indem Sie ihn an beiden Enden spitz zulaufen lassen und ihn in eine Form rollen, die einer Süßkartoffel ähnelt.

ZÖPFE

Brechen Sie vom Teig Stücke mit einem Gewicht von etwa einer Unze ab, formen Sie sie zu Kugeln und lassen Sie sie fünf Minuten lang quellen. Formen Sie nun seilförmige Stücke, die etwas länger als ein Bleistift sind. Befestigen Sie die drei Teile zusammen und flechten Sie sie dann. Verfahren Sie wie bei den Fingerrollen.

Zwieback oder Teekekse

Bereiten Sie den Teig wie für Parker-House-Brötchen vor, schneiden Sie ihn zu kleinen Kugeln, formen Sie ihn, decken Sie ihn ab und lassen Sie ihn zehn Minuten gehen. Jetzt durch Rollen zwischen den Händen aufrunden, sehr dicht nebeneinander in tiefe, gut gefettete Formen legen, 40 Minuten gehen lassen, bei mittlerer Hitze backen; Direkt nach dem Herausnehmen aus dem Ofen mit Sirup und Wasser bestreichen und mit Zucker bestäuben.

Halbmonde

Verwenden Sie den Rollenteig von Parker House und brechen Sie ihn dann in etwa zwölf Unzen schwere Stücke. Zu Kugeln formen und dann abdecken und zehn Minuten quellen lassen. Rollen Sie nun den Teig mit einem Nudelholz einen halben Zoll dick aus und schneiden Sie ihn in 5 Zoll große Quadrate. Schneiden Sie jedes Quadrat in ein Dreieck und bestreichen Sie es leicht mit Backfett. Rollen Sie von der Schnittseite zur Spitze hin und überlappen Sie die Spitze dabei eng. Beim Einsetzen in eine gut gefettete Pfanne einen Halbmond formen, mit Backfett bestreichen und abdecken und 18 Minuten gehen lassen. Mit Milch und Wasser waschen. Achtzehn Minuten im heißen Ofen backen.

ENGLISCHE BADEBrötchen

110 ml Butter schmelzen, dann in eine Rührschüssel geben und hinzufügen

Eine halbe Tasse Zucker,

Eine Tasse kochend heiße Milch, auf 80 Grad abgekühlt.

Dann füge hinzu

Zwei gut geschlagene Eier,

Ein Teelöffel Salz,

ne-halber Hefekuchen.

Zum gründlichen Mischen umrühren, dann vier Tassen Mehl hinzufügen und zu einem glatten, elastischen Teig verarbeiten. Die Rührschüssel gut einfetten und dann den Teig hineingeben. Gut andrücken und dann umdrehen. Abdecken und vier Stunden gehen lassen, dann auf ein Formbrett stellen und zwei Minuten lang kneten. Für Kekse in Stücke schneiden. Zwischen den Händen zu runden Kugeln rollen und dann abgedeckt zehn Minuten auf dem Formbrett fest werden lassen. Nun mit den Händen flach drücken und auf einem gut gefetteten Backblech gehen lassen. 30 Minuten gehen lassen, dann mit einer Mischung bestreichen

Vier Esslöffel Sirup,

Zwei Esslöffel Wasser.

Im heißen Ofen fünfzehn Minuten backen.

SALLY LUNN

In eine Rührschüssel geben

Eine Tasse Brühmilch, auf 80 Grad abgekühlt,

Eine halbe Tasse Zucker,

Vier Esslöffel Backfett,

Ein gut geschlagenes Ei,

Ein halber Hefekuchen zerkrümelt.

Zum gründlichen Mischen schlagen und dann hinzufügen

Zweidreiviertel Tassen gesiebtes Mehl,

Ein Teelöffel Salz.

Gut schlagen, abdecken und drei Stunden gehen lassen, erneut schlagen. Fetten Sie nun eine längliche oder runde Backform gründlich ein; Nehmen

Sie den Sally Lunn und schlagen Sie ihn fünf Minuten lang. Gießen Sie ihn in die vorbereitete Form und lassen Sie den Teig die Form etwa zur Hälfte füllen. 20 Minuten an einem warmen Ort gehen lassen, 25 Minuten im heißen Ofen backen und dann mit Zucker bestäuben.

EINFACHE BRÖTCHEN

18 Unzen Teig abwiegen und in ein Dutzend Stücke teilen. Zu Kugeln formen und zehn Minuten quellen lassen. Nun eine schöne runde Form formen und dicht nebeneinander auf eine gut gefettete Backform legen. Fünfunddreißig Minuten gehen lassen und dann die Oberfläche mit Ei und Wasser bestreichen; waschen und leicht mit Zucker bestäuben. Achtzehn Minuten im heißen Ofen backen. Beim Backen dieser Brötchen kann ein kleiner Topf mit kochendem Wasser in den Ofen gestellt werden.

Zur Abwechslung kann ein Teil des Teigs auch pur gebacken werden. Zum Rest Kümmel, etwas Zitrone, Muskatnuss oder ein paar Johannisbeeren hinzufügen. Bei sorgfältigem Backen und Abkühlen sind diese Brötchen in einer luftdichten Box mehrere Tage haltbar. Zum Aufwärmen zehn Minuten lang in einen Ofen mit einem Topf mit kochendem Wasser stellen, damit es sich erfrischt.

Eierspülung: Ein Ei und eine viertel Tasse Milch; zum Mischen schlagen; Mit kleinem Pinsel auftragen.

Klebrige Zimtschnecken

Eine Tasse Milch überbrühen und dann hineingeben

Vier Esslöffel Backfett,

Eine halbe Tasse Zucker,

Ein Teelöffel Salz

In die Rührschüssel geben und die Brühmilch darübergießen. Umrühren, um alles gründlich zu vermischen, und dann auf 80 Grad Fahrenheit abkühlen lassen. Lösen Sie nun einen halben Hefekuchen in einer halben Tasse 80 Grad Celsius warmem Wasser auf, und wenn die Milch die richtige Temperatur hat, fügen Sie sechs Tassen Mehl hinzu und verarbeiten Sie alles zu einem glatten Teig. In eine gut gefettete Schüssel geben und den Teig darin wenden, sodass er vollständig mit Backfett bedeckt ist. Abdecken und dreieinhalb Stunden gehen lassen. Ziehen Sie nun die Seiten des Teigs in die Mitte und drücken Sie ihn nach unten, wobei Sie den Teig umdrehen. Nochmals eine Stunde gehen lassen, dann auf einem Formbrett wenden und den Teig in zwei Hälften teilen. Jedes Stück zu einer Kugel kneten. Abdecken und zehn Minuten gehen oder quellen lassen. Nun mit einem Nudelholz etwa einen Zentimeter dick ausrollen. Mit geschmolzenem Backfett bestreichen und gut mit braunem Zucker bestreuen, etwa eine Tasse davon verwenden. Nun mit zwei Teelöffeln Zimt bestäuben und auf dem vorbereiteten Teig eineinhalb Tassen Johannisbeeren oder kleine kernlose Rosinen verteilen. Am Rand beginnen und wie eine Biskuitrolle aufrollen. In 1,5 Zoll dicke Stücke schneiden, dann in vorbereitete Pfannen legen und eine Stunde gehen lassen. Anschließend im mäßigen Ofen vierzig Minuten backen.

So bereiten Sie die Pfanne für die Zimtschnecken vor:

Fetten Sie die Pfanne sehr dick mit Backfett ein und verteilen Sie dann eine Tasse braunen Zucker und eine halbe Tasse Johannisbeeren oder kleine kernlose Rosinen gleichmäßig auf dem Boden der Pfanne. Legen Sie die Brötchen in die Form und lassen Sie sie eine Stunde lang an einem warmen Ort gehen. Backen Sie sie dann 35 Minuten lang bei mittlerer Hitze.

Nun zum Trick. Wenn die Brötchen gebacken sind, das Backbrett mit Backfett bestreichen und dann auflegen

Zwei Esslöffel brauner Zucker,

Ein Esslöffel Wasser

In einen Topf geben, gründlich vermischen und dann zum Kochen bringen. Sobald die Brötchen gebacken sind, wenden Sie sie sofort aus der Form und bestreichen Sie sie gründlich mit dem vorbereiteten Sirup. Bestreichen Sie dabei den Boden mit dem Sirup, da das Bestreichen des kandierten Teils der Brötchen verhindert, dass dieser hart wird. Abkühlen lassen und dann verwenden.

ST. NAZAIRE-Brötchen

Bereiten Sie den Teig wie für Zimtschnecken vor und fügen Sie ihn hinzu, wenn er auf dem Formbrett gedreht werden soll

Eine Tasse fein zerkleinerte Zitrone,

Eine halbe Tasse brauner Zucker,

Eine Tasse entkernte Rosinen.

Die Früchte gut verteilen und dann zu einer langen, 7,5 cm dicken Rolle formen. Schneiden Sie etwa 30 Gramm große Stücke ab und formen Sie sie zu Brötchen. 15 Minuten ruhen lassen, dann zu runden Brötchen formen, in eine gut gefettete Backform legen und 30 Minuten gehen lassen. Machen Sie mit einem kleinen Holzstäbchen ein Loch in die Mitte jedes Brötchens und waschen Sie die Brötchen mit Ei und Milch. Bei mittlerer Hitze zwanzig Minuten backen. Abkühlen lassen und dann die Mitte mit Gelee und Eis mit Wasserglasur füllen.

WINDRÄDER

Bereiten Sie den Teig vor und rollen Sie ihn wie für Zimtschnecken aus. in 1,5 cm dicke Scheiben schneiden; In einem gut gefetteten Backblech im Abstand von nur wenigen Zentimetern verteilen, 25 Minuten gehen lassen und mit Eigelb bestreichen. Mit fein gehackten Erdnüssen bestreuen und im Ofen bei mittlerer Hitze zwanzig Minuten backen.

Zimtkuchen

Einen Teil des Teigs können Sie für Zimtkuchen verwenden. Schneiden Sie den Teig in Stücke und rollen Sie ihn dann etwa einen Zentimeter dick aus. In Formen legen, den Teig dehnen und ausrollen, damit er in die Form passt. Mit Backfett bestreichen und dann wie folgt mit Krümeln bedecken:

Sechs Esslöffel Mehl,

Vier Esslöffel brauner Zucker,

Zwei Esslöffel Backfett,

Zwei Teelöffel Zimt.

Reiben Sie die Mischung, bis sie krümelig ist, und verteilen Sie sie dann wie angegeben. 35 Minuten gehen lassen, 15 Minuten im heißen Ofen backen.

Kokosnussglasur

Eine halbe Tasse Puderzucker,

Eine halbe Tasse Kokosnuss,

Ausreichend heißes Wasser zum Befeuchten.

Mit einem Spatel auf den Brötchen verteilen.

Kokosnussbrötchen

Bereiten Sie den Teig genauso vor wie für Zimtschnecken und fügen Sie ihn hinzu, wenn er zum Wenden bereit ist

Eine Tasse Kokosnuss,

Drei Esslöffel Backfett.

Den Teig durchkneten, zu einer etwa 7,6 cm dicken Rolle formen und dann in Stücke von der Größe eines großen Eies brechen. Nun den Teig rund formen und anschließend zehn Minuten auf dem Brett gehen lassen. Nochmals formen und länglich formen. Auf eine gut gefettete Pfanne legen und die Brötchen mit geschmolzenem Backfett bestreichen. 30 Minuten gehen lassen und dann in einem heißen Ofen backen und mit Kokosnussglasur bestreichen.

MANDELKAFFEEKUCHEN

Bereiten Sie den Teig wie im Rezept angegeben vor und verwenden Sie den Rest für Zimt- oder Kokosnussbrötchen. Wenn Sie zum Drehen bereit sind, schneiden Sie den Teig auf einem Formbrett in zwei Hälften und rollen Sie jedes Stück etwa einen Viertel Zoll dick aus. Mit Backfett bestreichen und dann leicht mit braunem Zucker und einer halben Tasse fein geriebener Mandeln oder Erdnüsse bestreichen. Rollen Sie wie eine Biskuitrolle. Mit einem Nudelholz flach drücken, bis er nur noch 2,5 cm dick ist. In 15 cm lange Stücke schneiden, in eine gut gefettete Backform legen und 35 Minuten gehen lassen. Wenn Sie zum Backen bereit sind, schneiden Sie in jeden Kuchen einen drei Zoll langen Einschnitt. Mit Ei und Milch waschen und mit fein geriebenen Mandeln bestreuen. Im mittleren Ofen fünfundzwanzig Minuten backen. Eis mit Wasserglasur.

WIE MAN HEFEKUCHEN ZUBEREITET

Eine Tasse Milch aufbrühen und eine halbe Tasse kaltes Wasser hinzufügen. Kühlen Sie die Mischung auf 80 Grad ab. Fügen Sie nun vier Esslöffel Zucker und einen Teelöffel Salz hinzu. Einen Hefekuchen in die Mischung bröseln und gründlich umrühren, bis sich die Hefe aufgelöst hat. Fügen Sie nun vier Tassen gesiebtes Mehl hinzu und schlagen Sie alles zu einem leichten Teig. Abdecken und an einem zugfreien Ort bei einer Temperatur von 80 Grad warm halten und drei Stunden gehen lassen. Nun den Teig mit einem Löffel aufschlagen und nochmals eine Dreiviertelstunde gehen lassen. Während der Teig nun das letzte Mal aufgeht, geben Sie eine Tasse Zucker und eine halbe Tasse Backfett in eine Schüssel und schlagen Sie die Sahne so lange auf, bis sie leicht und schaumig ist. Fügen Sie nacheinander zwei Eier hinzu und schlagen Sie, bis es sehr hell ist. Wenn der Teig fertig ist, fügen Sie Zucker, Eier, Backfett und eineinhalb Tassen Mehl hinzu. Schlagen Sie diese Mischung zwölf Minuten lang mit einem Löffel, bis sie gründlich vermischt ist. Nun die vorbereitete Form einfüllen und die Form halbvoll füllen. An einen warmen Ort mit einer Temperatur von etwa 80 Grad Fahrenheit stellen und eineinviertel Stunden gehen lassen, oder bis die Mischung die Form füllt. Im mäßigen Ofen eine Dreiviertelstunde backen.

Den Kuchen aus der Form nehmen und auf einem Kuchengitter abkühlen lassen. Dieser Kuchen kann gefroren oder pur serviert werden; oder gehackte Nüsse, Rosinen oder Zitronen können dem Teig mit Zucker und Eiern hinzugefügt werden.

So bereiten Sie die Formen vor: Fetten Sie sie gründlich ein, bestreichen Sie sie dann mit fein gehackten Nüssen oder feinen Kuchenbröseln, bevor Sie den Teig hineinfüllen.

BRIOCHE

Brioche ist ein süßes französisches Brot, und obwohl sich verschiedene Autoritäten über die Konsistenz und Zubereitungsart nicht einig sind, sind diese Kuchen zweifellos in der französischen Küche weit verbreitet.

Eine französische Bäckerei bereitet die Brioches in Laibform zu, und wenn sie kalt sind, werden sie in Scheiben geschnitten und in Orangensirup eingeweicht. Anschließend wird die Brioche erneut mit Marmelade bestrichen und dann mit Zuckerguss bedeckt. Alternativ kann die Brioche auch mit vorbereitetem Sirup übergossen, dann in einen Teig getaucht und in heißem Fett goldbraun ausgebacken werden. Mit Marmelade bestreichen und mit Orangen- oder Zitronensauce servieren.

Die eigentliche Zubereitung der Brioche erfordert wenig Aufwand und kann am Backtag aus Brotteig hergestellt werden. Ein Punkt bei der Herstellung dieser süßen Brote ist der gleiche Trick wie beim Formen des Brotlaibs. Man kann es lernen, indem man sorgfältig auf Einzelheiten achtet und etwas übt. Es kann durchaus etwas Wert auf die Leichtigkeit des Teigs gelegt werden, denn schwerer, zu gehaltvoller Teig, der schlecht gebacken ist, ist gesundheitsschädlich.

Wasserglasur

Sechs Esslöffel Puderzucker und ausreichend Wasser (kochend) zum Anfeuchten.

BRESTBROT

Den Teig in drei Stränge von etwa 2,5 cm Dicke und 25 cm Länge rollen. Die drei Stränge zusammenbinden und dann flechten. Auf ein gut gefettetes Blech legen und gehen lassen. Mit Ei und Milch bestreichen und dann 25 Minuten bei mittlerer Hitze backen. Mit Gelee bestreichen und dann mit Wasserglasur überziehen. Mit leicht gebräunter Kokosnuss bestreuen.

BRIOCHE AUS BROTTEIG ZUBEREITEN

Wenn das Brot bereit ist, in die Form gegeben zu werden, schneiden Sie ein Pfund ab und geben Sie den Teig in eine Schüssel. Nun in eine separate Schüssel geben

Eigelb von zwei Eiern,

Verkürzung um eine halbe Tasse,

Dreiviertel Tasse Zucker.

Sahne schaumig schlagen, dann auch das steif geschlagene Eiweiß dazugeben

Eine halbe Tasse Milch,

Vier Tassen Mehl,

Ein Pfund Stück Hefeteig.

Bearbeiten oder kneten, bis der Teig glatt und elastisch ist. In eine gefettete Schüssel geben und drei Stunden gehen lassen; dann auf ein Brett stürzen, in acht Stücke teilen und zu Kugeln formen. Abdecken und zehn Minuten gehen lassen. Dann 1,25 cm dick ausrollen. Mit Backfett bestreichen, mit braunem Zucker und Nüssen bestreuen. Wie eine Biskuitrolle aufrollen und dann mit einem Nudelholz gut flach drücken. In eine gefettete Pfanne geben, abdecken und eine halbe Stunde gehen lassen. Dann den Teig auf die gesamte Länge zuschneiden, dabei an jedem Ende 5 cm frei lassen. Mit Ei bestreichen und zwanzig Minuten im heißen Ofen backen. Mit Zucker bestreuen und dann fünf Minuten zurück in den Ofen geben.

SÜSSE TEIGE

In längst vergangenen Tagen wurden Hefe, Ammoniak, Perlasche, Honigwasser und eine Melassemischung zum Auflockern von Kuchen verwendet – bevor es zuverlässiges Backpulver gab.

In Europa backt die Hausfrau aus Brotteig mit Hefe köstliche Kuchen. Diese sorgen für eine herrliche Abwechslung. Dazu gehören Savarins, Babas und Hefe-Obstkuchen.

Vielen Frauen gelingt es nicht, diese köstlichen Leckereien zuzubereiten, weil sie nicht erkennen, dass die Zugabe großer Mengen Zucker, Obst, Backfett und Eier zum Hefeteig, sofern nicht sorgfältig gehandhabt, dazu führen kann, dass schwere, feuchte Kuchen entstehen, denen die leichte, samtige Textur fehlt So wird Kuchen zum Erfolg.

Die Zugabe von Nüssen, Kuchenbröseln und Obst sorgt für eine große Abwechslung.

Für ein gelungenes Ergebnis ist ein Biskuitteig notwendig.

RUSSISCHER ZWISCHEN

Bereiten Sie den Teig wie für Brioche vor und fügen Sie eine Tasse fein geriebene Mandeln hinzu, wenn Sie ihn für die Form formen möchten. Verwenden Sie zum Backen des Laibs eine lange, schmale Form. Nach dem Backen abkühlen lassen, dann in 2,5 cm große Scheiben schneiden und im Ofen hellbraun rösten.

Spanisches Brötchen

Eine Tasse Milch überbrühen, dann auf 80 Grad Fahrenheit abkühlen lassen, in eine Schüssel gießen und hinzufügen

Drei Esslöffel Zucker,

Ein halber Teelöffel Salz,

Ein Hefekuchen, aufgelöst in vier Esslöffeln kaltem Wasser,

Drei Tassen Mehl.

Fünf Minuten mit einem Löffel schlagen und zwei Stunden gehen lassen. Jetzt Sahne

Eineinviertel Tasse Zucker,

Eine halbe Tasse Backfett

bis es sehr hell und cremig ist, und dann nacheinander drei Eier hineingeben und die Eier drei Minuten lang schlagen. Zusammen mit einer Tasse gesiebtem Mehl zum Hefeteig geben. Fünfzehn Minuten lang mit einem Holzlöffel schlagen und dann in eine gefettete und bemehlte Pfanne gießen, bis die Pfanne halb voll ist. Die Rosinen daraufgeben, abdecken und gehen lassen, bis die Pfanne fast bis zum Rand gefüllt ist. 55 Minuten lang in einem mäßig heißen Ofen backen, dann abkühlen lassen und mit Eis überziehen.

BABAS

Bereiten Sie den Teig wie für Brioche vor und formen Sie ihn, wenn er bereit ist, in die Backform zu kommen, in Laibform, indem Sie Nüsse und fein geriebene Zitrone hinzufügen. Legen Sie ihn in eine gut gefettete Boston-Bratbrotform; lassen Sie ihn eine Stunde gehen. Backen Sie ihn bei mittlerer Hitze 45 Minuten lang. Dann beginnen Sie, den Baba mit Sirup aus

Eine Tasse Sirup,

Eine halbe Tasse Wasser,

Ein Esslöffel Vanille,

Ein Teelöffel Muskatblüte.

Kochen Sie den Sirup zehn Minuten lang, bevor Sie ihn zum Begießen des Baba verwenden, und backen Sie ihn, bis der Sirup aufgesogen ist, und schalten Sie ihn dann auf den Teller.

ANISSAMEN ZWISCHEN

Ein Esslöffel Anissamen,

Eine halbe Tasse fein geraspelte Zitrone.

Fügen Sie die oben genannten Zutaten zum Briocheteig hinzu; Formen und backen Sie wie russischen Zwieback. Diese knusprigen Scheiben sind in einer luftdichten Box lange haltbar.

Dieser Teig kann für die alten englischen Crull Cakes verwendet werden, die nichts anderes als ein Donut sind. Bereiten Sie einen Teig wie für eine Brioche vor und drehen Sie ihn auf einem Formbrett, wenn er für die Formen bereit ist. Einen Zentimeter dick ausrollen; Mit Donutschneider ausschneiden. Auf ein Tuch legen und 15 Minuten gehen lassen. In eine Form ziehen und im heißen Fett goldbraun braten. In Puderzucker und Zimt wälzen.

Aus diesen Teigen können Kränze, Halbmonde und Schleifen geformt werden. Wenn der Teig aufgegangen ist, waschen Sie ihn mit Eigelb, bestreuen Sie ihn mit Kristallzucker und gehackten Nüssen und backen Sie ihn dann im Ofen bei mittlerer Temperatur.

INDISCHE GRIDDLE-KUCHEN

Eine Tasse Maismehl,

Eine Tasse Mehl,

Ein Teelöffel Salz,

Drei gestrichene Teelöffel Backpulver,

Zwei Esslöffel Sirup,

Ein Esslöffel Backfett,

Ein Ei,

Eineinhalb Tassen Milch.

Zum Vermischen kräftig verrühren und dann auf einer heißen Grillplatte backen.

GRIDDLE-KUCHEN

Um den echten Nussgeschmack aus dem Buchweizen herauszuholen, müssen wir auf die altmodische Methode zurückgreifen, den Buchweizen über Nacht gehen zu lassen. Erinnern Sie sich nicht an den Steintopf, der in der Speisekammer aufbewahrt wurde und in dem jedes Mal gerade genug Mischung übrig blieb, um einen neuen Teig zuzubereiten? Der Buchweizen wurde jeden Abend kurz vor dem Schlafengehen zubereitet und am Morgen wurde eine Tasse warmes Wasser zusammen mit ein paar Esslöffeln Sirup hinzugefügt. Die Mischung wurde geschlagen und dann wurde die Grillplatte zum Erhitzen aufgesetzt. Manchmal war es eine Speckstein- oder eine schwere Eisenplatte. Wenn sie gut erhitzt war, wurde sie mit einem Stück geschnittener Rübe oder Kartoffel eingerieben. Der Teig wurde in große, tellergroße Kuchen gegossen und dann, sobald sie braun wurden, geschickt wieder braun geröstet.

Um perfekte Buchweizenkuchen zuzubereiten, müssen Sie zunächst ein mit Steinen gemahlenes Mehl besorgen und dieses dann im richtigen Verhältnis vermischen. Es wird gute, lebendige Hefe hinzugefügt, und wenn zum Mischen Milch verwendet wird, muss diese vor der Verwendung überbrüht und dann abgekühlt werden. So bereiten Sie das Mehl zum Mischen vor:

Drei Pfund Buchweizenmehl,

Eineinhalb Pfund Weizenmehl,

Ein Pfund Maismehl,

Eine Unze Salz,

Eine halbe Unze Backpulver.

Zweimal sieben, um es gründlich zu vermischen, dann in einen trockenen Behälter geben und schon ist das Mehl gebrauchsfertig.

Buchweizenkuchen

Einen großen Steintopf überbrühen und anschließend mit kaltem Wasser ausspülen. Gießen Sie eine Tasse gebrühte und abgekühlte Milch hinein und

Eineinhalb Tassen Wasser, 80 Grad Fahrenheit,

Zwei Esslöffel Zucker.

Zerkrümeln Sie die Hälfte eines Hefekuchens und rühren Sie, bis er sich aufgelöst hat. Fügen Sie dann drei Tassen des vorbereiteten Buchweizenmehls hinzu. Zum gründlichen Mischen verrühren, dann abdecken und über Nacht gehen lassen. Geben Sie morgens ausreichend lauwarmes Wasser hinzu, bis die Mischung eine gießfähige Konsistenz hat. Dies erfordert normalerweise etwa eine Tasse voll. Fügen Sie zwei Esslöffel Sirup hinzu. Drei Minuten lang kräftig schlagen und dann an einem warmen Ort stehen lassen, während die Grillplatte aufheizt, dann backen.

REISGITTERKUCHEN

Rice Griddle Cakes können wie folgt zubereitet werden: Eine halbe Tasse Reis in reichlich Wasser waschen, dann in einen Topf geben und drei Tassen Wasser hinzufügen. Kochen, bis das Wasser aufgesogen ist und der Reis weich ist. Abkühlen lassen. Nun in einen Topf geben

Zweieinhalb Tassen Wasser, 80 Grad Fahrenheit,

Zwei Esslöffel Zucker,

Ein halber Hefekuchen.

Rühren, bis es sich aufgelöst hat, und dann hinzufügen

Der vorbereitete Reis,

Drei Tassen Weißmehl,

Ein Viertel Teelöffel Backpulver.

Zum Mischen verrühren, dann abdecken und über Nacht gehen lassen. Geben Sie morgens so viel lauwarmes Wasser hinzu, dass ein flüssiger Teig entsteht, und fügen Sie zwei Esslöffel Sirup und einen Teelöffel Salz hinzu. Sehr kräftig schlagen und dann an einen warmen Ort stellen, während die Grillplatte aufheizt.

Die Verwendung einer kleinen Menge Backpulver, wie in den obigen Rezepten angegeben, dient dazu, den leicht sauren Geschmack des Buchweizens zu neutralisieren – ein Geschmack, gegen den viele Leute Einwände haben.

Jede der oben genannten Mischungen kann statt auf der Grillplatte auch in einem Waffeleisen gebacken werden. Probieren Sie es zur Abwechslung einmal morgens aus. Verwenden Sie zum Einfetten des Waffeleisens Salatöl aus einer neuen Nähmaschinenöldose.

Fast jeder liebt morgens gute süße Butter auf den warmen Kuchen. Bei den gegenwärtigen Butterpreisen blickt die sparsame Hausfrau alarmiert auf das schnell verschwindende Stück Butter. Versuchen Sie es jetzt und bewahren Sie die Butter auf und geben Sie den Leuten dennoch den Buttergeschmack auf ihre Kuchen; Geben Sie zwei Esslöffel Butter in einen Krug, in den eine Tasse Sirup passt. Geben Sie den Sirup hinzu, stellen Sie den Krug in einen Topf mit warmem Wasser und stellen Sie ihn zum Erhitzen auf den Herd. Ständig schlagen, bis die Butter schmilzt und eine cremige Mischung entsteht.

Altes Brot kann zerkrümelt oder in kaltem Wasser eingeweicht, trockengedrückt und anstelle von Reis oder Maismehl verwendet werden. So können Haferflocken oder andere übrig gebliebene Frühstückszerealien sowie Kartoffelpüree verwendet werden. Bewahren Sie etwa eine Tasse Hefeteig auf, um mit dem nächsten Teig zu beginnen. Verwenden Sie diesen Starter anstelle der Hefe. Erneuern Sie die Hefemischung jeden fünften Morgen.

Ein Wort zur Grillplatte ist vielleicht nicht verkehrt. Das altmodische Eisen oder Speckstein kann verwendet werden und liefert gute Ergebnisse. Aluminium-Grillplatten müssen nicht gefettet werden.

BROT-GITTERKUCHEN

Probieren Sie diese Kuchen eines Morgens, wenn die Leute die üblichen Frühstücksgerichte satt haben. Über Nacht in einen Krug geben

Zwei Tassen Buttermilch oder Sauermilch,

Eine Tasse Wasser,

Zwei Tassen Semmelbrösel.

An einem kühlen Ort in der Küche stehen lassen. Nicht in den Kühlschrank stellen. Morgens hinzufügen

Ein Teelöffel Backpulver

aufgelöst in

Drei Esslöffel Wasser.

Zum gründlichen Mischen schlagen und dann hinzufügen

Zwei Esslöffel Sirup,

Zwei Esslöffel Backfett,

Ein Teelöffel Salz,

Eineinhalb Tassen Mehl,

Zwei Teelöffel Backpulver.

Zum Vermischen kräftig verrühren und dann auf einer heißen Grillplatte backen.

MAISMEHL-GITTERKUCHEN

Eine Tasse Maismehl mit zwei Tassen kochendem Wasser überbrühen und dann abkühlen lassen. Jetzt hinzufügen

Eineinhalb Tassen Wasser, 80 Grad Fahrenheit,

Drei Esslöffel Sirup,

Ein Teelöffel Salz,

Ein Viertel Hefekuchen,

Zwei Tassen Mehl,

Ein Viertel Teelöffel Backpulver.

Kräftig schlagen und dann über Nacht gehen lassen; Dann wie bei Buchweizenkuchen zubereiten.

Moderne Methoden haben die Hefe eliminiert und Backpulver ersetzt, wodurch eine schnellere Mischung ermöglicht wird. Um Buchweizenkuchen mit Backpulver zuzubereiten, bereiten Sie eine Mehlmischung wie folgt vor:

Zwei Pfund Buchweizen,

Ein Pfund Weizenmehl,

Eine Tasse Maismehl,

Eine Unze Salz,

Drei Unzen Backpulver,

Eine viertel Unze Backpulver.

Zum Mischen dreimal sieben, dann in einen trockenen Behälter geben und nach Bedarf verwenden.

WIE MAN DEN PFANNKUCHEN BACKT

Verwenden Sie eine vollkommen ebene Bratpfanne; Am besten eignen sich die Eisenbackformen, da sie die Hitze länger halten und sich regulieren lassen, sodass der Kuchen nicht anbrennt.

PFANNKUCHEN FÜR ZWEI

Eigelb eines Eies,

Zwei Esslöffel Zucker oder Sirup,

Eine Tasse Milch,

Ein Esslöffel Backfett,

Ein Teelöffel Salz,

Ein Teelöffel Vanille oder Muskatnuss,

Eineinviertel Tasse Mehl,

Zwei gestrichene Teelöffel Backpulver.

In eine Schüssel geben. Mit einem Dover-Schneebesen gründlich vermischen und dann das steif geschlagene Eiweiß unterheben. Gießen Sie die Mischung in einen Krug und geben Sie dann zwei Esslöffel Backfett in eine Bratpfanne. Wenn der Teig noch heiß ist, gießen Sie gerade so viel Teig ein, dass der Boden der Pfanne bedeckt ist. Sobald es zu brodeln beginnt, den Kuchen umdrehen und auf der anderen Seite backen. Heben Sie es an und verteilen Sie es leicht mit Gelee oder Rolle, oder verwenden Sie die folgende Mischung:

Drei Esslöffel Butter,

Eine halbe Tasse XXXX Zucker,

Gut schaumig schlagen und dann hinzufügen

Ein Esslöffel Zitronensaft,

Ein Esslöffel kochendes Wasser.

Zum Vermischen verrühren.

EINFACHE PFANNKUCHEN

Einen Liter Milch in eine Schüssel geben und hinzufügen

Zwei Eier,

Ein halber Teelöffel Muskatnuss,

Fünf Tassen gesiebtes Mehl,

Vier Esslöffel Sirup,

Fünf gestrichene Teelöffel Backpulver.

Zum Mischen schlagen und dann backen. Um ausreichend Kuchen zu gewährleisten, verwenden Sie zum Kochen zwei Pfannen oder backen Sie auf einer Grillplatte.

PFANNKUCHEN AU FAIT

Eine Tasse Milch,

Zwei Eier,

Eineinhalb Tassen Mehl,

Zwei Teelöffel Backpulver,

Zwei Esslöffel Backfett,

Ein halber Teelöffel Muskatnuss.

Zum Mischen schlagen. Jetzt bereiten Sie sich vor

Eine halbe Tasse Nüsse, sehr fein gehackt,

Ein Dutzend Maraschinokirschen, gut abgetropft und fein gehackt.

Gut vermischen und dann den Pfannkuchen in eine heiße Pfanne geben und mit der oben genannten Mischung bestreuen.

Backen lassen und dann anheben. Mit Honig bestreichen und mit Puderzucker bestäuben. Aufrollen und mit Maraschino-Kirsche garnieren.

FRANZÖSISCHER PFANNKUCHEN

Ein Ei,

Eine viertel Tasse Milch.

Zum Mischen schlagen und dann hinzufügen

Eine halbe Tasse Mehl,

Ein halber Teelöffel Salz,

Ein Teelöffel Backpulver.

Gut verrühren, um alles gründlich zu vermischen, und dann in eine heiße Pfanne mit drei Esslöffeln Backfett gießen: gerade so viel hineingießen, dass der Boden der Pfanne knapp bedeckt ist. Decken Sie die Pfanne mit einem heißen Deckel ab. Lassen Sie den Kuchen backen. Wenn Sie zum Wenden bereit sind, legen Sie den Kuchen auf den heißen Deckel, drehen Sie ihn um und legen Sie ihn zurück in die Form. Mit Zucker und Zimt bestreichen. Zum Bestreichen der Kuchen kann Bar le duc oder Johannisbeergelee verwendet werden. Wie ein Omelett falten und einen Löffel Gelee darauf geben. Aufschlag. Daraus ergeben sich zwei große Pfannkuchen.

Irische Pfannkuchen

Eine Tasse Kartoffelpüree,

Zwei Tassen Mehl,

Ein Teelöffel Salz,

Drei Teelöffel Backpulver,

Zwei Eier,

Eine Tasse Milch,

Vier Esslöffel Sirup,

Eineinhalb Teelöffel Muskatnuss.

Zum gründlichen Mischen schlagen und dann auf einer Grillplatte backen. Mit Butter und Zucker bestreichen.

BELGISCHE PFANNKUCHEN

Zwei Tassen ungesüßtes, dünnes Apfelmus,

Ein gut geschlagenes Ei,

Drei Esslöffel Sirup,

Zweieinhalb Tassen Mehl,

Drei Teelöffel Backpulver,

Ein Esslöffel Backfett,

Ein halber Teelöffel Zimt.

Zum Mischen verrühren und dann wie gewohnt backen. Mit Butter und Sirup servieren.

WAFFELN

Waffeln bestehen aus einem dünnen Teig und werden in einem gut erhitzten Waffeleisen gebacken. Viele Fehler bei der Zubereitung guter Waffeln sind auf die Tatsache zurückzuführen, dass das Eisen nicht ausreichend heiß ist. Das Bügeleisen muss nach jedem Backen gründlich gereinigt werden. Stellen Sie das Bügeleisen zum Erhitzen auf den Herd und drehen Sie es mehrmals.

Versuchen Sie diese Methode beim Einfetten des Bügeleisens. Kaufen Sie eine große Ölkanne für Nähmaschinen, waschen Sie diese gründlich in reichlich heißem Wasser und Seife aus, spülen Sie sie anschließend gründlich aus und trocknen Sie sie ab. Füllen Sie nun ein gutes Salatöl ein und ölen Sie es, wenn das Bügeleisen erhitzt ist, von beiden Seiten ein. Jetzt können Sie die Waffeln backen. Drehen Sie das Bügeleisen mit der heißen Seite nach oben um, gießen Sie den Teig hinein und backen Sie es dann etwa drei Minuten lang, indem Sie das Bügeleisen einmal umdrehen.

Wenn die Waffeln fertig gebacken sind, nehmen Sie sie aus dem Bügeleisen, ölen Sie sie ein und wenden Sie sie noch einmal um. Legen Sie die Seite, die neben dem Feuer war, nach oben und gießen Sie dann den Teig hinein, schließen Sie sie und backen Sie sie wie zuvor.

SCHNELLE BROT

Zu den Schnellbroten gehören Grillkuchen, Waffeln, Muffins, Sally Lunns, Shortcakes und Kekse. Diese Teige werden durch die Verwendung von Eiern, Backpulver, Backpulver und Dampf, der beim Backen entsteht, sowie durch in die Mischung geschlagene Luft leicht gemacht oder gesäuert. Ihr gesamter Erfolg hängt von der sorgfältigen Dosierung der Zutaten, dem Mischen und dem Backen ab. Wenn Sie anstelle von Milch nur Wasser oder gleiche Teile Milch und Wasser verwenden, erzielen Sie hervorragende Ergebnisse.

GRIDDLE-KUCHEN

Stellen Sie die Grillplatte auf den Herd, um sie langsam zu erhitzen, während Sie den Teig verrühren.

In eine Schüssel oder einen flachen, weithalsigen Krug geben

Eine Tasse Milch,

Eine Tasse Wasser,

Ein Teelöffel Salz,

Ein Esslöffel Sirup,

Zweieinhalb Tassen Mehl,

Zwei Esslöffel Backfett,

Vier gestrichene Teelöffel Backpulver.

Zu einem glatten Teig verrühren. Mit dieser Teigmenge ergeben sich Pfannkuchen für vier Personen. Bei größeren Beträgen multiplizieren. Pro zwei Tassen Mehl kann ein Ei verwendet werden.

Testen Sie die Grillplatte, indem Sie ein paar Tropfen Wasser darauf tropfen. Wenn das Wasser kocht, ist die Grillplatte ausreichend heiß zum Backen. Aluminium-Grillplatten benötigen kein Fett. Mit einem sauberen, in Salz getränkten Tuch abreiben. Eisengrillplatten leicht einfetten. Den Teig darübergießen; Sobald die Kuchen anfangen, Luftblasen zu bilden, schieben Sie einen Kuchenwender unter die Kuchen und drehen Sie sie.

Wenn nun auf einmal große Blasen an der Oberseite des Kuchens aufsteigen, ist die Grillplatte zu heiß und die Hitze sollte reduziert werden; Wenn der Kuchen hingegen fest wird, bevor die Unterseite braun ist, ist die Grillplatte nicht heiß genug. Wenden Sie einen Grillkuchen nie zweimal – das macht ihn schwer. Servieren Sie sie sofort nach dem Backen und stapeln Sie nicht mehr als fünf oder sechs davon. Anstelle von süßer Milch kann auch saure Milch verwendet werden. Entsorgen Sie das Backpulver und verwenden Sie für jede Tasse Sauermilch einen gestrichenen Teelöffel Backpulver. Anstelle von zwei Tassen Milch können auch ein Ei und zwei Tassen Wasser verwendet werden.

WAFFELTEIG

Eine Tasse Milch,

Eine Tasse Wasser,

Ein Ei,

Ein Teelöffel Salz,

Zweieinhalb Tassen Mehl,

Drei Teelöffel Backpulver,

Ein Esslöffel Sirup,

Zwei Esslöffel Backfett.

In einem weithalsigen Krug zu einem glatten Teig schlagen. Die Hälfte dieses Betrags für zwei Personen.

Kalt gekochter Reis, Hominy, Haferflocken und altbackenes Brot, das in kaltem Wasser eingeweicht, dann trockengedrückt und durch ein Sieb gerieben wurde, können zu den Grillkuchen und Waffelteigen hinzugefügt werden.

MUFFINS

Muffins werden aus einem Tropfenteig hergestellt und können in Ringen, auf einer Grillplatte, in Muffinformen oder in Puddingförmchen gebacken werden. Um die Muffins in Ringen auf einer Grillplatte oben auf dem Herd zu backen, fetten Sie die Grillplatte gut ein und fetten Sie auch die Ringe gut ein. Stellen Sie die Grillplatte auf die Heizung, wenn Sie mit dem Mischen des Teigs beginnen, und lassen Sie die Ringe kühl, bis sie zum Backen bereit sind.

In eine Schüssel oder einen Krug geben

Eineinhalb Tassen Milch oder gleiche Teile Milch und Wasser,

Ein Ei,

Ein Teelöffel Salz,

Zwei Esslöffel Sirup,

Zwei Esslöffel Backfett,

Zweidreiviertel Tassen Mehl,

Fünf gestrichene Teelöffel Backpulver.

Schlagen Sie diese Mischung glatt und legen Sie die Ringe dann auf eine heiße Grillplatte und füllen Sie sie zur Hälfte mit dem Tropfenteig. Wenn die Muffins und Ringe gut aufgegangen und fast trocken sind, wenden Sie sie mit dem Kuchenwender um. Auf der anderen Seite backen. Das Backen dieser Muffins dauert etwa achtzehn Minuten. Zerreißen Sie sie, bestreichen Sie sie mit Butter und servieren Sie sie sofort.

Um Muffins in Formen oder Puddingförmchen zu backen, fetten Sie die Formen oder Förmchen gut ein, füllen Sie sie zur Hälfte mit dem Tropfenteig und backen Sie sie dann fünfzehn Minuten lang in einem heißen Ofen.

HAFERMEHL-MUFFINS

Geben Sie zwei Tassen Haferflocken durch den Zerkleinerer in die Rührschüssel und fügen Sie sie dann hinzu

Eineinhalb Tassen Sauermilch,

Ein Teelöffel Backpulver, aufgelöst in einem Esslöffel kaltem Wasser,

Ein halber Teelöffel Salz,

Vier Esslöffel Sirup,

Zwei Esslöffel Backfett.

Eine Tasse gesiebtes Mehl.

Zum Mischen verrühren, dann in gut gefettete Muffinformen gießen und im heißen Ofen zwanzig Minuten backen.

Sauermilch-Juwelen

Eineinhalb Tassen Sauermilch,

Zwei Esslöffel Backfett,

Ein Teelöffel Limonade,

Ein Teelöffel Salz.

Alles gründlich vermischen und dann hinzufügen

Eine Tasse Weißmehl,

Eineinhalb Tassen Grahammehl.

Zwei Teelöffel Backpulver.

Zum gründlichen Mischen schlagen und dann achtzehn Minuten lang in gut gefetteten Muffinformen backen.

KLEIEMUFFINS

Zweieinhalb Tassen Kleie,

Eineinhalb Tassen Mehl,

Ein Teelöffel Salz,

Vier Esslöffel Sirup,

Zwei Esslöffel Backfett,

Ein Ei,

Eineinhalb Tassen Buttermilch,

Ein Teelöffel Limonade.

Das Soda in der Buttermilch auflösen und verrühren. In gut gefettete Muffinformen füllen und bei mittlerer Hitze 25 Minuten backen. Die übriggebliebenen Muffins toasten.

ENGLISCHE MUFFINS

In eine Rührschüssel geben

Zweieinhalb Tassen Mehl,

Ein Teelöffel Salz,

Zwei Esslöffel Zucker,

Zwei Teelöffel Backpulver.

Zum gründlichen Mischen sieben und dann hinzufügen

Eineinhalb Tassen Sauermilch,

Ein Teelöffel Backpulver.

Lösen Sie das Backpulver in der Milch auf und vermischen Sie es dann gründlich, indem Sie es kräftig erhitzen. Legen Sie nun die gut gefetteten Muffinringe auf die gut gefettete heiße Grillplatte. Füllen Sie die Ringe zur Hälfte und backen Sie sie fünfzehn Minuten lang langsam. Mit einem Kuchenwender wenden, wenn die Innenseite schön gebräunt ist.

NUSS-INGWER-MUFFINS

In eine Rührschüssel geben

Eine halbe Tasse brauner Zucker,

Eine Tasse Melasse,

Eine halbe Tasse Wasser,

Ein Teelöffel Limonade,

Zwei Teelöffel Ingwer,

Ein Teelöffel Zimt,

Ein halber Teelöffel Piment,

Sechs Esslöffel Backfett,

Ein Ei,

Drei Tassen Mehl,

Zwei Teelöffel Backpulver,

Eine halbe Tasse fein gehackte Erdnüsse.

Zum Vermischen gründlich verrühren und dann in gut gefettete und bemehlte Muffinformen füllen, wobei die Formen etwas mehr als zur Hälfte gefüllt sein sollten. Bei mittlerer Hitze zwanzig Minuten backen. Diese Menge ergibt etwa achtzehn Muffins.

Muffins mit Honig und Nusskleie

In eine Rührschüssel geben

Eine halbe Tasse Honig,

Ein Teelöffel Backpulver,

Ein Teelöffel Salz,

Zwei Tassen Kleie,

Eineinhalb Tassen Mehl,

Dreiviertel Tasse fein gehackte Nüsse.

Eineinhalb Tassen Milch,

Ein Ei.

Hart schlagen und gründlich vermischen und dann in gut gefetteten Muffinformen im heißen Ofen fünfundzwanzig Minuten backen. Mit Erdbeer-, Orangen- oder Ananasmarmelade servieren.

SALLY LUNNS

Sally Lunns bestehen aus einem Tropfenteig und werden normalerweise in tiefen Kuchenformen gebacken. Zum Servieren in keilförmige Stücke schneiden – wie Kuchen – und dann teilen, mit Butter bestreichen und mit einer Serviette abdecken. Sofort servieren.

In eine Schüssel geben

Eine halbe Tasse Zucker,

Vier Esslöffel Backfett.

Sahne schaumig schlagen und dann hinzufügen

Ein Ei,

Eineinhalb Tassen zu gleichen Teilen Milch und Wasser,

Drei Tassen Mehl,

Fünf gestrichene Teelöffel Backpulver.

Zu einem glatten Teig verrühren, dann in gut gefettete Formen füllen und 25 Minuten lang bei mittlerer Hitze backen. Wenn sie fast fertig sind, bestreichen Sie die Oberfläche kurz mit Milch und bestreuen Sie sie gut mit Kristallzucker. Bei Bedarf kann eine halbe Tasse fein gehackte Zitronen oder entkernte Rosinen hinzugefügt werden.

MAIS-MUFFINS

In eine Rührschüssel geben

Dreiviertel Tasse Maismehl,

Eineinviertel Tassen Mehl,

Ein Teelöffel Salz,

Zwei gestrichene Esslöffel Backpulver,

Zwei Esslöffel Backfett,

Vier Esslöffel Sirup,

Eineinhalb Tassen Wasser.

Zum Mischen verrühren und in gut gefetteten Muffinformen aus Eisen backen.

REIS-MUFFINS

In eine Rührschüssel geben

Ein Ei,

Zwei Esslöffel Zucker,

Zwei Esslöffel Backfett,

Ein Teelöffel Salz,

Eine Tasse Milch,

Eineinhalb Tassen Mehl,

Vier Teelöffel Backpulver,

Eine Tasse kalt gekochter Reis.

Zum gründlichen Mischen kräftig schlagen und dann in gut gefettete Muffinformen füllen. 25 Minuten im heißen Ofen backen.

Teigbrot

In eine Rührschüssel geben

Drei Esslöffel Backfett,

Eineinhalb Tassen Maismehl.

Übergießen

Zweieinhalb Tassen kochendes Wasser.

Jetzt hinzufügen

Eineinhalb Tassen Sauermilch oder Wasser,

Eine Tasse Mehl,

Ein Teelöffel Salz,

Zwei gestrichene Esslöffel Backpulver,

Vier Esslöffel Sirup oder Zucker,

Ein Ei.

Zum Mischen verrühren, in eine gut gefettete Auflaufform gießen und im heißen Ofen vierzig Minuten backen.

SÜDLICHES LÖFFELBROT

Der Erfolg beim Zubereiten und Backen dieser Delikatesse hängt ausschließlich vom gründlichen Schlagen des Teigs und einem heißen Ofen ab. Die Southern Mammy verwendet ausnahmslos die groben weißen Haferflocken, Sie können aber auch die gelben verwenden und genauso gute Ergebnisse erzielen.

Geben Sie einen Liter kochendes Wasser in einen Topf und fügen Sie dann einen Teelöffel Salz, zwei Esslöffel Backfett und eineinhalb Tassen Maismehl hinzu. Gießen Sie das Mehl langsam hinein und nehmen Sie es, sobald es kocht, vom Feuer und lassen Sie es abkühlen. Jetzt hinzufügen

Eigelb von zwei Eiern,

Zwei Tassen Sauermilch,

Eine Tasse Mehl.

in dem Sie einen gestrichenen Teelöffel Backpulver und eine halbe Tasse Sirup aufgelöst haben.

Diese Mischung mit einem großen Löffel verrühren und nun das steif geschlagene Eiweiß unterheben. In eine heiße, gut gefettete Auflaufform geben und im Schnellbackofen backen.

Um der sauren Milch Soda hinzuzufügen, lösen Sie das Soda in einem Esslöffel Milch auf, bevor Sie es zur restlichen Milch hinzufügen. Verwenden

Sie dann einen Dover-Schneebesen und schlagen Sie die Mischung drei Minuten lang, um sie gründlich zu vermischen.

LOUISIANA-MAISBROT

In eine Rührschüssel geben

Eine Tasse Maismehl,

Eineinhalb Tassen Mehl,

Ein Teelöffel Salz,

Fünf gestrichene Teelöffel Backpulver,

Zwei Esslöffel Backfett,

Vier Esslöffel Sirup,

Ein Ei,

Eineinhalb Tassen Milch.

Zum Vermischen kräftig verrühren und dann in gut gefettete quadratische Pfannen gießen. Im heißen Ofen fünfunddreißig Minuten backen.

REIS-TEIG-KUCHEN

In eine Schüssel geben

Eine Tasse kalt gekochter Reis,

Ein Ei,

Eine halbe Tasse Milch,

Dreiviertel Tasse Mehl,

Ein Teelöffel Salz,

Zwei Teelöffel Backpulver,

Ein Teelöffel Backfett,

Ein Esslöffel Sirup.

Zum Mischen verrühren, dann auf einer heißen Grillplatte backen und mit Butter und Zucker servieren.

KEKSE

In eine Rührschüssel geben

Dreieinhalb Tassen Mehl,

Ein Teelöffel Salz,

Drei gestrichene Esslöffel Backpulver,

Ein gestrichener Esslöffel Zucker.

Zum Mischen sieben; Dann drei Esslöffel Backfett einreiben und zu einem Teig verrühren

Eine Tasse Milch oder Wasser.

Nun in einer Schüssel einen glatten, elastischen Teig verarbeiten, einen Zentimeter dick ausrollen, schneiden, die Oberseiten mit Milch waschen und im heißen Ofen zwölf bis fünfzehn Minuten backen.

Johannisbeerkekse

Fügen Sie eine Tasse Johannisbeeren zum süßen Keksteig hinzu.

ROSINENKEKSE

Fügen Sie eine Tasse Rosinen zum süßen Keksteig hinzu.

KOKOS-KEKSE

Geben Sie eine Tasse Kokosnuss durch den Zerkleinerer und geben Sie sie zum süßen Keksteig.

SÜSSE KEKSE

Dreieinhalb Tassen Mehl,

Ein Teelöffel Salz,

Eine halbe Tasse Zucker,

Drei gestrichene Esslöffel Backpulver.

Zum Mischen sieben; Dann vier Esslöffel Backfett einreiben. Schlagen Sie das Ei in der Tasse auf und füllen Sie die Tasse mit Milch, wenden Sie es in der Schüssel und verrühren Sie es. Verwenden Sie dies zum Austeigen der süßen Kekse. Den Teig in einer Schüssel glatt rühren, auf einem leicht bemehlten Brett wenden, schneiden, die Oberfläche mit Milch bestreichen und 15 Minuten im heißen Ofen backen.

Scones

Scones sind köstliche warme Brote, die auf den britischen Inseln zum Frühstück serviert werden. Sie ersetzen den amerikanischen Pfannkuchen und zum Tee unsere heißen Kekse. In Schottland werden viele Sorten Scones hergestellt. Für den Teig werden Johannisbeeren, Zitronen und Rosinen verwendet, während diese Kuchen in anderen Teilen des Vereinigten Königreichs geteilt, gebuttert und mit Marmelade oder Stachelbeermarmelade serviert werden.

KÖSTLICHE ENGLISCHE SCONES

In eine Rührschüssel geben

Vier Tassen gesiebtes Mehl,

Zwei Esslöffel Backpulver,

Zwei gestrichene Esslöffel Zucker,

Ein halber Teelöffel Salz.

Zwischen den Händen verreiben, um es gründlich zu vermischen, und dann fünf gestrichene Esslöffel Backfett in das Mehl einreiben. Schlagen Sie nun ein Ei auf und fügen Sie dann die Hälfte des geschlagenen Eies zu einer viertel Tasse Milch hinzu. Zum Mischen schlagen. Daraus einen weichen Teig herstellen. Auf ein leicht bemehltes Backbrett stellen und drei Minuten lang kneten. Teilen Sie es nun in fünf Stücke, formen Sie jedes Stück rund wie eine Untertasse und schneiden Sie es in jede Richtung, so dass vier keilförmige Stücke entstehen. Auf ein gut gefettetes Backblech legen, mit der restlichen Eihälfte bestreichen und im heißen Ofen 15 Minuten backen.

SCOTCH-SCONES

In eine Rührschüssel geben

Fünf Tassen Mehl,

Eineinhalb Teelöffel Salz,

Drei gestrichene Esslöffel Backpulver,

Eine halbe Tasse Zucker.

Zum Mischen durchsieben und dann einreiben

Eine halbe Tasse Backfett,

Und zu einem Teig verrühren

Eineinviertel Tassen Milch.

Jetzt einarbeiten

Eine halbe Tasse Johannisbeeren,

Oder

Eine halbe Tasse Rosinen,

Eine viertel Tasse fein gehackte Zitrone,

Ein Teelöffel Zimt,

Ein halber Teelöffel Muskatnuss,

Ein halber Teelöffel Piment.

Teilen Sie den Teig in sechs Stücke und rollen Sie ihn dann etwa untertassengroß und etwa einen Zentimeter dick aus. Machen Sie zwei kreuzförmige Schnitte und teilen Sie den Teig in vier keilförmige Stücke. Mit geschlagenem Ei bestreichen und 15 Minuten im heißen Ofen backen. Diese Menge ergibt vierundzwanzig Scones. Zum Servieren teilen, mit Marmelade füllen und dann in einen Weidenkorb stapeln, mit einer Serviette abdecken und mit Tee servieren.

Irische Scones

Drei Tassen Kartoffelpüree,

Drei Tassen gesiebtes Mehl,

Zwei Teelöffel Salz,

Zwei gestrichene Teelöffel Backpulver,

Drei gestrichene Teelöffel Backfett.

Nun in eine Schüssel geben

Eine halbe Tasse Milch,

Ein Ei.

Schlagen. Aus etwa zwei Dritteln der Ei-Milch-Mischung einen Teig formen. Den Teig zu einer glatten Masse kneten und dann in vier Teile teilen. Klopfen oder rollen Sie es wie eine Untertasse aus und machen Sie dann zwei kreuzförmige Schnitte, indem Sie es in vier Stücke schneiden. Mit einem Teil der Ei-Milch-Mischung bestreichen, dann auf ein Backblech legen und im heißen Ofen achtzehn Minuten backen.

POPOVERS

Stellen Sie die Popover-Pfanne zum Erhitzen in den Ofen. Wenn es heiß ist, beginnen Sie mit dem Mischen des Teigs. Ein Ei in einen Messbecher geben und mit Milch auffüllen. In eine Rührschüssel füllen und dann hinzufügen

Eine Tasse gesiebtes Mehl,

Ein Teelöffel Zucker,

Ein halber Teelöffel Salz.

Mit dem Schneebesen schlagen, bis die Mischung an der Oberfläche eine Masse Blasen bildet, wenn der Schneebesen entfernt wird. Dies dauert normalerweise etwa fünf Minuten. Fetten Sie nun die heiße Popover-Pfanne gut ein und füllen Sie sie zur Hälfte mit dem Teig. In einen heißen Ofen stellen und fünfunddreißig Minuten backen. Öffnen Sie die Ofentür zehn Minuten lang nicht, nachdem Sie die Popovers hineingelegt haben. Wenn Sie die Tür vor Ablauf dieser Zeit öffnen, wird verhindert, dass die Mischung aufspringt oder platzt. Nach zwanzig Minuten die Hitze auf mittlere Stufe reduzieren, um ein Anbrennen zu verhindern und die Kerne auszutrocknen.

DONUTS

Nehmen Sie den Brioche-Teig, rollen Sie ihn etwa einen halben Zoll dick aus, schneiden Sie ihn mit einem Keksausstecher aus, legen Sie ihn auf ein Formbrett, lassen Sie ihn zugedeckt 15 Minuten gehen, braten Sie ihn in heißem Fett goldbraun und wälzen Sie ihn in Zucker und Zimt.

Donuts mit Fruchtkern

Nachdem die Donuts geschnitten und zum Gehen auf ein Brett gelegt wurden, machen Sie eine Öffnung an der Seite und geben Sie einen Löffel Gelee hinein, drücken Sie die Ränder zusammen und decken Sie sie ab. Aufgehen lassen und wie gewohnt braten.

CRULLER

In eine Schüssel geben

Fünf Tassen gesiebtes Mehl,

Ein Teelöffel Salz,

Drei gestrichene Esslöffel Backpulver,

Eineinviertel Tassen Zucker.

Zwischen den Händen verreiben, um es gründlich zu vermischen. Dann drei Esslöffel Backfett einreiben. Dann platzieren

Ein Ei,

Eine Tasse Milch

in einer Schüssel; zum Mischen schlagen. Daraus den Teig formen, einen Zentimeter dick ausrollen, ausschneiden und im heißen Fett goldbraun braten.

WIE MAN CRULLERS ODER DONUTS FRITTIERT

Zum Braten vier Tassen Pflanzenöl in eine Pfanne geben. Die Pfanne sollte nicht zu groß sein und das Fett sollte tief genug sein, damit der Cruller mindestens 5 cm über dem Boden der Pfanne schwimmen kann.

GOLDBRAUN

Erhitzen Sie das Fett und testen Sie es vor dem Kochen, indem Sie ein kleines Stück Teig hineingeben und beginnen, 101, 102, 104 usw. zu zählen, bis 110 erreicht ist. Die Probe sollte nun oben schwimmen und eine hellbraune Farbe haben. Versuchen Sie nicht, früher mit dem Frittieren zu beginnen, da das Fett sonst nicht heiß genug ist und die Backbleche das Fett aufsaugen. Geben Sie jeweils vier oder fünf Donuts unter ständigem Wenden in das heiße Fett und kochen Sie sie, bis sie goldbraun sind. Heben Sie sie an, lassen Sie sie einige Sekunden abtropfen, legen Sie sie auf ein Papiertuch und wälzen Sie sie dann in Zucker und Zimt.

Biskuitkuchen – ein Ei

In die Rührschüssel geben

Eine halbe Tasse Zucker,

Eigelb eines Eies,

Ein Esslöffel Butter.

Gut schaumig schlagen, dann hinzufügen

Drei Esslöffel Wasser,

Zwei Drittel Tasse Mehl,

Ein Teelöffel Backpulver,

Prise Salz.

Zum Vermischen verrühren, dann das steif geschlagene Eiweiß eines Eies unterheben; In einer gut gefetteten und bemehlten Backform 30 Minuten im langsamen Ofen backen.

Biskuitkuchen – zwei Eier

In die Rührschüssel geben

Dreiviertel Tasse Zucker,

Eigelb von zwei Eiern.

Gut schaumig schlagen und dann hinzufügen

Vier Esslöffel Wasser,

Eine Tasse Mehl,

Zwei Teelöffel Backpulver,

Prise Salz.

Zum Mischen verrühren, dann das steif geschlagene Eiweiß von zwei Eiern schneiden und unterheben. In einer gut gefetteten und bemehlten Kuchenform im langsamen Ofen fünfunddreißig Minuten backen.

Biskuitkuchen – drei Eier

In eine Rührschüssel geben

Eine Tasse Zucker,

Eigelb von drei Eiern.

Creme aufschlagen, bis eine leichte Zitronenfarbe entsteht, dann hinzufügen

Sechs Esslöffel kaltes Wasser,

Eineinviertel Tassen Mehl,

Zwei Teelöffel Backpulver,

Prise Salz

Gerade genug schlagen, um sich zu vermischen. Anschließend das steif geschlagene Eiweiß von drei Eiern aufschneiden und unterheben. In einer gut gefetteten und bemehlten Kuchenform mit Rohr in der Mitte bei mittlerer Hitze vierzig Minuten backen.

FRUCHTKUCHEN

In die Rührschüssel geben

Eine halbe Tasse brauner Zucker,

Eine Tasse Melasse,

Zwei Esslöffel Kakao,

Ein Ei,

Eineinhalb gestrichene Teelöffel Backpulver,

Eine Tasse kalten Kaffee,

Dreieinhalb Tassen gesiebtes Mehl,

Eineinhalb Teelöffel Zimt,

Ein Teelöffel Muskatnuss,

Eine Tasse entkernte Rosinen,

Eine halbe Tasse gehackte Nüsse.

Zum gründlichen Mischen verrühren, dann in eine gefettete und bemehlte Kuchenform gießen und eine Stunde lang bei mittlerer Hitze backen.

BISKUITROLLE

Decken Sie den Boden einer länglichen Pfanne mit gefettetem und bemehltem Papier ab und gießen Sie dann die Biskuitmasse etwa einen Viertel Zoll hoch hinein. Gleichmäßig verteilen und dann zehn Minuten im heißen Ofen backen. Legen Sie ein Tuch auf und schneiden Sie dann die Kanten ab. Mit Gelee bestreichen und in einem Tuch fest einrollen. Zum Abkühlen beiseite stellen und dann mit Wasserglasur glasieren.

EIN KLEINER ENGELSKUCHEN

Eine halbe Tasse Zucker,

Eine halbe Tasse Mehl,

Ein halber Teelöffel Weinstein.

Viermal sieben und dann das Eiweiß von drei großen Eiern in eine Schüssel geben und schlagen, bis es seine Form behält. Nun den Zucker und das Mehl vorsichtig einschneiden und unterheben. In eine ungefettete Röhrenform gießen und 35 Minuten bei mittlerer Hitze backen. Nach dem Backen herausnehmen und zum Abkühlen auf den Kopf stellen.

EIN-EIER-LAUB-KUCHEN

In eine Schüssel geben

Dreiviertel Tasse Zucker,

Ein Ei,

Vier gestrichene Esslöffel Backfett,

Zwei Tassen gesiebtes Mehl,

Vier gestrichene Teelöffel Backpulver,

Ein gestrichener Teelöffel Aroma,

Dreiviertel Tasse Wasser.

Fünf Minuten lang kräftig schlagen, um alles zu vermischen. In vorbereitete Laibformen füllen und im mäßigen Ofen 35 Minuten backen.

Um die Form vorzubereiten, fetten Sie sie gründlich ein, bestäuben Sie sie anschließend gut mit Mehl und gießen Sie dann den Teig hinein.

Um einen Rosinenkuchen zuzubereiten, verteilen Sie eine Dreivierteltasse Rosinen auf dem Kuchen, wenn er in der Form ist und für den Ofen bereit ist. Der aufgehende Teig verteilt die Rosinen im Kuchen.

Eine halbe Tasse Johannisbeeren,

Eine Tasse fein gehackte Nüsse, oder

Eine halbe Tasse fein gehackte Zitrone

Eine halbe Tasse fein gehackte Zitrone kann die Rosinen ersetzen. Oder dieser Kuchen kann in einer Röhrenform gebacken und dann abgekühlt und geteilt und mit Vanillesoße oder Sauerrahm-Kuchenfüllung gefüllt und dann mit Schokoladenglasur überzogen werden.

Für einen Schichtkuchen die Schichtkuchenform einfetten, mit Normalpapier auslegen und erneut einfetten. Teilen Sie nun den Teig auf die beiden Formen auf und verteilen Sie die Mischung weiter oben an den Seiten, sodass die Mitte flach bleibt. Bei mittlerer Hitze achtzehn Minuten backen. Legen Sie die Schichten wie folgt zusammen: Eine Schicht mit Gelee bestreichen und dann leicht mit Kokosnuss bestreuen. Legen Sie nun die oberste Schicht auf, verteilen Sie sie und bedecken Sie sie anschließend dick mit Kokosnuss. Anstelle von Kokosnüssen können auch fein gehackte Nüsse verwendet werden.

Ingwerkuchen

In eine Rührschüssel geben

Eine Tasse Melasse,

Dreiviertel Tasse Zucker,

Zehn Esslöffel Backfett,

Dreieinhalb Tassen Mehl,

Ein gestrichener Esslöffel Backpulver,

Eine Tasse kaltes Wasser,

Ein Teelöffel Backpulver, im Wasser aufgelöst,

Ein Ei,

Ein Teelöffel Ingwer,

Ein Teelöffel Zimt,

Ein halber Teelöffel Nelken.

Gut verrühren und dann aufteilen. Zu einem Teil das Obst, zum anderen Teil die Kokosnuss oder gehackten Nüsse hinzufügen und den anderen Teil einfach backen. In gut gefettete und bemehlte Kastenformen gießen und 40 Minuten bei niedriger Temperatur im Ofen backen.

SCHWEIZER STREUSELKUCHEN

In eine Rührschüssel geben

Dreiviertel Tasse brauner Zucker,

Zwei Tassen Mehl,

Ein Teelöffel Salz,

Zwei Esslöffel Backpulver,

Ein Teelöffel Zimt,

Ein Teelöffel Ingwer,

Ein halber Teelöffel Nelken,

Eine halbe Tasse Kakao.

Zum Mischen durchsieben und dann einreiben

Eine halbe Tasse Backfett

Und

Eine Tasse Sirup,

Zwei Tassen Sauermilch,

Dreiviertel Teelöffel Backpulver,

Zwei Tassen feine Semmelbrösel,

Eine Packung kernlose Rosinen.

Lösen Sie das Backpulver in der Milch auf. Alles kräftig verrühren, dann in gut gefettete und bemehlte längliche Formen gießen und im langsamen Ofen eine Stunde lang backen. Abkühlen lassen und mit Wasserglasur vereisen. Dieser Kuchen ist köstlich und in Wachspapier eingewickelt einen Monat haltbar.

LOUISIANA-KREUZCHEN

Eine Tasse saure Sahne,

Eine Tasse Zucker,

Ein gestrichener Teelöffel Backpulver,

Ein gestrichener Teelöffel Muskatnuss,

Ein Ei.

Gut verrühren und dann 4,5 Tassen Mehl hinzufügen. Auf einem bemehlten Teigbrett ausrollen, schneiden und in heißem Pflanzenöl frittieren, bis sie goldbraun sind. Die Temperatur zum Backen der Krapfen im Öl beträgt 360 Grad Fahrenheit.

MÄHRISCHE GEWÜRZKUCHEN

Eineinhalb Tassen brauner Zucker,

Neun Esslöffel Backfett,

Ein Ei,

Eine Tasse saure Milch,

Ein Teelöffel Backpulver in der Milch aufgelöst,

Zwei Teelöffel Zimt,

Ein Teelöffel Ingwer,

Ein halber Teelöffel Piment,

Ein halber Teelöffel Nelken,

Fünf Esslöffel Kakao,

Dreieinhalb Tassen gesiebtes Mehl,

Ein gestrichener Esslöffel Backpulver,

Eine halbe Tasse gehackte Nüsse,

Eine halbe Packung kernlose Rosinen.

Zum Mischen verrühren und dann in gut gefetteten und bemehlten Laibformen bei mittlerer Hitze vierzig Minuten lang backen. Eis mit Schokoladenglasur wie folgt hergestellt:

Eine Tasse XXXX Zucker,

Sechs Esslöffel Kakao,

Ein Esslöffel Maisstärke.

Zum Mischen durchsieben und dann gerade so viel kochendes Wasser hinzufügen, dass eine streichfähige Masse entsteht.

ZWEISCHICHTIGER KUCHEN

In eine Schüssel geben

Eineinhalb Tassen Zucker,

Eigelb von zwei Eiern.

Sahne, dann hinzufügen

Eine halbe Tasse Backfett,

Nochmals cremig schlagen, dann hinzufügen

Drei Tassen Mehl,

Zwei gestrichene Esslöffel Backpulver,

Ein Teelöffel Aroma,

Eine Tasse Wasser oder Milch.

Gerade so viel verrühren, dass sich alles vermischt, dann das Eiweiß von zwei Eiern unterheben und in gut gefetteten und bemehlten tiefen Kuchenformen bei mittlerer Hitze zwanzig Minuten backen.

Aus dieser Grundlage können alle möglichen Schichtkuchen hergestellt werden. Zur Schokoladen-Torte: Mit Schokoladenglasur verzieren und die Torte mit der gleichen Glasur überziehen.

TROPFEN SIE KUCHEN

In eine Rührschüssel geben

Dreiviertel Tasse Zucker,

Eigelb von zwei Eiern.

Sahne aufschlagen und dann hinzufügen

Vier Esslöffel Backfett,

Eineinhalb Tassen Mehl,

Drei Teelöffel Backpulver,

Steif geschlagenes Eiweiß aus zwei Eiern.

Mit einem Löffel im Abstand von etwa 7,5 cm auf ein gut gefettetes und bemehltes Backblech verteilen. Im mäßigen Ofen backen.

LAITKUCHEN

In eine Rührschüssel geben

Eineinhalb Tassen Zucker,

Eigelb von vier Eiern.

Sahne gut vermischen und dann hinzufügen

Sechs Unzen Butter.

Nochmals cremig schlagen und dann hinzufügen

Vier Tassen Mehl,

Fünf Teelöffel Backpulver,

Ein Teelöffel Aroma,

Eineinhalb Tassen Milch.

Zum Mischen verrühren und dann das steif geschlagene Eiweiß der vier Eier schneiden und unterheben. In eine gut gefettete und bemehlte Laibform geben und 50 Minuten bei mittlerer Hitze backen.

HÜTTENPUDDING

In eine Rührschüssel geben

Eine Tasse Zucker,

Ein Ei,

Sechs Esslöffel Backfett,

Zweieinhalb Tassen Mehl,

Fünf Teelöffel Backpulver,

Eine Tasse Wasser.

Hart schlagen und gründlich vermischen und dann eine Hälfte dieser Mischung in gut gefetteten Puddingförmchen für den Cottage-Pudding backen. Fügen Sie zum Rest der Mischung eine der folgenden Zutaten hinzu:

Eine halbe Tasse Kokosnuss oder

Eine halbe Tasse fein gehackte Nüsse,

Eine halbe Tasse fein gehackte Rosinen,

Eine halbe Tasse Johannisbeeren, kandierte Orangenschale oder Zitronenschale,

Eine halbe Tasse fein gehackte Feigen, Datteln oder eingedampfte Aprikosen.

In eine gut gefettete und bemehlte Laibform füllen und bei mittlerer Hitze 30 Minuten backen. Abkühlen lassen und mit Wasserglasur vereisen.

FONDANT-GLASUR

In einen Topf geben

Zweieinhalb Tassen Zucker,

Eine viertel Tasse weißer Maissirup,

Eine halbe Tasse Wasser.

Umrühren, um den Zucker aufzulösen, zum Kochen bringen und kochen, bis sich in kaltem Wasser oder bei 240 Grad Fahrenheit im Zuckerthermometer eine weiche Kugel bildet. Vom Feuer nehmen, auf eine große, gut gefettete Fleischplatte gießen und abkühlen lassen; Beginnen Sie dann und kneten Sie es mit einem Spatel oder Löffel, bis es cremig weiß ist. Wenn es steif ist, kneten Sie es wie einen Teig, decken Sie es ab und legen Sie es 24 Stunden lang beiseite. Zur Verwendung im Wasserbad schmelzen, das gewünschte Aroma und nur ein oder zwei Esslöffel kochendes Wasser hinzufügen, um eine streichfähige Konsistenz zu erhalten.

SCHOKOLADENGLASUR

In eine Schüssel geben

Ein Pfund XXXX Zucker,

Zwei Esslöffel Maisstärke,

Eine halbe Tasse Kakao,

Ausreichend kochendes Wasser, damit sich die Mischung verteilt.

Zu einer glatten Masse verrühren, dann einen Esslöffel geschmolzene Butter hinzufügen und verwenden.

BUTTERCREMEGLASUR

Salz aus zwei Unzen Butter waschen, dann cremig schlagen, dann Eiweiß eines Eies hinzufügen und schlagen, bis die Mischung aufschäumt, dann hinzufügen

Ein Teelöffel Vanilleextrakt,

Ein halber Teelöffel Mandel- oder Rosenextrakt,

Ein Pfund XXXX Zucker.

Gut verrühren. Wenn die Masse zu dick ist, einen Esslöffel kochendes Wasser hinzufügen, zwischen den Schichten verteilen und zum Glasieren des Kuchens verwenden. Mit Buttercreme überzogene Kuchen können auch mit fein gehackten Nüssen oder gerösteten Kokosnüssen überzogen werden. Um Kokosnüsse zu rösten, geben Sie die Kokosnüsse für einige Minuten in eine Pfanne in den heißen Ofen und rühren Sie häufig um, bis sie gerade anfangen, Farbe anzunehmen.

WEICHE LEBKUCHEN

Eine Tasse Melasse,

Eine halbe Tasse Zucker,

Acht Esslöffel Backfett,

Zweieinhalb Tassen Mehl,

Ein Teelöffel Soda in einer halben Tasse Wasser aufgelöst,

Ein Teelöffel Ingwer,

Ein halber Teelöffel Nelken,

Zwei Teelöffel Zimt,

Zwei Teelöffel Backpulver.

Zum Vermischen kräftig verrühren, dann in eine gut gefettete und mit Mehl bestäubte Pfanne gießen und im langsamen Ofen 35 Minuten backen.

Glasur mit klarem Wasser

In eine Schüssel geben

Ein Pfund XXXX Zucker.

Zwei Esslöffel Maisstärke,

Ein Teelöffel Zitronensaft,

Ausreichend heißes Wasser zum Verteilen.

Zum Mischen schlagen und dann verwenden.

ORANGE WASSER-EICHE

In eine Schüssel geben

Ein Pfund XXXX Zucker,

Zwei Esslöffel Maisstärke,

Eigelb eines Eies,

Ein Teelöffel geriebene Orangenschale.

Ausreichend heißer Orangensaft, um eine streichfähige Masse zu erhalten. Einige Minuten lang kräftig schlagen, bis es glasig wird.

Melassekuchen

In eine Rührschüssel geben

Eine halbe Tasse Sirup,

Eine halbe Tasse brauner Zucker,

Sechs Esslöffel Backfett,

Ein Ei.

Gut schaumig schlagen und dann hinzufügen

Eine Tasse entkernte Rosinen,

Zweieinhalb Tassen Mehl,

Ein halber Teelöffel Backpulver darin aufgelöst

Eine viertel Tasse kaltes Wasser oder Milch,

Ein Viertel Teelöffel Muskatblüte,

Ein Viertel Teelöffel Nelken,

Ein halber Teelöffel Ingwer.

Zu einem glatten Teig verarbeiten und dann auf einem leicht bemehlten Brett ausrollen und schneiden. Die Oberseite der Kuchen mit Sirup bestreichen und mit fein gehackten Nüssen bestreuen. Im mäßigen Ofen acht Minuten backen. Das ergibt etwa drei Dutzend Kuchen.

Weiße Bergglasur

In einen Topf geben

Zwei Tassen Zucker,

Eine halbe Tasse Maissirup,

Eine halbe Tasse Wasser.

Umrühren, um den Zucker aufzulösen; Zum Kochen bringen, kochen, bis die Mischung eine weiche Kugel bildet, dann in einem feinen Strahl auf das steif geschlagene Eiweiß gießen. Zum Mischen verrühren und warm verwenden.

Teufelskuchen

Eine Tasse Zucker,

Sechs Esslöffel Backfett.

Gut schaumig schlagen und dann hinzufügen

Eigelb eines Eies,

Ein ganzes Ei,

Dreiviertel Tasse Milch,

Zwei Tassen Mehl,

Drei Teelöffel Backpulver,

Eine halbe Tasse Kakaopulver,

Ein Teelöffel Zimt.

Zum Mischen verrühren und dann in zwei Schichten 25 Minuten lang bei mittlerer Hitze backen. Jetzt platzieren

Übriggebliebenes Eiweiß,

Ein halbes Glas Apfelgelee

In eine Schüssel geben und mit einem Dover-Schneebesen zu einem schweren Baiser schlagen, der seine Form behält. Benutzen Sie dies zum Befüllen. Zum Zuckerguss verwenden

Eine Tasse XXXX Zucker,

Zwei Esslöffel Maisstärke.

Zucker und Stärke sieben und mit reichlich kochendem Wasser befeuchten, glatt rühren und auf dem Kuchen verteilen.

SCHOKOLADEN-SCHICHT-KUCHEN

In eine Schüssel geben

Eine Tasse Zucker,

Eigelb von zwei Eiern.

Sahne aufschlagen und dann hinzufügen

Sechs Esslöffel Backfett,

Drei Tassen Mehl,

Fünf gestrichene Teelöffel Backpulver,

Zwei Teelöffel Vanille,

Eine Tasse Milch oder Wasser.

Zum Mischen verrühren und dann das steif geschlagene Eiweiß von zwei Eiern schneiden und unterheben. In zwei Schichten in vorbereiteten Formen backen und nach dem Abkühlen eine Schokoladenfüllung dazwischen legen und mit Schokoladenbuttercreme einfrieren. Siehe Rezept für Schokoladenfüllung.

WEICHE KEKSE

In einen Topf geben

Eine Tasse Melasse,

Sechs Esslöffel Backfett.

Zum Kochen bringen und dann hinzufügen

Ein Teelöffel Ingwer,

Eineinhalb Teelöffel Zimt,

Ein halber Teelöffel Piment.

Zum Mischen umrühren, dann vom Feuer nehmen und abkühlen lassen, nun hinzufügen

Ein Ei,

Eine Tasse Sauermilch,

Ein Teelöffel Backpulver.

Mit einem Dover-Schneebesen verrühren und dann so viel Mehl hinzufügen, dass ein weicher, handhabbarer Teig entsteht, normalerweise etwa sieben Tassen. Zu walnussgroßen Kugeln formen und diese dann zwischen den Händen flach drücken. Auf einer gefetteten und bemehlten umgekehrten Backform bei mittlerer Hitze etwa zehn Minuten backen.

CHARLOTTE RUSSE

Die Biskuitmasse in Muffinformen backen und anschließend abkühlen lassen. Oben eine Scheibe abschneiden, die Krümel herauslöffeln und dann mit Schlagsahne oder Fruchtschaum füllen.

SCHOKOLADENBUTTERCREME

Geben Sie zwei Unzen Butter in eine Schüssel, schlagen Sie alles zu einer cremigen Masse und fügen Sie es dann hinzu

Zweieinhalb Tassen XXXX Zucker,

Dreiviertel Tasse Kakao,

Ein halber Teelöffel Zimt,

Ein Teelöffel Vanille,

Vier Esslöffel kochender Kaffee.

Zu einer glatten Creme schlagen und dann auf dem Kuchen verteilen.

ENGLISCHE SAMENKUCHEN

Dreiviertel Tasse Zucker,

Ein Ei,

Fünf Esslöffel Backfett,

Zwei Tassen Mehl,

Vier Teelöffel Backpulver,

Dreiviertel Tasse Milch,

Zwei Esslöffel Kümmel.

In eine Rührschüssel geben und verrühren. In eine gut gefettete Pfanne füllen und die folgende Mischung darauf geben:

In eine Rührschüssel geben

Sechs Esslöffel Mehl,

Vier Esslöffel brauner Zucker,

Eineinhalb Esslöffel Kümmel,

Zwei Esslöffel Backfett.

Zwischen den Fingern verreiben, bis es fein und krümelig ist. Auf dem Kuchen verteilen und bei mittlerer Hitze 35 Minuten backen.

So bereiten Sie die Form vor: Verwenden Sie eine tiefe Kuchenform und fetten Sie diese ein. Anschließend mit Papier auslegen und erneut einfetten.

ENGLISCHE FELSEN

In eine Rührschüssel geben

Eineinhalb Tassen brauner Zucker,

Zwei Drittel Tasse Backfett,

Zwei Eier,

Ein Teelöffel Soda, aufgelöst in

Vier Esslöffel Wasser,

Zwei Teelöffel Zimt,

Ein Teelöffel Muskatnuss.

Zweieinhalb Tassen Mehl,

Eineinhalb Tassen fein gehackte Nüsse,

Eineinhalb Tassen fein gehackte Rosinen.

Gründlich vermischen und einen Teelöffel auf ein gut gefettetes und bemehltes Backblech geben und zwölf Minuten bei mittlerer Hitze backen.

FRUCHTKUCHEN

Ein schöner und reichhaltiger Obstkuchen ist normalerweise die beliebte Torte für Hochzeiten und Jubiläen. Vor langer Zeit freuten sich die jungen Frauen des Haushalts darüber, ihr Können bei der Herstellung und dem Backen dieser Königin der Kuchen unter Beweis zu stellen. Damals hielten die Leute es für einen unverzichtbaren Bestandteil des Festes, und der Zecher von heute schätzt es ebenso wie sein Großvater vor ihm. Hier ist ein altes und geschätztes Rezept:

Ein Glas Gewürzmarmelade in eine Schüssel geben und hinzufügen

Ein Esslöffel Kakao,

Ein Teelöffel Zimt,

Ein halber Teelöffel Muskatnuss,

Zwei Esslöffel Vanilleextrakt.

Gut verrühren und dann über den Kuchen verteilen. Den Kuchen in einen tiefen Aluminiumtopf oder Steintopf geben und in einem warmen Raum bis kurz vor Weihnachten reifen lassen. Den Kuchen dann aus dem Topf nehmen und mit einem in heißem Wasser sehr trockengewrungenen Tuch abwischen, dann mit Schokoladenglasur überziehen.

EIN PREISWERTIGER OBSTKUCHEN

Eine Tasse Sirup,

Eine halbe Tasse brauner Zucker,

Eine halbe Tasse Backfett,

Ein Ei.

Gut verrühren und dann hinzufügen

Drei Tassen Mehl,

Eine halbe Tasse Kakao,

Drei gestrichene Esslöffel Backpulver,

Eine Tasse schwarzen Kaffee,

Ein gestrichener Esslöffel Zimt,

Ein Teelöffel Muskatnuss,

Ein halber Teelöffel Nelken,

Ein viertel Teelöffel Ingwer,

Eine Packung kernlose Rosinen,

Eine Tasse entkernte Rosinen,

Eine Tasse fein gehackte Erdnüsse,

Eine Tasse fein gehackte Pflaumen.

Gut vermischen und in einer gut gefetteten und bemehlten Pfanne backen, die mit gefettetem und bemehltem Papier ausgelegt ist. Im langsamen Ofen eine Stunde lang backen.

RUMÄNISCHER OBSTKUCHEN

Dies ist der reichhaltigste Kuchen, der in Europa während der Weihnachtszeit gebacken wird, und wird normalerweise für die Könige zubereitet. Das Originalrezept kam in einer Form, die für die normale Familie viel zu groß ist, daher habe ich die Proportionen so aufgeteilt, dass selbst die sparsame Hausfrau das Gefühl hat, sich diese eine Extravaganz leisten zu können. Das Rezept folgt:

Eine Tasse Honig,

Eine Tasse brauner Zucker,

Dreiviertel Tasse gutes Backfett,

Ein Teelöffel Zimt,

Ein Teelöffel Muskatnuss,

 Ein halber Teelöffel Ingwer,

Ein halber Teelöffel Nelken,

Ein viertel Teelöffel Piment,

Eigelb von drei Eiern.

Alles cremig rühren und dann hinzufügen

Ein halbes Pint Tasse Gewürzmarmelade,

Eine halbe Pint-Tasse Gelee jeglicher Art.

Zum Vermischen noch einmal schlagen und dann hinzufügen

Sechs Tassen gesiebtes Mehl,

Tour-Esslöffel Backpulver,

Dreiviertel Tasse starker schwarzer Kaffee.

Gerade genug schlagen, um zu mischen und dann das steif geschlagene Eiweiß von drei Eiern unterheben und hinzufügen

Eineinhalb Tassen entkernte Rosinen,

Eine Tasse kernlose Rosinen,

Eine halbe Tasse entkernte Korinthen,

Eineinhalb Tassen fein gehackte Erdnüsse oder andere Nüsse,

Eine Tasse fein gehackte Zitrone,

Eine halbe Tasse fein gehackte Orangen- oder Zitronenschale, gemischt,

Eine Tasse fein gehackte Feigen,

Eine Tasse fein gehackte Aprikosen,

Eine Tasse fein gehackte und entsteinte Pflaumen.

Die Früchte gut vermischen und dann eine runde Puddingform einfetten und bemehlen und mit dreilagigem, gefettetem und bemehltem Papier auslegen. Gießen Sie die Kuchenmischung hinein und bedecken Sie die Oberseite des Kuchens mit einem gut gefetteten Papier. Stellen Sie nun die Form mit dem Kuchen in eine große Backform, die etwa drei Tassen kochendes Wasser enthält. In einen langsamen Ofen geben und zweieinhalb Stunden backen. Herausnehmen und abkühlen lassen, dann aus der Pfanne nehmen und das Papier mit kochendem Wasser abbürsten, um es zu entfernen. Jetzt zum Reifen oder Altern.

GÜNSTIGER FRUCHTKUCHEN

In einen Topf geben

Eine Tasse Sirup,

Eine Tasse Kaffee,

Eine halbe Tasse Backfett,

Eine halbe Tasse Kakao,

Eine halbe Tasse brauner Zucker,

Eine Packung Rosinen,

Eineinhalb Tassen fein gehackte Erdnüsse,

Zwei Teelöffel Zimt,

Ein halber Teelöffel Muskatnuss,

Ein halber Teelöffel Piment,

Ein halber Teelöffel Nelken.

Zum Kochen bringen, dann wieder auf den Herd stellen und zehn Minuten lang sehr langsam kochen lassen. In eine Rührschüssel geben und abkühlen lassen. Fügen Sie nun fünf Tassen gesiebtes Mehl und vier gestrichene Esslöffel Backpulver hinzu; Zum gründlichen Mischen schlagen, dann in eine gut gefettete und bemehlte Form geben und im langsamen Ofen fünfundfünfzig Minuten backen. Kühlen und lagern Sie ihn wie den rumänischen Obstkuchen.

WEISSER FRUCHTKUCHEN

Was allgemein als Brautkuchen bezeichnet wird.

Acht Unzen cremige Butter,

Zwei Tassen Zucker.

Alles so lange cremig rühren, bis es schaumig und schneeweiß ist, dann nacheinander sechs Eier dazugeben und dann hinzufügen

Fünf Tassen gesiebtes Mehl,

Zwei gestrichene Esslöffel Backpulver,

Eine Tasse entkernte Rosinen,

Eine Tasse Johannisbeeren,

Eine Tasse fein gehackte Zitrone,

Eineinhalb Tassen Milch,

Eine Tasse fein gehackte Nüsse.

Zum Mischen verrühren und dann im langsamen Ofen in einer vorbereiteten Pfanne anderthalb Stunden backen. Um die Pfanne vorzubereiten, fetten und bemehlen Sie die Pfanne und legen Sie sie dann mit gefettetem und bemehltem Papier aus.

WEISSER PFUNDKUCHEN

Vier Unzen Butter,

Eineinhalb Tassen Zucker.

Sahne hell und schaumig rühren und dann hinzufügen

Eine Tasse Milch,

Dreieinhalb Tassen Mehl,

Vier Teelöffel Backpulver,

Ein Teelöffel Mandelextrakt,

Ein halber Teelöffel Muskatblüte.

Fünf Minuten lang verrühren, dann das steif geschlagene Eiweiß von fünf Eiern schneiden und unterheben. In vorbereiteten Formen eine Stunde lang bei mittlerer Hitze backen. Benutzen Sie die gleich vorbereiteten Formen wie für den Obstkuchen. Nach diesem Rezept kann aus dem Eigelb von sieben Eiern ein goldener Kuchen hergestellt werden.

Für eine erfolgreiche Verwendung müssen Sie gutes Backfett, Gebäckmehl, Kristallzucker und frische Eier verwenden. Exakte Sorgfalt beim Abmessen mit den richtigen Mischmethoden und schließlich sorgfältiges Backen sind erforderlich. Nun zu einem weiteren Punkt: Rühren Sie den Kuchen nach dem letzten Rühren nicht um.

Füllen Sie die Kuchenform mit dem Teig bis in die Ecken und lassen Sie in der Mitte eine kleine Vertiefung. Dadurch bleibt der Kuchen oben vollkommen glatt. Wenn der Ofen zu kalt ist, wenn Sie die Kuchen hineingeben, geht der Kuchen über den Rand der Form hinaus und wird grobkörnig. Wenn es dagegen zu heiß ist, wird die Oberseite schnell braun, bevor der Kuchen aufgehen konnte; wenn der Teig dann versucht aufzugehen, bricht er durch und die Kruste reißt. Dies kann auch zu viel Mehl verursachen. Nun brechen wir die alten Irrtümer über das Kuchenbacken! Sie können sich den Kuchen ansehen, nachdem er zehn Minuten im Ofen war, indem Sie die Ofentür vorsichtig öffnen und schließen. Wenn Sie den Kuchen herausnehmen müssen, warten Sie, bis er seine volle Höhe erreicht hat und anfängt zu bräunen. Dann können Sie ihn vorsichtig herausnehmen, ohne dass die Gefahr besteht, dass er herunterfällt. Manchmal kann es notwendig sein, die Kuchen herauszunehmen, damit sie gleichmäßig braun werden. Das Glasieren der Kuchen verbessert ihr

Aussehen erheblich. Sollte der Kuchen aus irgendeinem Grund anbrennen, schneiden Sie ihn nicht mit einem Messer ab. Dies verdirbt sein Aussehen; Verwenden Sie stattdessen eine Reibe und entfernen Sie den angebrannten Teil.

Drehen Sie die Kuchen zum Abkühlen auf ein Sieb oder ein Kuchengitter. Versuchen Sie nicht, einen Kuchen zu glasieren, bis er abgekühlt ist, und ihn dann komplett mit einer einfachen Wasserglasur zu überziehen.

Ein kleiner Rührkuchen

Vier Unzen Butter,

Eine Tasse Zucker.

In eine warme Schüssel geben und schaumig schlagen; dann die Eigelbe von vier Eiern hinzufügen und zehn Minuten lang gut verrühren, dann hinzufügen

Drei Tassen Mehl,

Vier gestrichene Teelöffel Backpulver,

Eine Tasse Milch,

Ein Teelöffel Muskatnuss.

Fünfzehn Minuten lang kräftig schlagen, dann vorsichtig das steif geschlagene Eiweiß unterheben, in eine vorbereitete Pfanne gießen und sechzig Minuten im langsamen Ofen backen.

Ein großer Rührkuchen

Eineinhalb Tassen Zucker,

Acht Unzen Backfett.

Verrühren, bis alles leicht und schaumig ist, dann hinzufügen

Eigelb von sechs Eiern,

Fünf Tassen gesiebtes Mehl,

Drei gestrichene Teelöffel Backpulver,

Eineinhalb Tassen Milch,

Ein Teelöffel Muskatblüte.

Zwanzig Minuten lang schaumig schlagen und dann vorsichtig das steif geschlagene Eiweiß der sechs Eier unterheben. In einer vorbereiteten Pfanne achtzig Minuten lang bei mittlerer Hitze backen.

COBBLER, SÜDLICHER STIL

Wählen Sie die gewünschte Frucht und fügen Sie zu einem Liter Kompott hinzu

Eineinhalb Tassen feine Semmelbrösel,

Eine Tasse brauner Zucker,

Drei Esslöffel geschmolzenes Backfett,

Ein Teelöffel Muskatnuss oder Zimt.

Gut vermischen und dann in eine gut gefettete Auflaufform geben und mit einer Teigkruste bedecken. Im langsamen Ofen vierzig Minuten backen. Mit Frucht- oder Vanillesoße servieren.

KIRSCHE ROLY-POLY

In eine Rührschüssel geben

Zweieinhalb Tassen gesiebtes Mehl,

Zwei Esslöffel Backpulver,

Ein Teelöffel Salz,

Eine halbe Tasse Zucker.

Zum Mischen sieben. Nun eine halbe Tasse Backfett einreiben und mit einer dreiviertel Tasse Wasser zu einem Teig verrühren. Einen Zentimeter dick ausrollen und mit den vorbereiteten Kirschen füllen. Rollen Sie es wie eine Biskuitrolle und legen Sie es dann in eine gut gefettete und bemehlte Pfanne. Im Ofen bei mittlerer Hitze 35 Minuten lang backen und alle zehn Minuten mit dem daraus hergestellten Sirup begießen

Eine halbe Tasse brauner Zucker,

Dreiviertel Tasse kochendes Wasser.

So bereiten Sie die Kirschen vor: Zwei Pfund Kirschen entsteinen und in einen Topf geben und hinzufügen

Eine Tasse brauner Zucker,

Vier Esslöffel Wasser.

Langsam kochen, bis die Kirschen weich sind und dann hinzufügen

Zwei Esslöffel Maisstärke aufgelöst in

Drei Esslöffel Wasser.

Zum Kochen bringen und fünf Minuten kochen lassen. Abkühlen lassen und verwenden. Diese Mischung muss sehr dick sein.

HAFERFLOCKEN-DROPS

In einen Topf geben

Eine Tasse Maissirup,

Eine halbe Tasse Backfett,

Eine Tasse gehackte Rosinen.

Zum Kochen bringen und fünf Minuten kochen lassen, dann hinzufügen

Ein Teelöffel Soda aufgelöst in

Vier Esslöffel kaltes Wasser,

Zwei Tassen Haferflocken,

Eine halbe Tasse Mehl,

Ein halber Teelöffel Muskatnuss.

Vermischen und dann löffelweise im Abstand von 5 cm auf ein gefettetes und bemehltes Backblech geben. Im heißen Ofen 10 Minuten backen.

KÄSEKUCHEN

Verwenden Sie waagerechte Maße. In einen Topf geben

Eine Tasse Milch,

Zwei Esslöffel Maisstärke.

Die Stärke in der Milch auflösen und dann zum Kochen bringen. Fünf Minuten kochen lassen. Abkühlen lassen und dann eineinhalb Tassen Hüttenkäse durch ein Sieb reiben. Hinzufügen

Ein Teelöffel Muskatnuss,

Zwei Eigelb,

Ein Teelöffel Vanilleextrakt,

Zwei Drittel Tassen Zucker.

Zu Sahne schlagen und dann in die längliche Käsekuchenform füllen, die mit Naturteig ausgelegt ist. Im langsamen Ofen 30 Minuten backen.

ZARTE SCHOKOLADENKEKSE

Eine halbe Tasse brauner Zucker,

Eine halbe Tasse Sirup,

Sechs Esslöffel Backfett,

Ein Ei.

Sahne aufschlagen und dann hinzufügen

Eine halbe Tasse Kakao,

Eine halbe Tasse Milch,

Zwei Teelöffel Backpulver,

Vier Tassen Mehl,

Ein Teelöffel Zimt.

Zu einem Teig verarbeiten und dann ausrollen, schneiden und acht Minuten lang bei mittlerer Hitze backen. Abkühlen lassen und drei Minuten lang mit einem feuchten Tuch abdecken. In einem luftdichten Behälter aufbewahren.

SCHWARZER NUSSKUCHEN

Eine Tasse brauner Zucker,

Fünf Esslöffel Backfett.

Gut schaumig schlagen und dann hinzufügen

Eine halbe Tasse Kakao,

Zwei Tassen gesiebtes Mehl,

Vier gestrichene Teelöffel Backpulver,

Ein gut geschlagenes Ei,

Eine Tasse Milch,

Ein Teelöffel Zimt,

Ein Teelöffel Vanille,

Eine Tasse fein gehackte Nüsse.

Erdnüsse oder eine andere ausgewählte Sorte reichen aus. Zum Mischen verrühren und dann in gut gefettete und bemehlte Laibformen gießen. Im mäßigen Ofen fünfunddreißig Minuten backen. Eis mit Wasserglasur. Dieser Kuchen ist köstlich.

TIERISCHE KEKSE

Eine Tasse brauner Zucker,

Eineinhalb Tassen Mehl,

Ein viertel Teelöffel Backpulver,

Zwei Teelöffel Backpulver,

Ein Teelöffel Ingwer,

Zwei Teelöffel Zimt,

Ein halber Teelöffel Muskatnuss.

Durch Sieben gründlich vermischen und dann sieben Esslöffel Backfett in die Mischung einreiben. Zum Teig verrühren

Ein gut geschlagenes Ei,

Sechs Esslöffel Kaffee.

Den Teig gut durchkneten und dann auf einem leicht bemehlten Arbeitsbrett etwa einen Viertel Zoll ausrollen. Mit Tierausstechern schneiden und dann auf einem Backblech bei mittlerer Hitze zehn Minuten backen. Abkühlen lassen, dann mit einer Mischung aus Sirup und Wasser waschen und im Puderzucker wälzen.

HINWEIS: Der Teig muss ziemlich weich sein. Bei Bedarf noch mehr Kaffee hinzufügen.

Sirupwäsche:

Drei Esslöffel Sirup,

Ein Esslöffel kochendes Wasser.

Mischen und verwenden.

SCHOKOLADENFÜLLUNG FÜR KUCHEN AUS KAKAO

In einen Topf geben

Eine Tasse Wasser,

Eine Tasse Sirup,

Eine halbe Tasse Kakao,

Sechs Esslöffel Maisstärke,

Ein Teelöffel Zimt.

Rühren, bis sich die Stärke aufgelöst hat, und dann zum Kochen bringen. Sechs Minuten lang langsam kochen und dann einen Teelöffel Vanille hinzufügen. Abkühlen lassen und als Schokoladenfüllung zwischen Kuchen, in Eclairs oder Windbeuteln oder für Schokoladenkuchen verwenden.

GEMÜSE

GEBACKENE GRÜNE PAPRIKA

Erlauben Sie jeder Person eine große Paprika. Schneiden Sie eine Scheibe von der Oberseite ab, entfernen Sie die Kerne und legen Sie sie dann in kaltes Wasser, bis sie benötigt werden. Jetzt vier Zwiebeln fein hacken und dann in vier Esslöffeln Backfett kochen, bis sie weich, aber nicht braun sind. In eine Schüssel geben und dann hinzufügen

Zwei Unzen Speck, gewürfelt und hellbraun gegart,

Eineinhalb Tassen feine Semmelbrösel,

Zwei Teelöffel Salz,

Ein Teelöffel Paprika,

Ein halber Teelöffel Thymian,

Dreiviertel Tasse Milch,

Ein gut geschlagenes Ei.

Mischen und dann in sechs große Paprika füllen. In eine gefettete Backform geben und eine halbe Tasse Wasser hinzufügen. Vierzig Minuten bei mittlerer Hitze backen. Fünf Minuten vor dem Herausnehmen aus dem Ofen einen Streifen Speck über jede Paprika legen. Wenn es schön gebräunt ist, servieren.

Auberginen-Kroketten

Die Aubergine schälen, in Scheiben schneiden und mit kochendem Wasser bedecken. Kochen, bis es weich ist, und dann gut abtropfen lassen. In eine Schüssel geben und hinzufügen

Eine mittelgroße geriebene Zwiebel,

Zwei grüne Paprika fein gehackt,

Ein gut geschlagenes Ei,

Eine halbe Tasse feine Krümel,

Zwei Teelöffel Salz,

Ein Teelöffel Paprika.

Zu Kroketten formen und dann in Mehl, dann in verquirltem Ei tauchen und in feinen Krümeln wälzen. In heißem Fett anbraten, mit Sahnesauce servieren.

Geschmorter Sellerie

Schaben und reinigen Sie die groben äußeren Zweige des Selleries gründlich, schneiden Sie ihn in 2,5 cm große Stücke und kochen Sie ihn dann fünfzehn Minuten lang sanft vor. Abfluss. Geben Sie nun zwei Esslöffel Butter in einen Topf und fügen Sie eineinhalb Tassen des vorbereiteten Selleries hinzu. Gut abdecken und garen, bis es weich ist. Dabei gelegentlich schütteln, damit es nicht an der Pfanne kleben bleibt. Würzen und zum Servieren mit Espaniole oder brauner Soße aus Brühe bedecken.

Soße zubereiten: Geben Sie zwei Esslöffel Fett in eine eiserne Bratpfanne und fügen Sie vier Esslöffel Mehl hinzu. Zu einer Mehlschwitze verarbeiten und gut bräunen. Nun eineinhalb Tassen Brühe hinzufügen und zum Kochen bringen. Fünf Minuten kochen lassen, dann abseihen, zurück in den Topf geben und würzen. Verwenden Sie einen Brühwürfel, um die Brühe zuzubereiten, wenn keine normale Brühe zur Hand ist.

GEBACKENE BABY-LIMA-BOHNEN

Diese winzigen Limetten schmecken am köstlichsten, wenn sie wie gewöhnliche weiße Bohnen gebacken werden. Waschen Sie ein halbes Pfund Bohnen gut, schauen Sie sie sich dann sorgfältig an und entsorgen Sie alle gequetschten oder beschädigten Bohnen. Über Nacht in kaltem Wasser einweichen. Morgens noch einmal waschen, dann in einen Topf geben und mit kaltem Wasser bedecken. Zum Kochen bringen und dann in ein Sieb geben und das kalte Wasser darüber laufen lassen, dann in einen Topf geben und mit kochendem Wasser bedecken und zwanzig Minuten kochen lassen. In eine Auflaufform geben und hinzufügen

Eine Tasse gedünstete Tomaten,

Eine Zwiebel, fein gehackt,

Eine grüne Paprika, fein gehackt,

Ein Teelöffel Salz,

Ein Esslöffel Paprika,

Eine halbe Tasse Salatöl,

Vier Esslöffel Sirup.

Fügen Sie so viel Wasser hinzu, dass die Bohnen 2,5 cm tief bedeckt sind. Gut vermischen und zwei Stunden lang im langsamen Ofen backen.

BOHNEN, ITALIENISCHER ART

Weichen Sie eine Tasse getrocknete Bohnen ein und kochen Sie sie dann, bis sie weich sind, oder verwenden Sie 1 Liter grüne Bohnen.

Dann füge hinzu

Zwei Zwiebeln fein gehackt,

Eine grüne oder rote Paprika, fein gehackt.

Wenn es weich ist, gut abtropfen lassen und mit würzen

Ein Teelöffel Salz,

Ein Teelöffel Paprika,

Drei Esslöffel geriebener Käse.

KAROTTEN A LA BRABANCONNE

Die Karotten in Scheiben schneiden und kochen, bis sie weich sind. Abtropfen lassen und dann eine Schicht Karotten in eine Auflaufform legen. Mit feinen Semmelbröseln sowie Salz und Paprika bestreuen und dann zwei Esslöffel geriebenen Käse über jede Schicht sieben. Wiederholen Sie dies, bis die Schüssel voll ist, und bedecken Sie sie dann mit anderthalb Tassen Sahnesauce. Mit geriebenem Käse und feinen Semmelbröseln bestreuen. Im heißen Ofen zwanzig Minuten backen.

KROKETTEN AUS BABY-LIMABOHNEN

Baby-Limabohnen sollten über Nacht eingeweicht werden. Schauen Sie sich morgens sorgfältig um und entsorgen Sie dann alle beschädigten und beschädigten Bohnen. In einen Topf geben und mit kaltem Wasser bedecken. Zum Kochen bringen und fünf Minuten kochen lassen. In ein Sieb geben, unter kaltem Wasser abspülen und dann zurück in den Topf geben. Mit kochendem Wasser bedecken und kochen, bis es weich ist, dann hinzufügen

Zwei Zwiebeln, fein gehackt,

Ein Bündel Suppenkräuter.

Die Bohnen abkühlen lassen und gut abtropfen lassen, dann fein pürieren, in eine Schüssel geben und in den Kühlschrank stellen, bis sie gebraucht werden.

CREMEPILZE

Verwenden Sie sowohl Kappen als auch Stiele. Schälen, dann drei Minuten vorkochen und abtropfen lassen. Verwenden Sie drei Viertel Pfund Pilze. Machen Sie nun eine Sahnesauce daraus

Drei Tassen Milch,

Eine halbe Tasse Mehl.

Das Mehl in der Milch auflösen und dann zum Kochen bringen. Zehn Minuten lang langsam kochen und dann die vorbereiteten Pilze hinzufügen und hinzufügen

Eine Zwiebel, gerieben,

Eine halbe Tasse fein gehackte Petersilie,

Zwei Teelöffel Salz,

Ein Teelöffel Paprika,

Drei Esslöffel Butter.

Bis zum Siedepunkt erhitzen und dann langsam köcheln lassen.

MAISPLATTEN

Eine halbe Dose Maisschrot,

Ein Ei,

Eine halbe Tasse Wasser,

Ein Teelöffel Salz,

Ein Teelöffel Paprika,

Eine geriebene Zwiebel,

Ein Esslöffel Backpulver,

Zwei Tassen gesiebtes Mehl.

Vermischen und in heißem Fett ausbacken. Abgießen. Diese Menge reicht für sechs Personen.

Geschmorte Zwiebeln

Drei Tassen fein gehackte Zwiebeln vorkochen und abtropfen lassen. Nun eine halbe Tasse Backfett in eine Bratpfanne geben und Zwiebeln hinzufügen. Gut abdecken und braten, bis die Pfanne hellbraun ist. Um eine heiße Platte einen Zwiebelrand legen.

GEBACKENE BOHNEN MIT GESALZTEM SCHWEINEFLEISCH

Die Bohnen (ein Pfund) über Nacht oder frühmorgens einweichen und mittags in einen Kessel geben und mit Wasser bedecken. Zum Kochen bringen und das Wasser abgießen. Mit Wasser bedecken. Zum Kochen bringen und 15 Minuten kochen lassen. Abgießen. Jetzt hinzufügen

Eine Dose Tomaten,

Eine Tasse gehackte Zwiebeln,

Eine halbe Tasse Sirup,

Ein Pfund gesalzenes Schweinefleisch in Stücke geschnitten,

Zwei Esslöffel Salz,

Ein Esslöffel Paprika.

So viel Wasser hinzufügen, dass die Bohnen 2,5 cm hoch bedeckt sind. Gut vermischen, den Topf fest verschließen und vier Stunden bei niedriger Temperatur im Ofen backen.

LEBERKNÖDEL

Kochen Sie 110 Gramm Leber vor, bis sie weich sind, und geben Sie sie dann durch einen Zerkleinerer. Es kann entweder Rinder-, Schweine- oder Lammleber verwendet werden. Drei Zwiebeln sehr fein hacken. Geben Sie vier Esslöffel Fett in eine Bratpfanne und fügen Sie Zwiebeln und Leber hinzu. Vorsichtig kochen, bis die Zwiebeln weich sind, dann anheben, in eine Rührschüssel geben und hinzufügen

Eineinhalb Tassen trockenes Kartoffelpüree,

Zwei Teelöffel Salz,

Ein Teelöffel Paprika,

Ein halber Teelöffel Thymian,

Eineinhalb Tassen gesiebtes Mehl,

Ein Teelöffel Backpulver.

Gründlich vermischen und dann hinzufügen

Ein Ei,

Vier Esslöffel Kartoffelwasser.

Zu einer glatten, gut vermengten Masse verarbeiten, dann die Hände mit Salatöl einreiben und diese Masse dann zu Kugeln formen. Zwanzig Minuten in kochendem Salzwasser kochen. Mit einer Schaumkelle auf einer Serviette anheben und abtropfen lassen. Entweder mit Zwiebeln, Tomaten oder Sahnesauce servieren, oder die Knödel in Mehl wälzen, in heißem Fett kurz anbraten und sofort servieren.

ÜBERBACKENER MAIS

In eine Rührschüssel geben

Dreiviertel Tasse zerkleinerter Dosenmais,

Eine halbe Tasse feine Semmelbrösel,

Ein Esslöffel geriebene Zwiebel,

Zwei Esslöffel fein gehackte Petersilie,

Ein Esslöffel Butter,

Ein Teelöffel Salz,

Ein halber Teelöffel Paprika,

Drei Esslöffel Mehl,

Ein Ei,

Dreiviertel Tasse Milch.

Gut vermischen, dann in eine gut gefettete Auflaufform geben und 30 Minuten bei mittlerer Hitze backen.

KANINCHEN

FRICASSEE VON KANINCHEN

Das Kaninchen in einen Topf geben und hinzufügen

Ein Liter kochendes Wasser,

Eine große Zwiebel mit zwei darin steckenden Nelken,

Schwuchtel aus Suppenkräutern.

Zum Sieden bringen und sanft kochen, bis das Fleisch zart ist. Die Soße kann mit Maisstärke angedickt werden.

Mit Pfeffer, Salz und fein gehackter Petersilie würzen.

Um eine Kaninchenpastete zuzubereiten, geben Sie die Kaninchenfrikassee in eine Auflaufform und bedecken Sie sie mit einer Kruste. Im heißen Ofen fünfunddreißig Minuten backen.

GEBRATENES KANINCHEN

Bereiten Sie das Kaninchen vor und kochen Sie es wie Frikassee. Wenn das Fleisch zart ist, heben Sie es ab und lassen es abtropfen. Cool. In geschlagenem Ei wenden, dann in feinen Semmelbröseln wälzen und im heißen Fett goldbraun braten. Verwenden Sie die Flüssigkeit für Soße.

Saures Kaninchen

Das Kaninchen zerschneiden, dann in eine Porzellanschüssel geben und hinzufügen

Eine Tasse gehackte Zwiebeln,

Ein Bund Kräuter,

Ein Teelöffel süßer Majoran,

Sechs Nelken,

Fünf Piment,

Zwei Lorbeerblätter.

Nun mit einer Mischung aus zwei Teilen Essig und einem Teil Wasser abdecken. Drei Tage lang an einem kühlen Ort ruhen lassen, dabei das Kaninchen jeden Tag wenden, dann in eine Auflaufform oder einen Schmortopf geben und kochen, bis es weich ist. Die Soße eindicken. Servieren Sie zu diesem Gericht Kartoffelknödel oder genießen Sie es kalt.

KANINCHENKUCHEN

Ein Kaninchenpaar putzen und zum Kochen vorbereiten; in passende Stücke schneiden. In heißem Fett schnell anbraten; In eine Auflaufform heben und einen Liter heißes Wasser hinzufügen.

Zwei große Zwiebeln, sehr fein gehackt,

Salz und Pfeffer nach Geschmack.

Sehr langsam kochen, bis sie weich sind, die Soße eindicken und eine Tasse Sauerrahm hinzufügen. Dann die Oberseite der Auflaufform mit pürierten und gewürzten Süßkartoffeln bedecken, 2,5 cm dick. Mit Sirup bestreichen, leicht mit Zimt bestäuben und mit Butterstückchen bestreuen. Backen, bis es leicht braun ist.

Vanillesoße

Eine Tasse Milch,

Zwei Esslöffel Maisstärke.

Zum Auflösen umrühren und zum Kochen bringen, drei Minuten kochen lassen und dann hinzufügen

Ein viertel Teelöffel Muskatnuss,

Fünf Esslöffel Zucker,

Eigelb eines Eies.

Zum Vermischen verrühren und dann abkühlen lassen.

KARAMELL-SAUCE

Eine Tasse brauner Zucker,

Vier Esslöffel Wasser,

Ein Esslöffel Butter.

In eine Bratpfanne geben und karamellisieren lassen, dann eineinhalb Tassen Wasser hinzufügen. Zum Kochen bringen und dann vier Esslöffel Maisstärke hinzufügen, aufgelöst in fünf Esslöffeln Wasser. Rühren Sie, bis die Mischung eindickt, und kochen Sie sie fünf Minuten lang. Geben Sie dann einen Teelöffel Vanille hinzu und verwenden Sie sie.

FRUCHTSOßE

In einen Topf geben

Eine Tasse zerkleinertes frisches Obst,

Eine Tasse brauner Zucker,

Eine Tasse Wasser.

Kochen, bis die Früchte weich sind, dann abkühlen lassen. Durch ein feines Sieb reiben und dann hinzufügen

Drei Esslöffel Maisstärke

aufgelöst in

Drei Esslöffel Wasser.

Zum Kochen bringen und fünf Minuten kochen lassen.

GESÜSSTE CREMESAUCE

In einen Topf geben

Zwei Tassen Milch,

Vier Esslöffel Maisstärke.

Die Speisestärke in kalter Milch auflösen und zum Kochen bringen. Fünf Minuten kochen lassen und dann hinzufügen

Eine halbe Tasse Zucker,

Ein halber Teelöffel Muskatnuss,

Ein gut geschlagenes Ei.

Zum Mischen schlagen.

VANILLESOSSE

In einen Topf geben

Eine halbe Tasse Zucker,

Eine halbe Tasse weißer Maissirup,

Eine halbe Tasse Wasser,

Zwei Esslöffel Maisstärke.

Zum Auflösen umrühren, dann zum Kochen bringen und drei Minuten kochen lassen. Jetzt hinzufügen

Ein Esslöffel Vanilleextrakt.

ZITRONENSAUCE

In einen Topf geben

abgeriebene Schale einer Zitrone,

Zwei Tassen Wasser,

Vier Esslöffel Maisstärke.

Die Stärke auflösen und dann zum Kochen bringen. Fünf Minuten lang langsam kochen und dann hinzufügen

Eine Tasse Zucker,

Saft von zwei Zitronen.

Zum gründlichen Mischen schlagen und dann servieren.

SABOYON-SAUCE

Geben Sie eine halbe Tasse Zucker in einen Topf und fügen Sie das Eigelb von zwei Eiern hinzu. Schlagen Sie die Creme auf, bis sie leicht und locker ist, und fügen Sie dann einen Teelöffel Vanilleextrakt und einen halben Teelöffel Mandelextrakt hinzu. Erhitzen Sie eine halbe Tasse Milch bis zum Siedepunkt und gießen Sie dann die Eier und den Zucker darüber. Unter ständigem Rühren bei schwacher Hitze rühren, bis die Mischung knapp unter dem Siedepunkt liegt. Nehmen Sie das steif geschlagene Eiweiß von zwei Eiern heraus, fügen Sie es hinzu und servieren Sie es auf dem Pudding.

SÜSSE GEWÜRZTE BROMBEERSOSSE

In einen Topf geben

Eine Tasse gut gereinigte Brombeeren,

Eine Tasse Zucker,

Eine Tasse Wasser,

und die folgenden Gewürze in ein kleines Stück Käsetuch gebunden:

Ein halber Teelöffel Muskatnuss,

Ein Teelöffel Zimt,

Ein Viertel Teelöffel Piment.

Langsam kochen, bis die Früchte weich sind, dann durch ein feines Sieb reiben und mit eindicken

Drei Esslöffel Maisstärke

aufgelöst in

Eine viertel Tasse kaltes Wasser.

Zum Kochen bringen und fünf Minuten kochen lassen, abkühlen lassen und servieren.

KIRSCHSAUCE

Ein halbes Pfund entkernte Kirschen,

Eine halbe Tasse Zucker,

Eine Tasse Wasser.

Zum Kochen bringen und dann langsam kochen, bis die Kirschen weich sind. Fügen Sie nun zwei Esslöffel Maisstärke hinzu, gelöst in einer halben Tasse kaltem Wasser. Zum Kochen bringen und dann fünf Minuten kochen lassen. Abkühlen und verwenden.

PUDDING-SAUCE

Eine halbe Tasse weißer Sirup,

Eine halbe Tasse Wasser,

Eine kleine Flasche Maraschino-Kirschen, in Stücke geschnitten,

Ein Esslöffel Maisstärke.

Die Stärke in Wasser auflösen und Sirup und Kirschen hinzufügen. Zum Kochen bringen und fünf Minuten kochen lassen. Servieren.

SCHOKOLADENSOSSE

Eine halbe Tasse Zucker,

Eine Tasse Wasser,

Sieben gestrichene Esslöffel Schokolade,

Zwei gestrichene Esslöffel Maisstärke.

Stärke und Schokolade im Zucker und Wasser auflösen und zum Kochen bringen. Fünf Minuten kochen lassen.

Eine Schokoladensauce mit Kakao zubereiten

Eine Tasse Sirup,

Eine Tasse Wasser,

Eine halbe Tasse Kakao,

Zwei Esslöffel Maisstärke,

Ein Teelöffel Zimt.

In einen Topf geben und rühren, bis sich die Stärke aufgelöst hat, dann zum Kochen bringen. Fünf Minuten kochen lassen, dann abkühlen lassen und einen Esslöffel Vanille hinzufügen. Verwenden Sie dasselbe wie eine Soße mit Schokolade.

FRUCHTVILLE-SAUCE

In einen Topf geben

Eineinhalb Tassen kalt gedünstetes frisches Obst,

Eine Tasse Milch,

Vier gestrichene Esslöffel Maisstärke.

Umrühren, um die Stärke aufzulösen, dann unter ständigem Rühren zum Kochen bringen. Fünf Minuten kochen lassen und ein gut geschlagenes Ei und eine dreiviertel Tasse Zucker hinzufügen; kräftig schlagen und dann zwei Minuten kochen lassen.

SCHOKOLADENSOSSE

Geben Sie vier Unzen Schokolade, in feine Stücke geschnitten, in einen Topf und fügen Sie einen halben Liter Wasser und eineinhalb Tassen Zucker hinzu. Rühren, bis sich der Zucker aufgelöst hat, dann zum Kochen bringen, zehn Minuten kochen lassen und dann hinzufügen

Sechs Esslöffel Maisstärke, darin aufgelöst

Eine halbe Tasse Wasser,

Ein Teelöffel Zimt.

Zum Kochen bringen, ständig umrühren und fünf Minuten kochen lassen. Abkühlen lassen und dann einen Esslöffel Vanille hinzufügen. In ein Obstglas geben und an einem kühlen Ort aufbewahren. Diese Soße wird für Pudding, Gebäck, Kuchen, Eis, Eisbecher und Schokoladenlimonade verwendet.

ORANGENSOßE

Säfte von zwei Orangen,

Eine viertel Tasse Zucker,

Ein Esslöffel Maisstärke,

Zwei Esslöffel Wasser,

Eigelb von zwei Eiern.

Lösen Sie die Stärke im Wasser auf. Den Orangensaft hinzufügen und etwa fünf Minuten lang kochen, bis er dickflüssig ist. Zucker und Eigelb hinzufügen. Vom Feuer nehmen. Abkühlen lassen und das geschlagene Eiweiß eines Eies unterheben. Für die Mousse das übriggebliebene Eigelb verwenden.

FRUCHTPEISE

Eiweiß von zwei Eiern,

Ein Glas Apfelgelee.

Mit einem Dover-Schneebesen schlagen, bis eine steife Baisermasse entsteht. Dieser Betrag reicht für etwa zehn Personen aus.

Die Hälfte dieses Rezepts für die normale Familie.

NACHSPEISEN

GEBACKENE BANANEN

Vier Bananen halbieren; Nun in eine Schüssel geben

Eine halbe Tasse Milch,

Eine halbe Tasse Mehl,

Ein Teelöffel Backpulver,

Ein Teelöffel Zucker,

Ein Teelöffel Backfett,

Prise Salz,

Eigelb eines Eies.

Zum Mischen verrühren und dann die Banane in den Teig tauchen. Im heißen Fett goldbraun braten. Mit Vanille- oder Fruchtsauce servieren.

Cranberry-Gelee

Ein Liter Preiselbeeren,

Eine Tasse Wasser.

Kochen, bis die Beeren weich sind, dann durch das Sieb oder ein grobes Sieb passieren. Zurück in den Topf geben und drei Minuten kochen lassen, dann hinzufügen

Zwei Tassen Zucker,

Prise Salz.

Rühren, bis sich der Zucker aufgelöst hat, und dann zehn Minuten kochen lassen. Spülen Sie eine Form mit kaltem Wasser aus, gießen Sie dann die Preiselbeeren hinein und lassen Sie sie abkühlen.

ZITRONENMARMELADE

Schneiden Sie eine Zitrone in Scheiben, entfernen Sie dann die Kerne und geben Sie sie durch den Zerkleinerer. Fügen Sie eine viertel Tasse Wasser hinzu. Zum Kochen bringen und langsam kochen, bis die Zitronenschale sehr weich ist. Dies dauert in der Regel etwa eine Stunde. Fügen Sie nun eineinhalb Tassen Zucker hinzu und rühren Sie um, um den Zucker aufzulösen. Kochen, bis es dick wie Marmelade ist. Legen Sie eine Asbestmatte unter den Topf, um ein Anbrennen zu verhindern. Häufig umrühren.

Füllstandmessungen verwenden; Sie entsprechen Pfund und Unzen und liefern zufriedenstellende Ergebnisse.

ORANGENGELEE

Saft von drei Orangen,

Eine halbe Tasse Zucker,

Eine halbe Tasse Wasser,

Zwei Esslöffel Sirup aus einer Flasche Maraschinokirschen.

Zucker und Wasser fünf Minuten kochen, dann abkühlen lassen und den abgeseihten Orangensaft und den Maraschinokirschsirup hinzufügen. Nun zwei gestrichene Esslöffel Gelatine dreißig Minuten lang in einer halben Tasse kaltem Wasser einweichen lassen und dann in einem heißen Wasserbad erhitzen. Rühren, bis sich die Gelatine aufgelöst hat, und dann in die vorbereitete Orangenmischung abseihen. Nun die Puddingbecher mit kaltem Wasser ausspülen, die Gelatine hineingießen und zum Abkühlen und Formen beiseitestellen. Zum Servieren: Auf einer Untertasse aus der Form lösen und mit Fruchtsahne servieren.

Kaffeepudding, Parfait-Stil

Eineinhalb Tassen kalter Kaffee,

Eine Tasse Kondensmilch,

Eine halbe Tasse Maisstärke.

In einen Topf geben und die Stärke im Kaffee auflösen. Dann die Milch dazugeben. Zum Kochen bringen und zehn Minuten langsam kochen lassen. Herausnehmen und hinzufügen

Eine Tasse Zucker,

Ein Teelöffel Vanille,

Eigelb von zwei Eiern.

Gut verrühren, dann teilweise abkühlen lassen und in Stielgläser füllen, bis es fast bis zum Rand gefüllt ist. Zum Abkühlen auf Eis stellen. Während des Abkühlens das Eiweiß von zwei Eiern und ein halbes Glas Johannisbeergelee in eine Schüssel geben. Verwenden Sie nun einen Dover-Schneebesen und schlagen Sie, bis der Teig seine Form behält. Zum Servieren den Kaffeepudding hoch stapeln und mit Maraschinokirschen garnieren.

GALATIN A LA MELBA

Schneiden Sie ein Stück Biskuitkuchen ab. Auf eine Obstuntertasse stellen und drei Esslöffel Sirup aus einem Glas Pfirsiche darübergießen. Anschließend zwei Pfirsichhälften auf den Kuchen legen und mit Schlagsahne und einer Maraschino-Kirsche abrunden.

Minzgelatine

Die Blätter eines Bündels Minze zerkleinern und in einen Topf geben; Fügen Sie eine halbe Tasse Wasser hinzu und lassen Sie es zehn Minuten lang langsam kochen. Nun abgießen und hinzufügen

Eine halbe Tasse Zucker,

Dreiviertel Tasse Essig.

Umrühren, bis sie sich vollständig aufgelöst hat, dann einen Esslöffel Gelatine in einer viertel Tasse kaltem Wasser zehn Minuten lang einweichen lassen und dann die heiße Minzzubereitung hinzufügen. Durchseihen und zwei Tropfen grüne Gemüsefarbe hinzufügen und dann zum Formen in eine Pfanne gießen. In Blöcke schneiden und mit dem Fleisch servieren.

GEBÄCK

Jetzt hängt es ganz vom Koch ab, ob wir ein Stück Teig bekommen, das auf der Zunge zergeht, oder eine zähe, teigige Masse, die nicht zum Essen geeignet ist.

Jede kleine Hausfrau kann köstliches Blätterteiggebäck zubereiten, wenn sie nur die Anweisungen sorgfältig befolgt. Lassen Sie uns zunächst einmal kurz studieren, was Gebäck ist. Es ist eine Mischung aus Mehl, Backfett und Wasser. Jedes Mehlkorn wird gründlich mit Backfett bestrichen und dann mit dem Wasser zu einem Teig verrührt. Höre ich dich sagen: „Nun, das weiß ich?" Sicherlich tust du das. Aber wissen Sie, wie man es wirklich zusammenstellt? Denn hier liegt das eigentliche Problem. Sobald Sie den Teig kneten oder auspressen, wird er fest.

DAS WAHRE GEHEIMNIS

Sieben

Drei Tassen Mehl,

Ein Teelöffel Salz,

Drei Teelöffel Backpulver,

zweimal zusammenmischen und dann in diese Zweidritteltasse Backfett schneiden oder einreiben. Wenn Sie es einschneiden, verwenden Sie Ihren Kuchenwender oder Pfannenwender und hacken Sie es eher grob. Nun mit einer halben Tasse eiskaltem Wasser zu einem Teig verrühren und mit dem Kuchenwender das Wasser unterrühren. Einfach weiter hacken und wenden, bis aus der Mischung eine Teigkugel entsteht. Nicht mit der Hand kneten oder klopfen. Sie können diesem Teig nicht schaden, wenn Sie ihn einfach so mischen, wie ein Mann es tut, wenn er Mörtel mit einer Hacke mischt. Arbeiten Sie weiter hin und her und hacken Sie es jedes Mal, bis alles gut vermischt ist. Diese Menge ergibt die Ober- und Unterseite von zwei Kuchen.

Um den Teig auszurollen, teilen Sie ihn in vier Teile und heben Sie dann ein Stück auf ein leicht bemehltes Brett und rollen Sie den Teig aus, indem Sie das Nudelholz hin und her bewegen und den Teig so oft wie nötig wenden, um die gewünschte Größe und Form zu erhalten.

Sollte der Teig reißen oder nicht die gewünschte Form haben, falten Sie ihn einfach zu Quadraten oder Rechtecken und rollen Sie ihn dann erneut aus.

Auf die Form legen und die Ränder abschneiden. Gehen Sie auf die gleiche Weise mit der oberen Kruste vor, und wenn Sie sie auf den Kuchen legen möchten, falten Sie sie von Ecke zu Ecke schräg und schneiden Sie dann mit einem Messer viertel Zoll große Einschnitte in die Mitte, damit der Dampf entweichen kann. Heben Sie den Kuchen an, decken Sie ihn ab und schneiden Sie ihn dann in Form. Nun formen Sie die Reste nicht zu einer Kugel, sondern legen sie Stück für Stück übereinander und drücken Sie sie mit dem Nudelholz flach. Rollen und in Form falten und wie gewünscht rollen.

Mit dieser Methode können Sie den Teig beliebig oft erneut aufrollen. Bedenken Sie, dass durch Kneten oder Auspressen des Teigs eine klebrige Masse entsteht. Mit dieser Methode erhalten Sie eine köstliche, flockige Kruste. Sie können zwei Esslöffel Backfett auf der oberen Kruste verteilen und diese dann falten und rollen. Nochmals falten und rollen; dann wie gewünscht verwenden.

Es kann ausreichend Teig auf einmal hergestellt werden, der für zwei oder drei Tage reicht. Wickeln Sie den Teig einfach in Backpapier ein, damit er nicht austrocknet. Es können verschiedene Füllungen verwendet werden. Frisches oder eingemachtes Obst, Vanillepudding, Hackfleisch usw. Wenn Sie frisches Obst verwenden, verwenden Sie es

Eine halbe Tasse Zucker,

Drei gestrichene Esslöffel Maisstärke,

In eine Schüssel geben und zwischen den Händen verreiben, um es gründlich zu vermischen, und dann über die Früchte streuen. Dadurch wird verhindert, dass der Saft beim Kochen aus dem Kuchen kocht, und er bildet im kalten Zustand ein Gelee.

Um Obstkonserven zu verwenden, lassen Sie das Obst aus der Flüssigkeit abtropfen und schneiden Sie es dann in dünne Scheiben. Messen Sie die Flüssigkeit ab und fügen Sie sie dann hinzu

Vier gestrichene Esslöffel Maisstärke,

Acht Esslöffel Zucker,

zu jeder Tasse. Stärke und Zucker in der kalten Flüssigkeit auflösen und anschließend zum Kochen bringen. Drei Minuten kochen lassen und dann die vorbereiteten Früchte hinzufügen. Vor dem Einlegen in den Teig abkühlen lassen.

Um zu verhindern, dass die untere Kruste kurz vor dem Einfüllen der Füllung durchnässt wird, bestreichen Sie sie gut mit einem guten Salatöl oder Backfett und achten Sie darauf, dass jeder Teil bedeckt ist. Dadurch entsteht eine zarte, flockige untere Kruste.

Kurz bevor der Kuchen bereit ist, in den Ofen zu geben, bestreichen Sie ihn gründlich mit Ei und Milch

Eigelb eines Eies,

Eine halbe Tasse Milch,

Zwei Teelöffel Zucker.

Umrühren, um den Zucker aufzulösen, und das Ei untermischen. Anschließend den Kuchen waschen. So bleibt es eine Woche lang an einem kühlen Ort.

Die richtige Temperatur zum Backen eines Kuchens liegt bei 300 bis 350 Grad Fahrenheit. Dies bedeutet einen mäßigen Ofen. Zu viel Hitze lässt die Kruste braun werden, bevor die Füllung im Inneren Zeit zum Garen hatte. Vanillepudding-Torten – dazu gehören solche aus Eiern, Milch, Zitronengebäck, Süßkartoffeln und Kürbis – erfordern einen langsamen Ofen – 250 Grad Fahrenheit.

GEBÄCK FÜR CUSTARD PIE

Der wichtigste Punkt bei der Vanillesoße-Torte ist die Kruste, die die Torte entweder formt oder beschädigt. Daher sollte der Teig zunächst leicht und zart sein. Um den Teig für den Puddingkuchen zuzubereiten, geben Sie ihn in eine Schüssel

Drei Tassen Mehl,

Ein Teelöffel Salz,

Drei Teelöffel Backpulver,

Zwei Esslöffel Zucker.

Zum Mischen sieben, dann eine halbe Tasse gutes Backfett einreiben und dann mit einer halben Tasse Eiswasser zu einem Teig verrühren. Beim Mischen des Gebäcks zu einem Teig ist es wichtig, dass es ähnlich wie beim Schneiden und Falten des Eiweißes zu einem Kuchen geschnitten und gefaltet wird. Seien Sie bei der Zubereitung des Teigs an diesem Punkt vorsichtig, damit er nicht zäh wird. Wickeln Sie nun den Teig in Wachs- oder Pergamentpapier ein und legen Sie ihn auf das Eis, um ihn zwei Stunden lang gründlich abzukühlen. Wenn der Teig nun entweder am Vortag oder am frühen Morgen zubereitet und dann vermengt wird, wird er herrlich locker und flockig.

Nun bereiten wir den Kuchen vor: Diese Teigmenge reicht zur Abwechslung für zwei große Kuchen, einen Vanillepudding und einen Zitronenkuchen. Aus den Resten lassen sich kleine Törtchen, Teigtaschen oder Käsestrohhalme formen. Teilen Sie den Teig in zwei Teile und rollen Sie dann einen Teil auf einem leicht bemehlten Brett aus, bis er groß genug ist, um die Kuchenform vollständig zu bedecken.

Nun vorsichtig in zwei Hälften und dann in Viertel falten, auf den Tortenteller heben und den Teig aufklappen, dabei den Tortenteller abdecken und dabei den Teig lockern. Schneiden Sie die Ränder ab und rollen Sie die Reste dann zu einem langen, schmalen Streifen aus. Schneiden Sie den Teig in etwa dreiviertel Zoll breite Streifen und bestreichen Sie dann den Rand des Teigs auf dem Tortenteller mit Wasser. Fügen Sie diesen schmalen Streifen als Verstärkung hinzu, um den Rand zu formen. Dadurch wird verhindert, dass die Creme überläuft.

Bestreichen Sie nun den Teigboden auf der Tortenplatte mit geschmolzenem Backfett und achten Sie darauf, dass die gesamte Oberfläche gründlich mit dem Backfett bedeckt ist. Anschließend die vorbereitete Vanillesoße einfüllen. Bewahren Sie etwa einen Esslöffel Vanillesoße auf, um den Teig an den Rändern zu bestreichen. In einen langsamen Ofen geben und backen, bis die Vanillesoße in der Mitte fest ist.

Um zu testen, ob der Vanillepudding gebacken ist, führen Sie vorsichtig ein silbernes Messer in den Vanillepudding ein und achten Sie darauf, dass das Messer die Kruste nicht durchsticht.

Das Bestreichen des Teigs mit dem Backfett vor dem Einfüllen der Vanillesoße verhindert, dass die Feuchtigkeit in die Kruste eindringt.

Um das Baiser zuzubereiten

Das Eiweiß von zwei Eiern in einer fettfreien Schüssel steif schlagen, dann schneiden und unter das steif geschlagene Eiweiß der beiden Eier heben

Eine halbe Tasse Puderzucker,

Drei Esslöffel Maisstärke.

Den Zucker und die Maisstärke durch ein Sieb gründlich vermischen und dann vorsichtig schneiden und unter das Eiweiß heben.

Wie sorgfältig Sie diese Mischung schneiden und falten, entscheidet über den Erfolg Ihrer Baisers. Nachdem das Eiweiß steif geschlagen wurde, sind es voller kleiner Luftbläschen, die beim Rühren zerfallen und wässrig werden, wodurch die gesamte Masse flach und zäh wird. Um dies zu verhindern, streuen Sie den vorbereiteten Zucker über das steif geschlagene Eiweiß und schneiden Sie es dann mit einem Löffel in der Mitte ein und falten Sie es zusammen. Drehen Sie die Schüssel zur Hälfte um, schneiden Sie sie dann erneut und falten Sie sie. Wiederholen Sie dies, bis alles ausreichend vermischt ist, legen Sie es dann auf den heißen Kuchen, bestreuen Sie es mit Kristallzucker und stellen Sie es zum Bräunen in den Ofen. Öffnen Sie die Ofentür und lassen Sie es einige Minuten lang stehen. Stellen Sie es dann an einen Ort ohne Zugluft, wo es langsam abkühlt, um ein plötzliches Schrumpfen des Baisers aufgrund einer plötzlichen Kälte zu verhindern.

Um Kokosnusskuchen zuzubereiten, geben Sie kurz vor dem Einschieben in den Ofen eine halbe Tasse Kokosnuss zum Vanillepuddingkuchen.

PFIRSICHPUFFKUCHEN

Zerstoßen Sie eine ausreichende Anzahl geschälter Pfirsiche, um eine Tasse zu messen. In eine Rührschüssel geben und hinzufügen

Eine halbe Tasse Zucker.

Nun in einen Topf geben

Dreiviertel Tasse Milch,

Zwei Esslöffel Maisstärke.

Zum Auflösen umrühren und dann zum Kochen bringen. Zwei Minuten kochen lassen und dann ganz langsam unter kräftigem Rühren über die Pfirsiche und den Zucker gießen, die sich in der Rührschüssel vermischen.

Hinzufügen

Eigelb von zwei Eiern,

Ein viertel Teelöffel Zimt.

Nochmals verrühren, dann auf die vorbereitete, mit Teig ausgelegte Tortenplatte gießen und im langsamen Ofen backen. Für Baiser Eiweiß verwenden.

Vanillepuddingkuchen

Um nun die Füllung für den Puddingkuchen vorzubereiten, geben Sie diese in eine Rührschüssel

Eine halbe Tasse Zucker,

Eineinhalb Tassen Milch,

Eigelb eines Eies,

Zwei ganze Eier,

Ein viertel Teelöffel Muskatnuss.

Mit einem Schneebesen gründlich verrühren und dann in die vorbereitete, mit Teig ausgelegte Kuchenform füllen. Für Baiser Eiweiß verwenden.

Zitronenpuddingkuchen

In einen Topf geben

Eine Tasse Zucker,

Eineinhalb Tassen Wasser,

Eine halbe Tasse Maisstärke.

Zum Auflösen umrühren, dann zum Kochen bringen und fünf Minuten kochen lassen. Jetzt hinzufügen

Schale einer viertel Zitrone, gerieben,

Saft von zwei Zitronen,

Eigelb von zwei Eiern.

Gut verrühren und dann in eine wie für Puddingkuchen vorbereitete Kuchenform gießen. 25 Minuten bei mittlerer Hitze im Ofen backen und dann mit Baiser aus Eiweiß bedecken.

PFIRSICH-PUDENKUCHEN AUS NORDCAROLINA

Bereiten Sie den Teig vor und legen Sie ihn in eine Kuchenform, reiben Sie ihn dann mit Backfett ein, wie in der Puddingtorte beschrieben. Bedecken Sie nun den Boden dick mit geschnittenen Pfirsichen und bereiten Sie dann einen Pudding wie folgt zu: In eine Rührschüssel geben

Dreiviertel Tasse Zucker,

Dreiviertel Tasse Milch,

Eigelb von zwei Eiern,

Ein ganzes Ei,

Ein viertel Teelöffel Zimt.

Gut verrühren und kurz bevor Sie die Vanillecreme über die Pfirsiche gießen, diese gut mit gesiebtem Mehl bestäuben. Die Vanillecreme darüber gießen und im Ofen bei niedriger Temperatur backen, bis die Masse fest ist. Eiweiß für Baiser verwenden.

Statt Pfirsichen können zur Abwechslung auch Himbeeren und Pflaumen verwendet werden. Verwenden Sie für die Zubereitung dieser Kuchen immer die normale Puddingkuchenform, also die mit den geraden Seiten.

Apfelwein-Gelee-Kuchen

In einen Topf geben

Dreiviertel Tasse brauner Zucker,

Zwei Tassen Apfelwein,

Acht Esslöffel Maisstärke.

Die Stärke auflösen und dann zum Kochen bringen. Drei Minuten kochen lassen und dann vom Herd nehmen und hinzufügen

Ein halber Teelöffel Zimt,

Ein Esslöffel Essig.

Zum Vermischen gut verrühren, dann abkühlen lassen und zwischen zwei Krusten backen.

APFEL DOWDY

Fetten Sie eine tiefe Puddingform gut mit Backfett ein und legen Sie dann eine 2,5 cm dicke Schicht dünn geschnittener Äpfel darauf, bestreuen Sie sie anschließend gut mit Zucker und bestäuben Sie sie mit Zimt. Wiederholen Sie dies, bis die Form voll ist, und bedecken Sie sie dann mit einer Blätterteigkruste. Im Ofen bei mittlerer Hitze fünfundvierzig Minuten backen und abkühlen lassen.

Zum Servieren: Lösen Sie den Teig vom Rand der Form, legen Sie eine große Platte über den Kuchen und drehen Sie ihn um. In keilförmige Portionen schneiden und mit Sahne, Vanillesoße oder Fruchtsauce servieren.

GRÜNER APFELKUCHEN IM LÄNDLICHEN STIL

Die Äpfel schälen und dann in dünne Scheiben schneiden. Legen Sie nun eine Schicht Äpfel in eine Puddingform und bestreuen Sie jede Schicht damit

Zwei Esslöffel Mehl,

Sechs Esslöffel brauner Zucker,

Ein viertel Teelöffel Zimt.

Wiederholen Sie dies, bis die Pfanne voll ist. Legen Sie nun einen Boden darauf und backen Sie ihn vierzig Minuten lang im langsamen Ofen. Zum Servieren: Führen Sie ein Messer über den Pfannenrand, um die Kruste zu lösen. Drehen Sie den Teller über den Kuchen und drehen Sie den Kuchen umgedreht auf den Teller. Mit Früchten bedecken, aufschlagen, in keilförmige Stücke schneiden und mit Vanillesoße servieren.

KONGRESSKUCHEN

Verwenden Sie eine längliche Form, ähnlich der, die Sie auch für die Zubereitung von Käsekuchen verwenden. Mit dem Blätterteig auslegen und dann drei Tassen Semmelbrösel in eine Schüssel geben und hinzufügen

Zwei Tassen kochendes Wasser,

Eine halbe Tasse Sirup,

Eine Tasse brauner Zucker,

Vier Esslöffel Backfett,

Ein Teelöffel Zimt,

Ein halber Teelöffel Muskatnuss,

Ein halber Teelöffel Nelken,

Eine Tasse fein gehackte Nüsse,

Eine Tasse Rosinen oder Korinthen,

Eine Tasse Marmelade oder Fruchtbutter.

Gut verrühren, dann in die vorbereitete Pfanne gießen und eine halbe Stunde bei niedriger Temperatur im Ofen backen. Abkühlen lassen und dann mit Wasserglasur überziehen. In 5 cm lange Rechtecke schneiden.

Altbackener New-England-Stil

Es können Äpfel oder Pfirsiche verwendet werden. Waschen Sie das Obst, schälen Sie es und schneiden Sie es in dünne Scheiben. Messen Sie zwei Pints des vorbereiteten Obstes ab und bestreuen Sie es so, dass jedes Stück gründlich mit

Ein Teelöffel Zimt,

Eine halbe Tasse Mehl.

Dann in die Auflaufform geben und mit

Eine Tasse brauner Zucker,

Vier Esslöffel kaltes Wasser.

Decken Sie den Teig mit einer Kruste ab und backen Sie ihn 45 Minuten lang bei mittlerer Hitze. Abkühlen lassen, dann mit einem Messer über den Rand der Auflaufform fahren und die Kruste von der Auflaufform lösen. Legen Sie eine große Platte über den Teig und drehen Sie ihn dann um. Den Dowdy leicht mit Muskatnuss bestäuben und mit Obst- oder Vanillesauce servieren.

APFELPUFFKUCHEN

Eine Kuchenform mit Naturteig auslegen. Geben Sie nun anderthalb Tassen dickes Apfelmus in einen Topf und fügen Sie es hinzu

Eine Tasse Zucker,

Eine dritte Tasse Maisstärke,

Eine halbe Tasse kaltes Wasser.

Stärke in Wasser auflösen.

Auf das Feuer stellen, zum Kochen bringen und dann fünf Minuten lang langsam kochen lassen. Abkühlen lassen und dann hinzufügen

Ein halber Teelöffel Muskatnuss,

Ein gut geschlagenes Ei.

In vorbereitete Formen füllen und 25 Minuten bei mittlerer Hitze backen.

Shortcake

Der Shortcake ist typisch für Schottland. Es handelt sich um eine Mischung aus Mehl, Zucker und Backfett, die zu einer Paste verarbeitet, dann etwa einen halben Zoll dick ausgerollt und dann auf verschiedene Weise dekoriert wird. Nachdem der sparsame Schotte sein Mutterland verlassen und sich im neuen Amerika niedergelassen hatte, hatte er das Gefühl, dass die Verwendung von viel Fett zu teuer sei, und so kooperierte seine sparsame Hausfrau, die bereit und sogar bestrebt war, eine Partnerin für ihn zu sein, indem sie Fett schnitt auf die Backfettmenge und erhalten Sie trotzdem einen reichhaltigen, schmackhaften Kuchen. So macht sie es: Platzieren

Zwei Tassen Mehl,

Ein halber Teelöffel Salz,

Zwei gestrichene Esslöffel Zucker,

Zwei gestrichene Esslöffel Backpulver,

In eine Schüssel geben und dreimal sieben. Nun sechs Esslöffel Backfett einreiben und dann sieben Esslöffel Wasser hinzufügen und zu einem glatten, elastischen Teig verarbeiten. Auf ein vorbereitetes Backbrett stürzen und mit den Händen in die Kuchenform formen. Waschen Sie die Oberfläche des Teigs mit Milch, bestreuen Sie ihn mit Zucker und Zimt und backen Sie ihn 25 Minuten lang bei mittlerer Hitze. Herausnehmen, abkühlen lassen, in kuchenähnliche Stücke schneiden und mit Käse oder Obst servieren.

PFIRSICH-SHORTCAKE

Eigelb eines Eies,

Eine halbe Tasse Zucker.

Gut schaumig schlagen und dann hinzufügen

Drei Esslöffel Backfett,

Vier Esslöffel Wasser,

Eine Tasse Mehl,

Zwei Teelöffel Backpulver,

Ein halber Teelöffel Vanille.

Zum gründlichen Mischen schlagen und dann in einer gut gefetteten, tiefen Kuchenform bei mittlerer Hitze zwanzig Minuten lang backen. Kochen, dann teilen und mit gut abgetropften, zerkleinerten Pfirsichen aus der Dose füllen. Zusammenstellen. Geben Sie nun Eiweiß und ein halbes Glas Apfelgelee in eine Schüssel. Mit dem Schneebesen von Dover schlagen, bis aus der Mischung ein steifes Baiser entsteht.

BANANEN-SHORTCAKE

Eine halbe Tasse Zucker,

Vier Esslöffel Backfett,

Ein Ei.

In eine Rührschüssel geben und gut schaumig schlagen, dann hinzufügen

Eineinviertel Tassen gesiebtes Mehl,

Drei gestrichene Teelöffel Backpulver,

Ein gestrichener Teelöffel Vanilleextrakt,

Eine halbe Tasse Wasser.

Zum Mischen verrühren und in gut gefettete und bemehlte längliche Backformen füllen. Bedecken Sie nun die Oberseite des Kuchens mit drei sehr dünn geschnittenen Bananen. In einen mittelgroßen Ofen stellen und fünfunddreißig Minuten backen. Für ein Baiser Eiweiß und ein halbes Glas Apfelgelee verwenden.

ALTER VIRGINIA-SHORTCAKE

Sieben Sie das Mehl und füllen Sie dann einen Liter hinein. Heben Sie das Mehl mit einem Esslöffel heraus. Es sollte darauf geachtet werden, das Mehl nicht zu schütteln oder zu verpacken, da der Liter Mehl nur ein Pfund wiegen sollte. In eine Schüssel geben und hinzufügen

Drei gestrichene Esslöffel Backpulver,

Ein Teelöffel Salz,

Dreiviertel Tasse Zucker.

Zum Mischen noch einmal sieben und dann eine halbe Tasse Backfett einreiben. Geben Sie eineinhalb Tassen Buttermilch in einen Krug und fügen Sie einen Teelöffel Backpulver hinzu. Rühren Sie um, um das Natron gründlich aufzulösen, und vermischen Sie dann damit das Mehl zu einem Teig. In der Schüssel mit einem Löffel gut durchkneten, dann auf einem leicht bemehlten Brett wenden und 2,5 cm dick ausrollen oder ausklopfen. Mit einem großen Ausstecher ausstechen, die Oberseite mit Backfett bestreichen und im heißen Ofen 18 Minuten backen.

APRIKOSEN-SHORTCAKE

Eine halbe Tasse Zucker,

Vier Esslöffel Backfett,

Eigelb eines Eies.

Sahne hell und schaumig rühren und dann hinzufügen

Vier Esslöffel Wasser,

Eine Tasse Mehl,

Zwei gestrichene Teelöffel Backpulver.

Gut verrühren und dann in eine gut gefettete Tortenform gießen. Zwanzig Minuten im mäßigen Ofen backen. Teilen und mit gekochten Aprikosen füllen und dann in eine Schüssel geben

Eiweiß von einem Ei, übrig geblieben,

Ein halbes Glas Gelee.

Mit dem Dover-Schneebesen gründlich verrühren, bis eine steife Baisermasse entsteht. Auf den Kuchen stapeln und mit einem Stück Aprikose garnieren.

Heidelbeer-Shortcake

In eine Rührschüssel geben

Dreiviertel Tasse Zucker,

Ein Ei,

Vier Esslöffel Backfett,

Zwei Tassen Mehl,

Vier Teelöffel Backpulver,

Dreiviertel Tasse Wasser.

Schlagen und vermischen, dann in eine gut gefettete längliche Pfanne gießen und bei mittlerer Hitze zwanzig Minuten backen. Abkühlen lassen, dann teilen, mit den vorbereiteten Beeren füllen und mit Vanillesoße servieren.

Um die Heidelbeeren für den Shortcake vorzubereiten, geben Sie sie in einen Topf

Zwei Tassen gedünstete Heidelbeeren,

Eine halbe Tasse Maisstärke,

Eine Tasse brauner Zucker.

Zum Auflösen umrühren, dann zum Kochen bringen und fünf Minuten lang langsam kochen lassen. Einen halben Teelöffel Muskatnuss dazugeben, abkühlen lassen und für die Füllung verwenden.

ZITRONENKNÖDEL

In eine Schüssel geben:

Ein Esslöffel Backpulver,

Eine Tasse Mehl,

Eineinhalb Tassen feine Semmelbrösel,

Eine Tasse gehackter Talg,

Eine Tasse brauner Zucker,

Saft einer Zitrone,

Zwei Eier,

abgeriebene Schale einer halben Zitrone,

Eineinhalb Tassen Milch.

Zum gründlichen Mischen schlagen, dann in eine gut gefettete Form gießen und eineinhalb Stunden kochen lassen. Mit Zitronensauce servieren.

PFIRSICHKUCHEN

In eine Rührschüssel geben

Dreiviertel Tasse Zucker,

Ein Ei,

Vier Esslöffel Backfett,

Zwei Tassen Mehl,

Vier gestrichene Esslöffel Backpulver,

Dreiviertel Tasse Wasser.

Gerade so viel verrühren, dass alles gut vermischt ist, und dann in eine tiefe, gut gefettete und bemehlte Kuchenform gießen. Die Oberseite dick mit Pfirsichwürfeln bedecken und dann in eine kleine Schüssel geben

Sechs Esslöffel Mehl,

Vier Esslöffel Zucker,

Zwei Esslöffel Backfett,

Ein Teelöffel Zimt.

Zwischen den Fingerspitzen verreiben, bis es krümelig ist, dann auf den Pfirsichen verteilen und 30 Minuten bei mittlerer Hitze backen.

PFIRSICHKNÖDEL

In eine Rührschüssel geben

Zwei Tassen Mehl,

Ein Teelöffel Salz,

Ein Teelöffel Backpulver,

Ein Esslöffel Zucker.

Zum Mischen durchsieben und dann eine halbe Tasse Backfett einreiben; Anschließend mit einer viertel Tasse eiskaltem Wasser zu einem Teig verrühren. Eine Stunde lang auf Eis legen, dann 2,5 cm dick ausrollen und in 10 cm große Quadrate schneiden. Mit geschälten und entkernten Pfirsichen füllen und in jeden Knödel zwei Esslöffel braunen Zucker und einen halben Teelöffel Muskatnuss geben. Bestreichen Sie die Ränder mit Wasser und falten Sie den Teig dann zusammen. Auf ein gut gefettetes Backblech legen, eine halbe Tasse Wasser in die Pfanne geben und 30 Minuten bei mittlerer Hitze backen.

APFELKUCHEN

In eine Schüssel geben

Zwei Tassen Mehl,

und dann hinzufügen

Ein halber Teelöffel Salz,

Drei Teelöffel Backpulver,

Eineinhalb Teelöffel Muskatnuss.

Zum Mischen zweimal sieben und dann fünf Esslöffel Backfett einreiben. Schlagen Sie ein Ei in eine Tasse und füllen Sie die Tasse dann bis zur Zwei-Drittel-Marke mit Milch, schlagen Sie, um Ei und Milch zu vermischen, und mischen Sie sie dann unter den Teig. Einen halben Zoll dick ausrollen und dann ein längliches Backblech auslegen. Die Äpfel schälen, vierteln und dann in dünne Scheiben schneiden. Geben Sie eine Tasse Zucker und eine halbe Tasse Wasser in einen Topf, geben Sie die Äpfel nacheinander hinzu und kochen Sie sie einige Minuten lang. Heben Sie den vorbereiteten Teig an und legen Sie ihn darauf. In einen mäßigen Ofen stellen und 35 Minuten lang backen. Nachdem der Kuchen achtzehn Minuten lang im Ofen war, begießen Sie ihn häufig mit dem Sirup, in dem die Äpfel gekocht wurden. Zehn Minuten vor dem Herausnehmen aus dem Ofen dick mit braunem Zucker und Zimt bestreuen.

Knödel zum Eintopfen

In eine Rührschüssel geben

Eineinhalb Tassen Mehl,

und dann hinzufügen

Ein Teelöffel Salz,

Zwei Teelöffel Backpulver,

Ein halber Teelöffel Pfeffer,

Ein Teelöffel geriebene Zwiebel.

Zwei Drittel Tasse Wasser hinzufügen und zu einem Teig verrühren. Löffelweise in den Eintopf geben, gut abdecken und zwölf Minuten kochen lassen. Wenn Sie den Deckel des Topfes öffnen, während die Knödel kochen, werden sie schwer.

Kirschknödel

Einzelne Puddingtücher in warmem Wasser waschen, dann mit Backfett einreiben und leicht mit Mehl bestäuben. Nun in eine Schüssel geben

Eine Tasse Zucker,

Eineinhalb Tassen Mehl,

Ein halber Teelöffel Salz,

Drei gestrichene Teelöffel Backpulver,

Eine halbe Tasse feine Semmelbrösel,

Ein Ei,

Eine Tasse Milch,

Zwei Tassen entsteinte Kirschen.

Mischen Sie und geben Sie dann einen Kochlöffel der Mischung in jedes vorbereitete Knödeltuch. Locker binden, dann in kochendes Wasser tauchen und zwanzig Minuten kochen lassen. In das Sieb heben, drei Minuten abtropfen lassen und dann mit gedünsteten Kirschen als Soße servieren.

GEDÄMPFTER ROLY-POLY-PUDDING

Eineinhalb Tassen Mehl,

Ein halber Teelöffel Salz,

Drei Teelöffel Backpulver,

Vier Esslöffel Zucker.

In eine Rührschüssel geben und durchsieben. Nun vier Esslöffel Backfett einreiben und mit einer knappen Zweidritteltasse Wasser zu einem Teig verrühren. Einen halben Zoll dick ausrollen und mit gut geputzten

Heidelbeeren bestreichen und dann schnell mit braunem Zucker bedecken. Rollen Sie es wie eine Biskuitrolle, binden Sie es dann in ein Tuch und tauchen Sie es in kochendes Wasser oder geben Sie es in einen Dampfgarer und kochen Sie es eine Stunde lang. Mit Fruchtsauce servieren.

Wenn Sie Heidelbeeren aus der Dose verwenden, lassen Sie diese gut abtropfen, binden Sie dann den Saft ein und verwenden Sie ihn für die Soße. Es kann jede Sorte frisches Obst verwendet werden.

FRUCHTBECHER-VIPILLE

Geben Sie sechs schöne Beeren in jeden Puddingbecher und geben Sie sie dann in eine Rührschüssel

Zwei Tassen Milch,

Sechs Esslöffel Zucker,

Ein halber Teelöffel Muskatnuss,

Drei Eier.

Gut verrühren und dann über die Beeren in den Tassen gießen. In eine Backform mit warmem Wasser geben und im langsamen Ofen backen, bis die Masse in der Mitte fest ist.

CREME-TAPIOKA-PUDDING

Waschen Sie zwei Drittel einer Tasse Tapioka in vier oder fünf Wassern, geben Sie sie dann in einen Topf und fügen Sie eineinhalb Tassen Wasser hinzu. Kochen Sie, bis die Tapioka weich wird, und fügen Sie dann eineinhalb Tassen Milch hinzu. Kochen, bis es weich ist, und dann hinzufügen

Ein gut geschlagenes Ei,

Eine halbe Tasse Zucker,

Ein halber Teelöffel Muskatnuss.

Gut vermischen und noch ein paar Minuten kochen lassen. Vom Feuer nehmen und eiskalt mit Fruchtschaum servieren.

Makkaroni neapolitanischen

Kochen Sie eine halbe Packung Makkaroni fünfzehn Minuten lang in kochendem Wasser, geben Sie sie dann in ein Sieb und stellen Sie sie unter fließendes kaltes Wasser. Jetzt Hackfleisch

Eine Zwiebel und eine Tomate

fein braten und vier Esslöffel Fett in eine Bratpfanne geben. Wenn es heiß ist, fügen Sie die Zwiebel und die Tomate hinzu, kochen Sie alles, bis es weich ist, und fügen Sie dann die Makkaroni hinzu. Vorsichtig umrühren, bis es heiß ist, und dann gut abdecken, um ein Austrocknen zu verhindern. Wenn es zu trocken ist, fügen Sie ein paar Esslöffel kochendes Wasser hinzu. Mit Pfeffer, Salz und einer halben Tasse Ketchup würzen.

Makkaronikoteletts

Kochen Sie ein Viertel Pfund Makkaroni zwanzig Minuten lang in kochendem Wasser und lassen Sie es dann abtropfen. Abkühlen lassen und dann fein hacken. In eine Schüssel geben und hinzufügen

Eine halbe Tasse geriebener Käse,

Zwei Esslöffel geriebene Zwiebeln,

Ein Esslöffel fein gehackte Petersilie,

Zwei Teelöffel Salz,

Ein Teelöffel Paprika,

Ein gut geschlagenes Ei.

Gründlich vermischen und dann zu Kroketten formen. In Mehl wälzen und dann in geschlagenes Ei tauchen. In feinen Bröseln wälzen und im heißen Fett anbraten. Zum Fertiggaren zehn Minuten in den heißen Ofen stellen.

POLENTA A LA NEAPEL

In einen Topf geben

Zweieinhalb Tassen kochendes Wasser,

Eineinhalb Teelöffel Salz.

Nun ganz langsam einfüllen

Dreiviertel Tasse gelbes Maismehl.

Umrühren, um Klumpenbildung zu vermeiden, und kochen, bis es sehr dick ist. Hinzufügen

Dreiviertel Tasse Käse, in feine Stücke geschnitten,

Eine Zwiebel, fein gehackt,

Eine grüne Paprika, fein gehackt,

Ein Lauch, fein gehackt,

Ein Teelöffel Paprika.

Gründlich vermischen und dann zum Abkühlen in eine große Schüssel gießen. Zu Würstchen formen, dann in Mehl wälzen und im heißen Öl anbraten. Mit Tomatensauce servieren. Als Ersatz für Maismehl kann Weizengetreide verwendet werden.

NUDELN

GEBRATENE NUDELN

Nudeln in kochendem Wasser kochen und anschließend abgießen. Jetzt fein hacken

Drei Zwiebeln,

Zwei rote Paprika,

Zwei Lauch.

Geben Sie vier Esslöffel Speiseöl in eine Bratpfanne und geben Sie das heiße Gemüse hinzu. Langsam kochen, bis es weich ist, und dann die Nudeln hinzufügen. Unter ständigem Rühren hellbraun rühren und dann in der Mitte einer großen Platte anrichten. Legen Sie ein Gulasch als Rand aus. Alles mit der Soße übergießen, mit zwei Esslöffeln geriebenem Käse garnieren und servieren.

GEKOCHTER HOMINY – KÄSESAUCE

Großes Maismehl über Nacht einweichen, dann morgens waschen und in reichlich kochendem Wasser kochen, bis es weich ist. Gut abtropfen lassen, in eine Auflaufform geben und mit der wie folgt zubereiteten Käsesauce bedecken:

Geben Sie eineinhalb Tassen Milch in einen Topf und fügen Sie zwei Esslöffel geriebene Zwiebeln und vier gestrichene Esslöffel Maisstärke hinzu. Die Stärke in der Milch auflösen und zum Kochen bringen. Fünf Minuten lang langsam kochen und dann hinzufügen

Zwei Esslöffel gehackte Petersilie,

Zwei Teelöffel Salz,

Zwei Unzen Käse,

Ein Teelöffel Worcestershire-Sauce,

Ein Teelöffel Paprika.

Gründlich vermischen und dann erhitzen, bis der Käse schmilzt. Als Gemüse servieren.

MAKARONI UND KÄSE

Kochen Sie eine Packung Makkaroni zwanzig Minuten lang in einem großen
Kessel mit kochendem Wasser, lassen Sie sie dann abtropfen und gießen Sie
einen Topf mit kaltem Wasser über die Makkaroni. Nochmals abtropfen
lassen. Nun zurück zum Wasserkocher und hinzufügen

Eine halbe Dose Tomaten,

Zwei Teelöffel Salz,

Eineinhalb Teelöffel Paprika,

Ein Viertel Pfund Käse, in kleine Stücke geschnitten,

Acht Esslöffel Mehl darin aufgelöst

Eine halbe Tasse Wasser,

Vier Zwiebeln, fein gehackt.

Zum Kochen bringen und zehn Minuten lang langsam kochen lassen.

NUDELN ZUBEREITEN

Schlagen Sie ein Ei in eine Rührschüssel und fügen Sie es dann hinzu

Drei Esslöffel Wasser,

Ein halber Teelöffel Salz,

Prise Pfeffer.

Zum Mischen verrühren und dann so viel Mehl hinzufügen, dass ein fester
Teig entsteht. Fünf Minuten lang kneten, dann abdecken und zehn Minuten
ruhen lassen. Nun auf einem bemehlten Backbrett papierdünn ausrollen.
Rollen Sie es wie Gelee und schneiden Sie es dann mit einem scharfen Messer
in dünne Streifen. Zum Trocknen eine halbe Stunde ausbreiten.

GNOCCHI DI LEMOLINA

Eine Tasse Wasser und eine Tasse Milch in einen Topf geben und zum
Kochen bringen. Fügen Sie langsam sieben Esslöffel Weizenflocken hinzu.
Zehn Minuten kochen lassen und ständig umrühren. Jetzt hinzufügen

Ein gut geschlagenes Ei.

Ein halber Teelöffel Salz.

Gut verrühren und dann zum Formen in eine Laibform gießen. Wenn der
Teig fest ist, auf das Formbrett legen und in Blöcke schneiden. In eine gut
gefettete Auflaufform geben; Mit geriebenem Käse bestreuen und kleine

Butterstückchen darauf verteilen. Im heißen Ofen backen, bis der Käse eine hellbraune Kruste bildet. Mit Tomatensauce servieren.

Makkaroni-Soufflé

Ein Viertel Pfund Makkaroni kochen, dann abkühlen lassen und fein hacken. In eine Schüssel geben und hinzufügen

Eine Zwiebel, fein gehackt,

Eine rote Paprika, fein gehackt,

Vier Bund Petersilie, fein gehackt,

Eigelb von zwei Eiern,

Zwei Tassen Sahnesauce,

Eineinhalb Teelöffel Salz,

Ein Teelöffel Paprika.

Zum Mischen verrühren und dann das steif geschlagene Eiweiß von zwei Eiern schneiden und unterheben. In eine gefettete Auflaufform füllen und bei mittlerer Hitze zwanzig Minuten backen. Sofort servieren.

REIS

Reis wird im Orient in großem Umfang angebaut und ist die Hauptnahrungsquelle für fast die Hälfte der Weltbevölkerung. Es gibt viele Gründe, warum Reis bei der Planung des Speiseplans ein täglicher Bestandteil der Ernährung sein sollte. Sie ist nahrhafter als die Kartoffel und leichter verdaulich. Wenn es richtig gekocht und serviert wird, ist es ein ideales stärkehaltiges Lebensmittel.

Ungeschliffener Reis enthält alle Nährstoffe der Körner, also etwa 6 Prozent. Fett, 8 Prozent. Protein, 79 Prozent. Kohlenhydrate. Die polierte Sorte enthält durchschnittlich 88 Prozent. Ernährung. Polierter Reis wurde seiner lebenswichtigen Elemente beraubt.

Reis wird nach Größe und Zustand sortiert und dann für den Handel vorbereitet. Er ist als Fancy Head Rice, Choice, Prime, Good, Medium, Common und Screenings bekannt. Patna-Reis, das kleine, schlanke, gut abgerundete Korn, ist im Osten sehr gefragt, dicht gefolgt von den Sorten Japan, Siam, Java, Rangoon und Passein. In diesem Land sind die Sorten Carolina, Japan und Honduras sehr gefragt.

Carolina-Reis ist ein großes, süß schmeckendes Korn mit schöner Farbe und gutem Aussehen. Japanischer Reis ist eine dickflüssige, weichkörnige Sorte. Die Honduras-Sorte ist ein schlankes, wohlgeformtes Korn.

Zur Vorbereitung des Reises für den Markt gehört erstens das Dreschen, zweitens das Mahlen, bei dem die Schalen entfernt werden, und drittens das Polieren, um den perlweißen Glanz zu erzeugen, den so viele Leute für sehr begehrenswert halten.

Poliertem Reis wurde fast sein gesamter Fett- und Mineralstoffgehalt entzogen, wodurch sein Nährwert gemindert und ihm sein Geschmack verloren ging.

Die Reisgerichte, wie sie in den orientalischen Ländern zubereitet werden, werden aus ungeschliffenem Kopfreis hergestellt und gehören zu den Hauptgerichten.

Der Orientale wäscht seinen Reis zunächst in mehreren Wassern und reibt ihn dabei kräftig zwischen den Händen. Dadurch wird es gründlich gereinigt. Um dieser Methode zu folgen, stellen Sie einen Topf mit kochendem Wasser bereit und fügen Sie dann den Reis langsam hinzu, so dass das Wasser kontinuierlich kocht. Kochen Sie den Reis, bis er weich ist, nehmen Sie dann den Deckel vom Topf ab und decken Sie den Reis mit einem Tuch ab, um die Feuchtigkeit aufzusaugen. An einem warmen Ort fünf Minuten ruhen lassen. Dadurch erhält der Topf eine Masse köstlichen, lockeren Reises, wobei jedes Korn deutlich und einzeln zu erkennen ist.

Wenn Sie nun sowohl Ihren Reis als auch das Wasser sorgfältig abmessen, ist es nicht notwendig, dass Sie das überschüssige Wasser abgießen und dadurch den wertvollen Mineral- und Fettgehalt verlieren.

WIE MAN REIS NACH AMERIKANISCHER ART ZUKOCHT

Geben Sie zweieinhalb Tassen kochendes Wasser in einen Wasserbad und fügen Sie dann einen Teelöffel Salz hinzu. Fügen Sie nun langsam eine halbe Tasse gut gewaschenen, ungeschliffenen Reis hinzu. Abdecken und kochen, bis der Reis weich ist und das Wasser aufgesogen ist. Nehmen Sie den Deckel ab, decken Sie den Reis gut mit einer sauberen Serviette ab und kochen Sie ihn fünf Minuten lang. Dadurch wird jedes Reiskorn aufgelockert.

Jetzt ist es servierfertig, entweder als Gemüse anstelle der Kartoffel oder als Zubereitung für viele köstliche Gerichte, die unsere orientalischen Nachbarn so sehr genießen.

JAPANISCHER REIS

Zwei mittelgroße Lauchstangen waschen und fein hacken und dann in einer halben Tasse Wasser zart kochen. Abfluss. Jetzt hinzufügen

Zwei Tassen gekochter Reis,

Ein Teelöffel Salz,

Ein Teelöffel Soja.

Gründlich vermischen und dann auf einer heißen Auflaufform anrichten. Mit Scheiben hartgekochter Eier bedecken. Mit fein gehackter Petersilie bestreuen und mit Räucherlachsscheiben garnieren. Zum Erhitzen einige Minuten in den Ofen stellen. Soja kann in schicken Lebensmittelgeschäften gekauft werden.

INDISCHER REIS

Fügen Sie drei Tassen gekochten Reis hinzu

Ein Liter Hühnerbrühe,

Eine Zwiebel, fein gerieben,

Eineinhalb Teelöffel Salz,

Ein halber Teelöffel Paprika,

Ein halber Teelöffel Currypulver.

Fünfzehn Minuten kochen und sehr heiß servieren, mit fein gehackter Petersilie garnieren.

Kreolischer Reis

Eine große Zwiebel und eine grüne Paprika fein hacken, dann in einen Topf geben und hinzufügen

Eine Tasse Dosentomaten durch ein Sieb reiben,

Eine halbe Tasse kalter gekochter Schinken, fein gehackt.

Zehn Minuten lang langsam kochen und dann hinzufügen

Drei Tassen gekochter Reis,

Zwei Teelöffel Salz,

Ein Teelöffel Paprika.

Gründlich vermischen, dann sehr heiß erhitzen und servieren. Anstelle des Schinkens kann auch kalter Schweinebraten verwendet werden.

ITALIENISCHER REIS

Geben Sie drei Esslöffel pflanzliches Speiseöl in eine Bratpfanne und fügen Sie vier Esslöffel gut gewaschenen Reis hinzu. Rühren, bis der Reis gut gebräunt ist, und dann hinzufügen

Eineinhalb Tassen kochendes Wasser,

Drei Zwiebeln, fein gehackt,

Eine grüne Paprika, fein gehackt,

Eine Tasse passierte Tomaten aus der Dose.

Kochen, bis der Reis weich ist, und dann hinzufügen

Zwei Teelöffel Salz,

Eineinhalb Teelöffel Paprika,

Eine halbe Tasse geriebener Käse.

Rühren, bis alles gut vermischt ist, und dann servieren, garniert mit fein gehackter Petersilie.

BELGISCHE REISBÄLLE

Geben Sie zwei Tassen gekochten Reis in eine Schüssel und fügen Sie hinzu

Eine halbe Tasse Johannisbeeren,

Eine halbe Tasse Zucker,

Ein gut geschlagenes Ei,

Ein Teelöffel Vanille.

Mischen und dann kleine Kugeln formen, etwa in der Größe einer Orange. In geschlagenes Ei tauchen und dann in feinen Semmelbröseln wälzen. Im heißen Fett goldbraun braten. Mit zerkleinerten und gesüßten Früchten servieren.

SCHWEDISCHER REISPUDDING

In eine Auflaufform geben

Ein Liter Milch,

Sechs Esslöffel gut gewaschener Reis,

Zwei Drittel Tasse Zucker,

Ein Teelöffel Vanilleextrakt,

Ein halber Teelöffel Salz,

Zwei Esslöffel Butter, in kleine Kugeln gebrochen.

Im langsamen Ofen eine Stunde lang backen und zwei- oder dreimal umrühren.

Der Reisanbau in Louisiana ist mehr als hundert Jahre alt. Louisiana produziert mittlerweile eine größere Ernte dieses Getreides als die gesamte Ernte der Bundesstaaten Georgia und Carolina. Der Tourist, der Louisiana während der Zeit des Reismarkts besucht, genießt eine Szene, die es anderswo in der zivilisierten Welt selten gibt; denn hier sind die Käufer aus allen Teilen des Landes versammelt.

Die Kreolen von Louisiana haben wie die Orientalen das wahre Geheimnis, dieses Essen zu einem schmackhaften Diätartikel zu machen. Die alte Mutter in New Orleans sagt ihren Kindern immer, dass Le Riz natürlich gründlich gewaschen werden muss, und sie besteht immer darauf, dass die Körner in vier Wassern gereinigt werden – zwei warmen und zwei kalten – und dann auf die gleiche Weise gekocht werden die Orientalen verwenden.

Rühren Sie den Reis niemals um, während er kocht. Dadurch wird es matschig. Stattdessen immer den Topf schütteln. Überfluten Sie den Reis während des Kochens niemals mit Wasser. Denken Sie immer daran, dass zum Kochen nur das Fünffache der tatsächlichen Menge an Reis in Wasser benötigt wird.

Auf diese Weise kann kein überschüssiges Wasser abfließen. Wenn Sie also eine viertel Tasse Reis verwenden, würden Sie auch eineinviertel Tassen Wasser verwenden. Jetzt können Sie das Wasser nicht mehr anhäufen; Sie müssen den Reis genau abmessen.

Gekochter Reis ist eine köstliche Beilage zu Hühnchen, Lamm, Truthahn, Garnelen, Krabben und Hummer – mit Okra und für Austern-, Hühnchen- und Krabben-Grumbo; als Gemüse zum Ersetzen von Kartoffeln und als Rand für Eintöpfe, Gulasch usw.

PIMENT-SANDWICHES

Verwenden Sie eine große oder zwei kleine Dosen Piment.

Eine Tasse Hüttenkäse,

Eine Zwiebel.

Piment, Käse und Zwiebel durch den Zerkleinerer geben, anschließend vier Esslöffel Salatdressing dazugeben und als Sandwichbelag verwenden.

GEBACKENE ÄPFEL

Äpfel schälen und entkernen, dann in Muffinformen geben und hinzufügen

Zwei Esslöffel Sirup,

Ein Esslöffel Wasser,

Ein viertel Teelöffel Muskatnuss.

Bei mittlerer Hitze backen, bis die Äpfel weich sind, und dann abkühlen lassen. Zum Servieren: Die Äpfel auf eine kleine Platte heben, mit einer Frucht-Baiser-Torte bedecken und mit Kokosnuss bestreuen.

GEWÜRZTE ÄPFEL

Legen Sie sechs mittelgroße Äpfel in eine Auflaufform und fügen Sie dann hinzu

Eine Zimtstange, in Stücke gebrochen,

Vier Nelken,

Zwei Pimentkörner,

Zwei Keulenklingen,

Ein halber Teelöffel Muskatnuss,

Dreiviertel Tasse brauner Zucker,

Eine halbe Tasse Apfelwein.

Backen, bis es weich ist, und dann kalt servieren.

CALAS

Die alten Negerfrauen der alten French Quarters in New Orleans backten einen köstlichen Reiskuchen, den sie in Schalen auf dem Kopf trugen. Die Schüsseln waren mit einem makellos sauberen Tuch abgedeckt und die Kuchen hießen bella cala – tout chaud von New Orleans.

WIE MAN DIESEN KÖSTLICHEN REISKUCHEN ZUBEREITET

(Niveaumessungen verwenden)

Waschen Sie eine halbe Tasse Reis und kochen Sie ihn in zweieinhalb Tassen kochendem Wasser, bis er weich ist. Nun abkühlen lassen und den Reis gut zerstampfen. Lösen Sie nun einen halben Hefekuchen in einer halben Tasse 80 Grad Fahrenheit warmem Wasser auf, gießen Sie ihn in eine Schüssel und fügen Sie ihn hinzu

Ein halber Teelöffel Salz,

Vier Esslöffel Zucker,

Eine halbe Tasse gesiebtes Mehl,

Der Reisbrei.

Gut verrühren, dann abdecken und über Nacht gehen lassen. Morgens hinzufügen

Zwei gut geschlagene Eier,

Fünf Esslöffel Zucker,

Vier Esslöffel Mehl,

Ein Teelöffel Muskatnuss.

Gut verrühren und anschließend im warmen Raum eine dreiviertel Stunde gehen lassen. Geben Sie nun eineinhalb Tassen Pflanzenöl in die Pfanne. Erhitzen Sie es, bis es heiß genug ist, um eine Brotkruste zu bräunen, während Sie vierzig zählen. Geben Sie die Reismischung löffelweise hinein und braten Sie sie goldbraun an. Zum Abtropfen auf ein weiches Papier heben. Auf einer heißen Platte anrichten; Mit einer warmen Serviette abdecken. Mit Puderzucker und Muskatnuss bestäuben.

APFEL-REIS-CUSTARD

Waschen Sie sechs Esslöffel Reis in mehreren Wassern, geben Sie ihn dann in einen Topf und fügen Sie zwei Tassen kochendes Wasser hinzu. Kochen, bis das Wasser aufgesogen und der Reis weich ist. Waschen Sie nun vier kleine Äpfel, schneiden Sie sie in kleine Stücke und bedecken Sie die Äpfel mit kaltem Wasser und kochen Sie sie, bis sie weich sind. Durch ein feines Sieb reiben und hinzufügen

Eine halbe Tasse Zucker,

Ein Teelöffel Vanille,

Ein gut geschlagenes Ei,

Der gekochte Reis.

Zum Mischen verrühren, dann in die Puddingförmchen gießen und 15 Minuten lang im mäßigen Ofen backen.

SARDINE-SANDWICHES

Öffnen Sie eine Schachtel Sardinen und lassen Sie sie dann ohne Öl abtropfen. Haut und Knochen entfernen und anschließend sehr fein zerstampfen. Hinzufügen

Zwei hartgekochte Eier,

Eine grüne Paprika,

Ein Viertel Zwiebel.

Alles fein hacken und mit sechs Esslöffeln Salatdressing, einem halben Teelöffel Salz und einem Teelöffel Paprika zu einer Paste verrühren.

Auf das vorbereitete Brot verteilen und dann in zwei Stücke schneiden. Bis zum Gebrauch in Wachspapier einwickeln.

MEINE IDEALE APFELSOßE

Waschen Sie ein Viertel der Äpfel, schneiden Sie sie in Stücke, geben Sie sie in einen Topf und geben Sie drei Tassen Wasser hinzu.

Weich kochen und anschließend durch ein feines Sieb streichen. Mit süßen

Eine Tasse Zucker,

Ein halber Teelöffel Muskatnuss,

Ein Teelöffel Vanille.

Wenn rote Äpfel verwendet werden, ergibt dies eine köstliche, rosafarbene Soße. Äpfel müssen nicht geschält oder entkernt werden.

APFELKROKETTEN

Sechs mittelgroße Äpfel waschen und in kleine Stücke schneiden, dann in einen Topf geben und eine Tasse Wasser hinzufügen; Langsam kochen, bis die Äpfel weich sind, dann durch ein feines Sieb reiben und hinzufügen

Eine halbe Tasse brauner Zucker,

Ein Teelöffel Muskatnuss,

Ein Teelöffel abgeriebene Zitronenschale,

Zweieinhalb Tassen Semmelbrösel,

Eine halbe Tasse fein gehackte Rosinen.

Gut vermischen und dann zu Kroketten formen, in Mehl wälzen und dann im heißen Fett goldbraun braten. Mit einer Vanillesoße servieren.

LACHS-SANDWICHES

Öffnen Sie eine Dose Lachs, lassen Sie sie abtropfen und entfernen Sie dann die Haut und die Knochen. Den Lachs in eine Schüssel geben und hinzufügen

Eine Zwiebel, gerieben,

Eine viertel Tasse fein gehackte Petersilie,

Eine halbe Tasse Salatdressing,

Saft einer halben Zitrone.

Vermischen und anschließend das Brot zubereiten. Ein Salatblatt auf das Brot legen und die vorbereitete Füllung darauf verteilen, würzen und die obere Brotscheibe auflegen und in Dreiecke schneiden.

ORANGEN

Die erste Orangenernte der Saison kommt normalerweise Ende Oktober auf den Markt. Die frühen Orangen aus Florida sind die ersten, dicht gefolgt von den Navelorangen aus Arizona, und kurz vor Weihnachten kommt der Großteil der Orangen aus Kalifornien und Florida.

ORANGENSIRUP

Reiben Sie die Schale von einem Dutzend Orangen ganz leicht ab und geben Sie dann drei Pfund Zucker, die abgeriebene Schale und den Saft der Orangen in einen sauberen Aluminiumtopf. Platzieren Sie es an einem Ort, an dem es sehr langsam erhitzt wird und dann der Zucker schmilzt. Häufig umrühren und nicht kochen lassen. Gut abdecken und dann in sterilisierte Flaschen abseihen. Stellen Sie die Flaschen in ein heißes Wasserbad und lassen Sie es vierzig Minuten lang verarbeiten. Stecken Sie die Korken in die Flaschen und tauchen Sie sie nach dem Abkühlen in geschmolzenes Siegellack. Dieses Rezept kann geteilt werden. Zur Zubereitung von Getränken, Soßen usw.

ORANGENSAFT

In eine Schüssel geben

Saft von fünfundzwanzig Orangen,

Abgeriebene Schale von zehn Orangen,

Ein Pfund Zucker

und dann drei Stunden stehen lassen. Abseihen, in sterilisierte Flaschen füllen und vierzig Minuten im heißen Wasserbad verarbeiten. Korken und dann wie Orangensirup verfeinern.

HINWEIS: Den Korken eine Stunde lang in kochendem Wasser einweichen, damit er weich wird. Dadurch können Sie einen etwas größeren Korken verwenden und einen guten Verschluss gewährleisten.

So verwenden Sie Orangensirup: Geben Sie vier Esslöffel in ein Glas und füllen Sie es mit kohlensäurehaltigem Wasser auf.

Um Orangensaft für die Zubereitung von Orangensaft zu verwenden, verdünnen Sie ihn zu gleichen Teilen mit Wasser und Saft, kühlen Sie ihn ab und servieren Sie ihn dann.

SCHOTTISCHE ORANGENMARMELADE

Zwölf Orangen halbieren und dann mit einem scharfen Messer in dünne, papierähnliche Scheiben schneiden und alle Kerne entfernen. In einen Einmachkessel geben und fünf Liter kaltes Wasser hinzufügen. Zwölf Stunden lang beiseite stellen und dann zum Kochen bringen und kochen, bis die Früchte weich sind. Den Saft von vier Zitronen und fünf Tassen Apfelmus dazugeben, aufkochen und abmessen. Fügen Sie für jede Tasse Mischung eine dreiviertel Tasse Zucker hinzu. Zurück in den Wasserkocher geben und zum Kochen bringen. Kochen, bis eine sehr dicke Marmelade entsteht oder bis das Bonbonthermometer 223 Grad Fahrenheit erreicht.

ORANGENKONSERVE IN SIRUP

Neun Orangen schälen und in Stücke teilen, dabei darauf achten, dass so wenig wie möglich zerbricht. Jetzt platzieren

Zwei Pints Wasser,

Vier Pfund Zucker

in einen Einkochtopf geben und zum Kochen bringen. Fünfzehn Minuten kochen lassen, dann die Orangen hinzufügen und kochen, bis die Orangen weich sind. Heben Sie die Orangen in ein Glas und bringen Sie den Sirup zum Kochen. Über die Früchte gießen, verschließen und an einem kühlen, trockenen Ort aufbewahren. Der übrig gebliebene Sirup kann für Müsli oder warme Kuchen verwendet werden.

ORANGENSALAT

Entfernen Sie die Schale von vier Orangen, trennen Sie dann die Fruchtblätter und schneiden Sie sie mit einer scharfen Schere in Stücke. In eine Schüssel geben und hinzufügen

Eine Tasse Kokosnuss.

Rühren Sie die Schüssel vorsichtig um, um die Früchte mit der Kokosnuss zu bedecken, füllen Sie sie dann in ein Salatnest und servieren Sie sie mit Orangendressing.

ORANGE SOUFFLÉ

Saft von drei Orangen,

Eine halbe Tasse Wasser,

Eine halbe Tasse Zucker,

Fünf gestrichene Esslöffel Maisstärke.

Stärke und Zucker im Wasser auflösen, dann den Saft hinzufügen und zum Kochen bringen. Fünf Minuten kochen und dann abkühlen lassen. Fügen Sie nun die hinzu

Eigelb von zwei Eiern,

Eine Orange in kleine Stücke schneiden.

Zum Mischen verrühren und dann vorsichtig das steif geschlagene Eiweiß von zwei Eiern schneiden und unterheben. In eine gut gebutterte Auflaufform füllen und in einen Topf mit warmem Wasser stellen. Im mittleren Ofen backen, bis die Masse in der Mitte fest ist. Warm servieren, mit Orangensirup als Soße servieren.

Orangencremetorte

Eine Kuchenform mit Blätterteig auslegen und dann in einen Topf geben

Eine Tasse Milch,

Eine halbe Tasse Wasser,

Saft von drei Orangen,

Abgeriebene Schale einer halben Orange,

Sechs gestrichene Esslöffel Maisstärke,

Dreiviertel Tasse Zucker.

Die Speisestärke und den Zucker im Wasser auflösen und Milch und Fruchtsaft hinzufügen. Zum Kochen bringen und fünf Minuten kochen lassen, teilweise abkühlen lassen und dann hinzufügen

Ein ganzes Ei,

Eigelb eines Eies.

Gut verrühren, dann in vorbereitete Formen füllen und in einem sehr langsamen Ofen 30 Minuten backen. Abkühlen lassen und mit einem Fruchtbaiser bedecken, dazu ein halbes Glas Orangenmarmelade und das Eiweiß eines Eies verwenden und so lange schlagen, bis ein sehr steifes Baiser entsteht.

ORANGEN-REIS-CUSTARD

Eine halbe Tasse Reis waschen und dann in drei Tassen Wasser kochen, bis das Wasser aufgesogen ist. Jetzt hinzufügen abgeriebene Schale einer Orange,

Drei in kleine Stücke geschnittene Orangen,

Dreiviertel Tasse Zucker.

Gründlich vermischen und dann in eine Schüssel geben

Zwei Tassen Milch,

Eigelb von zwei Eiern.

Zum Mischen verrühren und dann über den vorbereiteten Reis gießen. Gründlich vermischen und dann entweder in einzelne Puddingbecher oder in eine Auflaufform gießen. In einen Topf mit warmem Wasser geben und dann 30 Minuten bei mittlerer Hitze backen. Abkühlen lassen und mit Orangenpeitsche servieren.

Ein Glas Orangenmarmelade,

Eiweiß von zwei Eiern.

Mit einem Dover-Schneebesen sehr steif schlagen und dann den Reis darauf stapeln.

GEWÜRZTE PFLAUMEN

Bereiten Sie ein Pfund Pflaumen zum Kochen vor und geben Sie sie dann in eine Auflaufform und fügen Sie sie hinzu

Eine Tasse Wasser,

Eine viertel Tasse Essig,

Eine Tasse brauner Zucker,

Ein Stück Zimtstange,

Sechs Nelken,

Vier Piment,

Zwei Streitkolbenklingen,

Ein halber Teelöffel Muskatnuss.

Langsam kochen, bis die Pflaumen weich sind, dann den Sirup abgießen und zehn Minuten kochen lassen, bevor er über die Pflaumen gegossen wird. Kalt als Würzmittel zu Fleisch servieren.

ORANGENES DRESSING

Saft von zwei Orangen,

Abgeriebene Schale einer halben Orange,

Eine halbe Tasse kaltes Wasser,

Eine halbe Tasse Zucker,

Zwei Esslöffel Maisstärke.

Den Zucker und die Stärke in Wasser auflösen und den Fruchtsaft und die abgeriebene Schale hinzufügen. Zum Kochen bringen und fünf Minuten kochen lassen, dann vom Feuer nehmen und das Eigelb eines Eies hineintropfen lassen. Zum Mischen gut verrühren. Nun das Eiweiß sehr steif schlagen, dann unter die Masse rühren, abkühlen lassen und servieren.

ORANGE BETTY

Drei Orangen schälen und in Würfel schneiden. In eine Schüssel geben und hinzufügen

Eineinhalb Tassen feine Semmelbrösel,

Eine Tasse kochendes Wasser.

Mischen, abkühlen lassen und dann hinzufügen

Ein gut geschlagenes Ei,

Dreiviertel Tasse Milch,

Drei Esslöffel Backfett,

Eine halbe Tasse Sirup,

Eine halbe Tasse Zucker,

Drei Teelöffel Backpulver,

Sechs Esslöffel Mehl.

Gründlich vermischen und dann entweder in einzelne Puddingbecher oder in eine Puddingform gießen und in einen Topf mit heißem Wasser stellen. Wenn die Betty in Puddingförmchen gefüllt wird, fetten Sie diese gut ein und backen Sie sie vierzig Minuten lang bei mittlerer Hitze. In eine Form geben und eine Stunde backen.

ORANGENPUTZ

Drei Orangen schälen und dann mit einem scharfen Messer in ½-Zoll-Scheiben schneiden. Tauchen Sie die Scheiben in Mehl, dann in einen Teig und braten Sie sie im heißen Fett goldbraun an.

DER TEIG

Schlagen Sie ein Ei in einer Tasse auf und füllen Sie es mit Milch auf. In eine Schüssel geben und hinzufügen

Eineinhalb Tassen Mehl,

Zwei Teelöffel Backpulver,

Ein viertel Teelöffel Salz,

Zwei Esslöffel Zucker.

Orangenkrapfen mit Orangendressing oder Orangensirup servieren.

GEBACKENE PFLAUMEN

Bereiten Sie ein halbes Pfund Pflaumen zum Kochen vor und geben Sie sie in eine Auflaufform. Fügen Sie eine Hälfte einer in dünne, papierähnliche Scheiben geschnittenen Orange hinzu. Decken Sie die Form ab und stellen Sie sie in den Ofen, um sehr langsam zu backen. Wenn man die Pflaumen nun schon früh morgens einweicht und dann zum Backen vorbereitet und in den Ofen stellt, wenn das Feuer für die Nacht nachgelassen hat, sind sie am Morgen sehr schön fertig. Dieses lange, langsame Garen ist genau das, was die Pflaume braucht.

PFLAUMENSALAT

Bereiten Sie die Pflaumen wie zum Füllen vor, geben Sie dann eine halbe Tasse Hüttenkäse in eine Schüssel und fügen Sie sie hinzu

Eine grüne Paprika fein gehackt,

Ein halber Teelöffel Salz,

Ein halber Teelöffel Paprika.

Gut vermischen und dann in die entkernten Pflaumen füllen. Nun die gefüllten Pflaumen auf knackigen Salatblättern anrichten und mit Zitronensaft beträufeln. Mit Paprika- oder Mayonnaise-Dressing servieren. Das schmeckt sehr gut zum Mittag- oder Abendessen, serviert als Salat.

KALIFORNISCHER PFLAUMENKUCHEN

Eine Tasse Zucker,

Sechs Esslöffel Backfett.

Gut schaumig schlagen, bis eine leichte, cremige Masse entsteht, und dann hinzufügen

Eigelb von zwei Eiern,

Eine Tasse Wasser,

Zweidreiviertel Tassen Mehl,

Zwei gestrichene Esslöffel Backpulver,

Ein gestrichener Esslöffel Muskatblüte.

Gut verrühren und dann das steif geschlagene Eiweiß der beiden Eier unterheben. Nun eine Kuchenform mit gefettetem Papier auslegen und eine Schicht Kuchenteig hineingießen. Gleichmäßig verteilen. Verteilen Sie nun eine Schicht fein gehackter Nüsse und anschließend eine Schicht gut abgetropfte und gekochte, fein gehackte Pflaumen. Mit einer Schicht Kuchenteig bedecken und den Vorgang wiederholen, bis die Form zu drei Vierteln gefüllt ist. Anschließend die Oberseite des Kuchens leicht mit Zucker bestäuben. In einen mittelgroßen Ofen stellen und eine Stunde backen. Abkühlen lassen und dann mit Zuckerguss vereisen

Dreiviertel Tasse XXXX Zucker,

Ein Esslöffel Zitronensaft,

und ausreichend kochendes Wasser zum Befeuchten. Anschließend auf dem Kuchen verteilen.

Pflaumen- und Nussgelee

Drei gestrichene Esslöffel Gelatine in einer halben Tasse kaltem Wasser eine halbe Stunde einweichen. Nun entsteinen Sie so viele Pflaumen, dass eine Tasse groß ist. Hinzufügen

Eine halbe Tasse fein gehackte Nüsse,

Eine halbe Tasse Zucker,

Eine Tasse Pflaumensaft,

Saft einer Zitrone.

Nun die Gelatine in ein heißes Wasserbad geben und anschließend in die Pflaumenmischung abseihen. Rühren, bis alles gut vermischt ist, und dann in Formen gießen. Zum Formen beiseite stellen und dann mit Fruchtschaum servieren.

PFLAUMEN-KÖSTLICHKEITEN

Waschen Sie die Pflaumen gründlich, lassen Sie sie anschließend abtropfen und trocknen Sie sie auf einem Tuch. Entfernen Sie die Steine und füllen Sie die Mitte mit einer Mischung aus gehackten Nüssen und Ingwer.

Kristallzucker einrollen. Pflaumen können mit Fondant oder Fudge gefüllt werden.

Charlotte pflaumen

Drei gestrichene Esslöffel Gelatine in einer halben Tasse kaltem Wasser eine halbe Stunde einweichen. Anschließend zum Schmelzen in ein heißes Wasserbad stellen. In eine Schüssel abseihen und hinzufügen

Eine Tasse Pflaumensaft,

Saft einer Zitrone,

Eine halbe Tasse Zucker.

Erhitzen, um den Zucker aufzulösen, dann abkühlen lassen, bevor man es zur Gelatine hinzufügt. Geben Sie nun einige Löffel der vorbereiteten Gelatinemischung in eine Form und drehen Sie sie, um die Form vollständig zu bedecken. Dann die Form mit gekochten und entsteinten Pflaumen auslegen. Gießen Sie ein paar Löffel der Gelatinemischung über die Pflaumen und legen Sie sie an ihren Platz, bevor Sie den Rest der Mischung hineingießen. Dann zum Formen beiseite stellen. Zum Servieren aus der Form nehmen und mit Pflaumensauce servieren.

Pflaumensoße

Eine Tasse gekochte und entsteinte Pflaumen durch ein feines Sieb reiben und hinzufügen

Eine Tasse Pflaumensaft,

Saft einer Zitrone,

Sechs Esslöffel Zucker.

Erhitzen, um den Zucker aufzulösen, und dann vor dem Servieren abkühlen lassen.

RHABARBER

Um Rhabarber zu kochen, schneiden Sie ihn in Zentimeter große Stücke und entfernen Sie die faserige Schale. In einer Auflaufform aus Glas oder Ton im Ofen kochen, bis es weich ist, dabei gerade so viel Zucker hinzufügen, dass es süßt. Dadurch erhalten Sie ein hervorragendes Produkt.

Verwenden Sie nicht die Blätter des Rhabarbers. Und kochen Sie Rhabarber nicht in der Dose; Der Mineralsalz- oder Säuregehalt der Frucht reagiert auf das Metall und bildet ein aktives Gift.

RHABARBER FÜR TORTEN KOCHEN

Bereiten Sie den Rhabarber vor, bestäuben Sie ihn gut mit Mehl, fügen Sie Zucker hinzu und kochen Sie ihn langsam, bis er weich ist. Das Mehl wird die Mischung verdicken. Anschließend in die vorbereitete Tortenplatte füllen und mit Teig bedecken. Bei mittlerer Hitze zwanzig Minuten backen. Eine auf diese Weise zubereitete Torte ist weitaus besser als die, bei der der Rhabarber geschnitten, in die Torte gelegt und dann gekocht wird.

RHABARBER-ROSINEN-KONSERVE

Den Rhabarber waschen, schälen und dann in etwa 2,5 cm große Stücke schneiden. Messen Sie einen Liter der geschnittenen Stücke ab und geben Sie sie in eine Auflaufform

Eine Tasse entkernte Rosinen,

Zwei Tassen Zucker.

Kein Wasser hinzufügen; Abdecken und kochen, bis die Früchte weich sind, normalerweise etwa vierzig Minuten.

RHABARBER-FRUCHTSOSSE

Geben Sie das Eiweiß von zwei Eiern in eine Schüssel und fügen Sie dann ein halbes Glas Gelee hinzu. Sehr steif schlagen und dann eine Tasse sehr dicke Rhabarbersauce hinzufügen.

RHABARBER-SHORTCAKE

Geben Sie zwei Tassen Mehl in eine Schüssel und fügen Sie es hinzu

Ein Teelöffel Salz,

Vier Teelöffel Backpulver,

Eine halbe Tasse Zucker.

Zum Mischen sieben und dann sechs Esslöffel Backfett einreiben. Mit zwei Dritteln Tasse Milch zu einem Teig verrühren. Mit einem großen Ausstecher ausstechen und dann im heißen Ofen fünfzehn Minuten backen. Teilen und mit Butter bestreichen, dann mit dem gekochten Rhabarber füllen und entweder mit normaler Sahne oder Schlagsahne oder Vanillesoße servieren.

RHABARBER-COCKTAIL

Geben Sie drei Esslöffel Rhabarberkonfitüre in ein Cocktailglas. Fügen Sie eine Schicht dünn geschnittener Bananen und dann eine Schicht geriebene Orange hinzu. Mit Puderzucker bestreuen und mit Schlagsahne oder steif geschlagenem Eiweiß belegen. Mit Maraschinokirschen garnieren.

RHABARBER-PUFFS

Dreiviertel Tasse Zucker,

Eine halbe Tasse Wasser,

Fünf Esslöffel Backfett.

In eine Schüssel geben und dann hinzufügen

Ein Ei,

Zwei Tassen Mehl,

Vier Teelöffel Backpulver,

Ein halber Teelöffel Salz,

Eine Tasse fein gehackter Rhabarber (roh).

Zum Mischen verrühren, dann in gut gefettete Puddingförmchen füllen und 30 Minuten im heißen Ofen backen.

VERMONT RHABARBER-GRIDDLE-KUCHEN

Altes Brot in kaltem Wasser einweichen, damit es weich wird. Sehr trocken pressen und anschließend durch ein feines Sieb reiben. Nun zwei Tassen abmessen, in eine Schüssel geben und hinzufügen

Eineinhalb Tassen gesüßter Rhabarber,

Ein Ei,

Eineinhalb Tassen gesiebtes Mehl,

Vier Teelöffel Backpulver,

Ein Teelöffel Salz,

Ein Esslöffel Backfett.

Gut vermischen und dann auf einer Grillplatte backen und mit Zucker, Zimt und Butter oder Sirup servieren.

RHABARBER-GELATINE

Zwei Tassen kalter, gekochter und gesüßter Rhabarber.

Hinzufügen

Vier gestrichene Esslöffel Gelatine,

Saft einer Orange,

Eine halbe Tasse Wasser.

Die Gelatine zur Mischung hinzufügen und eine halbe Stunde lang einweichen lassen. Dann langsam erhitzen, bis der Siedepunkt erreicht ist, vom Herd nehmen und in Formen gießen. Fest werden lassen, dann aus der Form nehmen und mit Schlagsahne servieren. Eine Porzellan- oder Steingutform verwenden.

RHABARBER-TAPIOKA-PUDDING

Eine halbe Tasse Tapiokaperlen in reichlich Wasser waschen, um die Stärke zu entfernen. In eine Auflaufform aus Glas oder Steingut geben und vier Tassen gekochten und gesüßten Rhabarber hinzufügen. Im Ofen backen, bis die Tapioka durchsichtig oder weich ist. Eine Baisermasse aus dem Eiweiß eines Eies daraufgeben. Abkühlen lassen und dann servieren.

RHABARBERKNÖDEL

Rollen Sie den Teig etwa einen Zentimeter dick aus und schneiden Sie ihn dann in vier Zentimeter große Quadrate. Mit Rhabarberstücken füllen, die in ½-Zoll-Stücke geschnitten sind, und 2 Esslöffel Zucker hinzufügen. Falten Sie den Teig zusammen, drücken Sie ihn fest an, bestreichen Sie ihn dann mit Eigelb und backen Sie ihn 30 Minuten lang im langsamen Ofen.

Ingwergelee

Eine halbe Packung Gelatine 30 Minuten in einer Tasse kaltem Wasser einweichen und dann hinzufügen

Saft einer Zitrone,

Eine Orange,

Eine halbe Tasse Zucker,

Eine Tasse kochendes Wasser.

Zum Vermischen gründlich verrühren und dann abkühlen lassen. Kurz bevor es anfängt einzudicken, eine halbe Tasse fein gehackten kandierten Ingwer unterrühren.

INGWER-CREME

Eine halbe Schachtel Gelatine eine halbe Stunde lang in eineinhalb Tassen kalter Milch einweichen. Geben Sie nun eine halbe Tasse Zucker hinzu und stellen Sie es in einen Topf mit warmem Wasser. Rühren, bis sich die Gelatine aufgelöst hat, dann zum Abkühlen beiseite stellen. Während des Abkühlens platzieren

Eiweiß von einem Ei,

Ein halbes Glas Gelee

In eine Schüssel geben und mit einem Dover-Schneebesen schlagen, bis die Masse leicht und locker ist. Fügen Sie eine halbe Tasse fein geriebenen kandierten Ingwer und dann die abgekühlte Gelatine hinzu. Schlagen Sie, bis es anfängt einzudicken, und gießen Sie es dann in Formen, damit es fest wird.

HINWEIS : Geben Sie die Gelatinemischung erst kurz vor dem Eindicken in die Fruchtaufschlämmung.

INGWER-KÖSTLICHKEITEN

Die Westinder bereiten und servieren viele köstliche Desserts und Konfitüren aus Ingwer. Es kann entweder der vorbereitete Ingwer in Töpfen verwendet werden oder die gewöhnliche Ingwerwurzel kann im Lebensmittelhandel erworben werden. Fragen Sie nach Stängel-Ingwer, da diese Sorte weniger dazu neigt, fadenförmig und grob zu sein.

Zubereitung: Den Ingwer über Nacht in warmem Wasser einweichen und dann morgens mit einer Gemüsebürste waschen. Jetzt gut auskratzen und dann so viel in frisches Wasser geben, dass es bedeckt ist – und sanft auf der Rückseite des Herdes kochen, bis es weich ist. Oder es kann über Nacht in den feuerlosen Herd gestellt werden. Wenn die Wurzel weich ist, platzieren Sie sie

Drei Tassen Zucker,

Dreiviertel Tasse Wasser,

Saft einer Zitrone

in einen Topf geben und zum Kochen bringen. Zehn Minuten kochen lassen und dann den Ingwer hinzufügen. Stellen Sie es nun an einen gerade noch warmen Ort und lassen Sie es köcheln, bis der Sirup aufgesogen ist. Herausnehmen und zwei Tage an einem kühlen Ort stehen lassen. Nochmals erhitzen, dann auf einem Sieb abtropfen lassen und im Zucker wälzen. In einer luftdichten Blechdose verpacken, ist der Ingwer unbegrenzt haltbar.

ANANAS-MOUSSE

Lassen Sie so viel Ananas abtropfen und zerkleinern Sie sie, dass sie zwei Tassen misst. Durch ein feines Sieb passieren und dann in eine Schüssel geben; Geben Sie das Eiweiß von zwei Eiern in eine zweite Schüssel und fügen Sie ein Glas Apfelgelee hinzu. Sehr steif schlagen. Eine Tasse Sahne steif schlagen und eine halbe Tasse Zucker hinzufügen. Mischen Sie die Fruchtcreme, die Schlagsahne und das Ananaspüree vorsichtig durch Schneiden und Falten, bis alles gut vermischt ist. In eine 2-Liter-Form gießen und mit Wachspapier abdecken. Dann auf den Deckel legen und mit einem Pint Salz und zweieinhalb Pint fein zerstoßenem Eis die Mousse gefrieren lassen.

Datteln mit Ingwer füllen

Entfernen Sie die Steine von den Datteln und füllen Sie die Mitte mit einem Stück kandiertem Ingwer. Fest andrücken und dann zwischen den Zeigern rollen, um die Dattelform wiederherzustellen. Die fertige Dattel in Kristallzucker wälzen. Als Ersatz für die Datteln können Pflaumen verwendet werden.

EIERLOSE MAYONNAISE

Auf den Suppenteller legen

Zwei Esslöffel Kondensmilch,

Ein halber Teelöffel Senf,

Ein halber Teelöffel Paprika.

Mit einer Gabel verrühren und langsam eine dreiviertel Tasse Salatöl hinzufügen, wenn alles glatt ist. Einige Minuten lang kräftig schlagen. Jetzt hinzufügen

Ein Teelöffel Zucker,

Ein Teelöffel Salz,

Ein Teelöffel Essig.

Dann noch einmal schlagen, bis alles gründlich vermischt ist.

Gekochtes Salatdressing

Eine halbe Tasse Essig,

Dreiviertel Tasse Wasser,

Drei gestrichene Esslöffel Maisstärke.

Die Stärke im Wasser auflösen, den Essig hinzufügen und zum Kochen bringen. Drei Minuten kochen lassen, dann herausnehmen und hinzufügen

Ein Ei,

Ein Teelöffel Salz,

Ein Teelöffel Paprika,

Dreiviertel Teelöffel Senf,

Ein Teelöffel Zucker.

Zum Mischen verrühren und dann eine Tasse Sauerrahm unterrühren. Dieses Dressing kann zu Kartoffel-, Hühner- und Selleriesalat sowie zu kaltem Fleisch oder einfachem Salat verwendet werden.

Gefrorener Zitronenpudding

In einen Topf geben

Ein Liter Milch,

Eine halbe Tasse Maisstärke.

Rühren, bis es sich aufgelöst hat, und dann zum Kochen bringen. Zehn Minuten kochen lassen. Vom Feuer nehmen und hinzufügen

Drei gut geschlagene Eier.

Zum gründlichen Mischen verrühren, dann abkühlen lassen. Reiben Sie nun die Schale einer Zitrone leicht ab. In eine Schüssel geben und hinzufügen

Saft von drei Zitronen,

Saft einer Orange,

Eineinhalb Tassen Zucker.

Gut vermischen und zum Einfrieren die Zitronenmischung unter die Vanillesoße schlagen. Fügen Sie die Zitronenmischung sehr langsam hinzu. Wie gewohnt einfrieren, drei Teile Eis zu einem Teil Salz verwenden. Packen Sie es ein und lassen Sie es dann zwei Stunden lang reifen.

GINGER-ALE-SALAT

Vier Esslöffel Gelatine in vier Esslöffeln kaltem Wasser zwanzig Minuten lang einweichen. Geben Sie nun eine halbe Tasse kochendes Ginger Ale zur Gelatine. Rühren, bis sich die Gelatine aufgelöst hat, dann abseihen. Fügen Sie den Rest der 1 Pint-Flasche Ginger Ale hinzu. Abkühlen lassen, dann die Form mit Eiswasser abspülen, um sie gründlich abzukühlen, und dann die Form mit der Gelatine bestreichen, indem man etwa eine viertel Tasse hineingießt und die Form dreht, bis sie vollständig bedeckt ist. Legen Sie nun konservierte Ingwerstücke in Mustern auf den Boden der Form und verwenden Sie auch ein paar Maraschinokirschen. Gießen Sie etwas Gelatine darüber und fügen Sie dann, wenn die Masse fest ist, so viel Gelatine hinzu, dass eine Schicht entsteht. Wiederholen Sie dies, bis die Form gefüllt ist. Bei warmem Wetter füllen Sie die Form in eine Salz-Eis-Mischung, um schnelle Ergebnisse zu erzielen.

EIERSALAT

Einen Salatkopf sehr fein zerkleinern, dann in eine Schüssel geben und hinzufügen

Eine Zwiebel,

Eine grüne Paprika, sehr fein gehackt,

Eine gekochte Karotte, gewürfelt,

Eine Tasse Mayonnaise.

Mischen und dann mit vier hartgekochten, in Scheiben geschnittenen Eiern garnieren. Mit Paprika bestäuben.

THOUSAND ISLAND DRESSING

Eine halbe Tasse Salatöl,

Saft einer Zitrone,

Saft einer Orange,

Eine halbe grüne Paprika, fein gehackt,

Eine halbe mittelgroße Zwiebel, fein gehackt,

Zwei Teelöffel Salz,

Ein Teelöffel Paprika,

Ein halber Teelöffel Senf,

Ein fein gehackter Piment.

Gut vermischen.

SALATSOSSE

Um das Mayonnaise-Dressing zuzubereiten, schlagen Sie ein Ei in einer Schüssel auf und fügen Sie es dann hinzu

Zwei Teelöffel Essig,

Ein Teelöffel Zucker,

Ein Teelöffel Paprika,

Ein halber Teelöffel Senf.

Mit dem Dover-Rührbesen vermischen und dann langsam eine Tasse Öl hineingießen, während die Mischung mit einer gleichmäßigen Bewegung geschlagen wird.

GURKENSALAT

Die Gurken schälen, dann in dünne Scheiben schneiden und eine Stunde lang mit zwei Esslöffeln Salz und gebrochenem Eis bedecken. Waschen und dann abtropfen lassen. Nun die groben grünen Blätter des Salats fein zerkleinern. Die Gurken auf dem vorbereiteten Salat anrichten und mit Sauerrahm-Dressing servieren.

FRUCHTSALAT

Schälen und in Würfel schneiden

Zwei Orangen,

Zwei Äpfel,

Drei Bananen.

In eine Schüssel geben, eine Tasse Kokosnuss dazugeben und vorsichtig vermischen. Nun in ein Nest aus Salat geben. Bereiten Sie ein Obstsalatdressing zu aus

Eine Tasse Zucker,

Eine Tasse Wasser,

Saft einer Orange,

Saft einer Zitrone,

Drei gestrichene Esslöffel Maisstärke.

Zucker und Stärke auflösen und zum Kochen bringen. Fünf Minuten kochen lassen, dann vom Herd nehmen und das Eigelb eines Eies hinzufügen. Kräftig verrühren und dann das steif geschlagene Eiweiß eines Eies unterheben. Abkühlen lassen und dann über den Obstsalat gießen. Mit Maraschinokirschen garnieren. Diese Menge Salat reicht für acht Personen.

KRAUTSALAT

Einen Kohlkopf fein zerkleinern und eine halbe Stunde in Salzwasser legen. Gut abtropfen lassen und dann hinzufügen

Zwei grüne Paprika, fein gehackt,

Eine Tasse Mayonnaise,

Ein Esslöffel Salz,

Ein Esslöffel Paprika,

Eine viertel Tasse Essig.

Mischen.

LACHSSALAT

Öffnen Sie eine Dose Lachs, lassen Sie ihn abtropfen, entfernen Sie die Gräten und fügen Sie ihn hinzu

Zwei grüne Paprika, fein gehackt,

Eine Zwiebel, fein gehackt.

Mischen, die groben äußeren grünen Blätter des Salats fein zerzupfen und dann eine Schüssel mit knackigem Salat auslegen. Legen Sie den zerkleinerten Salat in das Nest und dann den vorbereiteten Lachs. Mit geschnittenem hartgekochtem Ei und Mayonnaise-Dressing servieren.

POCHIERTE EIER AUF FRANZÖSISCHEM TOAST

Schneiden Sie die Kruste von den Brotscheiben ab und tauchen Sie sie dann in Folgendes:

Eine Tasse Milch,

Ein Ei.

Rühren Sie alles gut durch und braten Sie es anschließend im heißen Fett goldbraun an. Pochieren Sie die Eier und heben Sie sie dann zum Abtropfen auf eine Serviette. Anschließend vorsichtig auf dem French Toast rollen. Mit einer Sahnesauce bedecken und mit fein gehackter Petersilie garnieren.

IN ESSIG EINGELEGTE EIER

Ein halbes Dutzend Eier hart kochen. Kochen Sie einen Bund Rüben, bis er weich ist. In einen Topf mit kaltem Wasser geben, die Schale entfernen und in dicke Scheiben schneiden. In eine Schüssel geben und vier große, in dünne Scheiben geschnittene Zwiebeln hinzufügen. Nun in einen Topf geben

Vier Esslöffel Zucker,

Ein Teelöffel Salz,

Ein halber Teelöffel Paprika,

Eine Tasse Essig,

Eine halbe Tasse Wasser.

Zum Kochen bringen und zehn Minuten kochen lassen. Über die Rüben gießen. Die hartgekochten Eier hinzufügen.

OMELETT

Das Eigelb von drei Eiern in eine Schüssel geben und hinzufügen

Zwei Esslöffel Milch,

Eine halbe Tasse vorbereitete Semmelbrösel,

Zwei Esslöffel fein gehackte Petersilie,

Ein Teelöffel Salz,

Ein halber Teelöffel Pfeffer.

Mischen und dann das steif geschlagene Eiweiß von drei Eiern schneiden und unterheben und dann vier Esslöffel Backfett in eine Bratpfanne geben. Wenn das Fett rauchend heiß ist, gießen Sie das Omelett hinein und kochen Sie es vorsichtig, bis es fest ist. Drehen Sie es dann entweder durch Anheben oder Rollen mit dem Kuchenwender oder einem Spatel, oder stellen Sie es in eine andere heiße Pfanne mit einem Esslöffel Backfett und falten Sie es dann und Rollen.

So bereiten Sie das Brot zu: Altes Brot in heißem Wasser einweichen, damit es weich wird, dann in ein Tuch legen und gut ausdrücken.

TEUFELSEIER, PARISIENNE

Für jede Person ein Ei hart kochen, halbieren und dabei die Länge des Eies abschneiden. Reiben Sie das Eigelb durch ein feines Sieb in eine Schüssel und geben Sie es dann zu jeweils sechs Eiern

Eine halbe Tasse fein gehackter Schinken,

Eine Zwiebel, gerieben,

Eine grüne Paprika, fein gehackt,

Eineinhalb Teelöffel Salz,

Ein Teelöffel Paprika,

Ein halber Teelöffel Senf,

Sechs Esslöffel Mayonnaise-Dressing.

Mischen und dann wieder in das Eiweiß füllen. Sehr hoch formen und dann in fein geriebenem Käse wälzen und mit Paprika bestäuben. In Wachspapier einrollen. Bis zum Servieren in den Kühlschrank stellen.

GEBACKENES OMELETTE

In eine Schüssel geben

Eigelb von vier Eiern,

Eine Tasse dicke Sahnesauce,

Ein Teelöffel Salz,

Ein halber Teelöffel Paprika,

Zwei Esslöffel fein gehackte Petersilie.

Gut verrühren, dann das steif geschlagene Eiweiß von vier Eiern schneiden und unterheben. In eine Back- oder Auflaufform füllen und bei mittlerer Hitze backen, bis die Masse in der Mitte fest ist. Mit Speckstreifen garnieren und mit Käsesauce servieren.

Käsesauce zubereiten: Drei Esslöffel geriebenen Käse in eine Tasse Sahnesauce geben.

Mährisches Omelett

Eine halbe Tasse gesiebte altbackene Semmelbrösel in einer halben Tasse Milch einweichen und hinzufügen

Ein halber Teelöffel Salz,

Ein viertel Teelöffel Pfeffer,

Ein Teelöffel geriebene Zwiebel,

Ein Esslöffel fein gehackte Petersilie,

Drei gut geschlagene Eier.

Gründlich vermischen und dann vier Esslöffel Backfett in einer Bratpfanne erhitzen, bis es rauchend heiß ist, und dann die Mischung hineingießen. Reduzieren Sie die Hitze und kochen Sie, bis es fest ist. Falten und wenden und dann rollen. Stellen Sie eine heiße Platte auf. Dieser Betrag reicht für zwei Personen.

KÄSEKOTTELETS

In einen Topf geben

Eineinhalb Tassen Milch,

Neun gestrichene Esslöffel Mehl.

Umrühren, um das Mehl aufzulösen, und dann zum Kochen bringen. Zwei Minuten kochen lassen und dann hinzufügen

Ein Viertel Pfund Käse, fein geschnitten.

Rühren, bis der Käse geschmolzen ist, dann vom Feuer nehmen und hinzufügen

Eine kleine geriebene Zwiebel,

Ein Teelöffel Paprika,

Eineinhalb Teelöffel Salz.

Eine gefettete Platte anrichten und abkühlen lassen. Schimmel. Es dauert etwa vier Stunden, bis es fest genug ist, um Schnitzel daraus zu formen. In eine Form formen und dann in Mehl wälzen und in geschlagenes Ei tauchen, dann in feine Brösel wenden und in heißem Fett goldbraun braten. Mit Brunnenkresse garnieren.

LÄNDKÄSE-SANDWICHES

Eine Tasse Land- oder Buttermilchkäse in eine Schüssel geben und hinzufügen

Eine halbe Tasse dicke Mayonnaise,

Eine Zwiebel, sehr fein gehackt,

Eine grüne Paprika, sehr fein gehackt,

Zwei Teelöffel Salz,

Zwei Teelöffel Paprika,

Ein halber Teelöffel Senf.

Gründlich vermischen und anschließend das Roggenbrot mit englischer Butter bestreichen, anschließend die Füllung zwischen den Brotscheiben verteilen und in fingerbreite Streifen schneiden.

KÄSE-SANDWICHES

In eine Schüssel geben

Eine halbe Tasse geriebenen Käse und dann hinzufügen

Ein Esslöffel geriebene Zwiebel,

Zwei Esslöffel fein gehackte grüne Paprika,

Ein Teelöffel Salz,

Ein Teelöffel Paprika,

Ein halber Teelöffel Senf,

Sechs Esslöffel Mayonnaise-Dressing.

Gründlich vermischen und dann wie für Brot-Butter-Sandwiches zubereitet auf dem Brot verteilen.

EINIGE HINWEISE ZUM GEMÜSE

Gemüse nicht zu stark salzen. Beim Kochen niemals salzen; Zu viel Salz macht nicht nur die empfindlichen Fasern härter, sondern neutralisiert auch den wertvollen Mineralstoffgehalt.

Fügen Sie gerade so viel kochendes Wasser hinzu, dass es bedeckt ist, und bringen Sie es dann zum Kochen. Dann langsam kochen, bis es weich ist. Decken Sie den Topf, in dem das Gemüse kocht, nicht ab. Dadurch wird der Dampf kondensiert, der die ätherischen Öle enthält, und das Gemüse wird dadurch dunkler.

PÜREE AUS ERBSEN

Eine Tasse gekochte Erbsen durch ein Sieb reiben und hinzufügen

Eine Tasse Milch,

Eine halbe Tasse Wasser,

Ein Esslöffel Maisstärke,

Ein Teelöffel geriebene Zwiebeln,

Ein Teelöffel fein gehackte Petersilie.

Lösen Sie die Stärke im Wasser auf und geben Sie die restlichen Zutaten zum Erbsenpüree. Zum Kochen bringen und fünf Minuten kochen lassen. Mit Salz und Pfeffer würzen und mit Croutons oder Toast, in 1/2-Zoll-Blöcke geschnittenen Brotscheiben, servieren.

ERBSENSOUFFLE

In eine Schüssel geben

Eine Tasse dicke Sahnesauce,

und dann reiben

Vier Esslöffel gekochte Erbsen durch ein Sieb passieren.

Jetzt hinzufügen

Fünf Esslöffel Semmelbrösel,

Ein Teelöffel geriebene Zwiebel,

Ein halber Teelöffel Salz,

Ein viertel Teelöffel Pfeffer,

Eigelb von zwei Eiern.

Zum Vermischen verrühren, dann das steif geschlagene Eiweiß der beiden Eier unterheben. In eine gefettete Auflaufform füllen und bei mittlerer Hitze backen, bis die Masse in der Mitte fest ist. Sofort servieren. Dieses Gericht ersetzt Fleisch.

ERBSENPUDDING

Vier Esslöffel Erbsen durch ein Sieb geben und anschließend in eine Schüssel geben und hinzufügen

Eine Tasse dicke Sahnesauce,

Vier Esslöffel feine Semmelbrösel,

Ein gut geschlagenes Ei,

Ein Teelöffel fein gehackte Petersilie,

Ein Teelöffel geriebene Zwiebeln,

Ein halber Teelöffel Paprika,

Ein halber Teelöffel Salz.

Zum Vermischen verrühren und dann in gut gefettete Puddingförmchen füllen. Backen, bis die Masse in der Mitte fest ist. In Tassen servieren oder auf einer Toastscheibe anrichten und mit Sahnesauce Hollandaise bedecken.

HINWEIS: Geben Sie den Pudding beim Backen in eine Pfanne mit warmem Wasser.

GEBACKENER GETROCKNETER MAIS

Eineinhalb Tassen Mais über Nacht einweichen, dann morgens abtropfen lassen, in einen Topf geben und mit kochendem Wasser bedecken. Langsam köcheln lassen, bis es weich ist, dann abgießen und mit würzen

Eine kleine Zwiebel, fein gehackt,

Zwei Esslöffel getrocknete Petersilie,

Ein Teelöffel Salz,

Ein halber Teelöffel weißer Pfeffer.

In eine Auflaufform geben und mit anderthalb Tassen Sahnesauce bedecken. Mit feinen Semmelbröseln und einem Esslöffel fein geriebenem Käse bestreuen. Zwanzig Minuten im Ofen backen. Dieses Gericht ersetzt Fleisch zum Mittagessen.

QUETSCHEN

GRATINIERTER KÜRBIS

Den Kürbis waschen, schälen und in Stücke schneiden, dabei die Kerne entfernen. Dämpfen, bis es weich ist, dann gut abtropfen lassen und zum Trocknen auf die Rückseite des Herdes stellen. Reiben Sie nun das Fruchtfleisch durch ein Sieb. Abmessen und zu jeder Tasse Fruchtfleisch hinzufügen

Ein gut geschlagenes Ei,

Zwei Esslöffel Butter,

Ein Teelöffel Salz,

Ein halber Teelöffel Paprika,

Zwei Esslöffel Milch,

Ein Esslöffel fein gehackte Petersilie.

In eine gut gefettete Auflaufform füllen und mit feinen Semmelbröseln und zwei Esslöffeln geriebenem Käse bedecken. In einem langsamen Ofen zwanzig Minuten lang backen.

Kürbiskuchen

Den Kürbis waschen, in Stücke schneiden und dann in kochendem Wasser weich kochen, dann abgießen und das Fruchtfleisch durch ein Sieb reiben. Jetzt abmessen und in eine Schüssel geben

Eine Tasse vorbereiteter Kürbis,

Ein gut geschlagenes Ei,

Ein Esslöffel Backfett,

Eine halbe Tasse Milch,

Eineinhalb Tassen Mehl,

Zwei Esslöffel Backpulver,

Ein halber Teelöffel Salz,

Ein halber Teelöffel Paprika,

Ein Esslöffel gehackte Petersilie.

Zum Mischen verrühren und dann auf einer heißen Grillplatte wie Bratpfannenkuchen backen. Mit Ahornsirup servieren.

KÜRBIS-SOUFFE

Eine Tasse zubereitetes Kürbismark,

Ein Esslöffel geriebene Zwiebel,

Zwei Esslöffel fein gehackte Petersilie,

Ein Esslöffel geschmolzene Butter,

Zwei Teelöffel Salz,

Ein Teelöffel Paprika,

Eine Tasse sehr dicke Sahnesauce,

Eigelb von zwei Eiern.

Zum Vermischen verrühren und dann vorsichtig das steif geschlagene Eiweiß von zwei Eiern unterheben. In gut gefettete Puddingförmchen füllen und in einen Topf mit warmem Wasser stellen. Langsam in einem mäßigen Ofen backen, bis die Masse in der Mitte fest ist, normalerweise etwa zwanzig Minuten. Nach dem Herausnehmen aus dem Ofen etwa drei Minuten ruhen lassen, dann eine Toastscheibe auflegen, mit Käsesoße bedecken und servieren.

SQUASH ITALIENNE

Eineinhalb Tassen zubereitetes Kürbismark,

Eineinhalb Teelöffel Salz,

Ein Teelöffel Paprika,

Zwei Esslöffel fein gehackte Petersilie,

Zwei Esslöffel fein gehackte Zwiebeln.

Gründlich vermischen und dann zwei Unzen gesalzenes Schweinefleisch in Würfel schneiden. Das gepökelte Schweinefleisch schön anbraten und dann etwa die Hälfte des Fettes in der Pfanne abtropfen lassen. Die Kürbismischung auf dem Pökelfleisch wenden, erhitzen und servieren.

Kürbiskuchen

Waschen Sie den Kürbis, schneiden Sie ihn in Stücke und kochen Sie ihn dann, bis er weich ist, und lassen Sie ihn abtropfen. Reiben Sie das Fruchtfleisch durch ein Sieb. Abmessen und zu jeder Tasse hinzufügen

Eine Tasse Zucker,

Zwei Esslöffel geschmolzene Butter,

Zwei gut geschlagene Eier,

Eine Tasse Milch,

Ein halber Teelöffel Muskatnuss.

Gut verrühren und dann in eine mit Blätterteig ausgelegte Kuchenform füllen. Streuen Sie eine halbe Tasse Johannisbeeren darüber und backen Sie es eine halbe Stunde lang im langsamen Ofen.

GEBACKENER KÜRBIS

Schneiden Sie eine Scheibe von der Oberseite des Kürbisses ab und entfernen Sie die Kerne und die Fadenfasern. Jetzt hinzufügen

Ein Esslöffel geschmolzene Butter,

Ein halber Teelöffel Salz,

Ein halber Teelöffel Paprika.

Mit einem Deckel gut abdecken und dann in einem langsamen Ofen backen, bis das Fruchtfleisch weich ist, normalerweise etwa 30 Minuten. Entfernen Sie den Rand, löffeln Sie das Fruchtfleisch mit einem Löffel heraus, füllen Sie es in eine heiße Gemüseschale, garnieren Sie es mit fein gehackter Petersilie und servieren Sie es anschließend.

Kürbiskekse

In eine Schüssel geben

Dreieinhalb Tassen gesiebtes Mehl,

Ein Teelöffel Salz,

Fünf Teelöffel Backpulver.

Zum Mischen sieben und dann fünf Esslöffel Backfett einreiben und mit einer Tasse zubereitetem Kürbismark zu einem Teig verrühren. Zu einem Teig verarbeiten und gleichmäßig vermengen, dann auf einem leicht bemehlten Brett dreiviertel Zoll dick ausrollen. Die Oberseite abschneiden, mit Milch bestreichen und 15 Minuten in einem heißen Ofen backen.

Kürbisse können beim Brotbacken als Ersatz für Kartoffeln verwendet werden. Wenn Sie eine Tasse Kürbismark zu Lebkuchen oder kleinen Kuchen hinzufügen, schmeckt es auf diese Weise köstlich.

OMELETT IN TOMATENFÄLLEN

Wählen Sie feste Tomaten aus, schneiden Sie eine Scheibe von der Oberseite ab und entfernen Sie mit einem Löffel vorsichtig die Mitte. Legen Sie die

Tomaten in gut gefettete Puddingbecher und schlagen Sie dann vier Eier in eine Schüssel. Fügen Sie dann

Vier Esslöffel Wasser,

Ein Teelöffel Salz,

Ein halber Teelöffel Pfeffer.

Zum Mischen verrühren und dann in die vorbereitete Tomate füllen. Auf jede Tomate einen Teelöffel feine Semmelbrösel streuen und hinzufügen

Ein Teelöffel Butter,

Prise Paprika.

Stellen Sie die Puddingförmchen in eine Backform, stellen Sie sie in den heißen Ofen und backen Sie sie zwanzig Minuten lang. Eine Toastscheibe darauflegen und mit Sahnesoße bedecken.

GEBACKENE TOMATEN, CHELSEA

Wählen Sie feste Tomaten aus, schneiden Sie eine Scheibe von der Oberseite ab und löffeln Sie die Mitte mit einem Löffel heraus. Fetten Sie nun die Puddingförmchen ein und legen Sie die Tomaten in die Förmchen. Zerkleinern Sie nun eine Unze getrocknetes Rindfleisch sehr fein. Auf die vier Tomaten aufteilen. In einer Rührschüssel aufschlagen

Zwei Eier.

Dann füge hinzu

Dreiviertel Tasse Milch,

Ein halber Teelöffel Salz,

Ein halber Teelöffel Paprika,

Ein Teelöffel geriebene Zwiebel,

Zwei Teelöffel fein gehackte Petersilie.

Zum Mischen verrühren und dann das Fruchtfleisch der Tomaten fein hacken. Geben Sie einen Teelöffel dieses Fruchtfleisches in jede Tomate.

TOMATEN IM LÄNDLICHEN STIL

Wählen Sie glatte, feste Tomaten aus, halbieren Sie sie und legen Sie sie in eine tiefe Schüssel. Mit gebrochenem Eis bedecken und mit folgendem Dressing servieren:

LÄNDLICHE KLEIDUNG

In eine Schüssel geben

Drei Esslöffel Salatöl,

Ein Esslöffel Essig,

Ein Teelöffel Zucker,

Ein Teelöffel Salz,

Ein halber Teelöffel weißer Pfeffer,

Ein viertel Teelöffel Senf.

Cremig schlagen und dann eiskalt servieren.

TOMATEN-KRAFTSTOFFE

Wählen Sie feste Tomaten aus und schneiden Sie sie dann in ½-Zoll-Scheiben. In den vorbereiteten Teig tauchen und dann goldbraun braten. Mit Sahnesauce servieren.

So bereiten Sie den Teig zu: Geben Sie ein Ei in eine Schüssel und fügen Sie es hinzu

Eine Tasse Wasser,

Ein Teelöffel Salz,

Ein halber Teelöffel Pfeffer.

Zum Mischen schlagen und dann hinzufügen

Zwei Esslöffel geriebene Zwiebeln,

Eineinhalb Tassen Mehl,

Zwei Teelöffel Backpulver.

Zu einem glatten Teig verrühren und dann die Tomaten hineintunken. Schnell goldbraun braten.

SPINAT

Beginnen wir zunächst mit dem Waschen des Spinats. Nehmen Sie Ihr Reinigungsmittel, spülen Sie das Spülbecken aus und überbrühen Sie es dann mit kochendem Wasser. Legen Sie nun ein sauberes Tuch über den Abfluss und werfen Sie den Spinat in die Spüle. Verwenden Sie zum Waschen reichlich lauwarmes Wasser. Dies ist notwendig, um diese kleinen, knusprigen Blätter vom Sand und Splitt zu befreien. Nun mit reichlich kaltem Wasser abspülen, damit es knusprig wird. Den Spinat trocken schütteln, in einen tiefen Topf geben und abdecken und sanft dünsten, bis er weich ist. Kein Wasser hinzufügen. Auf diese Weise wird der Spinat quasi im eigenen

Saft gegart. Nun in eine Hackschüssel geben und fein zerkleinern und dann durch ein grobes Sieb reiben und schon ist es gebrauchsfertig. Sie müssen den Spinat früh am Tag vorbereiten und kochen, damit Sie Zeit haben, ihn richtig zuzubereiten, und ihn dann, wenn Sie ihn möchten, einfach wieder aufwärmen.

SPINAT A LA MODUS

Bereiten Sie den Spinat wie oben beschrieben vor und kochen Sie ihn. Anschließend in ein Sieb geben und mit einem Gewicht drei Stunden lang abtropfen lassen. Nun fein hacken und anschließend einen Esslöffel Speck oder Wurstfett in die Bratpfanne geben und hinzufügen

Eine kleine Zwiebel, sehr fein gehackt,

Der vorbereitete Spinat.

Langsam erhitzen, bis es sehr heiß ist, und dann mit Salz und Pfeffer würzen. Auf eine heiße Platte heben und mit einer Scheibe hartgekochtem Ei garnieren.

SPINATPUDDING

Kochen Sie den Spinat wie oben beschrieben und fügen Sie ihn dann hinzu

Eine Tasse Sahnesauce,

Ein Esslöffel geriebene Zwiebel,

Eine Tasse feine Semmelbrösel,

Eineinhalb Teelöffel Salz,

Ein Teelöffel Paprika.

Gründlich vermischen, dann in eine gut gefettete Auflaufform gießen und im heißen Ofen zwanzig Minuten backen.

SUNSHINE SAUCE FÜR GEMÜSE

Machen Sie daraus eine Sahnesauce

Eineinhalb Tassen Milch,

Sieben Esslöffel Mehl.

In einen Topf geben und mit einer Gabel oder einem Schneebesen umrühren, bis es sich aufgelöst hat. Zum Kochen bringen. Fünf Minuten lang langsam kochen und dann hinzufügen

Eineinhalb Teelöffel Salz,

Ein Teelöffel weißer Pfeffer,

Zwei Esslöffel geriebene Zwiebeln,

Zwei gut geschlagene Eier.

Gründlich vermischen und dann mit gebackenen Paprika servieren.

SPINAT-SOUFFLE

Kochen Sie den Spinat wie in der Methode beschrieben, geben Sie dann eine Tasse Spinat in eine Schüssel und fügen Sie ihn hinzu

Eigelb von zwei Eiern,

Eine Tasse sehr dicke Sahnesauce,

Ein Esslöffel geriebene Zwiebel,

Zwei Teelöffel Salz,

Ein Teelöffel Paprika.

Gründlich vermischen, dann das steif geschlagene Eiweiß von zwei Eiern vorsichtig unterheben und dann in eine gut gefettete Auflaufform gießen. Im Ofen bei mittlerer Hitze 25 Minuten backen und zum Mittagessen mit Käsesauce anstelle des Fleisches servieren.

Spinat-Nester

Spinat wie Spinat à la Mode kochen, dann fein hacken und zu Nestern formen. Auf eine Scheibe Brot legen und dann in jedes Nest ein Ei aufschlagen und mit zwei Esslöffeln gut gewürzter Sahnesauce und einem Teelöffel geriebenem Käse bedecken. Auf einem Backblech zwölf Minuten bei mittlerer Hitze backen und zum Mittagessen anstelle von Fleisch mit Sahnesoße servieren.

SPINAT MIT HOLLANDAISE-SAUCE

Kochen Sie den Spinat wie in der Anleitung beschrieben und erhitzen Sie ihn dann, wenn er servierfertig ist, und bereiten Sie die Sauce Hollandaise wie folgt zu:

Fünf Esslöffel Salatöl,

Drei Esslöffel Essig,

Ein Esslöffel Wasser,

Ein Teelöffel geriebene Zwiebel,

Ein halber Teelöffel Paprika.

In einen kleinen Topf geben und zum Sieden bringen, dann das Eigelb hinzufügen. Rühren Sie, bis es dickflüssig ist, und fügen Sie dann nach Geschmack ausreichend Salz hinzu. Zum Servieren über den Spinat gießen.

SPINATBÄLLCHEN

Spinat wie Spinat à la mode zubereiten und anschließend in eine Schüssel geben und hinzufügen

Ein hartgekochtes Ei, fein gehackt,

Ein Esslöffel geriebene Zwiebel,

Eineinhalb Teelöffel Salz,

Ein halber Teelöffel Pfeffer,

Ein Esslöffel Salatöl.

Gut vermischen, dann Kugeln formen, in geschlagenes Ei tauchen, anschließend in feinen Semmelbröseln wälzen und im heißen Fett goldbraun braten. Mit Lammkoteletts servieren.

PÜREE AUS SPINAT ELSASS

Eine halbe Tasse Spinat durch ein Sieb reiben, dann in eine Schüssel geben und hinzufügen

Eine Tasse dicke braune Soße,

Ein Teelöffel geriebene Zwiebel,

Ein Teelöffel Salz,

Ein halber Teelöffel Paprika,

Zwei Esslöffel geriebener Käse,

Ein gut geschlagenes Ei,

Fünf Esslöffel feine Semmelbrösel.

Mischen und dann in Puddingbecher füllen. Bei mittlerer Hitze achtzehn Minuten backen. Dies ersetzt Fleisch zum Mittagessen. Anstelle der Soße kann auch Sahnesauce verwendet werden.

SPINATSALAT

Den Spinat wie Spinat à la Mode zubereiten, dann fein hacken, in eine Schüssel geben und hinzufügen

Eine kleine Zwiebel, fein gehackt,

Ein Teelöffel Salz,

Ein halber Teelöffel Paprika.

Mischen und dann zum Formen in halbe Tassen füllen. Auf einem Bett aus knackigen Salatblättern anrichten und mit French-Dressing servieren.

SPINAT A LA BOURGEOIS

Zu einer halben Tasse übrig gebliebenem Spinat hinzufügen

Ein Esslöffel geriebene Zwiebel,

Eine Tasse Sahnesauce,

Ein hartgekochtes Ei, fein gehackt,

Ein Teelöffel Salz,

Ein halber Teelöffel Pfeffer.

Mischen und dann in eine Auflaufform geben und mit geriebenem Käse bestreuen. Im heißen Ofen achtzehn Minuten backen. Zum Mittagessen anstelle von Fleisch servieren.

SPINAT – SCOTCH-ART

In eine Schüssel geben

Eine Tasse zubereiteter Spinat,

Dreiviertel Tasse dicke braune Soße,

Eineinhalb Teelöffel Salz,

Ein halber Teelöffel weißer Pfeffer.

Gut verrühren und dann in eine gut gefettete Auflaufform gießen, mit zwei Esslöffeln geriebenem Käse und feinen Semmelbröseln bestreuen und dann im heißen Ofen zwanzig Minuten backen.

So bereiten Sie einen Suppentopf vor

Wählen Sie einen Topf mit dicht schließendem Deckel und bewahren Sie ihn für diesen Zweck auf. Das übliche Verhältnis ist ein 1-Gallonen-Topf für eine sechsköpfige Familie. Sie benötigen ein Pfund Knochen pro Liter Wasser und

Eine große Zwiebel,

Eine mittelgroße Karotte,

Eine mittelgroße Rübe,

Eine Schwuchtel Suppenkräuter,

Außerdem eineinhalb Pfund mageres Fleisch

auf alle vier Liter Wasser oder weniger. Lassen Sie die Knochen vom Metzger gut knacken, spülen Sie sie anschließend unter kaltem Wasser ab und geben Sie sie zusammen mit dem Fleisch und den Gewürzen in den Topf. Die erforderliche Menge kaltes Wasser hinzufügen und zum Kochen bringen. Dreieinhalb Stunden lang sehr langsam kochen. Die Flüssigkeit abseihen und die Knochen und das Gemüse wegwerfen. Stellen Sie die Flüssigkeit zum Abkühlen beiseite und entfernen Sie den Fettkuchen, wenn er hart wird. Nun die Flüssigkeit in einen Topf geben und zwanzig Minuten kochen lassen. Es kann jetzt für Brühen, Suppen, Brühen, Bratensoßen und Soßen verwendet werden.

Decken Sie die Knochen im Wasserkocher erneut mit kaltem Wasser ab und fügen Sie eventuell übrig gebliebene Bratensoße, Fleischstücke, Beilagen und Knochen hinzu. Vier Stunden lang langsam auf der Rückseite des Herdes kochen, dann abseihen und zwei Liter dieser Brühe hinzufügen

Eine Dose Tomaten,

Eine Tasse gewürfelte Karotten,

Eine halbe Tasse gewürfelte Zwiebeln,

Eine halbe Tasse Gerste,

Eine Tasse gewürfelte Kartoffeln,

Eine halbe Tasse gewürfelte Rüben,

Ein viertel Teelöffel gemahlener Thymian,

Zwei Esslöffel fein gehackte Petersilie,

Ein Esslöffel getrocknete Sellerieblätter.

Für eine gute Gemüsesuppe eine Stunde lang langsam kochen. Um der Suppe Körper zu geben, hinzufügen

Dreiviertel Tasse Mehl.

Aufgelöst in

Eine Tasse kaltes Wasser.

Zehn Minuten kochen und dann servieren.

BOHNENSUPPE

Einen halben Liter Markfett oder Suppenbohnen über Nacht einweichen. Morgens waschen und mit zwei Litern Wasser in einen Suppenkessel geben, zum Kochen bringen, in ein Sieb wenden, abtropfen lassen und unter kaltem Wasser abspülen. Zurück in den Suppenkessel geben und hinzufügen

Vier Liter Wasser,

Eine Reissuppe mit Kräutern,

Ein Teelöffel Thymian,

Eine Tasse fein gehackte Zwiebeln,

Eine Karotte in kleine Würfel schneiden.

Vier Stunden lang langsam kochen, nun ein halbes Pfund gesalzenes Schweinefleisch fein zerkleinern, in die Bratpfanne geben und langsam braten, bis es schön braun ist; Zur Bohnenbrühe hinzufügen und die Bohnen gut zerdrücken. Aufschlag.

Getrocknete Erbsen, Limabohnen, Sojabohnen und Linsensuppe können auf die gleiche Weise zubereitet werden.

BOUILLON

Zweieinhalb Pfund Rinderkeule mit Knochen,

Eine Selleriebrühe,

Eine Karotte, in dünne Scheiben geschnitten,

Zwei Zwiebeln,

Eine Gewürznelke,

Ein Lorbeerblatt,

Ein Pfund Kalbsknochen.

Entfernen Sie die Knochen und schneiden Sie das Fleisch in kleine Stücke, braten Sie es schnell in einer heißen Pfanne an, geben Sie es in einen Suppenkessel und fügen Sie in kleine Würfel geschnittenes Gemüse und drei Liter kaltes Wasser hinzu. langsam zum Kochen bringen und dreieinhalb Stunden lang langsam kochen lassen; Durch eine Serviette abseihen, das Eiweiß und die zerstoßene Eierschale würzen und klären.

Zur Verdeutlichung: Stellen Sie die Suppe beiseite, bis sie kalt ist, entfernen Sie das Fett, kehren Sie in den Suppentopf zurück und geben Sie das Eiweiß, die zerstoßene Eierschale und eine halbe Tasse kaltes Wasser hinzu, bringen Sie es dann langsam zum Kochen, kochen Sie es fünf Minuten lang und kochen Sie es dann Fügen Sie eine halbe Tasse Wasser hinzu – nehmen Sie es vom Herd, stellen Sie es zum Absetzen beiseite und seihen Sie es durch ein Stück Käsetuch.

MOCKTURTELSUPPE

Der Kopf eines Kalbes.

Den Kopf säubern und gründlich waschen, dabei Zunge und Gehirne entfernen.

Legen Sie den Kopf in den Suppentopf und fügen Sie ihn hinzu

Fünf Liter kaltes Wasser,

Zwei Karotten, in Würfel geschnitten,

Dreiviertel Tasse geschnittene Zwiebeln,

Eine Reissuppe mit Kräutern,

Ein halber Teelöffel süßer Majoran,

Ein halber Teelöffel Thymian,

Eine halbe Tasse Sellerieblätter.

Zum Kochen bringen und langsam garen, bis sich das Fleisch von den Knochen löst, den Kopf anheben; Schneiden Sie einen Teil des Kopfes in kleine Würfel und verwenden Sie dabei etwa zwei Tassen Fleisch. Noch nicht zur Scheinschildkröte hinzufügen.

Nun in die Bratpfanne geben

Eine halbe Tasse Backfett,

Dreiviertel Tasse Mehl.

Das Mehl tief mahagonibraun bräunen – einen Teil der Brühe dazugeben und zu einer dicken Soße verrühren – zum Kochen bringen und fünf Minuten lang langsam kochen lassen; Dann durch die Brühe oder die Scheinschildkrötensuppe abseihen. Jetzt hinzufügen

Ein Esslöffel Salz,

Ein Teelöffel weißer Pfeffer.

Einige Minuten köcheln lassen, durch ein Käsetuch in eine Schüssel abseihen, zum Abkühlen beiseite stellen, Fett von der Oberseite entfernen; Geben Sie nun die Brühe zurück in den Wasserkocher und klären Sie sie wie bei der Bouillon. Zum Servieren aufwärmen, das gehackte Kalbskopffleisch wie zubereitet, den Saft einer halben Zitrone, zwei in kleine Stücke geschnittene Zitronenscheiben und zwei hartgekochte, fein gehackte Eier hinzufügen.

OCHSENSCHWANZSUPPE

Den Schwanz vom Metzger in Stücke schneiden lassen; Ochsenschwanz eine halbe Stunde in warmem Wasser einweichen. Waschen und trocken wischen, nun jeden Braten in Mehl wälzen, eine halbe Tasse Backfett in den Suppenkessel geben, die Ochsenschwänze dazugeben und gut anbraten, dann eine halbe Tasse Mehl hinzufügen, so dass ein tiefes Mahagonibraun entsteht; jetzt hinzufügen

Drei Liter kaltes Wasser,

Ein Bund Suppenkräuter,

Vier Zwiebeln fein gehackt,

Eine Karotte in Würfel schneiden,

Ein Teelöffel Thymian.

Drei Stunden lang langsam kochen, mit Pfeffer, Salz und dem Saft einer halben Zitrone würzen.

MULLIGATAWNY SOUP

In einen Topf geben

Drei Pints Hühnerbrühe,

Eine Tasse gewürfelte Äpfel,

Vier Zwiebeln fein gehackt,

Eine Karotte in Würfel schneiden,

Eine Gewürznelke,

Ein halber Teelöffel Thymian.

Eine halbe Stunde lang langsam köcheln lassen.

Nun in die Bratpfanne geben

Vier Esslöffel Speckfett,

Eine halbe Tasse Mehl,

Ein halber Teelöffel Currypulver.

Alles vermischen, dann einen halben Liter kaltes Wasser hinzufügen und sobald alles gründlich vermengt ist, in die Suppe geben; Umrühren, um Klumpenbildung zu vermeiden, und schnell zum Kochen bringen; zehn Minuten kochen; durch ein Käsetuch abseihen; Fügen Sie den Saft einer halben Zitrone und eine halbe Tasse fein gehacktes Hühnerfleisch hinzu. Aufschlag.

FRANZÖSISCHE ERBSENSUPPE

Eine Tasse getrocknete Erbsen über Nacht einweichen, dann morgens abgießen, in einen Topf geben und hinzufügen

Zwei Liter Wasser.

Leicht köcheln lassen, bis es weich ist, dann durch ein Sieb passieren und hinzufügen

Zwei große Zwiebeln, gerieben,

Zwei Esslöffel Petersilie, fein gehackt,

Sechs ganze Nelken,

Ein kleines Lorbeerblatt,

Eine halbe Tasse passierte Tomaten aus der Dose.

Dreißig Minuten langsam köcheln lassen und dann mit gerösteten Brotstreifen servieren.

Suppenkraut

Einen Lauch in drei Stücke teilen und vom Stängel aufwärts abschneiden. Zu diesem Lauchstück hinzufügen

Vier Zweige Thymian,

Zwei Zweige Petersilie,

Ein Stück Karotte, in drei Zoll lange Streifen geschnitten,

Zwei Zweige Sellerie,

Eine kleine Pfefferschote.

Mit einer Schnur zusammenbinden und an einem warmen Ort trocknen lassen. Nach dem Trocknen in ein Glasgefäß füllen und bei Bedarf verwenden.

Aus der einfachen Brühe lassen sich in wenigen Minuten viele verschiedene Suppen zubereiten.

Klare Tomatensuppe: Zu einem Liter Brühe eine Tasse Dosentomaten hinzufügen, durch ein feines Sieb gerieben. Nudeln, Makkaroni oder jedes andere gekochte Gemüse können hinzugefügt werden.

Für klare Suppen: Fügen Sie zu jedem Liter Brühe einen Teelöffel Küchenbouquet und beliebiges Gemüse hinzu. Wenn Sie bei der Zubereitung von Cremesuppen eine Tasse der zubereiteten Brühe zu jeder Tasse Milch hinzufügen, erhält Ihre Suppe einen köstlichen Geschmack.

Brühe kann zubereitet und in sterilisierte Gläser gefüllt werden. Anschließend werden Gummi und Deckel angepasst. Anschließend kann die Suppe drei Stunden lang in einem heißen Wasserbad verarbeitet werden. Aus dem Wasserbad nehmen, die Deckel fest verschließen, auf Dichtheit prüfen und an einem trockenen, kühlen Ort aufbewahren. Wenn in der Küche ein Feuer brennt, entstehen keine zusätzlichen Kosten für das Einmachen von Suppen, Brühen usw. für die spätere Verwendung.

PFEFFERSTREUER

In einen Topf geben

Zwei Kalbsfüße, in Stücke geschnitten,

Ein Pfund gekochte Wabenkutteln, in kleine Stücke geschnitten,

Eine Tasse fein gehackte Zwiebeln,

Ein Bund Suppenkräuter,

Ein Teelöffel süßer Majoran,

Zwei ganze Nelken,

Zwei ganze Piment,

Vier Liter Wasser.

Zum Kochen bringen und drei Stunden lang langsam kochen lassen. Entfernen Sie die Kälberfüße, nehmen Sie das Fleisch aus dem Fett, hacken Sie es fein und geben Sie es wieder in die Suppe. Fügen Sie dann drei Tassen fein gewürfelte Kartoffeln und kleine Knödel hinzu, die wie folgt zubereitet werden:

In eine Rührschüssel geben

Eine Tasse Mehl,

Ein halber Teelöffel Salz,

Ein halber Teelöffel Pfeffer,

Ein halber Teelöffel Thymian,

Ein Esslöffel fein gehackte Petersilie,

Ein Teelöffel Backpulver,

Vier Esslöffel Wasser.

Zu einem Teig verrühren und anschließend gut durchkneten. Formen Sie daraus kleine Kugeln in der Größe einer großen Erbse. In den Pfeffertopf geben und fünfzehn Minuten kochen lassen. Mit Salz und Pfeffer würzen und dann servieren.

FRUCHTSUPPE

Die französischen, schweizerischen und dänischen Hausfrauen servieren im Sommer eine köstliche Fruchtsuppe. In der Normandie werden zur Zeit der Apfelblüte die Blütenblätter der Früchte im Herbst gepflückt und für Fruchtsuppe, Blütengelee, Parfüm und destilliertes Wasser verwendet.

WIE MAN DIESE SUPPE ZUBEREITET

Sie können jedes beliebige Obst verwenden; Waschen Sie es, um es gründlich zu reinigen, und geben Sie zu jedem Pint der zerkleinerten Früchte drei Pints Wasser. Die Früchte müssen fest verpackt sein. In einen Wasserkocher geben und kochen, bis die Früchte weich sind, dann durch ein feines Sieb reiben. Jetzt messen und addieren

Eine halbe Tasse Zucker,

Drei Esslöffel Maisstärke, darin aufgelöst

Vier Esslöffel kaltes Wasser pro Pint

vom Fruchtpüree. Zum Kochen bringen und fünf Minuten kochen lassen. Vom Herd nehmen und das Eigelb eines Eies hinzufügen. Sehr kräftig schlagen und dann steif geschlagenes Eiweiß unterheben; Leicht mit Muskatnuss würzen, kalt stellen und servieren.

Für diese Suppen können Erdbeeren, Brombeeren, Himbeeren, Heidelbeeren, Kirschen, Weintrauben, Johannisbeeren, Äpfel, Pfirsiche, Birnen, Orangen, Zitronen und Quitten verwendet werden. Sie schmecken köstlich, wenn sie an einem heißen Tag eiskalt serviert werden.

FLEISCH

Nutzen Sie den Ofen zum Backen und Kochen und garen Sie Ihr Fleisch dann auf die altmodische englische Art und Weise durch direkten Kontakt mit der Flamme. Das bedeutet, dass Sie zunächst einen Liter Wasser und einen Esslöffel Salz in die Grillpfanne des Gasherds geben müssen; dann den Braten, das Steak oder die Koteletts auf den Grill legen; alle paar Minuten wenden. Der Braten muss weiter von der Flamme entfernt aufgestellt werden, um ein Anbrennen zu vermeiden. Eine gute Regel hierfür ist, beim

Braten zehn Zentimeter von der Flamme entfernt zu bleiben, bei Steaks und Koteletts zweieinhalb Zentimeter und bei Fisch drei Zentimeter.

Das Einfüllen von Wasser in die Grillpfanne verhindert, dass Fett Feuer fängt. Diese Flüssigkeit kann abkühlen und dann kann das Fett entfernt und geklärt und für andere Zwecke verwendet werden. Den Braten während des Garens mit einem halben Liter kochendem Wasser begießen.

Braten und Backen von Fleisch

Das Braten oder Grillen erfolgt vor offenem Feuer, wobei das Fleisch häufig gewendet wird, damit alle Seiten gleich gegart werden. Das Fleisch wird mit seinem eigenen Fett bestrichen. Diese Art der Fleischzubereitung wird in Europa täglich angewendet, hierzulande jedoch nicht häufig.

Wenn ein Stück Fleisch groß ist, wird es gebraten. In einem Ofen durch Strahlungshitze gegartes Fleisch wird hierzulande häufig als „Braten" bezeichnet. Es ist bekannt und bedarf kaum einer Beschreibung. Verwenden Sie beim Backen von Fleisch immer einen Rost, um das Fleisch vom Boden der Pfanne zu heben. Dadurch wird ein gleichmäßiges Garen gewährleistet.

Verwenden Sie zum Braten den Grillofen im Gasherd und stellen Sie den Rost ausreichend tief ein. Lassen Sie den Ofen heiß genug, um das Fleisch schnell zu bräunen, und reduzieren Sie dann die Hitze, damit es gleichmäßig gart. Dabei den Braten dreimal wenden.

Warten Sie nach dem Einlegen des Fleisches in den Ofen eine halbe Stunde, bevor Sie die Zeit zählen. Dies ist notwendig, damit das Fleisch die erforderliche Temperatur zum Garen erreichen kann.

Zum Backen (Ofenbraten) verwenden Sie das gleiche Verfahren im normalen Ofen.

Beginnen Sie mit dem Zählen der Zeit, nachdem das Fleisch eine halbe Stunde im Ofen ist, und lassen Sie zwölf Minuten pro Pfund für sehr seltenes Fleisch, fünfzehn Minuten für seltenes Fleisch, achtzehn Minuten für mittleres Fleisch und zwanzig Minuten für gut durchgebratenes Fleisch zu.

Das Fleisch alle fünfzehn Minuten mit der Flüssigkeit in der Pfanne begießen. Fügen Sie dem Fleisch während des Garens keine Gewürze hinzu. Es ist eine bekannte Tatsache, dass Salz dazu führt, dass sich der Saft und das Aroma des Fleisches auflöst und somit verloren geht. Steaks und Koteletts kurz vor dem Servieren würzen. Würzen Sie die Braten fünf Minuten, bevor Sie sie aus dem Ofen nehmen. Bereiten Sie die Soße immer zu, nachdem Sie das Fleisch aus der Pfanne genommen haben.

HINWEIS: Servieren Sie Fleisch niemals auf einer kalten Platte. Der Kontakt eines kalten Gerichts mit heißem Fleisch beeinträchtigt dessen zartes Aroma.

In vielen Teilen Frankreichs und Englands werden Koteletts und Steaks auf Platten serviert, die über einer Schüssel mit heißem Wasser oder einem speziellen Brennstoff liegen, der in einem Behälter, in dem sich die Platte befindet, verbrannt werden kann. Wenn Sie ein großes Steak servieren, decken Sie das Fleisch immer mit einem Metalldeckel oder einer anderen heißen Schüssel ab, damit es nicht auskühlt.

RICHTIGE METHODE ZUM FLEISCHKOCHEN

Legen Sie das Fleisch in einen Topf mit kochendem Wasser und lassen Sie das Wasser nach dem Hinzufügen des Fleisches fünf Minuten lang schnell kochen. Stellen Sie den Topf dann so auf, dass das Gericht für die erforderliche Zeitspanne knapp unter dem Siedepunkt kocht. Ständiges und schnelles Kochen führt dazu, dass das Eiweiß im Fleisch hart wird; Daher wird die Faser durch kein anschließendes Kochen weicher. Dadurch zerfällt das Fleisch nur, ohne dass es zart wird.

Es ist wichtig, dass der Topf gut abgedeckt bleibt. Dadurch wird verhindert, dass sich das zarte Aroma verflüchtigt.

Schmoren: Fleisch wird in einen heißen Topf gegeben und schnell und häufig gewendet. Es wird im eigenen Saft in einem dicht verschlossenen Topf gekocht.

Dämpfen: Garen von Fleisch durch Einlegen in ein Dampfbad oder einen Dampfgarer.

Grillen: Garen von Fleisch über einem heißen Feuer auf einem speziell dafür vorgesehenen Grill.

Grillen: Für diese Art der Fleischzubereitung ist ein sehr heißes Feuer erforderlich. Nur die erlesensten, zartesten und empfindlichsten Fleischstücke eignen sich für diese Zubereitungsmethode. Die starke Hitze lässt das Eiweiß durch Anbraten sofort gerinnen, sodass alle Säfte und der Geschmack erhalten bleiben. Damit diese Methode erfolgreich ist, muss das Fleisch unbedingt alle paar Minuten gewendet werden. Dadurch wird auch sichergestellt, dass es gleichmäßig gegart wird.

Braten in der Pfanne: Dies ist eine weitere Methode, feine Fleischstücke zuzubereiten, wenn es nicht möglich ist, sie zu braten. Braten ist gesünder und weniger verschwenderisch als jede andere Art von gekochtem Fleisch.

ZUM GRILL

Eine eiserne Bratpfanne glühend heiß machen und dann das Fleisch hineinlegen. Dabei ständig wenden.

ZEIT ZUM BRATEN VON FLEISCH IM GASBROT

Rindfleisch, achtzehn Minuten pro Pfund.

Lamm und Hammel, einundzwanzig Minuten pro Pfund.

Kalbfleisch, fünfundzwanzig Minuten pro Pfund.

Hähnchen oder Ente, achtzehn Minuten pro Pfund ohne Füllung und fünfundzwanzig Minuten pro Pfund mit Füllung.

Fisch, fünfzehn Minuten pro Pfund.

Gratinierte Gerichte, Fleischpasteten und verschiedene Gemüsesorten können gleichzeitig gegart werden.

SCHWEINEFLEISCH

Schweinefleisch sollte süß riechen – das Fett ist klar weiß und das Fleisch hat eine schöne rosa Farbe. Lende für Koteletts, Kronbraten.

Gekochtes Schweinefleisch

Tauchen Sie das Schweinefleisch in kochendes Wasser und lassen Sie es 25 Minuten kochen, bis es fertig ist.

LENDE BRATEN

Mit einem feuchten Tuch abwischen, reichlich Mehl einklopfen, in einen Bräter geben und für 30 Minuten in den heißen Ofen stellen. Reduzieren Sie nun die Hitze auf mäßige Hitze und rösten Sie es. Lassen Sie dabei 30 Minuten Zeit, bis das Gericht fertig ist. Nachdem das Fleisch eine halbe Stunde im Ofen ist, mit kochendem Wasser übergießen.

Frischer Schinken und Vorderschinken können auf die gleiche Weise gebraten werden.

Spanischer Niereneintopf

Schneiden Sie drei Schweinenieren in 2,5 cm große Stücke, entfernen Sie dabei die Röhrchen und das Fett und lassen Sie sie dann eine Stunde lang in warmem Wasser und einem Esslöffel Zitronensaft einweichen. Abgießen, dann vorkochen, abtropfen lassen und unter kaltem Wasser blanchieren. Nun zurück in den Topf geben und gerade so viel kochendes Wasser hinzufügen, dass die Masse bedeckt ist. Kochen, bis es weich ist, und dann hinzufügen

Eine halbe Tasse gehackte Zwiebeln,

Zwei rote oder grüne Paprika, fein gehackt,

Eine Tasse Tomaten,

Eine halbe Tasse Maisstärke darin aufgelöst

Eine halbe Tasse kaltes Wasser.

Zum Sieden bringen und dann hinzufügen

Eine Tasse gekochte Bohnen,

Eineinhalb Teelöffel Salz,

Ein halber Teelöffel Paprika,

Ein viertel Teelöffel Thymian.

Bis zum Siedepunkt erhitzen und dann servieren.

Geschmortes Süßbrot

Bereiten Sie das Kalbsbries wie auf Seite 164 beschrieben vor, entfernen Sie die Röhrchen und das Fett und schneiden Sie es in Scheiben. Geben Sie zwei Esslöffel Butter in einen Topf und fügen Sie das Kalbsbries und einen Esslöffel geriebene Zwiebeln und eine Tasse Pilze hinzu, schwenken Sie alles vorsichtig, bis es schön gebräunt ist, heben Sie es dann auf die Toastscheiben und bedecken Sie es mit der besten Soße.

WURSTKUCHEN

Ein Viertel Pfund Schweinswurst,

Ein halbes Pfund Hamburgersteak,

Vier Zwiebeln, fein gehackt,

Dreiviertel Tasse fertiges Brot,

Zwei Teelöffel Salz,

Ein Teelöffel Paprika,

Drei Esslöffel fein gehackte Petersilie.

Alles gut durchmischen und dann zu runden Würstchen formen. In Mehl wälzen, schnell anbräunen und dann hinzufügen

Eine halbe Tasse kochendes Wasser,

Eine Tasse Tomaten aus der Dose.

Zum Sieden bringen und fünf Minuten kochen lassen. Servieren, die Würstchen auf dem frittierten Brei anheben.

So bereiten Sie das Brot zu: Altes Brot in kaltem Wasser einweichen, bis es weich ist, und dann sehr trocken drücken. Abmessen und anschließend durch ein feines Sieb reiben, um die Klumpen zu entfernen. Alles oben Genannte kann im feuerlosen Herd oder in Auflaufformen zubereitet werden.

HAMMELFLEISCH

Hammelfleisch ist der Schlachtkörper eines ausgewachsenen Schafs und ist normalerweise bei Tieren im Alter von drei bis fünf Jahren in bestem Zustand. Bei älteren Tieren fehlt es an Geschmack und ist zäh.

Die Teilstücke von Hammel und Lamm sind gleich, und zwar: Das Fleisch wird in Vorder- und Hinterviertel geteilt und anschließend in Hals, Schulter, Rücken, Brust, Lende und Keule zerlegt.

Schulter und Keule werden zum Braten verwendet und können entbeint, gefüllt und gerollt werden. Für das Rippenstück wie für die Koteletts bis zur zehnten Rippe schneiden. Drei Rippen und der Hals für Schmorgerichte, Fleischpasteten, Gulasch usw. Der Lendenabschnitt für Koteletts.

Die Franzosen und Engländer verfügen über Methoden zum Schneiden und Garen von Hammel- und Lammfleisch, die diese Stücke köstlich machen.

KOTELETTS

Französische Koteletts: Zwei Rippen dick aus dem Rippenstück schneiden. Englische Koteletts: Fünf Zentimeter dick aus der Lende, einschließlich der Niere, schneiden.

KOCHEN

Entfernen Sie überschüssiges Fett von den Koteletts und bestreichen Sie sie mit dem Saft einer Zitrone. Legen Sie sie in einen Grill und garen Sie sie zehn Minuten lang, wobei Sie sie häufig wenden.

ENGLISCHES DRESSING FÜR LAMM- ODER HAMMKOTELETTS

Ein Esslöffel Worcestershiresauce,

Zwei Esslöffel Salatöl,

Ein Teelöffel Senf,

Ein halber Teelöffel Salz,

Ein halber Teelöffel Paprika,

Saft einer halben Zitrone.

Gut vermischen und dann dünn auf beiden Seiten der gebratenen Koteletts verteilen. Auf einer heißen Platte ohne Soße mit gewürztem Trauben- oder Johannisbeergelee servieren.

GEBRATENES HAMM

Schneiden Sie das überschüssige Fett ab und bestäuben Sie es anschließend mit Mehl. Auf den Rost in der Backform legen. In den heißen Ofen 30 Minuten bräunen lassen. Alle zehn Minuten mit kochendem Wasser übergießen. Kochen Sie das Fleisch achtzehn Minuten lang, ohne die erste halbe Stunde zu zählen, in der das Fleisch zu garen beginnt. Lassen Sie das Fett abtropfen, bevor Sie die Soße zubereiten.

Zum Braten können Hammel- und Lammkoteletts verwendet werden. Es kann mit gleichen Mengen Schinken, Speck, Schweine- oder Rinderfett vermischt werden. Bewahren Sie jedes bisschen Fett auf und verwenden Sie es zur Herstellung von Seife. Aus diesem Fett entsteht eine feine Schmierseife zum Scheuern und Reinigen.

CURRY AUS HAMMEL

Den Hammelhals vom Metzger in Schnitzel schneiden lassen, diese anschließend mit einem feuchten Tuch abwischen und zusammen mit in einen Topf geben

Zwei mittelgroße Zwiebeln,

Eine Karotte, in Würfel geschnitten.

Das Fleisch leicht anbraten, bevor Wasser hinzugefügt wird. Wenn das Fleisch gebräunt ist, hinzufügen

Zwei Tassen kochendes Wasser.

Kochen, bis sie weich sind, dann die Soße würzen und leicht mit Maisstärke andicken. Jetzt hinzufügen

Ein halber Teelöffel Currypulver.

Zum Servieren einen Rand aus gekochten Nudeln um den Rand einer großen Platte legen, dann das Hammelfleisch-Curry in der Mitte anheben und mit fein gehackter Petersilie garnieren.

GULASCH

Dies ist ein charakteristisches Gericht der Balkanstaaten. Es wird hergestellt, indem ein halbes Pfund mageres Rindfleisch (Schienbein) in 2,5 cm dicke Blöcke geschnitten und ein dreiviertel Pfund Kalbfleisch in kleine Stücke geschnitten wird. Das Fleisch in Mehl wälzen und dann in einen Schmortopf geben. Mit kochendem Wasser bedecken und gut abdecken. Kochen Sie das Fleisch, bis es zart ist. Nehmen Sie den Deckel ab und kochen Sie die Flüssigkeit schnell auf, um sie zu reduzieren. Fügen Sie nun hinzu:

Eine halbe Tasse dicke saure Sahne,

Ein Esslöffel Paprika,

Drei Esslöffel geriebene Zwiebeln,

Zwei Esslöffel fein gehackte Petersilie,

Zwei Teelöffel Salz.

Zum Kochen bringen und dann zehn Minuten köcheln lassen. Mit gebratenen Nudeln servieren.

SÜSSBROT-PATTIES

Für die Pastetenschalen zwei Tassen Mehl in eine Schüssel geben und hinzufügen

Ein Teelöffel Salz,

Fünf Teelöffel Backpulver.

Zwischen den Händen verreiben, vermischen und in das vorbereitete Mehl laufen lassen

Eine halbe Tasse Backfett.

Mit einer knappen Zweidritteltasse eiskaltem Wasser zu einem Teig verrühren. Stellen Sie den Teig auf ein bemehltes Formbrett und rollen oder klopfen Sie ihn 3,5 cm dick aus. Wie Kekse schneiden, dabei ein Wasserglas verwenden. Der Keksausstecher lässt sich bei dieser Teigdicke nicht schneiden. Schneiden Sie nun mit einem kleinen Ausstecher die Mitte aus und lassen Sie am Boden eine Dicke von etwa einem halben Zoll und um die Patty-Hülle herum eine Wand von einem halben Zoll Dicke übrig. Auf ein Backblech legen und im heißen Ofen achtzehn Minuten backen. Anschließend mit geschmortem Kalbsbries füllen.

Geschmorte Ochsenschwänze mit gebackenen, getrockneten Erbsen

Eineinhalb Tassen getrocknete Erbsen über Nacht einweichen und dann morgens vorkochen. Zusammen mit in eine Auflaufform geben

Eine halbe Tasse gehackte Zwiebeln,

Zwei grüne Paprika, fein gehackt,

Zwei vorbereitete Ochsenschwänze,

Eine Tasse Tomaten,

Zwei Teelöffel Salz,

Ein halber Teelöffel Pfeffer,

und mit ausreichend Wasser bedecken. Drei Stunden lang bei mittlerer Hitze im Ofen backen.

Lassen Sie den Ochsenschwanz vom Metzger in 5 cm lange Stücke schneiden und zwei Stunden in lauwarmem Wasser einweichen. Waschen Sie ihn gründlich und kochen Sie ihn 15 Minuten lang vor.

CHILI VOM RIND

Ein Pfund Flanksteak in 2,5 cm große Stücke schneiden, in Mehl wälzen und in heißem Fett kurz anbraten. Nun

Sechs Zwiebeln, fein gehackt,

Drei rote Pimente, fein gehackt,

Eine Tasse Tomaten,

Eine Tasse Wasser.

Langsam kochen, bis das Fleisch zart ist und dann würzen mit

Zwei Teelöffel Salz,

Ein Teelöffel Paprika,

und fügen Sie eine Tasse gekochte Bohnen hinzu. Bis zum Siedepunkt erhitzen und dann servieren.

HACKBRATEN

Zwei Tassen rohes Fleisch, fein gehackt,

Eine Tasse Zwiebeln, fein gehackt,

Zwei Tassen kalt gekochte Haferflocken,

Ein Teelöffel Thymian,

Ein Teelöffel süßer Majoran,

Ein Esslöffel Salz,

Ein Teelöffel Pfeffer,

Eine halbe Tasse Brühe zum Anfeuchten.

Gründlich vermischen und dann in eine gut gefettete und bemehlte Kastenform geben. Stellen Sie diese Pfanne in eine größere Pfanne mit Wasser und backen Sie sie eine Stunde lang im langsamen Ofen. Dieses Gericht ist im Kühlschrank eine Woche haltbar. Es macht wunderbare Sandwiches.

Wählen Sie den Halsausschnitt aus und verwenden Sie dann Fleisch für den Laib

Anschließend die Knochen mit kaltem Wasser bedecken und hinzufügen

Zwei Zwiebeln,

Eine Karotte,

Ein Bündel Suppenkräuter.

Eine Stunde lang langsam kochen. Verwenden Sie diese Flüssigkeit als Brühe für die Zubereitung von Soße.

SÜßBROT POLASKA

Wählen Sie mittelgroße Kalbsbries aus, legen Sie die Kalbsbries zum Einweichen in kaltes Wasser und fügen Sie einen Teelöffel Zitronensaft hinzu. Zwei Stunden einweichen, dann waschen und trocken tupfen. Röhrchen und Fettpartikel entfernen und anschließend in einen Topf geben. Mit kochendem Wasser bedecken und zwanzig Minuten kochen lassen. Unter fließendem kaltem Wasser blanchieren und abkühlen lassen. Trocken tupfen und dann bis zum Gebrauch in den Kühlschrank stellen.

Bereiten Sie einen halben Liter Sahnesauce wie folgt zu: Geben Sie einen halben Liter Milch in einen Topf und fügen Sie sechs Esslöffel Mehl hinzu. Mit einem Drahtlöffel oder einer Gabel umrühren, um das Mehl aufzulösen, dann auf den Herd stellen und zum Kochen bringen. Jetzt hinzufügen

Ein gestrichener Esslöffel Salz.

Ein gestrichener Teelöffel Paprika,

Zwei Esslöffel Zitronensaft,

Ein Teelöffel abgeriebene Zitronenschale,

Ein halber Teelöffel Senf,

Ein gut geschlagenes Ei.

Zum gründlichen Mischen schlagen; dann füge hinzu

Eine Tasse gekochte Erbsen,

Ein Esslöffel geriebene Zwiebel,

Das vorbereitete Kalbsbries, in dreiviertel Zoll große Stücke geschnitten.

Gründlich vermischen und dann in die Pattyschalen füllen. Die Oberseite mit feinen Semmelbröseln bestreuen; Platzieren und im mittleren Ofen fünfundzwanzig Minuten backen. Während die Frikadellen nun erhitzt werden, schälen und waschen Sie ein Viertel Pfund Pilze, indem Sie den Stiel und den Knopf verwenden. Vorkochen und dann abtropfen lassen. Vier Minuten in etwas Butter schwenken und dann als Garnitur zu den Patties servieren.

KREOLISCHES RINDFLEISCH

Lassen Sie den Metzger zwei Pfund Rinderschenkel mit Knochen schneiden. Wischen Sie es mit einem feuchten Tuch ab und klopfen Sie dann eine halbe Tasse Mehl in das Fleisch. Lassen Sie fünf Esslöffel Backfett in einem tiefen Topf schmelzen und geben Sie das Fleisch hinein, wenn es heiß ist. Kurz anbraten und dann auf die andere Seite wenden. Wenn beide Seiten gebräunt sind, fügen Sie hinzu

Zwei Tassen kochendes Wasser,

Eine Tasse gehackte Zwiebeln,

Zwei Karotten in Würfel schneiden,

Eine Tasse Tomaten aus der Dose.

Schnell zum Kochen bringen, gut abdecken und sehr langsam kochen, bis es weich ist, normalerweise etwa zwei Stunden. Würzen und dann ist es servierbereit; oder den Topf drei Stunden lang in einen langsamen Ofen stellen.

SCHALTIER

Zu den Schalentieren zählen Krabben (mit und ohne Hartschale), Hummer, Garnelen, Sumpfschildkröten, Grüne Meeresschildkröten, Schnapper usw.

Alle Schalentiere müssen vor dem Kochen aktiv sein. Dies ist der wesentliche Punkt und verhindert eine Ptomainvergiftung. Kochen Sie niemals tote Schalentiere. Denken Sie daran, sie sind tödlich.

Einen Kessel mit Wasser auf den Herd stellen und zum Kochen bringen. Fügen Sie einen Esslöffel rote Paprika und eine Tasse Essig hinzu. Um Hummer, Garnelen, Krabben usw. zu garen, decken Sie die mittlere Größe ab und lassen Sie sie 25 Minuten lang, bei den kleinen 15 Minuten und bei den großen 30 Minuten lang schnell garen.

Nach dem Garen aus dem Wasser nehmen und unter kaltes Wasser legen. Abkühlen lassen. Bis zum Gebrauch auf das Eis legen.

Um Krabben zu reinigen, brechen Sie die Scheren ab und bewahren Sie dann die beiden großen auf. Dann entfernen Sie die Schürzenstücke der Schale, wie eine Platte unter den Augen. Brechen Sie die Schale auseinander und entfernen Sie die schwammigen Finger, den Sandsack und die Eier, falls vorhanden. Gut waschen. Sie haben jetzt weiße, ovale Stücke Krabbenfleisch, die aus den Zellen gepflückt werden müssen. Mit einem silbernen Messer aufschneiden und das Fleisch mit einer Austerngabel herauspicken. Dies kann für Gratin, à la King, Ravigotte, Teufelskrabben, Salate, Kroketten und Krabbenkuchen verwendet werden.

KRABBENFLEISCH

Die Krabbe muss vor dem Kochen aktiv sein. Zum Kochen einen großen Kessel mit Wasser auf das Feuer stellen und zum Kochen bringen; hinzufügen

Eine halbe Tasse Essig,

Ein Teelöffel Cayennepfeffer.

Dann die Krabben dazugeben und zugedeckt zwanzig Minuten kochen lassen. Zählen Sie die Zeit, bis das Wasser kocht, nachdem Sie Krabben hinzugefügt haben.

GEBRATENES KRABBENFLEISCH

Nehmen Sie das Fleisch von den gekochten Krabben und zerkleinern Sie 60 Gramm Speck fein. Den Speck und eineinhalb Tassen Krabbenfleisch sowie zwei Esslöffel geriebene Zwiebeln in eine heiße Pfanne geben und anbraten, bis sie schön gebräunt sind. Auf Toast servieren und geschmolzene Butter über das vorbereitete Krabbenfleisch gießen.

KRABBENFLEISCH, SERVIERT IN SAHNE

In einen Topf geben

Eineinhalb Tassen Milch,

Sechs gestrichene Esslöffel Mehl.

Zum Mischen umrühren. Zum Kochen bringen und drei Minuten kochen lassen. Jetzt hinzufügen

Eineinhalb Tassen Krabbenfleisch,

Eine grüne Paprika, fein gehackt,

Eine Zwiebel, gerieben,

Ein Teelöffel Salz,

Ein Teelöffel Paprika,

abgeriebene Schale einer viertel Zitrone,

Saft einer Zitrone,

Zwei Esslöffel Butter.

Vorsichtig umrühren und kochen, bis alles gut erhitzt ist. In einzelnen Auflaufförmchen oder kleinen Puddingbechern servieren und mit Paprika bestäuben.

GEBRATENE KRABBEN

Reinigen Sie die gekochten Krabben und schneiden Sie dann eine dünne Scheibe von der Schale ab, in der sich das Fleisch befindet. Tauchen Sie den fleischigen Teil in Salatöl und braten Sie ihn in einer heißen Pfanne goldbraun.

RAVIGOTTE-SAUCE

Eine Tasse Mayonnaise,

Eine halbe Tasse fein gehackte junge Frühlingszwiebeln,

Eine viertel Tasse fein gehackte Petersilie,

Eine viertel Tasse fein gehackte grüne Paprika,

Ein Viertel Teelöffel Senf,

Ein Teelöffel Paprika,

Ein Teelöffel Salz.

Zum Mischen schlagen.

Krabbenfleischbällchen

Fein hacken

Zwei Unzen Speck,

Zwei grüne Paprika,

Eine halbe Tasse Dosentomaten, sehr trocken gepresst,

Zwei Tomaten,

Drei Zwiebeln.

Den Speck schnell anbraten und dann die fein gehackten Paprika, Tomaten und Zwiebeln hinzufügen. Vorsichtig kochen, bis es weich und trocken ist, dann hinzufügen

Eineinhalb Tassen Krabbenfleisch,

Ein Teelöffel Salz,

Ein Teelöffel Paprika,

Ein Esslöffel Worcestershire-Sauce.

Gut vermischen und dann fischkuchengroße Kugeln formen, in Mehl wälzen, in verquirltem Ei tauchen und im heißen Fett goldbraun braten. Mit Tartarsauce servieren.

KRABBEN-RAVIGOTTE

Krabbenfleisch in Nestern aus knackigem Salat mit Ravigotte-Sauce servieren.

KRABBENFLEISCH à la KING

In einen Topf oder Chafing Dish geben

Eineinhalb Tassen dicke Sahnesauce.

Hinzufügen

Eine dreiviertel Tasse Champignons, geschält, in kleine Stücke geschnitten und vorgekocht,

Zwei fein gehackte Pimente,

Ein gut geschlagenes Ei,

Ein Teelöffel Salz,

Ein Teelöffel Paprika,

Saft einer halben Zitrone,

Zwei Tassen oder ein halbes Pfund Krabbenfleisch.

geschält, in kleine Stücke geschnitten und vorgekocht.

Zum Mischen mit einer Gabel umrühren; Bis zum Siedepunkt erhitzen und mit Toast servieren.

Kutteln und Austern

Schneiden Sie ein halbes Pfund gekochte Kutteln in kleine Würfel, geben Sie sie in einen Topf und bedecken Sie sie mit kochendem Wasser. Zehn Minuten kochen lassen, dann abgießen und hinzufügen

Eineinhalb Tassen dünne Sahnesauce,

Eine kleine Zwiebel, gerieben,

Zwei Esslöffel fein gehackte Petersilie,

Fünfundzwanzig Austern zum Schmoren.

Aufkochen und acht Minuten kochen lassen, dann würzen mit

Zwei Teelöffel Salz,

Ein Teelöffel Paprika.

GEGRILLTE AUSTER AUF DER HALBEN SCHALE

Nehmen Sie für jeden Service vier große Austern. Öffnen Sie die Austern in der tiefen Schale, nehmen Sie sie heraus, waschen Sie sie von den Schalenstücken und wälzen Sie sie in geriebenem Käse. Legen Sie sie wieder auf die Schale und bestreichen Sie jede Auster mit einem halben Teelöffel gehacktem Speck. Mit feinen Semmelbröseln bestreuen und dann acht Minuten in einem heißen Ofen oder Grill backen.

AUSTERN AUF DER HALBEN SCHALE

Lassen Sie die Austern an der tiefen Schale öffnen und nehmen Sie die Auster heraus. Suchen Sie sorgfältig nach Schalenstücken und bereiten Sie dann eine Mischung daraus zu

Ein Esslöffel Meerrettich, gerieben,

Drei Esslöffel Ketchup,

Ein halber Teelöffel Salz,

Ein Teelöffel Paprika.

Mischen Sie die Austern, tauchen Sie sie in die Sauce und wälzen Sie sie dann in fein geriebenem Käse. Eiskalt servieren.

AUSTERNCOCKTAIL

Daraus kann eine Soße für den Cocktail zubereitet werden

Eine halbe Tasse fein gehackte Zwiebeln.

In einen Topf geben und kochen, bis die Zwiebeln weich sind, dann durch ein feines Sieb reiben und hinzufügen

Ein Esslöffel Meerrettich,

Ein Esslöffel Worcestershire-Sauce,

Ein Teelöffel Salz,

Ein Teelöffel Paprika.

Zum gründlichen Mischen schlagen und für jeden Service fünf kleine Austern hinzufügen.

OYSTER PIE

Machen Sie ein Gebäck daraus

Eine Tasse Mehl,

Ein halber Teelöffel Salz,

Ein Teelöffel Backpulver.

Sieben und reiben Sie dann vier Esslöffel Backfett ein und vermischen Sie es dann mit fünf Esslöffeln Wasser zu einem Teig. Eine Hälfte des Teigs etwa einen Zentimeter dick ausrollen und dann eine tiefe Kuchenform mit dem Teig auslegen. Anschließend die Austern schichtweise anrichten und damit würzen

Salz,

Pfeffer,

Ein viertel Teelöffel geriebene Zwiebel,

Ein Teelöffel fein gehackte Petersilie.

Jetzt noch eine Schicht Austern und dann die Gewürze. Gießen Sie nun eine Tasse sehr dicke Sahnesauce darüber. Den restlichen Teig ausrollen und in 2,5 cm breite Streifen schneiden. Legen Sie die Gitterform über die Oberfläche des Kuchens, waschen Sie sie mit Wasser und backen Sie sie 45 Minuten lang im heißen Ofen.

KRABBENFLEISCH gratiniert

In eine Schüssel geben

Zwei Tassen dicke Sahnesauce,

Eineinviertel Tassen Krabbenfleisch,

Eine Zwiebel gerieben,

Drei Esslöffel fein gehackte Petersilie,

Eineinhalb Teelöffel Salz,

Ein halber Teelöffel weißer Pfeffer,

Ein halber Teelöffel Paprika.

Mit einer Gabel vermischen, in eine Gratinform formen, die Oberseite mit feinen Semmelbröseln bestreuen, mit Butterstückchen bestreichen und dann mit zwei Esslöffeln geriebenem Käse bestreuen und im Ofen bei mittlerer Hitze 35 Minuten backen.

Um Sahnesauce für à la King und Gratingerichte zuzubereiten, verwenden Sie vier gestrichene Esslöffel Mehl auf jede Tasse Milch.

Mehl in kalter Milch auflösen, aufkochen, zwei Minuten kochen lassen, dann ist es gebrauchsfertig.

WEICHSCHALENKRABBEN

Weichschalenkrabben sind Ableger, das heißt, die Krabbe hat ihre Schale abgeworfen und die neue ist noch nicht hart. Zum Reinigen den Finger unter das schürzenförmige Stück und den hinteren Teil der Schale stecken und die schwammigen Finger, die Eingeweide usw. entfernen. Gut waschen und abtropfen lassen und dann in Mehl wälzen, in verquirltem Ei wälzen und dann in feinen Bröseln wälzen und in heißem Fett goldbraun braten. Im heißen Ofen zehn Minuten garen lassen. Mit Remoulade servieren.

HUMMER

Hummer kann gekocht, gebraten oder gebacken und auf die gleiche Weise wie Krabbenfleisch serviert werden.

HUMMER A LA NEWBURG

In einen Topf geben

Eineinhalb Tassen Milch,

Fünf Esslöffel Mehl.

Das Mehl in der Milch auflösen und zum Kochen bringen. Fünf Minuten kochen lassen und dann hinzufügen

Ein gut geschlagenes Ei,

Hummerfleisch, in 2,5 cm große Blöcke geschnitten,

Ein Teelöffel Salz,

Ein Teelöffel Paprika,

Ein halber Teelöffel Worcestershire-Sauce,

Eine halbe Zitrone auspressen.

Hummer grillen

Teilen Sie den lebenden Hummer in zwei Hälften. Legen Sie es auf den Rücken. Schneiden Sie die Rückenschale nicht durch. Entfernen Sie die Eingeweide und entfernen Sie die Vene durch den Schwanz. Gut waschen, dann mit Salatöl bestreichen und mit der Schale nach oben in den Grill legen und fünfzehn Minuten garen. Drehen Sie die Fleischseite nach oben und beträufeln Sie sie mit Salatöl oder zerlassener Butter. Zwölf Minuten kochen, dann herausnehmen und mit zerlassener Butter, Chili oder Tomatensauce servieren.

KOCHEN

Tauchen Sie den Hummer in kochendes Wasser und kochen Sie ihn zwanzig Minuten lang, um einen mittelgroßen Hummer zu erhalten. Abkühlen lassen, auseinanderbrechen, Eingeweide und die feine Ader, die in der Mitte des Schwanzes verläuft, wegwerfen. Brechen Sie die Scheren auf und entnehmen Sie das Fleisch. Dieses Fleisch sowie das vom Bauch und Schwanz können für Salate, Ravigottes, Gratins, Kroketten, Koteletts, à la King und Sumpfschildkrötenart verwendet werden.

SAUCE ZUM FISCHSERVIEREN – FÜR GEKOCHTEN FISCH

Eine Tasse Fischbrühe (Court Bouillon),

Eine halbe Tasse Milch,

Drei gestrichene Esslöffel Maisstärke.

Lösen Sie die Stärke in der Milch auf und fügen Sie dann die Fischbrühe hinzu. Zum Kochen bringen und acht Minuten lang langsam kochen lassen. Hinzufügen

Ein Esslöffel Butter,

Ein Teelöffel Salz,

Ein Teelöffel Paprika,

Ein Teelöffel geriebene Zwiebel,

Ein gut geschlagenes Ei.

Zum Vermischen gründlich verrühren und dann auf den Erhitzungspunkt bringen. Aufschlag.

TARTAR-SAUCE FÜR GEBRATENEN FISCH

Eine Tasse Mayonnaise-Dressing,

Eine mittelgroße Gurke, fein gehackt,

Ein Esslöffel geriebene Zwiebel,

Zwei Esslöffel gehackte Petersilie,

Ein Teelöffel Paprika,

Ein halber Teelöffel Senf,

Ein Teelöffel Salz.

Vor dem Servieren gut vermischen.

SAUCE HOLLANDAISE

Eine halbe Tasse Salatöl,

Eine Zwiebel gerieben,

Ein Teelöffel Paprika,

Ein Teelöffel Salz,

Fünf Esslöffel Essig.

Langsam erhitzen, bis es heiß ist, und dann hinzufügen

Eigelb von zwei Eiern.

Rühren Sie, bis es dickflüssig ist, und fügen Sie dann einen Esslöffel fein gehackte Petersilie hinzu. Sollte dieser gerinnen, zwei Esslöffel kochendes Wasser hinzufügen. Hart schlagen.

Gegrillter Maifischrogen

Wischen Sie den Rogen ab und kochen Sie ihn dann fünf Minuten lang vor. Jetzt trocken wischen und anschließend ganz leicht mit Mehl bestäuben und anschließend mit Speckfett bestreichen. Auf den Grill legen und zehn Minuten garen. Auf eine heiße Platte heben und mit dieser Soße bestreichen: Auf einen Teller legen

Zwei Esslöffel Butter,

Ein Esslöffel Zitronensaft,

Ein Esslöffel geriebene Zwiebel,

Ein Esslöffel fein gehackte Zwiebel,

Ein Teelöffel Salz.

GEBACKENER SHAD

Wählen Sie einen zweieinhalb Pfund schweren Gummifisch aus. Lassen Sie den Fisch vom Händler reinigen und zum Backen vorbereiten. Bereiten Sie nun eine Füllung wie folgt vor: In eine Schüssel geben

Eine Tasse Semmelbrösel,

Zwei Zwiebeln, fein gehackt,

Zwei Esslöffel fein gehackte Petersilie,

Eineinhalb Teelöffel Salz,

Ein Teelöffel Pfeffer,

Ein halber Teelöffel Thymian,

Ein Ei,

Zwei Esslöffel Salatöl.

Gut vermischen und dann in den Fisch füllen. Nähen Sie die Öffnung mit einer festen Schnur und einer Stopfnadel zu. Das Mehl in den Fisch tupfen. In eine Backform geben und im heißen Ofen eine Stunde backen. Alle fünfzehn Minuten mit einer Tasse kochendem Wasser übergießen. Wenn Sie nun einen Streifen Käsetuch unter den Fisch legen, können Sie ihn anheben, ohne dass er zerbricht. Verwenden Sie die übrig gebliebenen Portionen zum Gratinieren des Maifischs für das Abendessen am Montagabend.

Geplankter Schatten

Lassen Sie den Gummifisch vom Fischhändler zum Beplanken spalten. Weichen Sie das Brett zwei Stunden lang in kaltem Wasser ein, legen Sie dann den Fisch auf das Brett und bestreichen Sie ihn mit Zitronensaft. Platzieren Sie es im untersten Teil des Grills des Gasherds. Beginnen Sie mit dem Begießen mit kaltem Wasser, nachdem der Fisch zwölf Minuten im Ofen war. Nehmen Sie sich dreißig Minuten Zeit, um einen zweieinhalb Pfund schweren Gummifisch zu beplanken.

LONG ISLAND DEEP SEA PIE

Eine tiefe Auflaufform einfetten und mit feinen Semmelbröseln bestreuen. Nun eine Schicht fein gewürfelte Kartoffeln auf den Boden der Form legen. Als nächstes eine Schicht gekochten Fisch, in walnussgroße Stücke geschnitten. Als nächstes eine Schicht geschnittene Zwiebeln; dann eine Schicht geschnittene Tomaten; wiederholen, bis zwei Schichten entstehen.

Jede Schicht mit Salz, Pfeffer und fein gehackter Petersilie würzen. Nun eine Soße wie folgt zubereiten:

Ort

Eineinhalb Tassen Milch in einen Topf geben,

Sechs gestrichene Esslöffel Mehl.

Rühren, bis sich das Mehl aufgelöst hat, dann zum Kochen bringen. Vom Herd nehmen und

Zwei Esslöffel Worcestershiresauce,

Ein gut geschlagenes Ei.

Über den fertigen Kuchen gießen. Eine Kruste darauf legen und drei oder vier Schnitte hinein machen, damit der Dampf entweichen kann. Eine Stunde im langsamen Ofen backen.

VORSPEISEN

Die Vorspeise ist ein kleiner Bissen Essen, der zu Beginn der Mahlzeit serviert wird, den freien Fluss des Verdauungssaftes bewirkt und so die Verdauung fördert. Während der Vegetationsperiode kann es sich bei diesen Canapés um Frühlingszwiebeln handeln, die eiskalt serviert werden, oder um Radieschen, kalt und knusprig und in dünne Stücke geschnitten, aber noch am Stiel belassen; gut gereinigte, knusprige, krause Brunnenkresse; Krautsalat mit Sellerie; Krautsalat mit grünen und roten Paprika oder mit Frühlingszwiebeln oder mit schön gebräuntem Speck oder Schinken; oder einfach nur eine Scheibe vollreifer Tomate, mit Mayonnaise bestrichen und mit geriebenem Käse oder Paprika bestäubt.

Viele Hausfrauen haben den Eindruck, dass die Zubereitung der köstlichen Beilagen des kosmopolitischen Essens teuer ist. Nun, ich muss Ihnen kaum sagen, dass die französische Hausfrau für ihre Sparsamkeit bekannt ist und dass es sich bei diesen köstlichen Leckerbissen häufig um Reste einer Mahlzeit handelt, manchmal um Reste eines Topfes oder um einen Esslöffel Fleisch, Gemüse und Soße.

Haben Sie jemals nur ein kleines Stück Fisch übrig gehabt, das völlig zu klein war, um es allein zu servieren? Und anstatt es auf einem Teller oder einer Untertasse liegen zu lassen und eine Ansammlung zu bilden, denken Sie: „Nun, ich kann es nicht verwenden, also landet es im Müll."

Mit ein oder zwei Esslöffeln Fisch hätten Sie ein paar köstliche Canapés zubereitet; indem man es zerkleinert und dann durch ein Sieb passiert. Legen Sie es auf eine Platte und fügen Sie es dann hinzu

Zwei Esslöffel Butter,

Ein Teelöffel Paprika,

Ein Esslöffel geriebene Zwiebel,

Ein Esslöffel fein gehackte Petersilie.

Zu einer glatten Paste verarbeiten und dann auf einem schmalen Toaststreifen verteilen. Mit einer Scheibe hartgekochtem Ei garnieren.

Obwohl das Canapé einen ausländischen Namen trägt, ist es nicht unbedingt eine teure Ergänzung des Familienmenüs und auch nicht aufwendig. Dieses köstliche Stückchen ist eher zierlich und delikat und wird als Vorspeise verwendet, um die Verdauungssäfte anzuregen und zu stimulieren, sodass sie für die Verdauung der Nahrung ungehindert fließen können.

Canapés werden normalerweise kalt auf einem mit einem Deckchen bedeckten Teller serviert; Darauf wird das Canapé gelegt. Sie müssen nicht alle gleich sein; Das Brot kann mit verschiedenen Sandwichschneidern geschnitten oder in fingerbreite Stücke geschnitten, leicht geröstet und mit der vorbereiteten Paste bestrichen werden.

Anstelle von Fisch können auch Fleisch, Huhn, Käse, Nüsse, Oliven usw. verwendet werden. Wenn Sie nur etwa einen Löffel Erbsen, Bohnen, Spinat, Blumenkohl oder Spargel haben, können Sie diese anstelle des Fischs verwenden und so ein Gemüse-Canapé zubereiten. Probieren Sie zwei Dosenpiment anstelle von Fleisch oder Fisch.

EIERKOTTELETT

Aus sechs gestrichenen Teelöffeln Mehl und einer Tasse Milch eine Sahnesauce zubereiten. Das Mehl in der Milch auflösen und dann zum Kochen bringen. Fünf Minuten kochen lassen, dann abkühlen lassen, in eine Schüssel geben und zwei hartgekochte, fein gehackte Eier hinzufügen

Zwei Esslöffel fein gehackte Petersilie,

Ein Esslöffel fein geriebene Zwiebel,

Eineinhalb Teelöffel Salz,

Ein Teelöffel Paprika,

Eine viertel Tasse feine Semmelbrösel.

Mischen und dann auf eine gut gefettete Platte gießen. Vier Stunden kühl stellen. Zum Formen in eine Form formen und dann in Mehl, dann in geschlagenem Ei und dann in feinen Semmelbröseln tauchen. In heißem Fett oder Pflanzenöl goldbraun braten. Mit Tomatensauce servieren.

GEBACKENE EIER IN MAISKARTON

Machen Sie zehn Maismuffins aus der folgenden Mischung:

Eineinhalb Tassen Milch,

Ein Ei,

Zwei Esslöffel Sirup,

Zwei Esslöffel Backfett.

Zum Mischen kräftig verrühren und dann hinzufügen

Eineinviertel Tassen gesiebtes Mehl,

Dreiviertel Tasse Maismehl,

Fünf Teelöffel Backpulver.

Zum Vermischen gründlich verrühren, dann in gut gefettete Muffinformen füllen und 35 Minuten im heißen Ofen backen. Schneiden Sie nun von jedem der vier Muffins eine Scheibe von der Oberseite ab und löffeln Sie die Mitte mit einem Löffel aus. Schlagen Sie ein Ei auf und füllen Sie es dann bis zum Rand mit der Käsesoße auf. Mit Semmelbröseln bestreuen, in eine Backform geben und zwanzig Minuten bei mittlerer Hitze backen. Mit Sahne oder Tomatensauce servieren.

Spanisches Omelett

Das Eiweiß von drei Eiern steif schlagen, dann das Eigelb von drei Eiern vorsichtig abschneiden und unterheben. Wenn alles gut vermischt ist, gießen Sie es in eine heiße Bratpfanne mit drei Esslöffeln Backfett. Langsam kochen und häufig schütteln, bis die Mischung oben trocken ist. Nun mit einer wie folgt zubereiteten Füllung bestreichen:

In eine Schüssel geben

Zwei Esslöffel geriebene Zwiebel,

Eine halbe Tasse gut abgetropfte Tomaten,

Vier Oliven, fein gehackt,

Zwei Esslöffel fein gehackte Petersilie,

Ein halber Teelöffel Paprika.

Kochen Sie diese Mischung in zwei Esslöffeln Backfett, bis sie heiß ist, verteilen Sie sie auf dem Omelett, falten und rollen Sie sie, wenden Sie sie auf eine heiße Schüssel, bestreuen Sie sie mit Paprika und garnieren Sie sie mit fein gehackter Petersilie.

EIER A LA GRENADIER

Drei Unzen Makkaroni kochen, dann in eine Schüssel geben und kräftig würzen. Hinzufügen

Eine Zwiebel, fein gehackt,

Zwei Esslöffel fein gehackte Petersilie.

Nun in fünf Paprikaschoten füllen. In eine Backform geben und 15 Minuten backen. Herausnehmen und auf eine heiße Platte legen, dabei gut flach drücken; dann auf jede Paprika ein pochiertes Ei legen. Mit Käsesauce bedecken und mit Petersilie garnieren.

VERWÄRMERTE EIER

Geben Sie einen Teelöffel Butter in ein Eierglas oder eine Puddingtasse. Schlagen Sie zwei Eier hinein, geben Sie dann einen Teelöffel Butter hinzu und geben Sie das Ganze in eine Tasse kaltes Wasser. Zum Kochen bringen und drei Minuten kochen lassen. Stellen Sie die Tassen auf Untertassen, bestäuben Sie die Eier leicht mit Paprikapulver und servieren Sie das Gericht. Verwenden Sie für jede Portion zwei Eier.

Viele junge Hausfrauen haben sich gefragt, wie sie Essensreste verwerten und servieren können, ohne dass etwas verschwendet wird. Eine Frau schreibt mir: „Ich versuche, die Reste bei mir zu behalten, aber hin und wieder überwältigen sie mich einfach."

Jede Hausfrau weiß, dass trotz sorgfältiger Planung immer eine kleine Menge Fleisch, Bratensoße oder Gemüse übrig bleibt. Und was man damit macht, ist fast ein tägliches Problem. Um Reste erfolgreich zu verwerten, sind zwei wesentliche Dinge notwendig: Erstens eine gute Würze; zweitens attraktives Aussehen.

Die Franzosen zeichnen sich durch das Servieren von Resten aus, weil sie die Kunst des Aromatisierens und Würzens so gut verstehen. Die französische Hausfrau weiß sehr gut, dass sie vielleicht nur ein *Pot au Feu für die Familie* hat , aber die Familie weiß, dass die zarte, attraktive Art, in der das Essen auf den Tisch gebracht wird, dem Genießer gefallen würde, obwohl der Tisch es ist sondern eine schlichte Eschendecke, die so weiß wie der Schnee schrubbte.

So bereiten Sie eine Suppe mit Kräutern zu

In getrennten Stapeln platzieren:

Ein Zweig Petersilie,

Ein Viertel Lauch,

Zwei Zweige Thymian,

Eine halbe Karotte, längs geschnitten,

Ein Lorbeerblatt.

Binden Sie die Trauben zusammen, trocknen Sie sie gründlich ab und geben Sie sie bis zur Verwendung in ein Obstglas.

FRANZÖSISCHE GEWÜRZE

Jede Hausfrau bereitet ihre eigenen Gewürze aus ihrem Garten zu. Wissen Sie, sie baut sie im Garten an, und wenn die Blätter reichlich werden, pflückt sie sie jeden Tag, trocknet sie gründlich und legt sie dann in separate Behälter. Sie bereitet die Suppenkräuterbüschel zu und stellt sie zum sofortigen Verzehr bereit.

KNOBLAUCH

Nur wenige Amerikaner kennen den Knoblauch nur als starken, scharfen Geschmack. Für den Ausländer schmeckt Knoblauch genauso süß wie die Zwiebel und sein Geschmack ist köstlich im Essen. Genau der Schuss, den es braucht, um ihm Schwung zu verleihen. Teilen Sie ein Knoblauchklumpen in Zehen, schälen Sie es und geben Sie es in ein Obstglas. Bringen Sie nun einen halben Liter Weißweinessig zum Kochen und gießen Sie ihn dann über den Knoblauch. Auf den Deckel legen und zwei Tage an einem warmen Ort gehen lassen. Verwenden Sie diesen Essig zum Würzen von Soßen und verwenden Sie den in stecknadelkopfgroße Stücke geschnittenen Knoblauch zum Würzen.

Nutzen Sie zum Servieren einzelne Auflaufförmchen und Backformen und sorgen Sie so für eine effiziente und schnelle Handhabung der Speisen, bei der die Speisen selbst besonders ansprechend präsentiert werden. Eine gute Gewürzmischung ist am wichtigsten, deshalb verrate ich Ihnen das Geheimnis einer französischen Hausfrau. Vier mittelgroße Zwiebeln sehr fein hacken, dann in eine Schüssel geben und hinzufügen

Sechs Esslöffel Salz,

Zwei Teelöffel Paprika,

Ein halber Teelöffel Thymian,

Ein halber Teelöffel Majoran,

Ein viertel Teelöffel Salbei,

Prise Nelken,

Eine Prise Piment.

Gut vermischen und dann 24 Stunden lang an einem warmen, trockenen Ort aufbewahren. Durch ein feines Sieb passieren. In eine Flasche füllen und einen Teelöffel dieser Mischung anstelle von Salz verwenden.

Die durchschnittliche Hausfrau denkt selten daran, Kräuter wie Basilikum, Sauerampfer, Estragon, Lauch und Kerbel zu verwenden, obwohl sie nicht nur Suppen, Eintöpfen, Ragouts und Gulasch, sondern auch Fertiggerichten ein köstliches Aroma verleihen. Sie können im Küchengarten angebaut werden. Eine gute Soße ist wichtig und vergrößert nicht nur die Portion, sondern verleiht ihr auch ein ansprechendes Aussehen.

Fleisch- und Gemüsereste können mit nur wenig Zeit und Energie in schmackhafte Lebensmittel umgewandelt werden. Die Basis aller Kroketten sollte eine gute, dicke Soße sein, die ein Produkt ergibt, das cremig und köstlich im Geschmack ist.

Da Kroketten und Koteletts meist in heißem Fett frittiert werden, ist es nicht notwendig, der Sahnesoße Backfett oder Butter hinzuzufügen.

Das wahre Geheimnis guter Kroketten oder Koteletts besteht darin, dass die Mischung reichhaltig und cremig ist. Zu Kroketten formen und dann in Mehl und dann in der Eimischung wenden und schließlich in feinen Krümeln wälzen. Nun im heißen Fett goldbraun braten.

So erstellen Sie das Fundament:

In einen Topf geben:

Eine Tasse Milch,

Sieben gestrichene Esslöffel Mehl,

Umrühren, um das Mehl aufzulösen, und dann zum Kochen bringen. Fünf Minuten lang langsam kochen und dann das Aroma und die Gewürze hinzufügen. Zum Abkühlen beiseite stellen und dann formen. Zu Kroketten formen, in Mehl wälzen, in verquirltem Ei wenden und anschließend in feinen Semmelbröseln wälzen und im heißen Fett goldbraun braten.

NUSS-PFEFFER-KROKETTEN

Zwei grüne Paprika,

Zwei mittelgroße Zwiebeln,

Sehr fein zerkleinern, dann vorkochen und abtropfen lassen. Ein Tuch auflegen und trocken tupfen. In eine Schüssel geben und hinzufügen

Eine Tasse Sahnesauce, zubereitet nach der angegebenen Methode,

Eine halbe Tasse fein gehackte Nüsse,

Ein Teelöffel Salz,

Ein Teelöffel Paprika,

Drei Esslöffel geriebener Käse.

Gründlich vermischen und dann auf eine große Platte gießen, abkühlen lassen und dann wie für Käsekroketten beschrieben zubereiten.

Limabohne-Kroketten

Dreiviertel Tasse Baby-Limabohnen waschen und über Nacht einweichen. Morgens vorkochen, bis es weich ist, und dann abtropfen lassen, bis es sehr trocken ist. Jetzt setzen

Eine grüne Paprika,

Zwei mittelgroße Zwiebeln,

Vier Stücke Speck,

durch einen Zerkleinerer. In eine Pfanne geben und kochen, bis die Zwiebeln und Paprika weich sind. Lassen Sie das Fett abtropfen, geben Sie die Bohnen dann durch den Zerkleinerer und fügen Sie hinzu:

Die vorbereiteten Paprika, Zwiebeln und Speck,

Ein Teelöffel Paprika,

Zwei Esslöffel fein gehackte Petersilie,

Ein Teelöffel Worcestershire-Sauce

Gründlich vermischen und dann Kroketten formen, erst in Mehl wenden, dann in geschlagenem Ei wenden und in feinen Semmelbröseln wälzen. Im heißen Fett goldbraun braten.

Fleischreste können fein zerkleinert und wie folgt gewürzt werden:

Geben Sie eine ausreichende Menge kaltes, gekochtes Fleisch oder Fisch durch den Zerkleinerer, um drei Viertel Tassen zu erhalten und

Eine große Zwiebel,

Vier Zweige Petersilie,

Die Mischung in eine Schüssel geben und

Ein Teelöffel Salz,

Ein Teelöffel Paprika,

Eine Tasse Sahnesauce,

Nach Anleitung zubereiten, dann das fein gehackte Fleisch und einen Teelöffel Worcestershire-Sauce dazugeben. Gut vermischen und dann zum Formen beiseite stellen. Zu Kroketten formen und in Mehl wälzen, in verquirltem Ei wälzen und dann in feinen Semmelbröseln wälzen. In heißem Fett ausbacken.

Für diese köstliche Art, eine Vorspeise zu servieren, können kaltes Rind-, Lamm-, Hühner-, Kalb-, Schinken- oder Krabbenfleisch oder Fisch verwendet werden. Es können Nüsse, Eier, Käse (sowohl Hüttenkäse als auch Topfkäse) und Lagerkäse verwendet werden. Getrocknete Erbsen, Limabohnen, weiße Bohnen und Sojabohnen sowie Kuherbsen und Linsen bieten eine hervorragende Auswahl für die sparsame Hausfrau, die preiswerte Proteingerichte anbieten muss.

Der Unterschied zwischen einer Krokette und einem Schnitzel liegt lediglich in der Form. Kroketten sind entweder in zylindrischer oder konischer Form und Schnitzel in flacher, runder, dreieckiger oder Kotelettform erhältlich.

Um das Ei zum Dippen vorzubereiten, fügen Sie vier Esslöffel Kondensmilch hinzu und schlagen Sie es kräftig, um es gründlich zu vermischen. Legen Sie die Krokette oder das Schnitzel auf einen Drahtlöffel und gießen Sie mit einem Esslöffel das geschlagene Ei über die Krokette.

Um die Krümel vorzubereiten, trocknen Sie alle altbackenen Brotstücke gründlich ab. Kein Stück ist zu klein, weder eine Kruste noch die Krümel, die vom Brotschneiden übrig geblieben sind. Geben Sie das gut getrocknete Brot durch den Zerkleinerer und sieben Sie es anschließend durch das Sieb. Geben Sie die groben Krümel entweder ein zweites Mal durch den Zerkleinerer oder bewahren Sie sie zum Überbacken auf.

Zu Kroketten und Koteletts immer entweder Sahne oder Tomatensauce servieren und mit Petersilie oder Kresse garnieren.

BROMBEERPUDDING

In eine Rührschüssel geben:

Eine Tasse Mehl,

Eineinhalb Tassen feine Semmelbrösel,

Ein halber Teelöffel Salz,

Ein Esslöffel Backpulver,

Ein Ei,

Eineinhalb Tassen Wasser,

Zwei Tassen gut gereinigte Brombeeren,

Ein viertel Teelöffel Muskatnuss.

Zum Mischen verrühren, dann in eine Puddingform gießen und 45 Minuten im langsamen Ofen backen. Mit süß-würziger Brombeersauce servieren.

MARMELADEPUDDING

In eine Rührschüssel geben:

Eineinhalb Tassen feine Semmelbrösel,

Dreiviertel Tasse Mehl,

Ein Esslöffel Backpulver,

Eine halbe Tasse fein gehackter Talg,

Dreiviertel Tasse brauner Zucker,

Ein Teelöffel Muskatnuss,

Zwei Eier,

Eine Tasse Milch.

Zum Mischen verrühren und dann eine Form einfetten und bemehlen. Geben Sie vier Esslöffel Marmelade auf den Boden und geben Sie dann eine 5 cm dicke Teigschicht hinein. Mit der Marmelade bestreichen und dann mit dem Teig wiederholen. Wiederholen Sie diesen Vorgang, bis die Form zu drei Vierteln gefüllt ist. Legen Sie den Teig darauf. Abdecken und eine Stunde kochen lassen. Anschließend aus der Form lösen und heiß oder kalt mit dünner Sahne servieren.

PFIRSICH-KRÜMEL-PUDDING

Eine Auflaufform gründlich einfetten und anschließend gut mit den feinen Semmelbröseln bestäuben. Nun in eine Rührschüssel geben:

Eigelb eines Eies,

Eine Tasse brauner Zucker,

Sahne aufschlagen und dann hinzufügen

Zwei Esslöffel Backfett,

Zwei Tassen Semmelbrösel,

Zwei Tassen gedünstete Pfirsiche,

Eine halbe Tasse Mehl,

Ein Esslöffel Backpulver,

Ein halber Teelöffel Muskatnuss.

Gründlich vermischen, dann in die vorbereitete Auflaufform gießen und im langsamen Ofen 35 Minuten backen. Abkühlen lassen und dann aus der Form stürzen.

KOLONIALCREME

Waschen Sie eine halbe Tasse Tapioka mit mehreren Wassern, geben Sie sie dann in einen Topf und fügen Sie eine Tasse kochendes Wasser hinzu. Kochen, bis die Tapioka weich und klar ist. Vom Feuer nehmen und teilweise abkühlen lassen. Auf das steif geschlagene Eiweiß eines Eies gießen.

Jetzt hinzufügen

Eine halbe Tasse Zucker,

Eine halbe Tasse Kokosnuss,

Eine halbe Tasse fein gehackte Nüsse.

Zum gründlichen Mischen verrühren und dann in Sorbetbecher füllen. Abkühlen lassen und mit einem Esslöffel Schlagsahne oder Fruchtschaum belegen.

HIMBEERFRUCHT BETTY

Kochen Sie eine Schachtel Himbeeren damit

Eine halbe Tasse Wasser,

Eine halbe Tasse Zucker,

Durch das Sieb reiben, um die Kerne zu entfernen, und dann abmessen. Geben Sie nun eineinhalb Tassen Himbeerpüree in eine Rührschüssel und fügen Sie es hinzu

Eineinhalb Tassen feine Semmelbrösel,

Eine halbe Tasse Mehl,

Zwei Teelöffel Backpulver,

Ein halber Teelöffel Salz,

Eine halbe Tasse brauner Zucker,

Ein halber Teelöffel Zimt,

Zwei Esslöffel geschmolzenes Backfett,

Eigelb eines Eies.

Zum Mischen verrühren, dann in eine gut gefettete Puddingform gießen und 30 Minuten lang bei mittlerer Hitze backen. Mit Fruchtsauce aus servieren

Eiweiß von einem Ei,

Ein halbes Glas Gelee.

Schlagen, bis die Mischung ihre Form behält. Den Fruchtschaum und etwas übriggebliebenes Himbeerpüree darübergießen.

HIMBEER-KRÜMELPUDDING

Zwei Tassen Milch aufbrühen, dann in eine Schüssel gießen und hinzufügen:

Zwei Esslöffel Backfett,

Dreiviertel Tasse Zucker,

Eine Tasse Semmelbrösel,

Ein halber Teelöffel Salz.

Zum Mischen schlagen, dann abkühlen lassen und hinzufügen

Eine Tasse Mehl,

Ein Ei,

Ein Esslöffel Backpulver,

Eineinhalb Tassen zubereitete Himbeeren.

Zum Mischen verrühren, dann in eine Puddingform gießen und vierzig Minuten im langsamen Ofen backen. Heiß oder kalt mit Himbeerfruchtsauce servieren.

Kirschpudding

Ein halbes Pfund Kirschen entsteinen, dann in einen Topf geben und hinzufügen

Eine Tasse Zucker,

Eine halbe Tasse Wasser.

Langsam kochen, bis die Früchte weich sind, dann abmessen und platzieren

Zwei Tassen der vorbereiteten Kirschen,

Eine Tasse Milch,

Drei Eier,

In eine Schüssel geben und gründlich verrühren. In Puddingförmchen füllen, dann in einen Topf mit warmem Wasser geben und bei mittlerer Hitze backen, bis die Masse in der Mitte fest ist.

BUTTERMILCH-PUDDING

Verwenden Sie zum Kochen dieses Puddings ein Puddingtuch. Waschen Sie das Tuch in warmem Wasser, reiben Sie es dann mit Backfett ein und bestäuben Sie es mit Mehl. Nun in die Rührschüssel geben

Eine Tasse Buttermilch,

Zwei gestrichene Teelöffel Backpulver,

Eine halbe Tasse Sirup,

Eine Tasse brauner Zucker,

Dreiviertel Tasse fein gehackter Talg,

Drei Tassen Mehl,

Ein Teelöffel Ingwer,

Zwei Teelöffel Zimt,

Ein halber Teelöffel Muskatnuss,

Eine Tasse entkernte Rosinen oder gut gereinigtes frisches Obst.

Gut vermischen, anschließend das vorbereitete Tuch einbinden und dem Pudding Platz zum Quellen lassen. In kochendes Wasser tauchen und eineinhalb Stunden kochen lassen. Mit gesüßter Sahnesoße oder Fruchtsoße servieren.

VANILLEPUDDING

Dreiviertel Tasse Zucker,

Ein Ei,

Gut schaumig schlagen und dann hinzufügen

Vier Esslöffel Backfett,

Eine Tasse Mehl,

Eine Tasse Semmelbrösel,

Ein Teelöffel Salz,

Ein Esslöffel Backpulver,

Eine Tasse Milch.

Gründlich vermischen und dann in eine gut gefettete Form gießen und eineinhalb Stunden kochen lassen oder fünfundvierzig Minuten in einem mäßigen Ofen backen. Mit Sahnesauce servieren.

BANANENREISPUDDING

Waschen Sie eine viertel Tasse Reis gut und kochen Sie ihn dann in einer viertel Tasse Wasser, bis er weich ist und das Wasser vom Reis absorbiert wird. Nun in eine Rührschüssel geben

Zweieinhalb Tassen Milch,

Zwei Eier,

Dreiviertel Tasse Zucker.

Zwei Bananen schälen, durch ein Sieb reiben und dann verrühren. Den Reis dazugeben, in eine Auflaufform geben und mit einem halben Teelöffel Zimt bestäuben. Brechen Sie einen Teelöffel Butter in Stücke und backen Sie sie dann 30 Minuten lang im langsamen Ofen.

HIMBEER-CUP-CUSTARD

Eine Schachtel Himbeeren waschen und abtropfen lassen. In einen Topf geben und hinzufügen

Ein halbes Liter Wasser,

Eine Tasse Zucker.

Zum Kochen bringen und kochen, bis die Beeren weich sind. Durch ein feines Sieb reiben. Cool. Geben Sie nun drei Eier in eine Rührschüssel, fügen Sie die Himbeeren hinzu und verrühren Sie die Mischung gründlich. In Puddingbecher füllen und die Becher in einen Topf mit Wasser stellen. In einem langsamen Ofen backen, bis die Masse in der Mitte fest ist.

SCHOKOLADEN-MAISSTÄRKEPUDDING

Zwei Tassen Milch,

Eine halbe Tasse Kakao,

Eine viertel Tasse Maisstärke.

Die Stärke in der Milch auflösen, zum Kochen bringen und fünf Minuten lang langsam kochen lassen. Jetzt hinzufügen

Eine halbe Tasse Zucker,

Ein halber Teelöffel Vanille,

Ein halber Teelöffel Zimt.

Gut verrühren und anschließend in kalt ausgespülte Puddingförmchen füllen und formen.

OLIVEN

Oliven-Canapé

Verwenden Sie hierfür entsteinte Oliven. Öffnen Sie eine Flasche Oliven, lassen Sie sie abtropfen und zerkleinern Sie sie mit

Eine kleine Zwiebel,

Eine grüne Paprika,

Drei Scheiben schön gebräunter Speck,

Vier Esslöffel Mayonnaise-Dressing,

Ein Teelöffel Salz,

Ein Teelöffel Paprika.

Gut vermischen und dann auf Toaststreifen verteilen. Mit fein gehacktem Eiweiß garnieren.

OLIVENSALAT

In eine Schüssel geben

Eine Tasse Olivenfleisch,

Vier Scheiben schön gebräunter Speck, in kleine Stücke geschnitten,

Eine Zwiebel, gerieben,

Zwei grüne Paprika, fein gehackt,

Dreiviertel Tasse Mayonnaise-Dressing.

Gründlich vermischen und dann in ein Nest aus knackigen Salatblättern heben und mit hartgekochten Eischeiben garnieren. Dieser Salat ist köstlich.

OLIVENKÄSEKUGELN

In eine Schüssel geben

Eine Tasse Hütten- oder Topfkäse,

Eine rote Paprika, sehr fein gehackt,

Ein Esslöffel geriebene Zwiebel,

Eine halbe Tasse fein gehackte Oliven,

Ein Teelöffel Salz,

Ein halber Teelöffel Paprika.

Zu Kugeln formen und dann in ein Salatnest legen. Mit französischem Dressing servieren.

MAKKARONI, OLIVEN UND KÄSE

Dieses Gericht ist bei den Bergbewohnern in Italien berühmt und wird an Festtagen serviert. Vier Unzen Makkaroni 15 Minuten in kochendem Wasser kochen, dann abgießen und unter kaltem Wasser blanchieren. Abkühlen lassen, fein hacken und nun hinzufügen

Eine halbe Tasse Pimento-Oliven, fein gehackt,

Eine halbe Tasse geriebener Käse,

Zwei Tassen Sahnesauce,

Eine große Zwiebel, fein gehackt,

Zwei große rote Paprika, fein gehackt,

Zwei Teelöffel Salz,

Ein Teelöffel Paprika,

und ein kleines Stück Knoblauch. Vermischen und dann in eine Auflaufform geben. Butterstückchen darauf verteilen. 25 Minuten in den heißen Ofen stellen.

Olivenfüllung für Fleisch und Geflügel

Zweieinhalb Tassen Semmelbrösel,

Eine halbe Tasse fein gehackte Zwiebeln,

Eine viertel Tasse fein gehackte Petersilie,

Eine halbe Tasse fein gehackte Oliven,

Eineinhalb Teelöffel Salz,

Ein halber Teelöffel Paprika,

Ein viertel Teelöffel süßer Majoran,

Ein Ei,

Vier Esslöffel Backfett.

Gründlich mischen und dann zum Füllen von Fleisch und Geflügel verwenden. Diese Füllung ist köstlich.

Um das Brot zuzubereiten, weichen Sie altes Brot in kaltem Wasser ein, bis es weich ist, legen Sie es dann in ein Tuch und drücken Sie es trocken. Durch ein Sieb reiben und anschließend abmessen. Verwenden Sie eine halbe Tasse fein gehackte gefüllte Oliven zu einer Tasse Mayonnaise-Dressing.

OLIVEN-SANDWICH-FÜLLUNG

Durch den Zerkleinerer geben:

Eine Flasche gefüllte Oliven,

Zwei rote Paprika,

Eine Zwiebel,

Vier Zweige Petersilie,

In eine Schüssel geben und hinzufügen

Eine halbe Tasse Mayonnaise-Dressing,

Ein Teelöffel Salz,

Ein halber Teelöffel Paprika.

Gut vermischen und dann auf den dünn geschnittenen Brotscheiben verteilen.

OLIVEN-SANDWICHES

Entfernen Sie die Steine von einer großen Flasche Queen-Oliven und fügen Sie sie hinzu

Eine Zwiebel,

Zwei rote Paprika,

Durch den Zerkleinerer geben und dann hinzufügen

Dreiviertel Tasse Mayonnaise,

Ein Teelöffel Salz,

Eineinhalb Teelöffel Paprika.

Mischen und dann auf dem vorbereiteten Brot verteilen.

OLIVENSOSSE

Zerkleinern Sie mit dem Zerkleinerer eine ausreichende Menge Oliven, nachdem Sie die Steine entfernt haben, etwa eine halbe Tasse. In einen Topf geben und hinzufügen

Eineinhalb Tassen Sahnesauce,

Zwei Esslöffel Salz,

Ein halber Teelöffel Paprika,

Ein viertel Teelöffel Senf.

Gut vermischen, dann zum Sieden bringen und servieren. Diese Soße kann der Abwechslung halber auch mit anderthalb Tassen Tomatensoße als Ersatz für die Sahnesoße zubereitet werden; Dann fügen Sie zwei Esslöffel geriebenen Käse hinzu. Erhitzen und servieren.

Spanischer Hackbraten

In eine Schüssel geben

Eineinhalb Tassen fertiges Brot,

Eine Tasse fein gehacktes, kalt gegartes Hammelfleisch,

Eine Tasse Pimentoliven, fein gehackt,

Eine halbe Tasse fein gehackte Zwiebeln,

Ein Ei,

Zwei Teelöffel Salz,

Ein Teelöffel Paprika,

Ein viertel Teelöffel Thymian,

Eine halbe Tasse dicke Sahnesauce.

Gründlich vermischen und dann in die vorbereitete Laibform füllen. In eine größere Pfanne mit heißem Wasser geben und dann vierzig Minuten lang bei mittlerer Hitze backen. Mit Olivensauce servieren. Um Brot zuzubereiten, weichen Sie altbackenes Brot in kaltem Wasser ein. trocken drücken; Durch ein feines Sieb reiben.

OLIVEN-MUSCHELKOCKTAIL

Verwenden Sie dazu Olivenfleisch. Olivenfleisch sind Olivenstücke, die aus großen Oliven geschnitten und in Gläser verpackt werden. Es gibt weder Steine noch Abfall. In eine kleine Schüssel geben

Drei Esslöffel Chilisauce,

Ein Esslöffel Meerrettich,

Ein Esslöffel Zitronensaft,

Eine viertel Tasse Olivenfleisch,

Ein Teelöffel Salz,

Ein Teelöffel Paprika,

Ein Esslöffel geriebene Zwiebel.

Gründlich vermischen und dann auf vier Cocktailgläser verteilen. Geben Sie in jedes Glas drei Kirschkernmuscheln oder Muscheln mit kleinem Hals.

SAUCEN

Eine Formel ist notwendig, damit die Hausfrau ihre Soßen einheitlich zubereiten kann

Ein gestrichener Esslöffel Mehl und eine Tasse Milch ergeben eine dünne Soße, wie bei Suppen.

Zwei gestrichene Esslöffel Mehl und eine Tasse Milch ergeben eine dünne Soße.

Drei gestrichene Esslöffel Mehl und eine Tasse Milch ergeben eine mittelgroße Soße.

Vier Esslöffel Mehl und eine Tasse Milch ergeben eine dicke Soße.

Fünf gestrichene Esslöffel Mehl und eine Tasse Milch ergeben eine Soße für Koteletts, Kroketten usw.

Verwenden Sie einen hell ausgewaschenen Topf, geben Sie das Mehl in die kalte Milch und rühren Sie es um, bis es sich auflöst. Benutzen Sie dabei eine Gabel oder einen Schneebesen, um den Vorgang zu erleichtern. Benutzen Sie zu diesem Zweck niemals einen Löffel, da sich die Klumpen sonst nicht vollständig auflösen lassen. Auf das Feuer stellen und unter ständigem Rühren zum Kochen bringen. Nach Erreichen des Siedepunkts fünf Minuten kochen lassen, dann vom Feuer nehmen und würzen. Anschließend ist es einsatzbereit. Wenn Sie einen Buttergeschmack wünschen, fügen Sie einen Esslöffel Butter mit den Gewürzen hinzu und rühren Sie, bis sie geschmolzen ist.

Anstelle der gesamten Milch können mit sehr guten Ergebnissen auch Teile von Milch und Wasser, Brühe, Hühnerbrühe, Austern- oder Muschelsaft verwendet werden. Bei der Zubereitung von Suppen oder Soßen für Fleisch- und Gemüsegerichte kann die Flüssigkeit aus der Gemüsekonserve oder das Wasser, in dem das frische Gemüse gekocht wurde, mit einer gleichen Portion Milch vermischt werden.

Aus der einfachen Sahnesoße lassen sich viele tolle Soßenvarianten zubereiten. Für die Petersiliensauce geben Sie vier Esslöffel fein gehackte Petersilie zu einer Tasse Sahnesauce.

ZWIEBELSAUCE

Eine halbe Tasse gekochte Zwiebeln durch ein grobes Sieb reiben und dann zu einer Tasse Sahnesauce hinzufügen.

PIMENT-CREMESAUCE

Drei Dosenpimente durch ein feines Sieb reiben und dann zu einer Tasse Sahnesauce hinzufügen.

HÖCHSTE SAUCE

Eine Tasse dicke Sahnesauce,

Eine halbe Tasse Pilze, geschält, in Stücke geschnitten und vorgekocht,

Eigelb eines Eies.

Gut abschmecken.

Selleriesoße

Eine Tasse dicke Sahnesauce,

Eine Tasse fein gewürfelter Sellerie, vorgekocht, bis er weich ist,

Ein Teelöffel Salz,

Ein halber Teelöffel Paprika.

Gut vermischen.

ADMIRAL-SAUCE

Eine Tasse dicke Sahnesauce,

abgeriebene Schale einer viertel Zitrone,

Zwei Esslöffel Kapern,

Zwei Esslöffel fein gehackte Petersilie,

Saft einer halben Zitrone,

Zwei Esslöffel Butter.

Rühren Sie, bis alles gut vermischt ist, und erhitzen Sie es dann, bis es knapp unter dem Siedepunkt liegt. Jahreszeit.

SAUCE BÉARNAISE

Eine halbe Tasse dicke Sahnesauce,

Eigelb von zwei Eiern,

Ein Teelöffel geriebene Zwiebel,

Drei Esslöffel Butter.

Gut vermischen und nun hinzufügen

Ein Teelöffel Salz,

Ein halber Teelöffel weißer Pfeffer,

Ein halber Teelöffel Paprika,

Saft einer Zitrone.

Ständig rühren, bis es kochend heiß ist. Diese Soße gerinnt nicht, wenn man sie einige Minuten stehen lässt.

CREME MEERRETTSAUCE

Eine Tasse mittelgroße Sahnesauce,

Zwei Esslöffel geriebener Meerrettich,

Zwei Esslöffel Zitronensaft,

Drei Esslöffel fein gehackte Petersilie,

Ein halber Teelöffel Senf,

Ein halber Teelöffel weißer Pfeffer,

Ein Teelöffel Salz.

Zum Mischen gründlich verrühren.

MAINTENON-SAUCE (für Gratingerichte)

Eine Tasse mittelgroße Sahnesauce,

Zwei Esslöffel geriebener Käse,

Zwei Esslöffel fein gehackte Petersilie,

Ein Esslöffel geriebene Zwiebeln,

Eineinhalb Teelöffel Salz,

Ein Teelöffel Paprika,

Ein viertel Teelöffel Senf,

Ein Teelöffel Zitronensaft.

Gut vermischen.

KÄSESOSSE

Eine Tasse mitteldicke Sahnesauce.

Vier Esslöffel geriebener Käse,

Ein Teelöffel Salz,

Ein halber Teelöffel Paprika,

Ein viertel Teelöffel Senf.

Gut vermischen, bis der Käse geschmolzen ist.

SENFSOSSE

Eine halbe Tasse mittelrahmige Sauce,

Zwei Esslöffel Weißweinessig,

Eigelb von einem Ei,

Ein Teelöffel Senf,

Ein Teelöffel Salz,

Ein halber Teelöffel Paprika.

Gründlich verrühren und dann bis zum Siedepunkt erhitzen.

In keinem anderen Bereich der Kochkunst kommt das Können des Kochs so gut zur Geltung wie bei der Zubereitung und dem Servieren der verschiedenen Soßen. Eine perfekte Soße zuzubereiten ist eine Kunst des Kochens. Viele einfache Speisen sowie die Verwendung von Resten können durch die Zugabe einer guten Soße in schmackhafte und ansprechende Gerichte verwandelt werden.

Drei oder vier Tassen Sahnesauce können auf einmal zubereitet und dann in eine Schüssel gegossen, mit einer feuchten Serviette abgedeckt und bis zum Verzehr in den Kühlschrank gestellt werden. An einem kühlen Ort hält sich die Sauce drei oder vier Tage und Sie müssen nicht jeden Tag eine Sauce zubereiten.

Zur Verwendung messen Sie eine Dreivierteltasse Soße ab und fügen eine Vierteltasse heißes Wasser hinzu. Zum Erhitzen in einen Wasserbad geben und dabei häufig umrühren. Anschließend ist es einsatzbereit. Verwenden Sie bei der Zubereitung von Saucen aus dieser Sahnesauce immer ein Wasserbad. Dadurch wird ein Anbrennen verhindert.

Gurkensoße

Eine Tasse dicke Sahnesauce,

Eine kleine Gurke, geschält und gerieben,

Eineinhalb Teelöffel Salz,

Ein Teelöffel Paprika.

Bis zum Siedepunkt erhitzen und dann fünf Minuten kochen lassen.

AUSTERNSAUCE

Eine Tasse dicke Sahnesauce,

Acht mittelgroße Austern, fein gehackt,

Ein Teelöffel fein gehackte Petersilie,

Ein Teelöffel Salz,

Ein Teelöffel weißer Pfeffer.

Gut vermischen, dann bis zum Siedepunkt erhitzen und fünf Minuten kochen lassen.

PILZ SAUCE

Geben Sie eineinhalb Tassen Milch in einen Topf und fügen Sie vier Esslöffel Mehl hinzu. Rühren, bis es sich aufgelöst hat, und dann zum Kochen bringen. Fünf Minuten kochen lassen und dann hinzufügen

Eine Tasse gewürfelte und vorgekochte Pilze,

Ein gut geschlagenes Ei,

Ein Teelöffel Salz,

Ein Teelöffel Paprika,

Drei Esslöffel fein gehackte Petersilie.

Zum Mischen verrühren, dann zwei Minuten kochen lassen und verwenden.

Petersiliensoße

Eineinhalb Tassen Sahnesauce,

Eine halbe Tasse fein gehackte Petersilie,

Drei Esslöffel Butter,

Zwei Teelöffel Salz,

Ein Teelöffel weißer Pfeffer.

Zum Mischen schlagen.

Kreolische Soße

Eine Tasse gedünstete Tomaten,

Drei Zwiebeln,

Eine grüne Paprika, fein gehackt.

In einen Topf geben und langsam kochen, bis die Zwiebel und die Paprika weich sind. Durch ein feines Sieb reiben und dann hinzufügen

Zwei Esslöffel Maisstärke darin aufgelöst

Eine halbe Tasse Wasser,

Ein Teelöffel Salz,

Ein Teelöffel Paprika,

Ein viertel Teelöffel Senf.

Zum Kochen bringen und zehn Minuten lang langsam kochen lassen und dann servieren.

TARTAR-SAUCE

Eine halbe Tasse Mayonnaise-Dressing,

Eine Zwiebel gerieben,

Fünf Esslöffel fein gehackte Petersilie,

Eine saure Gurke, fein gehackt,

Ein Teelöffel Salz,

Ein halber Teelöffel Senf,

Ein halber Teelöffel Paprika.

Gründlich vermischen und dann sehr kalt servieren.

KRÄUTERSAUCE

Bereiten Sie eineinhalb Tassen Sahnesauce zu und fügen Sie sie dann hinzu

Eine Tasse fein gehackte Petersilie,

Ein Esslöffel geriebene Zwiebel,

Eine halbe grüne Paprika, fein gehackt,

Eineinhalb Teelöffel Salz,

Ein halber Teelöffel Pfeffer.

Zehn Minuten lang langsam köcheln lassen.

MINZSAUCE

Einen Bund Minze fein zerkleinern, dann in einen Topf geben und hinzufügen

Dreiviertel Tasse Wasser,

Eine viertel Tasse Zucker.

Zum Kochen bringen und zehn Minuten lang langsam kochen lassen. Eine halbe Tasse Weißweinessig hinzufügen und vom Feuer nehmen. Eine halbe Stunde stehen lassen und dann abseihen. Übrig gebliebene Portionen können in Flaschen abgefüllt und die Flaschen zur späteren Verwendung an einem kühlen Ort aufbewahrt werden.

ENGLISCHE SENFSAUCE

In einen Suppenteller geben

Ein Teelöffel Senf,

Ein Teelöffel Zucker,

Ein halber Teelöffel Salz,

Ein halber Teelöffel Paprika,

Zwei Esslöffel Salatöl.

Zu einer glatten Paste verarbeiten und dann langsam drei Esslöffel Sahne und einen Teelöffel Zitronensaft unterrühren. Dick schlagen und dann servieren.

SAUCE HOLLANDAISE

Vier Esslöffel Salatöl,

Zwei Esslöffel Essig,

Ein Esslöffel Wasser,

Ein Teelöffel Salz,

Ein halber Teelöffel Paprika.

Im Wasserbad bis zum Siedepunkt erhitzen und dann das Eigelb hineingeben. Rühren, bis die Masse dickflüssig ist. Sofort verwenden. Falls die Masse gerinnen sollte, einen Esslöffel kochendes Wasser hinzugeben und ständig rühren, bis die Masse dickflüssig ist.

RAVIGOTTE-SAUCE

Sehr fein hacken ausreichend Petersilie. Zum Abmessen

Eine halbe Tasse,

Eine große grüne Paprika,

Eine Zwiebel,

Ein Lauch.

In eine Schüssel geben und hinzufügen

Eine Tasse Mayonnaise,

Ein Teelöffel Salz,

Ein Teelöffel Paprika,

Ein halber Teelöffel Senf,

Zwei Teelöffel Zitronensaft.

Gut vermischen, um alles gründlich zu vermischen.

GEBRATENES HÄHNCHEN, SPECKGARNIERUNG

Wählen Sie einen dicken Broiler aus und versengen Sie ihn. Dann den Rücken aufspalten und zeichnen. Gut waschen. Entfernen Sie das Brustbein. Mit der gespaltenen Seite nach unten in eine Bratpfanne geben und eine Tasse Wasser hinzufügen. Gut abdecken und dann zehn Minuten lang dämpfen. Nun gut mit Backfett einreiben. Ganz leicht mit Mehl bestäuben. Zwanzig Minuten grillen, dabei alle vier Minuten wenden; Auf eine heiße Platte heben, mit zerlassener Butter bestreichen und mit Speck garnieren.

Eminze von Innereien

Die Innereien und den Hals kochen und dann abkühlen lassen. Fein hacken und zwei hartgekochte Eier und eineinhalb Tassen Sahnesauce hinzufügen

Zwei Esslöffel fein gehackte Petersilie,

Eineinhalb Teelöffel Salz,

Ein Teelöffel Paprika.

Bis zum Siedepunkt erhitzen und dann zehn Minuten lang langsam köcheln lassen.

CHICKEN POT RAST, CEDAR HOLLOW STYLE

Wählen Sie ein fettes Schmorhuhn aus, versengen Sie es und ziehen Sie es aus. Waschen und mit einem sauberen Tuch abwischen. In einen feuerlosen Herd geben oder kochen, bis es weich ist. Nun mit Backfett einreiben, mit Mehl bestäuben und in einem tiefen Topf in heißem Fett anbraten. Das Hähnchen häufig wenden, damit es von allen Seiten gebräunt wird. Wenn das Hähnchen schön gebräunt ist, hinzufügen

Vier Esslöffel Mehl,

Drei Tassen Hühnerbrühe,

Eine halbe Tasse geriebene Karotte,

Zwei grüne Paprika fein gehackt,

Eine halbe Tasse fein gehackte Zwiebeln.

Eine halbe Stunde lang langsam köcheln lassen. Würzen und servieren.

HÜHNCHEN-REIS-CURRY

Eine halbe Tasse Reis in reichlich warmem Wasser waschen und anschließend abtropfen lassen. Nochmals abspülen, dann in einen Topf geben und zweieinhalb Tassen kochendes Wasser hinzufügen. Vorsichtig kochen, bis die Körner weich sind und das Wasser aufgesogen ist. Jetzt platzieren

Ein Teelöffel Speck oder Hühnerfett,

Drei Esslöffel Mehl

In einer eisernen Bratpfanne vorsichtig anbraten, bis es dunkelbraun ist, dann hinzufügen

Eineinhalb Tassen Hühnerbrühe,

Zwei große Zwiebeln, sehr fein gehackt,

Zwei Esslöffel Ketchup,

Ein Esslöffel Worcestershire-Sauce,

Dreiviertel Teelöffel Currypulver,

Ein Teelöffel Salz.

Langsam bis zum Siedepunkt kochen und dann eine Tasse zerkleinertes Hühnerfleisch und den zubereiteten Reis hinzufügen. Langsam erhitzen, bis es sehr heiß ist, dann auf eine heiße Platte stellen und mit fein zerkleinerter Petersilie garnieren und servieren.

WIE MAN HÜHNCHEN FÜR HÜHNCHENSALAT ODER AUFSCHNITT ZUBEREITET

Das Huhn anbraten, ausnehmen und dann wie zum Frikassee schneiden. Nun den Rücken des Kadavers, die Innereien und die Schenkel und Beine in einen Topf geben und mit kaltem Wasser bedecken. Zum Kochen bringen und dann in ein Sieb geben und unter fließendes kaltes Wasser stellen. Dann in einen Topf mit kochendem Wasser geben und zehn Minuten kochen lassen. Im Sieb unter fließendem kaltem Wasser blanchieren. Dies dreimal wiederholen und dann den Rest des Huhns hinzufügen und langsam kochen, bis es zart ist. In der Flüssigkeit abkühlen lassen. Das Fleisch aus Hals und Rücken des Kadavers nehmen und die Innereien fein hacken. Die Haut durch den Zerkleinerer geben. Diesen für Hühnerbraten verwenden.

HÜHNERLAIT

Verwenden Sie zwei Tassen Hackfleisch, zubereitet aus der Haut, den Innereien und dem Fleisch des Kadavers.

Eineinhalb Tassen kalt gekochtes Haferflockenmehl,

Eine Zwiebel, gerieben,

Ein halber Teelöffel gemahlener Thymian,

Ein halber Teelöffel Senf,

Drei Teelöffel Salz,

Eineinhalb Teelöffel Paprika,

Zwei grüne Paprika fein gehackt,

Vier Esslöffel Hühnerfett,

Ein Ei,

Eine halbe Tasse Hühnerbrühe.

Gut vermischen und dann in eine gut gefettete und bemehlte Kastenform gießen. Diese Form in eine größere mit heißem Wasser stellen. Bei mittlerer

Hitze eineinviertel Stunden backen. Heiß mit Sahne-, Tomaten- oder brauner Sauce servieren oder kalt mit Spargel garniert und mit Sauce Hollandaise, Mayonnaise oder Sahnemeerrettichsauce servieren.

Brathähnchen

Das Huhn vorbereiten. Mit

Zwei Stangen Sellerie,

Zwei Zwiebeln,

Eine Tasse Semmelbrösel,

Ein Bündel Küchenkräuter,

Zwei Esslöffel Butter oder Backfett,

Ein Ei.

Sellerie, Zwiebeln und Kräuter durch den Zerkleinerer geben. Semmelbrösel, Butter und geschlagenes Ei vermischen. In das Hähnchen füllen und anschließend die Öffnung zunähen. Formen und in einem mäßigen Ofen zwanzig Minuten lang rösten. In der ersten halben Stunde alle zehn Minuten begießen, dann alle zwanzig Minuten, bis das Hähnchen gar ist.

ENCHILDAS

Ort

Eine Tasse Mehl,

Eine viertel Tasse Maismehl,

Ein Teelöffel Salz,

Ein Esslöffel Backfett,

in einer Rührschüssel. Zum Mischen sieben und dann so viel Wasser hinzufügen, dass ein Teig entsteht. Brechen Sie den Teig in walnussgroße Stücke und rollen Sie ihn dann sehr dünn aus. Sie können die Tortillas auf der Eisenplatte oben auf dem Herd backen oder in einer Pfanne mit etwas Backfett braten. Auf einem sauberen Handtuch aufbewahren, bis alles frittiert ist. Geben Sie nun zwei Unzen geriebenen Käse in eine Schüssel und fügen Sie zwei Zwiebeln hinzu, die in zwei Esslöffeln Backfett weich gekocht wurden

Eine halbe Tasse fein gehacktes Aufschnittfleisch, vorzugsweise Hühnchen,

Zwei Esslöffel Chilisauce.

Mischen und dann die Tortillas mit dieser Mischung bestreichen. Rollen oder falten Sie sie und gießen Sie dann mehr scharfe Chilisauce darüber.

HUHN GUMBO OKRA

Das Hähnchen zum Schmoren putzen und in Stücke schneiden. Im heißen Fett schnell anbraten. In einen tiefen Topf heben und hinzufügen

Zwei Liter Wasser,

Vier Zwiebeln,

Ein Lorbeerblatt,

Zwei Nelken.

Kochen, bis das Huhn zart ist. Nun die Flüssigkeit mit Speisestärke leicht andicken. Mit würzen

Roter Pfeffer und Salz,

Zwei Esslöffel fein gehackte Petersilie,

Ein halber Teelöffel Thymian,

Ein Esslöffel Gumbo oder Feile,

Zwei Tassen gekochte Okraschoten.

Sofort auf den Tisch stellen und mit reichlich gekochtem Reis servieren.

HINWEIS: Gumbo oder Feile ist ein Pulver, das in Louisiana hergestellt und verkauft wird. Es besteht aus jungen Sassafras-Blättern. Die Datei kann in schicken Lebensmittelgeschäften gekauft werden.

HÜHNERMOUSSE

Geben Sie mit dem feinen Messer ausreichend gekochtes, kaltes Hähnchen durch einen Zerkleinerer, um zwei Tassen abzumessen. In eine Schüssel geben und hinzufügen

Zwei Teelöffel geriebene Zwiebeln,

Ein halber Teelöffel Paprika,

Ein Teelöffel Salz.

Gut vermischen und dann eineinhalb gestrichene Esslöffel Gelatine in vier Esslöffeln kaltem Wasser zwanzig Minuten lang einweichen, dann eine halbe Tasse kochende Hühnerbrühe hinzufügen. Fünf Minuten lang langsam köcheln lassen und dann in das vorbereitete Hühnerfleisch abseihen. Rühren, bis es abgekühlt ist, und dann eine Tasse Schlagsahne unterheben. In kleine, mit kaltem Wasser ausgespülte Puddingbecher füllen. Zum Formen sechs Stunden lang an einen kalten Ort stellen. In einem Nest aus knackigen Salatblättern aus der Form lösen.

GEFLÜGEL

Um junge Hühner und Meerschweinchen zu braten: Das Geflügel ansengen, ziehen und vorbereiten; Reiben Sie nun den gesamten Vogel gut mit reichlich Backfett ein. Ganz leicht mit Mehl bestäuben, in die Pfanne geben und 15 Minuten im heißen Ofen backen. Drehen Sie nun die Geflügelbrust in der Pfanne nach unten und reduzieren Sie die Hitze des Ofens auf mittlere Stufe. Alle zehn Minuten mit der folgenden Mischung begießen:

Ein Pint kochendes Wasser,

Zwei Esslöffel Butter.

Wenn das Geflügel zart ist, wenden Sie es auf den Rücken, damit die Brust braun wird, und begießen Sie es alle fünf Minuten. Wenn man die Hähnchenbrust in die Pfanne legt, wird die Knochenstruktur des Kadavers der intensiven Hitze des Ofens ausgesetzt. Durch das ständige Begießen dringt die Feuchtigkeit in das trockene, weiße Fleisch ein und macht es saftig und zart.

Wenn Sie möchten, legen Sie beim Anbraten ein paar Streifen Speck auf die Brust, kurz bevor Sie sie aus dem Ofen nehmen. Es wird den Geschmack verbessern.

HÜHNER SALAT SANDWICHES

Schneiden Sie das Fleisch von einem 1,5 Kilogramm schweren, kalt gekochten Geflügel ab und geben Sie es dann mit dem gröbsten Messer durch den Zerkleinerer. In eine Schüssel geben und einen mittelgroßen, fein zerkleinerten Salatkopf hinzufügen. Ort

Eine kleine Zwiebel, gerieben,

Eine grüne Paprika, fein gehackt,

Eineinhalb Tassen Mayonnaise oder Salatdressing,

Zweieinhalb Teelöffel Salz,

Ein Teelöffel Paprika.

Mischen und dann in viertelgroße Obstgläser füllen. Diese Menge reicht für vierzig bis fünfzig Sandwiches.

GEBACKENES SQUAB

Schneiden Sie den Rücken mit einem scharfen Messer auf und säubern Sie ihn anschließend gründlich. Gut waschen und trocken wischen. An einem kühlen Ort aufbewahren, bis es benötigt wird.

Die Innereien fein zerkleinern und dann vorkochen. Nun altes Brot einweichen, bis es weich ist. Auspressen und eine dreiviertel Tasse voll abmessen. In die Pfanne geben und hinzufügen

Eine viertel Tasse fein gehackte Sellerieblätter,

Gehackte Innereien,

Eine Zwiebel, fein gehackt,

Ein Teelöffel Salz,

Ein Teelöffel Geflügelgewürz,

Vier Esslöffel Backfett.

Vorsichtig kochen, bis die Zwiebeln weich sind, und dann abkühlen lassen. Füllen Sie die Füllung und nähen Sie sie dann mit einer Stopfnadel und einer festen Schnur zusammen. Mit Backfett einreiben und mit Speisestärke bestäuben. In einen heißen Ofen stellen und backen, dabei mit kochendem Wasser begießen.

Wenn der Rücken gut gebräunt ist, reduzieren Sie die Hitze, drehen Sie den Vogel auf den Rücken und lassen Sie ihn langsam bräunen. Geben Sie ihm 55 Minuten Zeit, um das Jungtier zu garen. Die Füllung kann auf Wunsch in Hühnchen oder Guinea gegeben werden.

TENNESSEE TÜRKEI HASH

Schneiden Sie ausreichend Truthahn in 1,5-Zoll-Blöcke, um zwei Tassen zu messen. Jetzt hinzufügen

Eine Tasse gewürfelter Sellerie,

Eine Zwiebel, fein gehackt,

Ein Esslöffel Butter,

Ein Esslöffel Maisstärke.

Gründlich mischen, dann hinzufügen

Eine halbe Tasse kochendes Wasser.

Langsam kochen, bis das Fleisch sehr zart ist, dann mit fein gehackter Petersilie und heißen Maismehlwaffeln garniert servieren.

HÜHNCHENFILET, POINDEXTER

Ein großes Schmorhuhn ansengen, herausnehmen, gründlich waschen und dann garen, bis es weich ist. Abkühlen lassen. Schneiden Sie nun die Flügel ab und entfernen Sie die Knochen, so dass sie möglichst wenig brechen. Schneiden Sie die Brust in Scheiben, die etwas größer als eine Auster sind, und entfernen Sie die Keulen und Schenkel. Entfernen Sie die Knochen und schneiden Sie das Fleisch anschließend in saubere Filets. Wenn das Fleisch auseinanderbricht, drücken Sie es fest zusammen und würzen Sie es, wälzen Sie es in Mehl und tauchen Sie es in geschlagenes Ei. Dann in feinen Semmelbröseln wälzen. Drücken Sie fest. Im heißen Fett goldbraun braten. Dies kann früh am Tag zubereitet und dann zum Erhitzen in den Ofen gestellt werden.

HÜHNER-TAMALES

Die Maisschalen zwei Stunden lang in kaltem Wasser einweichen. In einen Topf geben

Zwei Tassen Hühnerbrühe,

Ein Teelöffel Salz,

Dreiviertel Tasse Maismehl.

Kochen, bis ein dicker Brei entsteht, abkühlen lassen und dann in eine Schüssel geben

Dreiviertel Tasse fein gehacktes Hühnerfleisch,

Eine Zwiebel, fein gehackt,

Zwei grüne Paprika, fein gehackt,

Sechs Oliven, fein gehackt,

Zwei Dutzend entkernte Rosinen.

Gründlich vermischen und dann die Maisschalen abtropfen lassen. Eine Schicht Maisbrei auf einem Teil verteilen, einen Esslöffel der Hähnchenfüllung hineingeben und dann mit mehr Maisbrei bedecken, so dass eine Rolle entsteht, die etwas größer als eine Wurst ist. Binden Sie die Maisschale fest ein, geben Sie sie in einen Dampfgarer oder einen Wasserbad und kochen Sie sie eineinhalb Stunden lang. Anstelle des Huhns kann auch anderes Fleisch verwendet werden, und für die Zubereitung des Brei kann anstelle der Hühnerbrühe Wasser verwendet werden.

HONIGREZEPTE

KANDIERTE SÜßKARTOFFELN MIT HONIG

In eine eiserne Bratpfanne geben

Dreiviertel Tasse Honig,

Zwei Esslöffel Backfett,

Ein viertel Teelöffel Muskatblüte,

Ein viertel Teelöffel Zimt.

Zum Kochen bringen und kochen, bis es dick wird, dann sechs gekochte Süßkartoffeln hinzufügen. Wenden Sie sie häufig in Sirup und fügen Sie vier Esslöffel Wasser hinzu, um ein Anbrennen zu verhindern. Zwanzig Minuten lang langsam kochen.

HINWEIS : Lassen Sie die Kartoffeln kochen und dann schälen und warten Sie, bevor Sie den Honig in die Pfanne geben.

HONIG-REISPUDDING

Waschen Sie eine halbe Tasse Reis gründlich und kochen Sie ihn dann, bis er weich ist und das Wasser in zweieinhalb Tassen Wasser aufgesogen ist. In eine Auflaufform geben und hinzufügen

Eine Tasse Honig,

Drei Tassen Milch,

Ein gut geschlagenes Ei,

Ein halber Teelöffel Muskatnuss.

Umrühren, um alles gründlich zu vermischen, und dann 30 Minuten lang in einem langsamen Ofen backen.

Honigglasur

Kochen Sie eine Tasse Honig, bis er in kaltem Wasser eine weiche Kugel bildet. Dann einen feinen Strahl auf das steif geschlagene Eiweiß eines Eies gießen. Schlagen Sie, bis die Masse eindickt, und verteilen Sie sie dann auf dem Kuchen.

NUSS-HONIG-KUCHEN

In eine Rührschüssel geben

Eine Tasse Honig,

Eine Tasse brauner Zucker,

Eigelb von zwei Eiern,

Neun Esslöffel Backfett.

Alles cremig rühren und dann hinzufügen

Dreiviertel Tasse Sauermilch,

Eineinhalb Teelöffel Backpulver.

Lösen Sie das Backpulver in der Sauermilch auf und fügen Sie es dann hinzu

Vier Tassen Mehl,

Zwei Teelöffel Zimt,

Ein halber Teelöffel Piment,

Ein halber Teelöffel Nelken,

Ein halber Teelöffel Muskatnuss,

Eine Tasse fein gehackte Rosinen,

Eine Tasse fein gehackte Nüsse,

Ein Esslöffel Backpulver.

Gründlich vermischen und dann das steif geschlagene Eiweiß von zwei Eiern schneiden und unterheben. In eine gut gefettete und bemehlte Backform gießen und bei mittlerer Hitze vierzig Minuten backen. Eis mit Buttercremeglasur.

HONIGPUdding

Geben Sie zwei Tassen Milch in eine Rührschüssel und fügen Sie hinzu

Dreiviertel Tasse Honig,

Ein viertel Teelöffel Muskatnuss,

Zwei Eier.

Zum gründlichen Mischen schlagen und dann in Puddingbecher füllen. Stellen Sie die Tassen in eine Backform mit Wasser und backen Sie sie im langsamen Ofen, bis sie in der Mitte fest sind.

HONIG-ROSINE-TAPIOKA

Eine Tasse Tapioka gut waschen, dann in einen Topf geben und hinzufügen

Eine Tasse Honig,

Vier Tassen Wasser.

Zum Kochen bringen und langsam kochen, bis die Tapioka klar und weich ist, dann hinzufügen

Eine halbe Packung entkernte Rosinen,

Eigelb eines Eies.

Umrühren, um alles gründlich zu vermischen, und dann fünfzehn Minuten kochen lassen. Mit Fruchtpeitsche servieren

Ein halbes Glas Gelee,

Eiweiß von einem Ei.

Schlagen, bis die Mischung ihre Form behält.

HONIG-PLÄTZCHEN

In eine Rührschüssel geben

Dreiviertel Tasse brauner Zucker,

Dreiviertel Tasse Honig,

Ein Ei,

Sieben Esslöffel Backfett.

Verrühren und dann hinzufügen

Drei und dreiviertel Tassen Mehl,

Eine halbe Tasse entkernte Rosinen,

Eine halbe Tasse fein gehackte Nüsse,

Ein Teelöffel Backpulver,

Ein Teelöffel Muskatblüte.

Rollen und schneiden Sie es und backen Sie es dann zehn Minuten lang bei mittlerer Hitze im Ofen.

Honigkuchen

Eine Tasse Honig,

Eine halbe Tasse brauner Zucker,

Eine halbe Tasse Backfett.

Gut verrühren und dann hinzufügen

Eigelb von drei Eiern,

Vier Tassen gesiebtes Mehl,

Ein Teelöffel Zimt,

Ein halber Teelöffel Muskatnuss,

Ein halber Teelöffel Salz,

Eineinhalb Teelöffel Backpulver, aufgelöst in

Eine Tasse Sauermilch.

Zum gründlichen Mischen schlagen und dann das steif geschlagene Eiweiß von drei Eiern schneiden und unterheben. In eine gut gefettete und bemehlte Backform gießen, etwa 2,5 cm tief. In einem mäßigen Ofen backen und abkühlen lassen. Mit Honigglasur bedecken.

MALVERN-CREME

In einen Topf geben

Dreiviertel Tasse Honig,

Zwei Tassen Milch,

Sechs gestrichene Esslöffel Maisstärke.

Die Stärke in kalter Milch und Honig auflösen und dann auf den Herd stellen und zum Kochen bringen. Fünf Minuten kochen lassen. Jetzt hinzufügen

Ein Teelöffel Vanille,

Ein viertel Teelöffel Muskatnuss.

Zum gründlichen Mischen schlagen und dann die Puddingbecher in kaltem Wasser ausspülen. Den Pudding hineingießen und zum Formen beiseite stellen. Zum Servieren aus der Form nehmen und mit zerkleinerten Früchten servieren.

HONIG-APFELPUDDING

Zwei Tassen Apfelkompott,

Eine Tasse Honig,

Eine halbe Tasse brauner Zucker,

Vier Esslöffel Backfett,

Zwei Tassen feine Semmelbrösel,

Eineinhalb Tassen Mehl,

Zwei gestrichene Esslöffel Backpulver,

Zwei Teelöffel Zimt,

Ein halber Teelöffel Nelken.

Zum Mischen verrühren, dann in eine Auflaufform geben und im langsamen Ofen fünfunddreißig Minuten backen. Mit einer dünnen, mit Honig gesüßten Apfelsauce servieren.

HONIG-HIMBEER-ADE

Drei Körbe mit gut gewaschenen Himbeeren in einen Topf geben und hinzufügen

Ein Liter Wasser,

Eineinhalb Tassen Honig,

Ein viertel Teelöffel Muskatnuss.

Zum Kochen bringen und langsam kochen, bis die Früchte weich sind, dabei häufig mit dem Kartoffelstampfer zerstampfen. Abkühlen lassen und in eine Bowle abseihen. Fügen Sie ein Stück Eis und den Saft einer Orange oder einer Zitrone hinzu.

FETTE

Fett ist ein wärme- oder brennstofferzeugendes Nahrungsmittel, das bei kaltem Wetter sehr wertvoll ist, um den Körper mit Wärme und Energie zu versorgen. In Fett gekochte Nahrungsmittel werden oft als unverdaulich bezeichnet; das bedeutet, dass die Nahrung vom Körper nicht verwertet wird und aufgrund von Verdauungsstörungen als Abfallprodukt ausgeschieden wird. Neuere Experimente zeigen, dass tierische Fette recht gut aufgenommen werden; zweifellos ist es der Missbrauch von Fett zum Braten, der vielen frittierten Nahrungsmitteln ihren schlechten Ruf eingebracht hat. Jeder normale Mensch benötigt eine bestimmte Menge Fett.

Machen Sie es sich zur Regel, beim Servieren frittierter Speisen immer ein säurehaltiges Lebensmittel, entweder ein Gemüse oder eine Beilage, dazu zu reichen.

Hier sind nur ein paar Dinge, die Sie bei der Planung des Servierens von frittierten Speisen beachten sollten: Verwenden Sie für Menschen mit sitzender Tätigkeit nur sehr kleine Mengen in Fett gegarter Speisen, während Menschen, die einer aktiven oder mühsamen Arbeit nachgehen, möglicherweise größere Mengen zu sich nehmen. Personen, die schwere

Handarbeit im Freien verrichten, können tägliche Portionen frittierter Lebensmittel ohne körperliche Störungen aufnehmen.

Lernen Sie der Verdauung zuliebe, Folgendes zu servieren:

Zitronensaft mit gebratenem Fisch,

Apfelmus mit Schweinefleisch oder Gans,

Preiselbeer- oder Johannisbeergelee mit Geflügel, Lamm oder Hammel,

Meerrettich mit Rindfleisch.

Es ist merkwürdig, dass die Natur diese Kombinationen verlangt, um den Fettgehalt der Mahlzeit auszugleichen. Sparen und klären Sie die verschiedenen Fette und nutzen Sie jede einzelne Art, sodass keine Verschwendung entstehen muss. Alle Talgstücke fein hacken, in einen Wasserbad geben und dann auslassen. Auf diese Weise kann Hühner- und Schweinefett verarbeitet werden.

Ein ausgezeichnetes Backfett, das als Ersatz für Butter beim Kochen und Backen verwendet werden kann, kann aus Hühnerfett hergestellt werden, von dem normalerweise drei oder mehr Unzen in einem fetten Huhn enthalten sind. Entfernen Sie das Fett vom Vogel, legen Sie ihn eine Stunde lang in kaltes Salzwasser, lassen Sie ihn dann abtropfen und schneiden Sie ihn in kleine Stücke. Im Wasserbad erhitzen. In ein Glas füllen und aushärten lassen. Verwenden Sie nun bei der Verwendung dieses Fettes ein Drittel weniger als im Rezept angegeben. Um Teig zuzubereiten, geben Sie pro Tasse Mehl vier Esslöffel dieses Hühnerfetts. Hühnerfett kann anstelle von Butter zum Würzen von Gemüse und Kartoffelpüree verwendet werden. Dies ist ein reines Fett ohne Feuchtigkeit und Gewürze und reicht weiter als Butter.

Im Allgemeinen bedeutete der Begriff „Tropfenfett", dass er Fette einschloss, die aus Roastbeef, Schmorbraten, Suppen und Corned Beef gegart wurden. Dieses Fett wird geklärt und dann zum Braten verwendet. Für die Zubereitung von Gebäck und Kuchen kann es nicht mit guten Ergebnissen verwendet werden.

Um Fett zu klären: Geben Sie das Fett in einen Topf und fügen Sie pro Pfund Fett eine Tasse kaltes Wasser hinzu. Fügen Sie

Ein viertel Teelöffel Natron,

Ein halber Teelöffel Salz

Zum Kochen bringen und dann 10 Minuten köcheln lassen. Durch ein mit Käsetuch ausgelegtes Sieb gießen und aushärten lassen, dann in Stücke schneiden. Erhitzen und in Gläser füllen. Speck-, Wurst- und Schinkenfett kann zum Braten mit Rinderfett vermischt werden.

Hammel- oder Lammfett muss geklärt und dann mit Schinken und Speck oder Wurstfett vermischt werden. Fett aus Speck, Schinken und Würstchen kann anstelle von Butter zum Würzen von Gemüse sowie zum Kochen von Omeletts, Kartoffelkuchen, Brei und Scrapple verwendet werden. Es eignet sich hervorragend als Gewürz für Makkaroni, gebackene Bohnen mit Tomatensauce, getrocknete Bohnen und Erbsen in Suppen und beim Kochen getrockneter Limabohnen. Es ist wirklich nicht nötig, dass auch nur ein Löffel dieser Fette verschwendet wird. Fette, die nicht für den Tischgebrauch zur Verfügung stehen, sollten gesammelt und zu Seife verarbeitet werden.

Gehen Sie beim Frittieren mit diesen Fetten nicht vorgetäuscht sparsam vor. Sie halten nicht nur die Temperatur für ein erfolgreiches Braten ohne Anbrennen nicht aufrecht, sondern ziehen auch häufig in das Essen ein und machen es unbrauchbar.

Der Spätkrieg hat viele gute Pflanzenöle auf den Markt gebracht, die sich ideal für Kochzwecke eignen und den tierischen Fetten für alle Kochzwecke vorzuziehen sind. Sie halten nicht nur eine hohe Temperatur, ohne zu verbrennen, sondern können auch wiederholt verwendet werden, wenn sie jedes Mal nach dem Gebrauch strapaziert werden. In Pflanzenöl gekochte Speisen nehmen das Fett nicht auf, sind bekömmlicher und wirklich wirtschaftlicher.

FRITTEN

Es gibt zwei Methoden zum Frittieren:

Erstens: Anbraten – Garen von Speisen in der Pfanne mit gerade ausreichend Fett, um ein Anbrennen zu verhindern. Diese Methode wird häufig angewendet, ist jedoch nicht wirklich empfehlenswert, da das Lebensmittel große Mengen an Fett aufnimmt. Dadurch ist es schwer verdaulich.

Zweitens – Frittieren – es ist üblich, die zu frittierenden Lebensmittel in eine Mischung zu tauchen, um sie zu bedecken, sie dann in feinen Semmelbröseln zu wälzen und dann in ausreichend Fett zu garen, um sie zu bedecken. Dadurch entsteht eine luftdichte Abdeckung, die ein Durchsickern des Fettes verhindert. Um erfolgreiche Ergebnisse zu erzielen, sind einige wesentliche Utensilien notwendig; Erstens ein schwerer Wasserkocher, der nicht kippt, und zweitens ein Frittierkorb, damit das Essen nach dem Garen schnell entnommen werden kann.

Die richtige Temperatur zum Frittieren liegt bei 350 Grad Fahrenheit, für rohe Lebensmittel wie Brötchen, Fisch, Krapfen, Kartoffeln usw. Für gekochte Gerichte und Austern, Käsebällchen usw. beträgt 370 Grad Fahrenheit.

Versuchen Sie nicht, große Mengen auf einmal zu kochen. Dies führt zu einem plötzlichen Temperaturabfall des Fettes, wodurch es in das Gargut eindringen kann und so ein fettiges Produkt entsteht.

Nun ein Wort des Schutzes. Verwenden Sie keinen zu großen Wasserkocher. Halten Sie in der Küche einen Eimer Sand bereit. Wenn das Fett aus irgendeinem Grund Feuer fängt, werfen Sie Sand darauf. Versuchen Sie nicht, es vom Herd zu nehmen. Es kann zu schweren Verbrennungen kommen. Machen Sie einfach das Licht aus und werfen Sie Sand auf das Feuer. Bedenken Sie, dass Wasser die Flammen ausbreitet; Wenn kein Sand zur Hand ist, verwenden Sie Salz oder Mehl.

Schein-Kirschkuchen

Pflücken Sie mehr als eineinhalb Tassen Preiselbeeren; Dann in einen Topf geben und hinzufügen

Dreiviertel Tasse Rosinen,

Eine Tasse Wasser.

Langsam kochen, bis die Beeren weich sind, und dann abkühlen lassen. Jetzt platzieren

Dreiviertel Tasse Zucker,

Eine halbe Tasse Mehl.

In eine Schüssel geben und zwischen den Händen verreiben, um es zu vermischen. Zucker und Mehl hinzufügen und rühren, bis es sich aufgelöst hat. Zum Kochen bringen und einige Minuten kochen lassen. Cool. Zwischen zwei Krusten backen. Mit dieser Menge ergeben sich zwei Kuchen.

Cranberry-Rolle

In eine Schüssel geben

Zwei Tassen gesiebtes Mehl,

Ein halber Teelöffel Salz,

Vier Teelöffel Backpulver,

Sechs Esslöffel Zucker.

Zum Mischen sieben, dann vier Esslöffel Backfett einreiben und mit zwei Dritteln einer Tasse Wasser oder Milch zu einem Teig verrühren. Zu einem glatten Teig verarbeiten und diesen dann etwa einen Zentimeter dick ausrollen. Mit einer dicken Preiselbeerkonfitüre bestreichen; Rollen Sie es wie eine Biskuitrolle und stecken Sie die Enden fest hinein. In eine gut gefettete Backform geben und bei mittlerer Hitze zehn Minuten backen. Beginnen Sie mit dem Begießen

Eine halbe Tasse Sirup,

Vier Esslöffel Wasser.

Das Brötchen mit Preiselbeersauce servieren.

ERDBEER-CUSTARD-TARTE

Diese alte englische Süßigkeit ist köstlich. Eine Kuchenform mit Blätterteig auslegen und dann den Boden der vorbereiteten Form mit Erdbeeren belegen. Anschließend in eine Schüssel geben

Eine Tasse Milch,

Zwei Eier,

Eine halbe Tasse Zucker.

Mit einem Schneebesen gründlich vermischen und dann über die Beeren gießen. Die Oberseite leicht mit Muskatnuss bestäuben und im langsamen Ofen backen, bis die Creme fest ist. Zum Abkühlen beiseite stellen. Bedecken Sie die Oberfläche mit Erdbeermarmelade.

CRANBERRY-KONSERVE

Schauen Sie sich einen Liter Preiselbeeren genau an und entfernen Sie alle beschädigten und verdorbenen Beeren. In einen Topf geben und eine Tasse Wasser hinzufügen. Langsam weich kochen und dann durch ein Sieb reiben. Zurück in den Topf geben und hinzufügen

Zwei Tassen Zucker,

Eine Tasse entkernte Rosinen.

Zum Kochen bringen und zehn Minuten kochen lassen. In eine Schüssel füllen und zum Abkühlen beiseite stellen.

WINDBEUTEL

Geben Sie eine Tasse Wasser in einen Topf und fügen Sie eine halbe Tasse Backfett hinzu. Zum Kochen bringen und dann unter ständigem Rühren eineinhalb Tassen Mehl hinzufügen. Kochen Sie, bis sich die Mischung auf dem Löffel zu einer Kugel formt, heben Sie sie dann in eine Schüssel und schlagen Sie nun nacheinander drei Eier unter. Jedes Ei unterrühren, bis alles gut vermischt ist. Geben Sie die Masse löffelweise im Abstand von 7,5 cm auf ein gut gefettetes Backblech. Zwanzig Minuten im heißen Ofen backen, dann die Hitze auf mittlere Stufe reduzieren und fünfzehn Minuten länger backen. Öffnen Sie die Ofentür zehn Minuten lang nicht, nachdem Sie die Blätterteigstücke in den Ofen geschoben haben.

PFIRSICHROLLE

In eine Rührschüssel geben

Zwei Tassen Mehl,

Ein Teelöffel Salz,

Vier Teelöffel Backpulver,

Drei Esslöffel Zucker.

Zum Mischen sieben, dann fünf Esslöffel Backfett einreiben und mit zwei Dritteln einer Tasse eiskaltem Wasser zu einem Teig verrühren. Auf einem gut bemehlten Teigbrett etwa einen Zentimeter dick ausrollen. Nun mit den vorbereiteten Pfirsichen bedecken und anschließend darüber sieben

Eine halbe Tasse Zucker,

Ein halber Teelöffel Zimt.

Rollen Sie es wie eine Biskuitrolle und stecken Sie die Enden fest hinein. In eine gut gefettete und bemehlte Pfanne geben und bei mittlerer Hitze 45 Minuten backen. Alle zehn Minuten damit begießen

Eine halbe Tasse Sirup,

Fünf Esslöffel Wasser,

Ein viertel Teelöffel Muskatnuss.

Vor dem Begießen der Rolle gründlich umrühren. Nach dem Backen die Rolle auf eine große Platte legen und kalt servieren, mit zerstoßenen und gesüßten Pfirsichen anstelle einer Soße.

Um die Pfirsiche für das Brötchen vorzubereiten, wählen Sie die vollreifen Pfirsiche aus und schneiden Sie sie in dünne Scheiben; Wenn es sich um anhaftende Steine handelt, schneiden Sie diese in kleine Stücke.

SCHOKOLADENKUCHEN

In einen Topf geben

Eineinhalb Tassen Wasser,

Eine halbe Tasse Kakao,

Eine halbe Tasse Maisstärke,

Eine Tasse Zucker.

Rühren, bis sich die Maisstärke aufgelöst hat, dann zum Kochen bringen und fünf Minuten kochen lassen. Abkühlen lassen und dann in eine mit Teig ausgelegte Kuchenform füllen. Im langsamen Ofen 30 Minuten backen.

BUTTERKUCHEN

Eine Kuchenform mit Blätterteig auslegen und dann in einen Topf geben

Drei Esslöffel Butter,

Eine Tasse brauner Zucker.

Langsam erhitzen und drei Minuten kochen lassen. Geben Sie dann eineinhalb Tassen kalte Milch in eine Schüssel und geben Sie vier gestrichene Esslöffel Speisestärke in die Milch. Umrühren, um die Stärke aufzulösen, zum gekochten Zucker geben und unter ständigem Rühren gründlich vermischen. Zum Kochen bringen und drei Minuten kochen lassen. Abkühlen lassen und hinzufügen

Ein gut geschlagenes Ei.

Anschließend in den vorbereiteten Tortenteller füllen. Dabei ist darauf zu achten, dass der Zucker nicht karamellisiert.

ARTISCHOCKEN

Die Artischocke ist eine der Distel sehr ähnliche Pflanze und wird wegen ihres blühenden Kopfes häufig angebaut. Der Kopf wird kurz vor dem Ausbreiten der Blüte gerafft. Der essbare Teil ist der fleischige Teil des Kelchs, der Boden oder das Becken der Blüte und die eigentliche Basis der Blätter der Blüte.

Das Fruchtfleisch der Artischocken entspricht weitgehend dem, was die Menschen der alten Welt als Distelkäse bezeichnen. Auf dem Kontinent, in Europa, wird die Artischocke häufig roh als Salat mit französischem oder Pariser Dressing serviert. Unter normalen Umständen sind die für den Markt zubereiteten Früchte mehrere Wochen haltbar. Die Artischockenkonserven, die vor dem Krieg in großem Umfang importiert wurden, bestanden aus Wedeln und Böden. Es kam in großen Mengen sowohl aus Frankreich als auch aus Italien.

Die Artischockenknospen werden ausschließlich zum Garnieren verwendet.

DIE Topinambur

Diese Artischockenart ist eine Knolle der Sonnenblume; es ähnelt etwas der irischen Kartoffel. Es hat einen süßlichen Geschmack und enthält viel natürliches Wasser. Diese Artischockenart ist wertvoller als die gewöhnliche Artischocke.

Die beiden Hauptarten der Topinambur sind

Erstens: Lang mit rötlicher Haut,

Zweitens: Rund, knorrig und weiß.

Auf dem Kontinent werden sie häufig roh verzehrt, lediglich mit Salz, Pfeffer und Essig gewürzt; in der Tat so, wie wir den amerikanischen Rettich essen. Sie werden häufig zu Suppe verarbeitet.

Das Wort Jerusalem ist eine seltsame Dialektkreuzung des italienischen Wortes *girasole* , was Sonnenblume bedeutet.

KOCHEN

Die Früchte zwei Stunden lang in einer Schüssel mit kaltem Wasser einweichen; Anschließend gründlich im Wasser schütteln, um alle Sandspuren zu entfernen. In kochendes Wasser tauchen und kochen, bis es weich ist; dann abtropfen lassen. In einer der folgenden Methoden servieren:

ARTISCHOCKEN-HOLLANDAISE-SAUCE

Artischocken wie oben beschrieben zubereiten. In Stücke schneiden; dann kochen, bis es weich ist; Lassen Sie jede Portion abtropfen und heben Sie sie auf eine dünne Scheibe geröstetes Brot. Mit Hollandaise-Dressing bedecken.

ARTISCHOCKENVINAIGRETTE

Eine kalt gekochte Artischocke vierteln; Dann in eine tiefe Schüssel geben und mit dem folgenden Dressing bedecken. In eine Schüssel geben

Ein Teelöffel Zucker,

Ein halber Teelöffel Salz,

Ein halber Teelöffel Paprika,

Ein halber Teelöffel Senf,

Saft einer halben Zitrone oder zwei Esslöffel Essig,

Fünf Esslöffel Salatöl.

Schlagen, um alles gründlich zu vermischen. Fügen Sie nun einen Esslöffel geriebene Zwiebeln hinzu und rühren Sie um, bis alles gut vermischt ist. Artischocke in das Salatnest legen; Über das Dressing gießen. Mit fein gehacktem Piment garniert servieren.

Artischocke im Teig frittiert

Artischocke kochen, bis sie weich ist; abtropfen lassen und in Achtel schneiden; in den Teig tauchen; Im heißen Fett goldbraun braten. Mit Käsesauce servieren.

In eine Schüssel geben

Ein Ei,

Zwei Esslöffel Wasser,

Zum Mischen schlagen. Hinzufügen

Sieben gestrichene Esslöffel Mehl,

Ein halber Teelöffel Salz,

Ein viertel Teelöffel Pfeffer,

Ein Teelöffel Essig,

Ein Teelöffel geriebene Zwiebel.

Zum Mischen gut verrühren; Tauchen Sie nun die Artischocke in Mehl. dann schütteln, um überschüssiges Mehl zu lösen. Nun in den Teig tauchen; goldbraun braten.

ZWIEBELN

ZWIEBEL- UND KARTOFFELHACK

Schälen und schneiden Sie so viele Zwiebeln, dass eine Tasse voll ist. Vorkochen und dann abtropfen lassen. Geben Sie nun vier Esslöffel Fett in eine Bratpfanne und fügen Sie die Zwiebeln und eineinhalb Tassen Kartoffelpüree hinzu. Ständig wenden, bis alles gut vermischt ist, dann in einer Pfanne eine Omelettform formen, auf eine warme Platte stellen und mit Sahnesauce servieren.

ZWIEBELN IN RAMEKINS

Ein Dutzend mittelgroße Zwiebeln schälen und kochen, bis sie weich sind. Abtropfen lassen und dann in Auflaufförmchen geben. Würzen und mit Sahnesoße bedecken. Die Oberseite mit ein paar Semmelbröseln bestäuben und dann mit einem Teelöffel geriebenem Käse bestreuen. Leicht mit Paprika bestäuben und dann 15 Minuten bei mittlerer Hitze backen.

In Butter gebratene Zwiebeln

Ein Dutzend mittelgroße Zwiebeln schälen und kochen, bis sie weich sind. Dabei darauf achten, dass sie nicht zerbrechen. Abgießen und dann abkühlen lassen. Wenn es fertig ist, tauchen Sie es in den Teig, braten es dann in heißem Fett und servieren es mit Sauce Hollandaise. So bereiten Sie den Teig zu:

In eine Schüssel geben

Sechs Esslöffel Wasser,

Acht Esslöffel Mehl,

Ein halber Teelöffel Salz.

Die Zwiebeln verrühren und dann im Mehl wälzen, dann in einen Teig tauchen und in heißem Fett goldbraun braten.

FRANZÖSISCHE GEBRATENE ZWIEBELN

Große Zwiebeln schälen und dann in 1,5 cm dicke Scheiben schneiden. Im heißen Fett goldbraun braten und als Beilage zu Omeletts, Fisch, Aufschnitt usw. servieren.

GEBACKENE ZWIEBELN

Für dieses Gericht eignen sich am besten große oder spanische Zwiebeln. Die Zwiebeln schälen und dann kochen, bis sie weich sind. Dabei darauf achten, dass die Zwiebeln nicht weich werden. Heben Sie es an, lassen Sie es abkühlen und entfernen Sie vorsichtig die Kerne. Bereiten Sie nun Folgendes als Füllung für vier große oder acht mittelgroße Zwiebeln vor.

Vier Esslöffel geriebener Käse,

Sechs Esslöffel feine Semmelbrösel,

Ein Teelöffel Salz,

Ein Teelöffel Paprika,

Zwei Teelöffel fein gehackte Petersilie,

Ein Ei.

Mischen Sie alles gründlich, um es zu vermischen, und füllen Sie dann den Hohlraum mit den Zwiebeln, indem Sie eine Spitze formen oder einen Zentimeter über der Zwiebel bedecken. Die Zwiebel leicht mit Mehl bestäuben und dann in eine Auflaufform geben. Nun die Zwiebeln mit dem geschmolzenen Backfett beträufeln und 25 Minuten lang bei mittlerer Hitze backen. Die aus dem Kern gelösten Zwiebeln sehr fein hacken und zu einer Tasse Sahnesauce hinzufügen

Eineinhalb Teelöffel Salz,

Ein halber Teelöffel weißer Pfeffer,

Drei Esslöffel Petersilie,

Ein gut geschlagenes Ei.

Gut verrühren und dann bis zum Siedepunkt erhitzen. Über den gebackenen Zwiebeln servieren. Dieses Gericht ersetzt Fleisch zum Mittagessen.

Schweizer Zwiebel- und Kartoffelpfannkuchen

Schälen Sie zwei spanische Zwiebeln und geben Sie sie mit einem feinen Messer durch den Zerkleinerer. In eine Schüssel geben und dann vier mittelgroße Kartoffeln schälen, reiben und in eine Schüssel geben und hinzufügen

Dreiviertel Tasse Milch,

Ein Ei,

Ein Esslöffel Sirup,

Eineinhalb Teelöffel Salz,

Ein halber Teelöffel Pfeffer,

Siebenachtel Tasse Mehl,

Zwei gestrichene Teelöffel Backpulver,

Zwei gestrichene Teelöffel Backfett.

Zum Mischen verrühren und dann wie Pfannkuchen braten. Mit Petersilienbutter servieren.

ZWIEBELCUSTARD

Hacken Sie ausreichend Zwiebeln, um eine halbe Tasse zu messen. Vorkochen und dann abtropfen lassen. Nun in eine Schüssel geben

Eineinhalb Tassen Milch,

Zwei Eier,

Ein Teelöffel Salz,

Ein Teelöffel Paprika,

Zwei Esslöffel fein gehackte Petersilie.

Zum Mischen verrühren und dann die Puddingförmchen einfetten. Eine halbe Tasse feine Semmelbrösel zu den vorbereiteten Zwiebeln geben. Gut vermischen und dann auf sechs Tassen verteilen. Den vorbereiteten Vanillepudding darüber gießen. Stellen Sie die Tassen in eine Backform, fügen Sie einen Liter Wasser hinzu, stellen Sie sie dann in den Ofen bei mittlerer Hitze und backen Sie sie, bis sie in der Mitte fest sind, normalerweise etwa 25 Minuten. Das Wasser in der Backform verhindert, dass die Vanillesoße zu schnell gart. In den Tassen servieren oder fünf Minuten stehen lassen, bevor man es aus der Form nimmt und eine Toastscheibe auflegt.

Petersilienbutter

Zwei Esslöffel Butter,

Drei Esslöffel fein gehackte Petersilie,

Ein Teelöffel Zitronensaft.

Zu einer glatten Paste verrühren und verwenden. Dieses Gericht ersetzt Kartoffeln im Mittagsmenü.

HAVANA-BANANEN-GEBÄCK

Zwei Tassen Mehl,

Ein halber Teelöffel Salz,

Zwei Teelöffel Backpulver,

Ein Esslöffel Zucker.

In eine Rührschüssel geben und durchsieben, um alles gründlich zu vermischen. Reiben Sie nun acht Esslöffel Backfett in das vorbereitete Mehl und verrühren Sie es anschließend mit einer halben Tasse eiskaltem Wasser zu einem Teig. Rollen Sie den Teig auf einem leicht bemehlten Backbrett mit einer Dicke von einem Viertel Zoll aus; in drei Zoll breite und sechs Zoll lange Rechtecke schneiden. Die Banane schälen und auf den Teig legen; bestreuen

Ein Teelöffel brauner Zucker,

Prise Muskatnuss,

Prise Zimt,

Ein halber Teelöffel Butter.

Die Teigränder mit kaltem Wasser bestreichen und fest zusammendrücken, dabei die Banane einschließen. Auf ein gut gefettetes und bemehltes Backblech legen, dabei die zusammengeklebte Seite nach unten legen. Mit geschlagenem Ei bestreichen und bei mittlerer Hitze 18 Minuten backen. Servieren Sie es wie anderes Gebäck.

GEBRATENE BANANEN

Schälen Sie die Bananen und schneiden Sie sie dann in zwei Teile. In Mehl wälzen, dann in geschlagenes Ei tauchen und in feinen Krümeln wälzen. Goldbraun braten und mit gegrilltem Steak oder Koteletts oder Hühnerfrikassee servieren.

Bananenpuddingkuchen

Schälen Sie ausreichend Bananen und reiben Sie sie durch ein feines Sieb, um eine Tasse zu messen. In eine Rührschüssel geben und hinzufügen

Eine halbe Tasse Zucker,

Saft einer Zitrone,

Ein viertel Teelöffel abgeriebene Zitronenschale.

Zum Mischen umrühren und dann langsam unter Rühren hinzufügen

Eine Tasse Milch,

Eigelb eines Eies,

Ein ganzes Ei,

Ein viertel Teelöffel Muskatnuss.

Zum Mischen verrühren und dann auf einen mit Blätterteig ausgelegten Tortenteller gießen. Im langsamen Ofen fünfundzwanzig Minuten backen und dann abkühlen lassen. Für die Fruchtaufschlämmung Eiweiß und ein halbes Glas Gelee verwenden.

BANANEN-EIS

Eineinhalb Tassen Bananenmark,

Eine Tasse Zucker,

Saft einer Zitrone.

In eine Rührschüssel geben, abdecken und beiseite stellen. Jetzt platzieren

Zweieinhalb Tassen Milch,

Vier Esslöffel Maisstärke,

In einen Topf geben und umrühren, um die Stärke aufzulösen. Zum Kochen bringen und fünf Minuten kochen lassen. Fügen Sie das Eigelb von zwei Eiern hinzu. Zum gründlichen Mischen schlagen und die Bananenmischung hinzufügen. Zum Vermischen kräftig schlagen. Nun das steif geschlagene Eiweiß der beiden Eier unter die Masse schlagen. Wie gewohnt einfrieren, mit drei Teilen Eis und einem Teil Salz. Diese Menge ergibt drei Pints Eis.

BANANENFÜLLUNG FÜR HÜHNCHEN

Vier Bananen schälen und durch ein Sieb reiben. In eine Schüssel geben und hinzufügen

Eine halbe geriebene Zwiebel,

Eine grüne Paprika, fein gehackt,

Drei Esslöffel fein gehackte Petersilie,

Vier Scheiben Speck fein gehackt,

Eineinviertel Tassen Semmelbrösel,

Prise Thymian,

Ein Ei,

Ein Teelöffel Salz.

Gut vermischen und dann in das Hähnchen füllen und wie gewohnt braten.

GEBACKENE BANANEN

In eine Rührschüssel geben

Eine Tasse Bananenmark,

Eine viertel Tasse Zucker,

Eigelb von zwei Eiern,

Ein Esslöffel Backfett.

Zum Mischen schlagen und dann hinzufügen

Eineinhalb Tassen Mehl,

Eineinhalb Teelöffel Backpulver.

Zum Mischen verrühren und dann das Eiweiß aus zwei steif geschlagenen Eiern schneiden und unter die Masse heben. In tiefem Fett goldbraun braten und dann mit Bananensauce servieren.

GEBACKENE BANANEN

Waschen Sie die Bananen und entfernen Sie nur einen Streifen von der Oberseite. In eine Backform geben, eine halbe Tasse Wasser hinzufügen und eine halbe Stunde lang bei mittlerer Hitze backen.

BANANEN MUFFINS

Reiben Sie eine ausreichende Menge Bananen durch ein Sieb, um eine Tasse zu messen. In eine Rührschüssel geben und hinzufügen

Eine Tasse brauner Zucker,

Vier Esslöffel Backfett,

Zwei Tassen Mehl,

Fünf Teelöffel Backpulver,

Eine Tasse Milch,

Ein halber Teelöffel Muskatnuss.

Zum Mischen verrühren und dann in gut gefetteten und bemehlten Muffinformen bei mittlerer Hitze 25 Minuten lang backen. Die Oberseiten mit Wasserglasur glasieren.

Reisbananen und pochierte Eier

Kochen Sie eine viertel Tasse Reis in einer viertel Tasse Wasser, bis der Reis weich ist und das Wasser aufgesogen hat. In eine Auflaufform legen und 2,5 cm hoch mit Bananenscheiben bedecken. In den Ofen geben und zehn Minuten backen. Legen Sie nun für jeden Service ein pochiertes Ei darauf. Mit einem Streifen Speck garnieren und mit Petersiliensauce servieren.

BANANENPFANNKUCHEN

In eine Rührschüssel geben

Eine Tasse zerdrückte Bananen,

Eine Tasse Milch,

Eineinhalb Tassen Mehl,

Zwei Esslöffel Sirup,

Zwei Esslöffel Backfett,

Ein Ei,

Zwei Teelöffel Backpulver.

Zum Mischen verrühren und dann wie gewohnt in einer gut gefetteten, glühend heißen Bratpfanne backen.

BANANENSOßE

Eine halbe Tasse zerdrückte Banane,

Eine halbe Tasse Zucker,

Ein Teelöffel Vanille,

Saft einer Orange.

Zum Mischen verrühren und dann mit den Krapfen servieren.

FISCH

Fische werden in zwei Klassen eingeteilt: Fische mit Rückgrat, die als Wirbeltiere bezeichnet werden; und diejenigen, die kein Rückgrat haben und Schalentiere genannt werden.

Die Wirbeltiere werden in Süß- und Salzwasserfische eingeteilt und enthalten sowohl weißes als auch dunkles Fleisch. Fisch ähnelt in Zusammensetzung und Struktur dem Fleisch und zählt zu den Eiweiß- bzw. Bodybuilding-Lebensmitteln; Es kann Fleisch oder ein gleichwertiges Gericht auf der Speisekarte ersetzen.

Der Muskel besteht aus einem Bündel von Fasern, die durch Bindegewebe zusammengehalten werden. Er ist so zart, dass er viel weniger Zeit zum Garen benötigt als Fleisch. Fisch enthält in der Regel weniger Fett als Fleisch, und obwohl er beträchtliche Rückstände enthält, ist sein Anteil ungefähr so groß wie der von Knochen in Fleisch.

Mögliche Zubereitungsarten für Fisch sind: Grillen, Kochen, Backen, Frittieren und Sautieren.

FISCH KOCHEN

Den Fisch säubern und vorbereiten. Ein Stück Käsetuch umwickeln und dann in einen Kessel mit kochender Court Bouillon tauchen. Zwanzig Minuten pro Pfund kochen lassen. Herausnehmen, gut abtropfen lassen und dann auf eine heiße Platte stürzen. Eine Serviette unter den Fisch legen, um die Feuchtigkeit aufzunehmen. Mit Sahne, Sauce Hollandaise, Ei oder Tomatensauce servieren und mit hartgekochten Eierscheiben, gewürfelten Rüben und Karotten oder Kapern, gewürfelten Rüben und Zitronenscheiben garnieren.

GEBACKENER FISCH

Den Fisch säubern und vorbereiten, dabei Kopf und Schwanz am Körper belassen, Augen und Flossen jedoch entfernen. Bereiten Sie nun eine Füllung wie folgt vor:

Eine Tasse Semmelbrösel,

Drei Esslöffel Backfett,

Ein Teelöffel Salz,

Ein Teelöffel Paprika,

Eine kleine geriebene Zwiebel,

Ein Ei.

Mischen und dann in den Fisch füllen. Befestigen Sie die Öffnung mit einer Schnur oder mit Zahnstochern. In eine Auflaufform geben und mit reichlich Backfett einreiben. Mit Mehl bestäuben und im heißen Ofen backen. Alle fünfzehn Minuten mit kochendem Wasser übergießen. Geben Sie dem Fisch achtzehn Minuten Zeit, um ihn gründlich zu erhitzen und mit dem Backen zu beginnen.

GERICHTSBOUILLON

Fünf Liter Wasser in einen Fischkessel geben und hinzufügen

Eine kleine Zwiebel, in Scheiben geschnitten,

Eine Gewürznelke,

Drei Zweige Petersilie,

Eine kleine rote Paprika,

Ein halbes Lorbeerblatt,

Ein Teelöffel Paprika,

Ein Teelöffel Selleriesalz,

Zwei Teelöffel Salz,

Eine halbe Tasse Essig,

Ein Bündel Suppenkräuter.

Zum Kochen bringen und den Fisch garen. Abseihen und beiseite stellen, um den Fisch erneut darin zu garen.

FISCHSOSSE

Die nach dem Herausnehmen des Fisches in der Pfanne verbleibende Flüssigkeit abseihen und ausreichend kochendes Wasser für eine Tasse hinzufügen. In einen Topf geben und hinzufügen

Zwei gestrichene Esslöffel Maisstärke, gelöst in drei gestrichenen Esslöffeln Wasser,

Ein Esslöffel Butter,

Ein Esslöffel Worcestershire-Sauce,

Ein Teelöffel Salz,

Ein Teelöffel Paprika,

Saft einer halben Zitrone.

Zum Kochen bringen, fünf Minuten kochen lassen und mit Fisch servieren.

ZUM BRILLEN VON FISCH

Reinigen Sie den Fisch, lassen Sie den kleinen Fisch ganz, teilen Sie den großen Fisch auf, bestreichen Sie ihn dann mit geschmolzenem Backfett und grillen Sie ihn, wobei Sie bei kleinen Fischen zehn Minuten und bei größeren Fischen zehn Minuten pro Pfund einkalkulieren lassen.

Große Fische benötigen 30 bis 45 Minuten. Auf eine heiße Platte heben und damit bestreichen

Zwei Esslöffel Butter,

Zwei Esslöffel Petersilie,

Ein Esslöffel Worcestershire-Sauce,

Ein Esslöffel Zitronensaft.

Gut vermischen und dann mit Zitronenscheiben und Petersilie garnieren.

Kreolischer gebratener Fisch

Der kreolisch gebratene Fisch ist knusprig goldbraun. Die Zubereitung erfolgt wie folgt: Den Fisch putzen, anschließend waschen, abtropfen lassen und in Mehl wälzen. In eine Pfanne mit heißem Fett geben und goldbraun braten. Wenn der Fisch groß ist, geben Sie ihn in den Ofen, bis alles gar ist und bis er fertig gegart ist.

GEBRATENER FISCH

Kleine Fische wie Stint, Bachforelle, Barsch, Butterfisch usw. können gut gereinigt, getrocknet und dann in geschlagenes Ei getunkt und in feinen

Krümeln gerollt werden. Große Fische sollten in geeignete Stücke geschnitten werden; Auch geschnittener Fisch kann auf diese Weise zubereitet werden.

BRATEN

Der Fisch sollte gut gereinigt und anschließend in ausreichend Fett gebraten werden, um ein Ankleben zu verhindern.

KOKOSNUSSPUDDING

In eine Rührschüssel geben

Eine Tasse Semmelbrösel,

Eine Tasse gesiebtes Mehl,

Ein halber Teelöffel Salz,

Ein Esslöffel Backpulver,

Dreiviertel Tasse Kokosnuss,

Ein Ei,

Eine Tasse Milch.

Gut verrühren, in gut gefettete Puddingförmchen oder eine Puddingform füllen und im Ofen bei mittlerer Hitze 35 Minuten backen. Mit Zitronensauce servieren.

SCHNEEPUDDING

In einen Topf geben

Eine Tasse Milch,

Vier gestrichene Esslöffel Maisstärke.

Zum Auflösen umrühren, dann zum Kochen bringen und fünf Minuten lang langsam kochen lassen. Jetzt hinzufügen

Sechs Esslöffel Zucker,

Steif geschlagenes Eiweiß von einem Ei,

Ein Teelöffel Vanille.

Zum Vermischen gründlich verrühren. In vier Puddingbecher gießen und zum Formen an einen kühlen Ort stellen. Mit Vanillesoße servieren.

FRUCHTPUDDING

In eine Schüssel geben

Eine Tasse Melasse,

Und hinzufügen

Eine Tasse Sauermilch,

Ein Ei,

Ein Teelöffel Backpulver,

Fünf Esslöffel Backfett,

Ein Teelöffel Zimt,

Ein halber Teelöffel Piment,

Vier Esslöffel Kakao,

Eineinhalb Tassen grobe Semmelbrösel,

Eineinhalb Tassen Weizenmehl,

Eine halbe Tasse entkernte Rosinen,

Zwei Teelöffel Backpulver.

In der angegebenen Reihenfolge vermischen und kräftig schlagen. In eine gut gefettete und bemehlte Form gießen. Zwei Stunden kochen und dünsten und dann mit Vanille- oder Sahnesauce servieren.

REISPUDDING

Eine halbe Tasse Reis in reichlich kaltem Wasser waschen. In einen Topf geben und drei Tassen kochendes Wasser hinzufügen. Langsam kochen, bis das Wasser absorbiert ist, und dann eine Auflaufform gut einfetten. Reis in eine Schüssel geben und hinzufügen

Zwei Tassen Milch,

Ein Eigelb,

Eine halbe Tasse Zucker,

Ein halber Teelöffel Muskatnuss,

Ein halber Teelöffel Salz.

Gut vermischen, in eine Auflaufform geben und 35 Minuten bei niedriger Temperatur im Ofen backen. Kochen und dann das übrig gebliebene Eiweiß und ein halbes Glas Gelee in eine Schüssel geben und schlagen, bis die Masse ihre Form behält. Als Schlagsahne für den Pudding verwenden.

SCHOKOLADENREISPUDDING

Waschen Sie eine halbe Tasse Reis in reichlich warmem Wasser, geben Sie dann zweieinhalb Tassen kochendes Wasser in einen Topf und geben Sie den Reis hinzu. Kochen, bis der Reis weich ist und das Wasser aufgesogen hat. Geben Sie nun drei Unzen in feine Stücke geschnittene Schokolade in einen Liter Milch. Zum Kochen bringen und dann hinzufügen

Dreiviertel Tasse Zucker,

Ein halber Teelöffel Zimtextrakt,

Zwei Teelöffel Vanille,

Zwei Esslöffel Butter,

Der vorbereitete Reis.

Gut vermischen und dann in eine Auflaufform gießen und vierzig Minuten bei mittlerer Hitze backen. Häufig umrühren.

Zwetschgenpudding nach römischer Art

Eine Tasse gekochte Haferflocken,

Eine Tasse kernlose Rosinen,

Eine Tasse getrocknete Pfirsiche, durch einen Zerkleinerer gegeben,

Eine Tasse Erdnüsse durch den Zerkleinerer geben,

Eine viertel Tasse Zitrone durch einen Zerkleinerer geben,

Zwei Teelöffel Zimt,

Ein Teelöffel Piment,

Ein Teelöffel Muskatnuss,

Eine Tasse Sirup,

Ein Ei,

Ein Glas Marmelade oder Apfelgelee.

Mischen und dann in Formen füllen, in eine 1-Pfund-Kaffeedose füllen oder in ein Puddingtuch binden. Zwei Stunden kochen lassen.

BRAUNE BETTY

Die Äpfel schälen und dann in dünne Scheiben schneiden. Fetten Sie nun eine Puddingform oder eine Auflaufform ein. Legen Sie eine 2,5 cm hohe Schicht Äpfel darauf und dann eine Schicht Semmelbrösel. Wiederholen Sie den Vorgang, bis die Schüssel voll ist, und bestreuen Sie dann jede Schicht beim Einlegen mit braunem Zucker und Zimt. Gießen Sie nun so viel dickes, gut gesüßtes Apfelmus über die Form, dass die Auflaufform zu zwei Dritteln gefüllt ist. Im mäßigen Ofen vierzig Minuten backen.

ZITRONENPUDDING

Eine Dreivierteltasse Milch bis zum Siedepunkt erhitzen und dann hinzufügen

Ein Esslöffel Butter,

Fünf Esslöffel Zucker.

Eine halbe Tasse feine Semmelbrösel darübergießen, abkühlen lassen und hinzufügen

Eigelb eines Eies,

Saft einer halben Zitrone,

abgeriebene Schale einer viertel Zitrone,

Eine viertel Tasse Wasser.

Gründlich vermischen und zu den gebrühten Semmelbröseln geben. In eine kleine Auflaufform geben und bei mittlerer Hitze zwanzig Minuten backen.

Machen Sie eine Frucht-Peitsche aus

Ein halbes Glas Apfelgelee,

Eiweiß von einem Ei.

Schlagen, bis die Mischung ihre Form behält. Auf den Pudding häufen und fünf Minuten im Ofen bräunen. Zum Abkühlen beiseitestellen.

KRÄUELKEKSE

Eine Tasse Melasse,

Eine halbe Tasse brauner Zucker,

Sechs Esslöffel Backfett,

Zwei Teelöffel Zimt,

Ein halber Teelöffel Ingwer,

Ein halber Teelöffel Piment,

Ein Ei,

Fünf Esslöffel saure Milch.

Verrühren und dann hinzufügen

Zweieinhalb Tassen grobe Semmelbrösel

und ausreichend Mehl, um eine sehr steife Masse zu erhalten.

Geben Sie den Teig löffelweise im Abstand von 7,5 cm auf ein gut gefettetes Backblech. Bei mittlerer Hitze zehn Minuten backen.

Karamellpudding

Machen Sie ein Karamell daraus

Eine Tasse Zucker,

Vier Esslöffel Wasser,

Ein Esslöffel Butter.

In eine Puddingform füllen und wenden, bis die Mischung die Form vollständig bedeckt. Nun in eine Rührschüssel geben

Drei Tassen Apfelmus,

Eine Tasse brauner Zucker,

Zwei Tassen Semmelbrösel,

Eine halbe Tasse Muskatnuss.

Zum Mischen verrühren und dann in eine Auflaufform gießen und in einem langsamen Ofen vierzig Minuten lang backen, dann sofort auf einer Platte anrichten und mit Karamellsauce servieren.

ROSINENPUDDING

Eine halbe Tasse Rosinen eine Stunde lang in kochendem Wasser einweichen. Abgießen und dann zwei Unzen kandierte Zitronen und ausreichend altbackenes Brot hinzufügen, um eine Tasse Krümel zu ergeben. Alles durch den Zerkleinerer geben. In eine Schüssel geben und hinzufügen

Eine Tasse brauner Zucker,

Eine Tasse Mehl,

Ein Esslöffel Backpulver,

Saft einer Zitrone,

abgeriebene Schale einer halben Zitrone,

Eigelb von zwei Eiern,

Eine Tasse Milch,

Drei Esslöffel Backfett.

Zum gründlichen Mischen verrühren, dann das steif geschlagene Eiweiß von zwei Eiern schneiden und unterheben. In eine gut gefettete und bemehlte 1-Liter-Form gießen. Stellen Sie die Form tief in einen Topf mit so viel kochendem Wasser, dass die Form zu zwei Dritteln bedeckt ist. In den Ofen schieben und 50 Minuten bei mittlerer Hitze backen. Aus der Form nehmen und mit Saboyon-Sauce servieren.

KÜRBISPUDDING

In eine Schüssel geben

Elfeinhalb Tassen gedünsteter, trocken abgetropfter Kürbis,

Eine Tasse Milch,

Eigelb eines Eies,

Eine halbe Tasse Zucker,

Ein Teelöffel geschmolzene Butter,

Ein Teelöffel Zimt,

Ein halber Teelöffel Muskatnuss,

Zwei Teelöffel Vanille.

Zum Vermischen gründlich verrühren und dann in gut gefettete Puddingförmchen füllen. Stellen Sie die Tassen in die Backform und gießen Sie so viel kochendes Wasser hinein, dass die Form zur Hälfte gefüllt ist. Im Ofen bei mittlerer Hitze 45 Minuten backen und dann kalt servieren. Mit Fruchtschaum oder Gelee garnieren.

SUPPE

Suppen enthalten nur geringe Nährwerte, es sei denn, es handelt sich um dicke Sahne oder Püree. Vielmehr wirkt es anregend auf den Magen und sorgt für einen ungehinderten Abfluss der Verdauungssäfte. So wird die aufgenommene Nahrung, nachdem die Suppe den Magen angeregt hat, schnell aufgenommen und versorgt den Körper somit sofort mit Nährstoffen, ohne die Verdauung zu belasten.

Die Franzosen legen großen Wert auf zwei wesentliche Faktoren für eine erfolgreiche Suppenzubereitung. Erstens darf der Siedepunkt nicht unterschritten werden, sondern nur leicht sprudeln, und zweitens darf nach dem Start kein Wasser mehr hinzugefügt werden. Verwenden Sie bei der Suppenzubereitung zunächst immer kaltes Wasser. Verwenden Sie kein Salz oder Gewürze und erhitzen Sie es langsam, wobei Sie den Topf gut abdecken müssen.

Eiweiß, der Hauptbestandteil von Fleisch, wird in die Flüssigkeit eingezogen und macht es so sehr nahrhaft. Durch schnelles Kochen werden das feine Aroma und die ätherischen Öle zerstört, die im Dampf entweichen.

Suppen werden in drei Klassen eingeteilt: Erstens Brühe; zweitens Sahne; Drittens Obstsuppen.

Suppen aus Fleisch und Knochen werden Brühe genannt; diejenigen ohne Brühe werden als Sahne bezeichnet, wie z. B. cremige Gemüse-, Muschel- und Austernsuppen, und schließlich solche aus Fleisch und Knochen, die durch langes und langsames Kochen gekocht werden, wodurch die löslichen Bestandteile des Fleisches und der Knochen im Wasser aufgelöst und zubereitet werden eine sehr reichhaltige Suppe.

DER SUPPENTOPF

Dabei sollte es sich um einen tiefen Topf oder Wasserkocher mit dicht schließendem Deckel handeln. Dies ist wichtig, damit kein Dampf durch Verdunstung verloren geht. Der Dampf enthält das Aroma oder feine ätherische Öle und ätherische Bestandteile, die in die Luft gelangen. In einer größeren Familie muss nur wenig Fleisch für den Suppentopf eingekauft werden, wenn die Hausfrau darauf besteht, dass dem eingekauften Fleisch alle Teile der Knochen und Reststücke beigelegt werden. Die Französinnen blicken mit Entsetzen auf die Amerikanerinnen, die den ganzen Schrott und Beschnitt dem Metzger überlassen.

UM DEN LAGER ZU MACHEN

Ein Suppenknochen vom Schienbein, Rindfleisch, der voller Nährstoffe ist, enthält fast ein halbes Pfund Fleisch. Nehmen Sie ein Pfund des Kalbshalses und vier Liter Wasser. Die Knochen waschen, kaltes Wasser hinzufügen und langsam zum Kochen bringen. Abschöpfen, dann gut abdecken und vier Stunden kochen lassen. Zu diesem Zeitpunkt hat sich das Fleisch von den Knochen gelöst. Abseihen und zum Abkühlen beiseite stellen. Über Nacht stehen lassen. Das ist das Beste.

Dann alles Fett von der Oberseite entfernen. Dieser Fond ist die Grundlage aller Suppen, Soßen und Bratensoßen. Es ist reich an Mineralien und Gelatine. Das Fleisch kann von den Knochen gelöst und durch den Zerkleinerer für Hackbraten, Kroketten, Fleischkekse oder Würstchen verwendet werden. In Kombination mit Kartoffeln und Zwiebeln zum Frühstück ergibt es ein köstliches Haschisch.

Sie haben jetzt eine köstliche und nahrhafte Brühe ohne jegliche Gewürze, die bei kaltem Wetter vier bis fünf Tage haltbar ist. Bei warmem Wetter muss sie jeden zweiten Tag wieder in den Topf gegeben, zum Kochen gebracht und abgeschöpft werden, dann abkühlen gelassen und schließlich in den

Kühlschrank gestellt werden. Kleine Portionen Fleisch, Schinken, eventuelle Fleischstücke und Knochen, die sich angesammelt haben, können hinzugefügt werden. Hühnerfüße, die in kochendem Wasser gebrüht wurden, um die äußere Haut zu lösen, die abgezogen werden muss, können zusammen mit den Innereien des Geflügels in den Suppentopf gegeben werden. Durch Gewürze und die Zugabe von Gemüse wird die Brühe säuerlich. Mit dieser Brühe sind viele Suppenvariationen möglich.

Austern-Gumbo

Zwei mittelgroße Zwiebeln sehr fein hacken und dann in einen Topf geben und hinzufügen

Ein halber Liter heißes Wasser,

Ein Pint Austernflüssigkeit,

Ein halber Liter Milch.

Zum Kochen bringen und fünf Minuten kochen lassen. Jetzt hinzufügen

Eine halbe Tasse Mehl darin aufgelöst

Eine halbe Tasse Milch.

Gut umrühren, bis der Siedepunkt erreicht ist, und dann hinzufügen

Fünfundzwanzig Austern,

Ein Esslöffel Feile (Gumbo-Pulver),

Eine Unze Butter.

Fünf Minuten kochen lassen, dann das Gumbo in eine Terrine gießen und drei Esslöffel fein gehackte Petersilie hinzufügen. Feile oder Gumbo-Pulver wird von den Choxtaw-Indianern aus jungen Sassafras-Blättern hergestellt. Die Indianer sammeln die Blätter, verteilen sie zum Trocknen auf der Rinde und mahlen sie dann zu einem feinen Pulver, geben es durch ein feines Sieb und verpacken es dann in Beutel oder Gläser. Es wird auf den französischen Märkten in New Orleans und in allen hochwertigen Importlebensmittelgeschäften verkauft. Die Inder verwenden die Sassafras sowohl als Medizin als auch in der Küche, und die Kreolen entdeckten dies schnell und schätzten es bei der Herstellung ihres berühmten Gumbo oder ihrer berühmten Feile.

GEMÜSESUPPE

Es können ein halbes Liter Brühe, eine Tasse Tomatenmark, hergestellt durch Überbrühen der Schale von Tomaten, oder aus Dosentomaten verwendet werden

Eine halbe Tasse gewürfelte Kartoffeln,

Eine halbe Tasse gemischtes Gemüse; Kohl, Rüben und Erbsen können hinzugefügt werden

Eine halbe Karotte in Würfel schneiden,

Ein Esslöffel Petersilie,

Zwei Esslöffel Mehl,

Salz und Pfeffer nach Geschmack,

Eine Portion Potherbs.

Nehmen Sie ein Bündel Kräuter, teilen Sie es in kleine Bündel, binden Sie jedes mit einer Schnur zusammen und verwenden Sie eines davon in der Gemüsesuppe. Geben Sie die restlichen Kräuter in ein Obstglas, bis Sie sie erneut benötigen.

Die Kräuter in die Brühe geben, die Tomaten dazugeben und köcheln lassen. Kochen Sie das Gemüse in einem halben Liter Wasser, bis es weich ist, geben Sie dann Wasser und alles zur Brühe hinzu, geben Sie die Gewürze und das Mehl hinzu, vermischen Sie es mit etwas kaltem Wasser, und kochen Sie es fünf Minuten lang.

NUDELN ZUBEREITEN

Ein Ei,

Ein Esslöffel Wasser,

Ein halber Teelöffel Salz.

Gut verrühren und dann ausreichend Mehl hinzufügen, um einen festen Teig zu erhalten. Kneten, bis der Teig elastisch ist (ca. 2 Minuten) und dann auf einem Nudelbrett papierdünn ausrollen. Das Brett leicht mit Mehl bestäuben, damit es nicht kleben bleibt. 15 Minuten trocknen lassen und dann in dicke und dünne Streifen schneiden. Dazu locker aufrollen, wie eine Biskuitrolle, und dann schneiden. Zum Trocknen auf eine Platte legen. Wenn sie vollständig getrocknet sind, können sie in einem Einmachglas aufbewahrt werden. Ein Teil der Paste kann mit kleinen Gemüsestechern ausgestochen und wie die Nudeln in der Suppe gekocht werden.

Der Suppe können in ausgefallene Formen geschnittenes Gemüse, in kleine Ringe geschnittene Makkaroni, hartgekochte Eier in Scheiben, Käsebällchen, Zitronenscheiben, aber auch Reis und Gerste hinzugefügt werden.

Um eine braune Farbe herzustellen: Eine halbe Tasse Zucker zehn Minuten in einer Eisenpfanne kochen, bis er schwarz brennt; Dann fügen Sie eine halbe Tasse Wasser hinzu. Zum Kochen bringen, dann abseihen und zum Gebrauch in Flaschen abfüllen.

Die wichtigsten Punkte, die Sie bei der Suppenzubereitung beachten sollten, sind:

Ziehen Sie zunächst den gesamten Saft und die löslichen Aromen in das Wasser.

Zweitens bewahren Sie das, was wir herausgezogen haben, auf, indem Sie einen Topf mit dicht schließendem Deckel verwenden.

Drittens verwenden Sie kaltes Wasser, um Fleischsäfte und -aromen zu extrahieren.

Viertens langes, langsames Garen.

Fünftens verhindern Aromen und Gemüse, die nach der Zubereitung der Brühe hinzugefügt werden, dass sie schnell sauer wird.

Sechstens: Verwenden Sie den Suppentopf nur für den vorgesehenen Zweck. Sorgfalt und genaues Urteilen und Messen führen zu erfolgreichen Ergebnissen.

Wenn die meiste Arbeit morgens erledigt wird, während Sie sich um die Küchenarbeit kümmern, wird die Brühezubereitung nur wenig Zeit in Anspruch nehmen. Mit Brühe anstelle von Wasser können Sie köstliche Soßen zubereiten.

KLARE SUPPE

Verwenden Sie zwei Esslöffel Fett und braten Sie eine Zwiebel an, bis sie braun ist. Fügen Sie zwei Esslöffel Mehl hinzu und bräunen Sie alles gut an. Gießen Sie dann einen halben Liter Brühe hinzu und lassen Sie alles fünf Minuten kochen. Fügen Sie dann Gewürze, Salz und Pfeffer nach Geschmack hinzu. Gießen Sie das Ganze in eine Suppenterrine und bestreuen Sie es mit einem Esslöffel fein gehackter Petersilie. Mit fingerlang geschnittenem und geröstetem Brot servieren.

SELLERIEPÜREE

Nehmen Sie einen halben Liter gewürfelten Sellerie und kochen Sie ihn in einer Tasse kaltem Wasser, bis er weich ist. Dann passieren Sie ihn durch ein Sieb und fügen eine Tasse Brühe hinzu.

Eine Tasse Milch,

Zwei Esslöffel Mehl mit etwas Milch vermischt,

Würze,

Salz und Pfeffer,

Einen Esslöffel gehackte Petersilie hinzufügen und servieren.

Zu der klaren Suppe können Makkaroni, Nudeln oder beliebiges Gemüse hinzugefügt werden. Dies ist eine gute Möglichkeit, übrig gebliebene Gemüseportionen zu verwenden, die zu klein sind, um allein serviert zu werden.

FISCHSUPPE

Verwenden Sie sechs Scheiben Kabeljau, Seehecht oder Flunder. Vier Zwiebeln sehr fein hacken und dann die Zwiebeln mit in einen Topf geben

Drei Esslöffel Speiseöl.

Kochen, bis es weich, aber nicht braun ist; dann füge hinzu

Eine Tasse Tomaten durch ein feines Sieb reiben,

Ein Bund Kräuter,

Drei Pints Wasser.

Zum Kochen bringen und zwanzig Minuten lang langsam kochen lassen, dann den Fisch hinzufügen. 30 Minuten sanft kochen und dann hinzufügen

Sechs Esslöffel Mehl darin aufgelöst

Eine halbe Tasse Wasser,

Eineinhalb Teelöffel Salz,

Ein Teelöffel Paprika,

Saft einer Zitrone,

Abgeriebene Schale einer viertel Zitrone.

Zum Kochen bringen und fünf Minuten kochen lassen. Heben Sie nun den Fisch auf schön geröstete Brotscheiben und gießen Sie die Suppe darüber. Mit fein gehackter Petersilie und einem Esslöffel geriebenem Käse garnieren.

FISCHSUPPEN

Die Bouillabaisse aus Frankreich und New Orleans ist äußerst köstlich und wird möglicherweise häufig auf unseren Tischen serviert. Die französische und unsere südländische Küche, insbesondere die Kreolen, zeichnen sich durch die Zubereitung köstlicher Cremesuppen und Pürees aus. Sie bestehen ausschließlich aus Gemüse. Diese guten Leute haben einen Brauch der alten Welt bewahrt; nämlich der tägliche Teller Suppe. Die Kreolen haben eine eigene neue Sorte namens Gumbo eingeführt.

Gemüse und Milch sind die Basis für diese Suppen. Das Gemüse wird in Wasser gekocht und anschließend durch ein Sieb gerieben. Gleiche Teile Milch werden hinzugefügt und anschließend leicht eingedickt und gewürzt. Wenn der Nährwert erhöht werden soll, können Eier hinzugefügt werden.

Austernbrühe

Lassen Sie vierundzwanzig Austern abtropfen und bewahren Sie die Flüssigkeit auf. Waschen Sie die Austern und prüfen Sie sie sorgfältig, um sie von Schalenresten zu befreien. Fein hacken, in einen Topf geben, die Austernflüssigkeit abmessen und so viel Wasser hinzufügen, dass zwei Tassen entstehen. Fünfzehn Minuten lang langsam köcheln lassen. Einmal aufkochen lassen. Abseihen, mit Salz und Pfeffer abschmecken und schon ist die Brühe servierfertig. Heiß und kalt gleichermaßen gut.

PÜREE AUS AUSTER

Bereiten Sie zwei Tassen dünne Sahnesauce vor und fügen Sie sie hinzu

Fünfundzwanzig Austern, fein gehackt,

Eineinhalb Tassen Austernflüssigkeit,

Ein Esslöffel geriebene Zwiebel.

Zwanzig Minuten lang langsam köcheln lassen und dann zum Kochen bringen. Abseihen, mit Salz und Pfeffer abschmecken und zwei Esslöffel fein gehackte Petersilie hinzufügen.

Als Ersatz für die Austern können Muscheln verwendet werden.

Einen Eintopf zubereiten

Waschen Sie die 25 geschmorten Austern und begutachten Sie sie sorgfältig, um sie von Schalenresten zu befreien. In einen kleinen Schmortopf geben und erhitzen, bis sich die Ränder zu kräuseln beginnen. Dann füge hinzu

Drei Tassen kochend heiße Milch,

Zwei Esslöffel Butter,

Ein Teelöffel Salz,

Ein halber Teelöffel Paprika.

Lassen Sie die Mischung bis zum Siedepunkt aufkochen, nehmen Sie sie dann sofort heraus und servieren Sie sie.

Als Ersatz für die Austern können Muscheln verwendet werden.

FISCHSUPPE

Eine Rote Bete,

Drei mittelgroße Zwiebeln,

Eine Karotte,

Drei Lauch,

Sechs Zweige Petersilie,

Eineinhalb Tassen fein gehackter Kohl.

Fein hacken, dann in einen Topf geben und zwei Tassen kaltes Wasser hinzufügen. Vorsichtig kochen, bis das Gemüse sehr weich ist, und dann hinzufügen

Drei Tassen Fischbrühe.

Brühe, hergestellt durch Kochen von Kopf, Flossen und Gräten von einem halben Pfund Fisch. Mit würzen

Zwei Teelöffel Salz,

Ein Teelöffel Paprika,

Saft einer halben Zitrone,

Zwei Esslöffel Butter.

Fünfzehn Minuten lang langsam köcheln lassen, dann den vorbereiteten Fisch in eine Terrine geben und mit der Brühe übergießen. Mit Paprika und fein gehackter Petersilie bestreuen und sofort servieren.

Teufelskrabben

Bereiten Sie eine Sahnesauce zu, indem Sie sie in einen Topf geben

Eine Tasse Milch,

Fünf gestrichene Esslöffel Mehl.

Mit einem Drahtlöffel oder einer Gabel umrühren, bis sich das Mehl in der Milch aufgelöst hat, und dann zum Kochen bringen. Ständig umrühren und nach Erreichen des Siedepunkts fünf Minuten kochen lassen. Dann füge hinzu

Eine Tasse Krabbenfleisch,

Ein Esslöffel geriebene Zwiebel,

Ein Esslöffel fein gehackte Petersilie,

Ein Esslöffel Worcestershire-Sauce,

Eineinhalb Teelöffel Salz,

Ein Teelöffel Paprika,

Ein halber Teelöffel Senf.

Gründlich vermischen und dann in die Krabbenschalen füllen, wobei die Schale leicht über den Füllstand reicht. Leicht mit Mehl bestäuben, dann mit verquirltem Ei bestreichen und mit feinen Semmelbröseln bedecken. Im heißen Fett goldbraun braten. Die Krabben können früher am Tag zubereitet und dann zum Servieren aufgewärmt werden.

SELLERIESUPPE

Den Sellerie waschen, gründlich putzen und anschließend fein hacken. Geben Sie einen halben Liter fein gehackten Sellerie in einen Topf und fügen Sie drei Tassen kaltes Wasser hinzu. Zum Kochen bringen und kochen, bis der Sellerie sehr weich ist. Durch ein feines Sieb reiben, dann abmessen und hinzufügen

Eine Tasse Milch,

Zwei Esslöffel Mehl.

zu jeder Tasse Selleriepüree. Das Mehl in kalter Milch auflösen und dann das Selleriepüree hinzufügen. Zum Kochen bringen und zehn Minuten kochen lassen. Würzen und zum Würzen einen Teelöffel Butter hinzufügen. Nach Belieben können Sie dem Sellerie noch etwas Suppenkräuter hinzufügen.

CREMESUPPEN

Cremesuppen sind eine Kombination aus Gemüse, Püree und Milch. Aus fast allen grünen Gemüsesorten lassen sich köstliche Suppen herstellen. Das Gemüse gut putzen und anschließend in kleine Stücke schneiden. In einen Topf geben, mit kaltem Wasser bedecken und zum Kochen bringen. Langsam kochen, bis es weich ist, und dann gut zerstampfen; Anschließend durch ein feines Sieb reiben. Für die Suppe verwenden Sie diese Gemüsebrühe mit gleichen Teilen Milch.

Karotten, Erbsen, Tomaten, Rüben, Mais, Bohnen, Sellerie, Salat, Kartoffeln, Rüben, Gurken, Spargel, all das bietet eine herrliche Vielfalt.

Geben Sie einen gestrichenen Esslöffel Mehl zum Andicken und lösen Sie das Mehl vor der Zugabe in kaltem Wasser auf. Kurz aufkochen und dann würzen. Zum Würzen zwei Esslöffel Butter hinzufügen und servieren.

Franzosen, Schweizer und Italiener servieren zu allen Cremesuppen geriebenen Käse und Paprika.

ZWIEBELCREME

Geben Sie zwei Tassen dünn geschnittene Zwiebeln in einen Topf und fügen Sie eine Tasse kaltes Wasser hinzu. Kochen Sie sie, bis sie weich sind, und reiben Sie sie dann durch ein feines Sieb. Messen Sie die Menge ab und geben Sie sie zurück in den Topf. Geben Sie pro Tasse Zwiebelpüree eine Tasse Milch und pro Tasse Milch zwei gestrichene Esslöffel Mehl hinzu. Rühren Sie, bis sich das Mehl aufgelöst hat, bringen Sie es dann zum Kochen und lassen Sie es fünf Minuten lang langsam kochen. Mit Salz und weißem Pfeffer würzen. Servieren Sie die Suppe und geben Sie pro Liter Cremesuppe einen Esslöffel Butter hinzu. Croutons oder geröstete Brotscheiben sind eine köstliche Beilage zu Cremesuppen.

So bereiten Sie Croutons zu: Schneiden Sie Brotscheiben in 2,5 cm dicke Stücke, legen Sie sie auf ein Backblech und backen Sie sie, bis sie goldbraun sind. Geben Sie sie in eine Blechdose oder ein Glas und verschließen Sie sie. Wenn Sie sie verwenden möchten, erhitzen Sie sie einfach wieder, bis sie knusprig sind, und servieren Sie sie dann. Hierfür kann auch altbackenes Brot verwendet werden.

TOMATENCREME

Zwei Tassen gedünstete Tomaten in einen Topf geben und hinzufügen

Eine Zwiebel, fein gehackt,

Eine Schwuchtel Suppenkräuter,

Prise Nelken.

Zehn Minuten lang sanft kochen und dann durch ein feines Sieb passieren. Nun in einen Topf geben

Zwei Tassen Milch,

Fünf Esslöffel Maisstärke.

Rühren, bis es sich aufgelöst hat, dann zum Kochen bringen und fünf Minuten kochen lassen. Zur vorbereiteten Tomate hinzufügen und gründlich verrühren. Jetzt hinzufügen

Ein Teelöffel Salz,

Ein halber Teelöffel Pfeffer,

Ein Esslöffel Butter.

Durch die Zubereitung der Sahnesoße und die anschließende Zugabe der vorbereiteten Tomate wird eine Gerinnung verhindert.

TOMATENPÜREE

Ein Pint gedünstete Tomaten,

Zwei Zwiebeln fein gehackt,

Eine Karotte in Würfel schneiden,

Eine Schwuchtel Suppenkräuter,

Ein Pint Wasser.

Langsam kochen, bis das Gemüse weich ist, durch ein Sieb reiben und dann auflösen

Vier Esslöffel Maisstärke hinein

Fünf Esslöffel kaltes Wasser.

Zur Tomatensaucenmischung hinzufügen

Zwei Esslöffel Butter,

Eineinhalb Teelöffel Salz,

Ein halber Teelöffel Pfeffer.

Zehn Minuten lang langsam kochen.

GEMÜSEPÜREE

Schälen und in Würfel schneiden

Sechs mittelgroße Rüben,

Vier mittelgroße Karotten,

Sechs mittelgroße Zwiebeln.

Fein hacken

Ein kleiner Kohlkopf,

Vier Zweige Sellerie,

Ein Bund Kräuter,

Ein Teelöffel Thymian.

In einen Topf geben und sieben Liter kaltes Wasser hinzufügen. Zum Kochen bringen und zwei Stunden lang langsam kochen lassen. Durch ein feines Sieb pürieren, dann zurück in den Wasserkocher geben und hinzufügen

Eine halbe Tasse Mehl darin aufgelöst

Eine Tasse Milch,

Eineinhalb Esslöffel Salz,

Ein Teelöffel Pfeffer,

Zwei gut geschlagene Eier,

Butter, Größe einer großen Walnuss oder eine Unze.

Zum gründlichen Mischen umrühren und dann eine viertel Tasse fein gehackte Petersilie hinzufügen. Mit Toast servieren.

KRAUTSUPPE

Zwei Liter Wasser,

Drei Zwiebeln, fein gehackt,

Eine Schwuchtel Suppenkräuter,

Zwei Scheiben gesalzenes Schweinefleisch, in Würfel geschnitten,

Eineinhalb Pfund Suppenfleisch mit Knochen darin,

Zweieinhalb Tassen fein geriebener Kohl.

In einen Topf geben und eineinhalb Stunden lang langsam kochen lassen. Geben Sie nun zwei Esslöffel Mehl, gelöst in einer viertel Tasse Wasser, hinzu und würzen Sie mit

Ein Esslöffel Salz,

Ein Teelöffel Pfeffer,

Ein halber Teelöffel Thymian.

GURKENCREME

Eine große Gurke schälen und reiben, dann in einen Topf geben und hinzufügen

Eine Tasse kaltes Wasser,

Ein Esslöffel geriebene Zwiebel.

Zum Kochen bringen und zehn Minuten lang langsam kochen lassen. Durch ein feines Sieb reiben und hinzufügen

Vier Tassen Milch,

Sechs Esslöffel Mehl.

Umrühren, um das Mehl aufzulösen, dann zum Kochen bringen und fünf Minuten lang langsam kochen lassen. Jetzt hinzufügen

Ein Teelöffel Salz,

Ein halber Teelöffel Paprika,

Ein Viertel grüne Paprika, fein gehackt,

Ein Esslöffel Butter,

Zum Mischen kräftig schlagen.

MAISCREME, SUPREME

Benutzen Sie einen Maisschaber, ritzen und schaben Sie dann das Fruchtfleisch von vier großen Maiskolben ab und reiben Sie es durch ein Sieb in einen Topf. Jetzt hinzufügen

Vier Tassen Milch,

Sechs Esslöffel Mehl,

Ein Esslöffel geriebene Zwiebel.

Zum Auflösen umrühren, dann zum Kochen bringen und fünf Minuten lang langsam kochen lassen. Abschmecken und hinzufügen

Ein Esslöffel Butter,

Ein Esslöffel fein gehackte Petersilie.

GEBACKENE PFLAUMEN

Die Pflaumen waschen und einweichen, dann in eine Auflaufform geben und ein halbes Pfund Obst hinzufügen.

Schälen der Zitronenschale,

Saft einer halben Zitrone,

Vier Esslöffel brauner Zucker und gerade genug Wasser, um zu bedecken.

30 Minuten backen.

FRÜCHTE

GEBACKENE BIRNEN

Wählen Sie gleichgroße Birnen aus, schälen Sie sie und schneiden Sie sie in zwei Hälften. In eine Auflaufform geben und hinzufügen

Eine halbe Tasse Sirup,

Eine halbe Tasse Wasser,

Ein viertel Teelöffel Muskatnuss.

Backen, bis die Birnen weich sind. Häufig mit dem Sirup begießen.

Birnentörtchen

Kuchenformen oder Tarteformen mit Naturteig auslegen. Mit gedünsteten Birnen füllen, mit Zimt bestäuben und im langsamen Ofen backen. Mit Fruchtschaum belegen.

BIRNENBROTPUDDING

Legen Sie eine Schicht altbackenes Brot auf den Boden einer gut gefetteten Puddingform und dann eine Schicht dünn geschnittene Birnen. Jede Brot- und Birnenschicht leicht mit Muskatnuss und Zimt würzen. Wenn die Schüssel voll ist, übergießen

Eine Tasse Sirup,

Eine halbe Tasse brauner Zucker,

Eine Tasse Wasser.

Rühren, bis sich der Zucker aufgelöst hat, und dann im langsamen Ofen eine Stunde lang backen. Mit Vanillesoße servieren.

Birnensoße

Schälen und dann mit gerade so viel Wasser bedecken, dass es gar ist. Kochen, bis es weich ist, dann pürieren und durch ein feines Sieb oder Sieb passieren. Nach Geschmack süßen und hinzufügen

Saft einer Zitrone.

Ein Esslöffel Zimt oder Muskatnuss pro Liter Birnensauce. Es kann zu gebratener Ente, Hühnchen oder als Beilage, in Birnenkuchen und als Aufstrich für Brot und warme Kuchen verwendet und serviert werden.

GEBACKENE BIRNEN UND CRANBERRIES

Acht Birnen schälen und dann halbieren, dabei Stiele und Kerne entfernen. Mit der Schnittseite nach oben in eine Auflaufform legen. Sortieren und waschen Sie eine Tasse Preiselbeeren und geben Sie die Beeren dann zu den Birnen und

Eine halbe Tasse Rosinen,

Eine Tasse Sirup,

Eine halbe Tasse brauner Zucker,

Eine Tasse Wasser,

Ein viertel Teelöffel Muskatnuss.

Im langsamen Ofen backen, bis die Birnen weich sind.

HINWEIS : Dieses Gericht kann auf dem Herd in einem Topf zubereitet werden.

TROCKENFRÜCHTE

Orangen und Grapefruit sind teuer und die Trockenfrüchte können vorteilhaft ersetzt werden. Wenn diese Früchte schön zubereitet werden, wird die Familie sie kaum von den frischen Früchten unterscheiden können.

Oft sind die Trockenfrüchte so zubereitet, dass sie alles andere als einladend wirken. Viel wird von der Auswahl dieser Früchte abhängen. Kaufen Sie nur die beste Qualität. Diese Frucht sollte hell und wachsartig und nicht zu trocken sein. 15 Minuten in warmem Wasser einweichen; Dadurch wird der Schmutz vor dem Waschen gelöst. Jetzt mit reichlich Wasser waschen. Mit Wasser bedecken und stehen lassen, bis die Früchte prall gefüllt sind; Jedes Fruchtstück nimmt nur so viel Feuchtigkeit auf, wie es ursprünglich enthielt.

Dies dauert sechs bis zwölf Stunden, abhängig von der Trockenheit der Früchte. Stellen Sie sicher, dass das Wasser die Frucht mindestens 2,5 cm bedeckt. Wenn die Früchte nun fertig sind, fügen Sie Zucker zum Süßen hinzu und stellen Sie sie zum Kochen in den Herd. Je langsamer diese Frucht gekocht wird, desto besser. Denken Sie daran, dass hartes und schnelles Kochen nicht nur getrocknete Früchte, sondern auch frische Früchte verdirbt.

Wenn die Früchte gar sind, die Flüssigkeit abgießen und abmessen. Geben Sie auf drei Tassen Saft eine halbe Tasse Zucker. Geben Sie diesen Saft und den Zucker in einen separaten Topf und kochen Sie ihn, bis er dickflüssig ist. Dann über die Früchte gießen.

Auf diese Weise zubereitete Trockenfrüchte schmecken köstlich. Aprikosen müssen nur sehr wenig gekocht werden. Lassen Sie sie daher von der Flüssigkeit abtropfen, in der sie eingeweicht sind, und fügen Sie den Zucker hinzu. Kochen Sie den Sirup, bis er dickflüssig ist, gießen Sie ihn dann über die Aprikosen und lassen Sie ihn zehn Minuten lang leicht kochen.

Entfernen Sie die Schale von den Pfirsichen, nachdem Sie sie eingeweicht haben, und geben Sie vor dem Kochen ein kleines Stück dünne Orangenschale für den Geschmack hinzu.

Um getrocknete Birnen zuzubereiten, lassen Sie sie zwölf Stunden lang einweichen, geben Sie sie dann in eine Auflaufform und geben Sie sie zu einem halben Pfund Obst

Eine Tasse brauner Zucker.

Saft einer Zitrone,

Eine Tasse Rosinen.

Die Auflaufform abdecken und langsam backen.

Geschmorte Birnen

Dreiviertel Tasse Sirup,

Eine halbe Tasse Wasser,

Sechs Nelken,

Stück Zimt und ein Stück Zitronenschale,

Schälen und dann langsam kochen, bis sie weich sind, abkühlen lassen und servieren.

SANDWICHES MIT HÜHNCHEN UND GRÜNEM PFEFFER

Entfernen Sie die Kerne von zwei grünen Paprikaschoten, fügen Sie eine kleine Zwiebel hinzu und hacken Sie sie sehr fein. Eine Tasse Hühnerfleisch fein zerkleinern, zu den grünen Paprika und Zwiebeln geben und anschließend mit würzen

Ein Teelöffel Salz,

Ein viertel Teelöffel Senf,

Ein halber Teelöffel Paprika,

Zwei Esslöffel geschmolzene Butter.

Gut vermischen und dann zwischen dünnen, mit Butter bestrichenen Brotscheiben verteilen.

GEBRATENES HUHN NACH VIRGINIA-ART

Wählen Sie einen dicken Broiler mit einem Gewicht von anderthalb bis zwei Pfund. Ansengen und dann mit einem scharfen Messer auf der Rückseite aufschneiden. Ziehen. Kopf und Füße entfernen, dann waschen und acht Minuten vorkochen. Jetzt mit einem Nudelholz gut flach drücken. Mit

Backfett einreiben und zehn Minuten grillen. Mit Speck garnieren. Speck oder Schinkenfett verleihen dem Vogel einen köstlichen Geschmack.

HÄHNCHEN A LA KÖNIG

Schneiden Sie die gekochte Hähnchenbrust in 2,5 cm große Stücke, geben Sie dann anderthalb Tassen dicke Soße in einen Topf und fügen Sie eine Tasse geschälte und in Stücke geschnittene und dann sechs Minuten lang in kochendem Wasser vorgekochte Pilze hinzu Auch

Eine grüne Paprika, fein gewürfelt und vorgekocht,

Hinzufügen

Eigelb von zwei Eiern,

Saft einer halben Zitrone,

Ein viertel Teelöffel Senf,

Eineinhalb Teelöffel Salz,

Ein Teelöffel Paprika,

in der Sahnesoße. Fügen Sie außerdem das vorbereitete Hähnchen, die Pilze und dann den grünen Pfeffer hinzu. Erhitzen, bis der Siedepunkt erreicht ist, dann zehn Minuten lang langsam köcheln lassen und auf Toast servieren.

BRÜSTE VON PERLENHÜHNEN, NACH TERRAPIN-ART

Schneiden Sie die Brüste von zwei gekochten Perlhühnern in 2,5 cm große Stücke und legen Sie sie in eine Chafing Dish.

Drei Tassen dicke Sahnesauce,

Ein gut geschlagenes Ei,

Ein halber Teelöffel Senf,

Ein Teelöffel Salz,

Ein Teelöffel Paprika,

Eine große Zwiebel sehr fein gehackt,

Drei Esslöffel fein gehackte Petersilie,

Saft einer großen Zitrone,

Geriebene Schale einer halben Zitrone.

Gut verrühren, die vorbereiteten Perlhuhnbrüste dazugeben und langsam erhitzen, bis alles sehr heiß ist. Auf gerösteten Waffeln servieren.

Perlhuhn-Topfkuchen

Zeichnen und versengen Sie das Meerhuhnpaar, entfernen Sie Flügel, Schenkel und Beine und lassen Sie die Brust ganz. Brechen Sie die Rückseite des Kadavers auf, geben Sie ihn in einen tiefen Topf, geben Sie sieben Tassen kochendes Wasser hinzu und dämpfen Sie ihn langsam, bis er weich ist. Hinzufügen

Ein Stück Karotte,

Eine kleine Zwiebel,

Ein Zweig Sellerie

zum Würzen, dann die Schenkel und die Brust anheben und zur späteren Verwendung beiseite legen. Nehmen Sie das Fleisch von der Rückseite des Kadavers und geben Sie es zu zweieinhalb Tassen Brühe. Würzen und leicht eindicken. Nun die Keulen und Flügel in eine Auflaufform legen und hinzufügen

Eine Tasse Erbsen,

Die vorbereitete Soße,

Vier gekochte Zwiebeln.

Mit einer Blätterteigkruste bedecken und 30 Minuten bei mittlerer Hitze backen.

FRICASSEE-HÄHNCHEN

Das Hähnchen ausschneiden, ansengen und in Stücke schneiden. Waschen, in einen tiefen Topf geben und mit kochendem Wasser bedecken. Zum Kochen bringen und hinzufügen

Eine Zwiebel,

Eine kleine Karotte,

Zwei Zweige Sellerie.

Langsam kochen, bis es weich ist, und dann die Soße eindicken. Nach Wunsch können noch Knödel hinzugefügt werden.

GEBRATENES HÄHNCHEN, SPLIT-ART

Bereiten Sie das Hähnchen wie zum Braten vor. Nicht befüllen. Gut mit Backfett einreiben und dann reichlich Mehl hineinklopfen. In eine

Bratpfanne geben und rösten, bis sie weich sind. häufig mit heißem Wasser begießen.

ENTENBRATEN

Die Ente ansengen und herausnehmen, dann den Hals entfernen und zu den Innereien geben und kochen, bis sie weich ist. Die Ente waschen und anschließend abtropfen lassen. Bereiten Sie nun eine Füllung vor, indem Sie ausreichend altbackenes Brot in kaltem Wasser einweichen. Wenn es trocken gepresst wird, misst es zweieinhalb Tassen. Durch ein Sieb reiben. Geben Sie nun fünf Esslöffel Backfett in einen Topf und fügen Sie es hinzu

Eine Tasse gehackte Zwiebel,

Eine grüne Paprika, fein gehackt,

Das vorbereitete Brot,

Drei Esslöffel fein gehackte Petersilie,

Ein gestrichener Teelöffel Thymian.

Langsam kochen, dabei häufig wenden, bis die Zwiebeln weich sind. Bei Bedarf mehr Backfett hinzufügen, um zu verhindern, dass die Mischung an der Pfanne kleben bleibt. Anschließend mit Salz und Pfeffer würzen. Kochen und dann in die Ente füllen. Mit Mehl bestäuben und dann in einem mäßigen Ofen rösten, wobei man der Ente 30 Minuten Zeit zum Kochen geben und 20 Minuten Zeit geben muss, bis sie gar ist.

MAKKARONI

Makkaroni sind für den italienischen Koch der stärkehaltige Inhalt der Mahlzeit; Genauso wie die irische Kartoffel und die Süßkartoffel unsere üblichen stärkehaltigen Lebensmittel sind. Die sparsamen italienischen und französischen Hausfrauen haben herausgefunden, dass sie ihren Familien durch die Zugabe von Fleisch, Käse und Eiern zum Würzen reichhaltige und attraktive Speisen zu minimalen Kosten servieren können.

Der durchschnittliche amerikanische Verbraucher von Pasten und Makkaroni hat keine Ahnung von der Anzahl der Stile oder Formen – von denen es über hundert gibt –, in denen dieses Weizenprodukt hergestellt wird. Sie reichen von den Lasagnes, das sind kurze, flache Stücke mit einer Breite von ein bis zwei Zoll, die geschnitten und oft von Hand geformt werden, bis zu den Fideline, das sind die langen, dünnen Fäden, von denen die feinsten um ein Vielfaches kleiner als Fadennudeln sind. Zwischen diesen beiden Extremen gibt es eine große Vielfalt, die das Alphabet und viele ausgefallene Designs umfasst.

Makkaroni-Milieuse

Mit einem feuchten Tuch abwischen und ein Pfund Schienbeinfleisch in 2,5 cm große Blöcke schneiden. In Mehl wälzen und im heißen Fett kurz anbraten. In einen tiefen Topf geben und hinzufügen

Drei Liter kaltes Wasser,

Zwei Zwiebeln fein schneiden,

Eine mittelgroße Karotte in Würfel schneiden.

Zum Kochen bringen und sanft kochen, bis das Fleisch zart ist. Jetzt hinzufügen

Eine halbe Tasse Tomate aux Fines Herbes,

Zwei Teelöffel Salz,

Eineinhalb Teelöffel Paprika,

Sechs Unzen zubereitete Makkaroni.

Bringen Sie diese Mischung zum Kochen und kochen Sie sie dann, bis die Makkaroni gut erhitzt sind. Auf einer großen Platte anrichten und mit fein gehackter Petersilie garnieren.

Makkaroni zubereiten

Die Makkaroni können in 1,5 Zoll lange Stücke gebrochen oder im Ganzen gekocht werden. In allen Rezepten müssen die Makkaroni zunächst wie folgt zubereitet werden:

Fetten Sie den Boden eines tiefen Topfes ein und geben Sie dann zwei Liter kochendes Wasser hinzu. Zwei Minuten kochen lassen und dann die Makkaroni hinzufügen. Einige Minuten umrühren und dann fünfzehn Minuten kochen lassen. In ein Sieb geben und abtropfen lassen. Anschließend unter fließendem kaltem Wasser drei Minuten lang blanchieren. Abtropfen lassen. Es ist nun auf vielfältige Weise einsatzbereit. Das Einfetten des Topfes verhindert, dass die Makkaroni beim Kochen am Boden kleben bleiben.

Der Italiener bereitet ein Gewürz wie folgt zu:

Zwei Lauch waschen,

Sechs Zweige Petersilie,

Zwei grüne oder rote Paprika,

Vier Zweige Sellerie.

Pare

Sechs Zwiebeln,

Ein kleines Stück Knoblauch.

In eine Hackschüssel geben und sehr fein hacken. Geben Sie nun eine halbe Tasse Pflanzenöl in einen Topf und fügen Sie das Gemüse hinzu. Langsam kochen, bis es weich ist, und dann eine kleine Dose Tomatenmark hinzufügen. Gut vermischen, dann in eine Schüssel oder ein Glas füllen und an einem kühlen Ort aufbewahren. Diese Mischung ist im Kühlschrank oder an einem kühlen Ort im Sommer eine Woche und im Winter zehn bis zwölf Tage haltbar . Diese Mischung nennt man Tomate aux feine Kräuter.

Für die Zubereitung dieser Gerichte können kleine Fleischportionen verwendet werden, die zum alleinigen Servieren nicht ausreichen würden. Bereiten Sie bei der Zubereitung der Soße so viel vor, dass eine oder mehr Tasse für die Makkaronigerichte beiseite gestellt werden kann. Auf der Servierplatte verbleibende Knochen, Knorpel und Fleischstücke können zu einer Brühe verarbeitet werden, aus der die verschiedenen Soßen zubereitet werden können. Der italienische Koch verwendet zum Würzen ein kleines Stück Fleisch und schneidet es normalerweise in kleine Stücke.

Makkaroni-Pudding

In einen Topf geben

Zwei Tassen Milch,

Eineinhalb Tassen Wasser,

Sechs gestrichene Esslöffel Maisstärke.

Lösen Sie die Stärke im Wasser auf und fügen Sie die Milch hinzu. Zum Kochen bringen und fünf Minuten kochen lassen. Vom Feuer nehmen und hinzufügen

Eigelb von zwei Eiern,

Eine Tasse Zucker,

Eineinhalb Teelöffel Vanille.

Zum Mischen verrühren und dann über 170 ml Makkaroni gießen, die gemäß der Zubereitungsmethode zubereitet wurden. Fügen Sie eine halbe Tasse Rosinen hinzu und backen Sie es dann 25 Minuten lang bei mittlerer Hitze. Geben Sie das Eiweiß von zwei Eiern in eine Schüssel und fügen Sie ein Glas Gelee hinzu. Schlagen, bis die Mischung ihre Form behält; Dann auf den Pudding stapeln.

Makkaroni gratiniert

Kochen Sie ein halbes Pfund Makkaroni gemäß der Zubereitungsart. In eine Auflaufform geben und daraus drei Tassen Sahnesauce zubereiten

Eineinhalb Tassen Milch,

Eineinhalb Tassen klare Brühe,

Eine halbe Tasse Mehl.

Gut vermischen und dann über die Makkaroni gießen. Die Oberseite mit feinen Semmelbröseln und geriebenem Käse bestreuen und im Ofen bei mittlerer Hitze 25 Minuten backen.

KARTOFFELN

Diese nahrhafte Knolle soll das irische Volk vor einer Hungersnot gerettet haben, und es ist nur passend, dass diese Kartoffelsorte diesen Namen trägt. Die Kartoffel war in Europa vor der waghalsigen Expedition nach Amerika im 15. Jahrhundert unbekannt, wo sich herausstellte, dass sie von den Ureinwohnern beider Kontinente frei verwendet wurde.

Es wird oft gesagt, dass die Kartoffel dem Brot als Grundnahrungsmittel Konkurrenz macht, da sie fast überall verwendet wird. Es gibt mehr als 35 Kartoffelsorten und obwohl sie von Boden und Klima abhängig sind, gibt es in fast jedem Land den Sandboden, der für ihr erfolgreiches Wachstum notwendig ist.

Die Hausfrau sollte ihren Nährwert kennen. Die durchschnittliche Analyse der weißen Kartoffel lautet wie folgt:

62 Prozent Wasser, 2 Prozent Eiweiß, 1 Prozent Fett, 4 Prozent Kohlenhydrate (Stärke und Zucker), 20 Prozent Abfall und 1 Prozent Mineralasche.

Der Wasseranteil der Kartoffel hängt weitgehend vom Boden ab, auf dem sie angebaut wird. Der geringe Proteingehalt wird durch den hohen Kohlenhydratgehalt (Stärke und Zucker) ausgeglichen.

KARTOFFELKUCHEN

Drei große Kartoffeln kochen, dann schälen und fein zerstampfen. Zwei Tassen Kartoffelpüree abmessen, in eine Rührschüssel geben und hinzufügen

Zwei Tassen Mehl,

Ein Teelöffel Salz,

Vier Teelöffel Backpulver,

Ein Ei,

Vier Esslöffel Milch.

Zu einem glatten Teig verrühren und dann einen halben Zoll dick ausrollen, die Oberseiten ausschneiden und mit Milch bestreichen. Im heißen Ofen achtzehn Minuten backen.

KARTOFFELGERICHTE

Eine der besten Formen, diese Knolle zu servieren, ist das Rösten der Kartoffel in der Asche. Nur wenige werden erkennen, wie köstlich es sein kann. Wickeln Sie die Kartoffel in Wachspapier ein, bedecken Sie sie mit Kohlen und rösten Sie sie etwa eine Stunde lang.

Als nächstes kommt die Ofenkartoffel zu dieser Methode. Mittelgroße Kartoffeln waschen und trocknen, dann gut mit Backfett einreiben und in den Ofen geben und für kleine Kartoffeln fünfunddreißig Minuten und für große fünfzig Minuten bis eine Stunde backen. Wenn Sie die Kartoffel vor dem Backen gut einfetten, entsteht keine harte Kruste und Sie können den gesamten Inhalt des Mehlsacks verzehren. Das Kochen von Kartoffeln in der Schale führt dazu, dass die Kartoffel etwa 2 Prozent verliert. seines Nährwerts, während das Schälen vor dem Kochen zu einem Verlust von 14 Prozent führt. Wenn nötig, verwenden Sie zum Schälen ein scharfes Messer und entfernen Sie den dünnsten Teil der Haut. Frühkartoffeln abzukratzen ist besser als sie zu schälen.

O'BRIEN-KARTOFFELN

Schälen Sie fünf Kartoffeln, die in der Schale gekocht wurden, und schneiden Sie sie in dünne Scheiben. Hacken Sie so viele Zwiebeln fein, dass Sie eine dreiviertel Tasse erhalten. Hacken Sie zwei grüne Paprikaschoten fein. Kochen Sie Zwiebeln und Paprikaschoten vor, bis sie weich sind, und lassen Sie sie gut abtropfen. Erhitzen Sie nun drei Esslöffel Backfett in einer Bratpfanne, bis es sehr heiß ist, geben Sie die Kartoffeln hinzu und lassen Sie sie bräunen. Wenden Sie die Pfanne und bräunen Sie sie erneut. Wenden Sie die Pfanne weiter, bis die Kartoffeln gut gebräunt sind, und geben Sie dann die vorbereiteten Zwiebeln und Paprikaschoten hinzu. Kochen Sie alles fünf Minuten lang langsam, stürzen Sie es dann auf eine heiße Platte und garnieren Sie es mit fein gehackter Petersilie.

GEKOCHTE KARTOFFELN

Kartoffeln kochen, entweder in der Schale oder geschält: Mit kochendem Wasser bedecken und weich kochen. Würzen; dann fest mit einem sauberen Tuch abdecken, damit die Feuchtigkeit aufgenommen wird und die Kartoffeln mehlig werden.

GEGRILLTE KARTOFFELN

Große alte Kartoffeln waschen, schälen und dann in dünne Scheiben schneiden, wobei die gesamte Breite der Kartoffel eingeschnitten wird. Das bedeutet, dass Sie eine dünne Scheibe roher Kartoffel abschneiden müssen, die Ihre Hand bedeckt. Auf eine flache Auflaufform legen und mit Backfett bestreichen. In den Grill geben und grillen, bis es schön gebräunt ist, dann für fünf Minuten in den Ofen stellen.

BERGBUTTERMILCH-ROGGEN-MUFFINS

In eine Rührschüssel geben

Eineinhalb Tassen Buttermilch,

Ein Teelöffel Backpulver,

Vier Esslöffel Backfett,

Sechs Esslöffel Sirup,

Ein Ei.

Zum Mischen schlagen und dann hinzufügen

Zweieinhalb Tassen Roggenmehl,

Ein Teelöffel Backpulver.

Zum gründlichen Mischen verrühren, dann in gut gefettete und bemehlte Muffinformen füllen und 30 Minuten im mäßigen Ofen backen. Nach dem Erkalten können die übriggebliebenen Muffins geteilt, geröstet und dann mit süß-gewürzter Bergmarmelade bestrichen werden.

FALLS ERFORDERLICH, FLEISCH DREI ODER VIER TAGE AUFZUBEWAHREN

Viele Krankheiten, die als Ptomainvergiftung bezeichnet werden, werden normalerweise durch Unachtsamkeit verursacht. Wenn Fleisch aus irgendeinem Grund mehrere Tage nach dem Kauf aufbewahrt werden muss, kann es wie folgt gepflegt werden:

Ort

Dreiviertel Tasse Salz in einen Topf geben

Und hinzufügen

Dreieinhalb Tassen Wasser,

Ein Lorbeerblatt,

Ein halber Teelöffel Salpeter.

Zum Kochen bringen und abkühlen lassen. Legen Sie das Fleisch in eine Porzellanschüssel oder einen Holzeimer und gießen Sie die Salzlake darüber. Legen Sie nun einen Teller auf das Fleisch und beschweren Sie es mit einem alten Bügeleisen und einem schweren Stein. Das Fleisch jeden zweiten Tag wenden.

Dieses Fleisch ist eine Woche haltbar. Diese Methode eignet sich für Hammel-, Rind- und Schweinefleisch. Für Lamm oder Hühnchen in einen Topf geben und hinzufügen

Eine halbe Karotte,

Eine Zwiebel,

Ausreichend kochendes Wasser, um es teilweise zu bedecken.

Kochen Sie die Masse zehn Minuten lang, wobei Sie die Pfanne gut abdecken. Vor dem Einlegen in die Eisbox abkühlen lassen. Wenn das Fleisch nur bis zum nächsten Tag aufbewahrt werden soll, zwei Zwiebeln fein hacken und hinzufügen

Vier Esslöffel Salz,

Ein Esslöffel Pfeffer.

Gründlich vermischen und anschließend das Fleisch gründlich mit dieser Mischung einreiben. Fleisch kann bei heißem Wetter zwei Tage lang in einer gewöhnlichen Eisbox, die 75 Pfund Eis fasst, wie folgt aufbewahrt werden: Wischen Sie das Fleisch mit einem trockenen Tuch ab, bedecken Sie es mit Wachs oder Pergamentpapier und hängen Sie es dann an eine Haken Sie ihn im unteren Teil des Kühlschranks ein, möglichst direkt unter der Eiskammer. Die Haken haben die Form des Buchstabens S, sind an beiden Enden spitz und können von jedem Eisenwarenhändler gekauft oder hergestellt werden.

Liegt Fleisch auf einer Platte, verliert es durch den austretenden Fleischsaft schnell seinen Nährwert.

RINDERFILET

Lassen Sie das Filet vom Metzger in Form schneiden und spicken Sie es dann mit gepökeltem Schweinefleisch. Leicht mit Mehl bestäuben und dann auf einem Rost in der Bratpfanne platzieren und alle zehn Minuten in den heißen Ofen stellen. Kochen Sie das Fleisch und lassen Sie es eine halbe Stunde lang gründlich erhitzen und mit dem Garen beginnen. Dann planen Sie für jedes Pfund zwölf Minuten ein. Dieser Teil ist der erlesenste aller Rinder und enthält kein einziges Gramm Abfall. Es schmeckt sowohl heiß als auch kalt köstlich.

WALISCHER KÄSEPUDDING

Fünf Unzen geriebener Käse,

Eine Tasse Semmelbrösel,

Eine Tasse Mehl,

Eineinhalb Teelöffel Salz,

Ein Teelöffel weißer Pfeffer,

Ein Teelöffel Paprika,

Ein Esslöffel Worcestershire-Sauce,

Ein Esslöffel Backpulver,

Vier Esslöffel geriebene Zwiebeln,

Ein Ei,

Eine Tasse Milch.

Zum gründlichen Mischen schlagen, dann in Formen oder ein vorbereitetes Puddingtuch gießen und eineinhalb Stunden kochen lassen. Heiß oder kalt servieren. Zum heißen Servieren folgende Soße verwenden:

In einen Topf geben

Eine Tasse Milch,

Zwei Esslöffel Maisstärke.

Die Stärke in der Milch auflösen und zum Kochen bringen. Fünf Minuten kochen lassen und dann hinzufügen

Ein gut geschlagenes Ei,

Ein Teelöffel Salz,

Zwei Teelöffel Paprika,

Saft einer halben Zitrone.

Zum Mischen kräftig schlagen und dann servieren. Dieses Gericht ersetzt Fleisch und reicht für eine vier- oder fünfköpfige Familie.

MAHLZEITPUDDING

Einen Liter Milch in einen Topf geben und zum Kochen bringen; Fügen Sie dann eine dreiviertel Tasse feines Maismehl hinzu. Rühren, bis es dickflüssig ist, zehn Minuten lang langsam kochen und dann hinzufügen

Eine Tasse süße Gewürzmarmelade,

Eine Tasse Sirup,

Eine halbe Tasse Zucker,

Ein halber Teelöffel Muskatnuss.

Zum Mischen verrühren, dann in eine Backform gießen und eine Dreiviertelstunde lang langsam backen. Abkühlen lassen und dann mit Sahne servieren.

WIE MAN MAISBEEF ZUBEREITET

Das Rindfleisch in kaltem Wasser waschen, dann in einen Topf geben und mit kaltem Wasser bedecken. Zum Kochen bringen, in ein Sieb geben und kaltes Wasser über das Fleisch laufen lassen. Einen Topf auf den Herd stellen, mit kochendem Wasser füllen und hinzufügen

Eine Karotte, in Würfel geschnitten,

Zwei Zwiebeln, in jede Zwiebel steckt eine Zehe,

Ein Lorbeerblatt und

Das Fleisch.

Zum Kochen bringen und langsam garen, dabei das Fleisch zunächst dreißig Minuten und dann zwanzig Minuten bis zum Bruttogewicht garen lassen. Nehmen Sie dann den Topf vom Feuer, wenn das Fleisch gar ist, und lassen Sie das Fleisch bei abgenommenem Deckel in der Flüssigkeit abkühlen. Wenn es abgekühlt ist, nehmen Sie es heraus und legen Sie es sofort in die Eisbox. Kalt servieren.

Hammelfleisch kann wie Rindfleisch geschnitten werden. Die Schulter ergibt einen köstlichen, sparsamen Schnitt. Lassen Sie das Fleisch vom Metzger entbeinen, aber nicht rollen. Sechs Tage lang in eine Gurke legen. Herausnehmen, waschen, festbinden und auf die gleiche Weise wie Corned Beef garen.

ALTE PHILADELPHIA GESCHEIDETE NIER

Die Niere waschen, trocknen und in 2,5 cm große Stücke schneiden; in einem Topf mit kaltem Wasser zum Kochen bringen; Sobald der Siedepunkt erreicht ist, vom Feuer nehmen, in ein Sieb geben und abtropfen lassen, in kaltem Wasser abspülen und trocknen. Leicht mit Mehl bestäuben; Geben Sie drei Esslöffel Backfett in einen Topf. Wenn es heiß ist, werfen Sie es in die Niere und bräunen Sie es vorsichtig an. Dann fügen Sie zwei Tassen kochendes Wasser hinzu und kochen Sie, bis die Niere weich ist. Dann mit Salz und Pfeffer, fünf Esslöffeln Ketchup und drei Esslöffeln Essig würzen;

Je einen Esslöffel geriebene Zwiebel und fein gehackte Petersilie dazugeben. Zum Frühstück auf Toast servieren.

FLEISCHPUDDINGS

Geben Sie ausreichend kaltes Fleisch durch den Zerkleinerer, um eine dreiviertel Tasse abzumessen. In eine Rührschüssel geben und hinzufügen

Eine Tasse kalt gekochter Reis,

Eine kleine Zwiebel, gerieben,

Eine grüne Paprika, fein gehackt,

Zwei Teelöffel Salz,

Ein Teelöffel Paprika,

Zwei Teelöffel Knoblauchessig,

Ein halber Teelöffel Thymian,

Ein Ei,

Fünf Esslöffel kalte Brühe, Wasser oder Soße.

Gründlich vermischen, dann die Puddingförmchen einfetten und mit Mehl bestäuben und etwas mehr als nur zur Hälfte füllen. Die Oberseite glatt streichen und in eine Pfanne mit Wasser geben und dann vierzig Minuten lang bei mittlerer Hitze backen. Aus der Form nehmen und entweder mit Sahne oder brauner Soße bedecken.

MAISPUDDING

In eine Rührschüssel geben

Eine Dose zerkleinerten Mais,

Eine Tasse fertiges Brot,

Zwei Eier,

Eine halbe Tasse Milch,

Eine Zwiebel, gerieben,

Vier Esslöffel fein gehackte Petersilie,

Zwei Teelöffel Salz,

Ein Teelöffel Paprika.

Gut vermischen und dann in die vorbereiteten Puddingförmchen gießen. Stellen Sie die Tassen in einen Topf mit warmem Wasser und backen Sie sie 35 Minuten lang bei mittlerer Hitze.

So bereiten Sie das Brot zu:

Das altbackene Brot in heißem Wasser einweichen, in ein Tuch legen und trocken drücken.

So bereiten Sie die Tassen vor:

Gut einfetten und anschließend mit Semmelbröseln bestäuben.

Salzsuppe

110 Gramm gepökeltes Schweinefleisch oder Speck fein zerkleinern. In einen tiefen Wasserkocher geben und hinzufügen

Eine Tasse gehackte Zwiebeln,

Eine halbe Tasse gehackte süße rote Paprika,

Eine Tasse gehackte Tomaten.

Zehn Minuten lang langsam kochen und dann ein Pfund Fisch hinzufügen, Gräten und Haut entfernen und den Fisch in 2,5 cm große Blöcke schneiden.

Sechs große Muscheln in Stücke geschnitten,

Zwei Tassen Wasser.

Gut abdecken und dann zwanzig Minuten kochen lassen. Jetzt hinzufügen

Ein Teelöffel süßer Majoran,

Ein viertel Teelöffel Thymian,

Zweieinhalb Tassen Sahnesauce,

Eine Tasse gekochte Erbsen,

Eine Tasse gekochte Limabohnen,

Eine halbe Tasse fein gehackte Petersilie,

Zwei Esslöffel Butter,

Ein Esslöffel Salz,

Eineinhalb Teelöffel Pfeffer.

Bis zum Kochen erhitzen und dann servieren.

Gedämpfte Salzaustern oder Muscheln

Die gesalzenen Austern oder Muscheln in einen großen Topf geben und mit reichlich kaltem Wasser bedecken. Mit einer harten Bürste sauberschrubben. Stellen Sie nun ein Sieb in einen tiefen Topf und geben Sie einen Liter kochendes Wasser hinein. Füllen Sie das Sieb mit Salzaustern oder Muscheln und dämpfen Sie sie, bis sie ihr Maul öffnen. Ein Dutzend der gedünsteten Salzaustern oder Muscheln in einen tiefen Suppenteller geben und mit einer kleinen Untertasse mit geschmolzener Butter servieren. Servieren Sie dazu eine kleine Tasse Salzaustern- oder Muschelflüssigkeit, die nach dem Dämpfen der Muscheln im Topf übrig geblieben ist.

Muschelkrapfen nach Red-River-Bootshaus-Art

Ein Dutzend große Muscheln fein zerkleinern und dann abtropfen lassen, bis die Flüssigkeit übrig ist. Messen Sie die Flüssigkeit ab und fügen Sie ausreichend Milch hinzu, um eineinhalb Tassen abzumessen. In eine Schüssel geben und hinzufügen

Ein Ei,

Zwei Teelöffel Salz,

Ein Teelöffel Paprika,

Zwei Esslöffel geriebene Zwiebeln,

Vier Esslöffel fein gehackte Petersilie,

Ein Esslöffel Backfett,

Ein Teelöffel Zucker,

Die gehackten Muscheln,

Zwei Tassen gesiebtes Mehl,

Vier gestrichene Teelöffel Backpulver.

Kräftig schlagen und dann in sehr heißem Fett in einer flachen Pfanne braten.

Teufelsmuscheln

In einen Topf geben

Eine halbe Tasse Muschelsaft,

Eine halbe Tasse Milch,

Fünf Esslöffel Mehl.

Zum Auflösen umrühren, dann zum Kochen bringen und fünf Minuten kochen lassen. Jetzt hinzufügen

Sechs Muscheln fein gehackt,

Ein Esslöffel geriebene Zwiebel,

Vier Esslöffel fein gehackte Petersilie,

Ein viertel Teelöffel Senf,

Ein halber Teelöffel Paprika,

Ein Teelöffel Salz,

Sechs Esslöffel Semmelbrösel.

Gründlich vermischen und dann in gut gereinigte Muschelschalen füllen und oben aufrunden. Mit Mehl bestäuben, dann mit verquirltem Ei bestreichen und anschließend gut mit feinen Krümeln bedecken. Im heißen Fett goldbraun braten.

Muschelküchlein

Sechs Muscheln fein hacken, dann in eine Schüssel geben und so viel Milch zum Muschelsaft hinzufügen, dass eineinhalb Tassen entstehen. Über die gehackten Muscheln gießen und hinzufügen

Zweieinhalb Tassen Mehl,

Eineinhalb Teelöffel Salz,

Ein halber Teelöffel Pfeffer,

Ein gut geschlagenes Ei,

Zwei Esslöffel Backpulver (gestrichen),

Ein Esslöffel geriebene Zwiebel,

Drei Esslöffel fein gehackte Petersilie.

Zu einem glatten Teig schlagen und dann in tiefem Fett frittieren.

Muschelcocktail

Verwenden Sie für jeden Service vier Kirschkernmuscheln. Bereiten Sie eine Cocktailsauce wie folgt zu:

Eine Tasse Dosentomaten,

Ein Lauch, fein gehackt,

Eine Zwiebel, fein gehackt,

Prise Thymian,

Prise Nelken,

Ein halber Teelöffel Senf,

Eine halbe Tasse Wasser.

Fünfzehn Minuten kochen, abkühlen lassen, dann durch ein Sieb reiben und hinzufügen

Eineinhalb Teelöffel Salz,

Ein Teelöffel Paprika,

Ein Esslöffel Worcestershire-Sauce.

Mischen und dann in vier Portionen teilen.

MUSCHELN

Muscheln können auf ähnliche Weise wie Austern serviert und gekocht werden.

GEBACKENER SCHINKEN

Legen Sie ein 4,5 bis 5 Pfund schweres Stück vom unteren Ende des Schinkens über Nacht in den feuerlosen Kocher. Morgens die Haut entfernen und dann den fetten Teil des Schinkens einklopfen

Fünf Esslöffel brauner Zucker,

Ein Teelöffel Zimt,

Dreiviertel Teelöffel Piment.

In den heißen Ofen stellen und vierzig Minuten backen. Alle zehn Minuten damit begießen

Sechs Esslöffel Essig,

Dreiviertel Esslöffel kochendes Wasser.

Verwenden Sie die Flüssigkeit in der Pfanne, nachdem Sie den Schinken gebacken haben, um Soße zuzubereiten, indem Sie drei Esslöffel Mehl bräunen und dann die in der Pfanne verbliebene Flüssigkeit und ausreichend kochendes Wasser hinzufügen, um eine viertel Tasse Soße zuzubereiten. Jahreszeit.

Schinkenbrot

Den restlichen Schinken sehr fein hacken. Abmessen und auf eineinhalb Tassen auffüllen

Eineinhalb Tassen kalt gekochtes Haferflockenmehl,

Zwei Zwiebeln, gerieben,

Ein Teelöffel Paprika,

Eine halbe Tasse Semmelbrösel,

Eine Tasse Sahnesauce,

Ein Esslöffel Worcestershire-Sauce.

Mischen und dann in eine gut gefettete Kastenform gießen und diese dann in eine größere Pfanne mit warmem Wasser stellen. Vierzig Minuten bei mittlerer Hitze backen. Mit heißer Tomatensauce servieren.

ENGLISCHE SCHINKENKUCHE

Den Rest des frisch gebackenen Schinkens in ordentliche Stücke schneiden und alle kleinen Stücke beiseite legen. Kartoffeln schälen und würfeln, so viel wie ein Liter. Zwiebeln fein hacken, so viel wie eine Tasse. Kartoffeln und Zwiebeln in einen Topf geben und mit kochendem Wasser übergießen, bis sie bedeckt sind. Kochen, bis sie weich sind, und dann abgießen. Nun wie folgt einen Teig zubereiten:

Zwei Tassen Mehl,

Ein Teelöffel Salz,

Zwei Teelöffel Backpulver.

in eine Schüssel geben. Sieben und dann sechs Esslöffel Backfett einreiben. Mit einer halben Tasse eiskaltem Wasser vermischen. Ausrollen und dann eine flache Pfanne mit Teig auslegen. Eine Schicht Kartoffeln und Zwiebeln und dann eine Schicht Fleisch darauflegen. Gut würzen und das Fleisch mit einer zweiten Schicht Kartoffeln bedecken. Würzen und dann zwei Tassen stark gewürzte Soße hinzufügen. Den oberen Teig anbringen und die Ränder fest zusammendrücken. Den Teig mit kaltem Wasser bestreichen und dann eine Stunde im langsamen Ofen backen.

Käsebrot

Drei Tassen feine Semmelbrösel,

Eineinhalb Tassen Hüttenkäse,

Eineinhalb Tassen sehr dicke Sahnesauce,

Eine große Zwiebel, fein gehackt,

Eineinhalb Teelöffel Salz,

Ein Teelöffel Paprika,

Ein Teelöffel Worcestershiresauce.

Gründlich vermischen und dann in eine Form formen. In eine gut gefettete Backform füllen und diese in eine große Backform stellen, mit heißem Wasser bis zu einem Viertel der Backformtiefe füllen. Bei mittlerer Hitze fünfzig Minuten backen.

GRILL MIT GEKOCHTEM SCHINKEN

Kalten Kochschinken in sehr dünne Scheiben schneiden und anschließend in einen Chafing Dish geben und hinzufügen

Ein halbes Glas Johannisbeergelee,

Drei Esslöffel Essig,

Vier Esslöffel Wasser,

Ein halber Teelöffel Worcestershire-Sauce,

Ein viertel Teelöffel Paprika.

Erhitzen, bis es sehr heiß ist, und dann auf Toast servieren.

SÜLZE

Lassen Sie den Metzger den Kopf eines jungen Schweins reinigen und knacken. Gut waschen und in einem Topf kochen, der groß genug ist, dass das Wasser den Kopf vollständig bedeckt. Kochen, bis sich das Fleisch von den Knochen löst, dabei vorsichtig abschöpfen. Wenn es gar ist, nehmen Sie den Topf vom Feuer und nehmen Sie das Fleisch aus dem Topf. Fein hacken, mit Salz und Pfeffer und einem Esslöffel Geflügelgewürz würzen; gründlich mischen; Legen Sie ein sauberes Tuch in das Sieb und geben Sie den Käse hinein. mit einem anderen Tuch abdecken; Legen Sie einen Teller darauf und beschweren Sie ihn mit einem Bügeleisen.

ITALIENISCHES CANAPE

Fein hacken

Eine grüne Paprika,

Eine mittelgroße Zwiebel,

Ein Lauch,

Vier Zweige Petersilie,

Eine Tomate.

Geben Sie nun vier Esslöffel Backfett in einen Topf und fügen Sie das Gemüse hinzu. Langsam kochen, bis es weich ist, und dann hinzufügen

Fünf Esslöffel geriebener Käse,

Ein Teelöffel Salz,

Ein Teelöffel Paprika.

Gründlich vermischen und dann auf dünnen Toastscheiben verteilen. Mit geschnittenen gefüllten Oliven garnieren und mit Paprika bestäuben.

KÄSESOSSE

Eine Tasse Wasser,

Eine Tasse Milch,

Fünf gestrichene Esslöffel Mehl.

Das Mehl in Milch und Wasser auflösen; zum Kochen bringen; zehn Minuten lang langsam kochen; jetzt hinzufügen

Ein Teelöffel Salz,

Ein Teelöffel Pfeffer,

Ein gut geschlagenes Ei,

Eine halbe Tasse geriebener Käse.

WALISISCHER RAREBIT

Schneiden Sie ein halbes Pfund Käse sehr fein, geben Sie ihn in einen Topf und geben Sie ihn hinzu

Ein halber Teelöffel Senf,

Ein Teelöffel geriebene Zwiebel,

Zwei gut geschlagene Eier,

Ein Esslöffel Worcestershire-Sauce.

Rühren, bis eine cremige Masse entsteht und keine Klumpen mehr vorhanden sind, dann über die Toastscheiben gießen. Leicht mit Paprika bestreuen und servieren.

CHELSEA-KANINCHEN

Schneiden Sie ein Pfund Käse in kleine Stücke, geben Sie dann zwei Esslöffel Butter in eine Chafing Dish und fügen Sie sie hinzu

Eine Zwiebel, fein geschnitten,

Eine Tasse dickes Tomatenmark, durch ein feines Sieb gepresst,

Ein Esslöffel Worcestershire-Sauce,

Eineinhalb Teelöffel Salz,

Eineinhalb Teelöffel Paprika.

Kochen, bis die Zwiebel weich ist, dann Käse hinzufügen und umrühren, bis der Käse geschmolzen und die Mischung gut vermischt ist. Hier können sechs bis acht Personen untergebracht werden.

KÄSE-CANAPE

In eine Schüssel geben

Drei Esslöffel geriebener Käse,

Ein Esslöffel gehackte Petersilie,

Ein viertel Teelöffel Salz,

Ein halber Teelöffel Paprika,

Ein Esslöffel Butter.

Zu einer Paste verrühren und dann auf einem dünnen Brotdreieck verteilen. Leicht mit Paprika bestäuben.

TOMATEN-CANAPE

Die Tomaten in sehr dünne Scheiben schneiden, dann auf einen Teller legen und mit Salz und Pfeffer würzen. Nun auf einen Teller legen

Ein Esslöffel Butter,

Ein halber Teelöffel Senf,

Ein viertel Teelöffel Paprika,

Ein Esslöffel Petersilie.

Zu einer schönen, glatten Paste verarbeiten und dann leicht über die Tomaten verteilen. Auf einen kleinen runden Cracker legen und mit einer Scheibe hartgekochtem Ei garnieren.

LA BRETE CANAPE

Nehmen Sie den Fisch vom Rückgrat einer gekochten Makrele und fügen Sie die übriggebliebenen Stücke hinzu. Es müssen nur etwa zwei Esslöffel sein. Den Fisch durch ein Sieb reiben und hinzufügen

Eine kleine Zwiebel, gerieben,

Ein halber Teelöffel Senf,

Ein halber Teelöffel Paprika,

Eineinhalb Esslöffel Butter.

Zu einer Paste verarbeiten und dann auf dünnen gerösteten Brotstreifen verteilen.

BOHEMISCHER GENUSS

Auf einen Brot-Butter-Teller legen

Zwei Scheiben Salomiwurst,

Ein Rettich,

Ein Esslöffel vorbereitete Frühlingszwiebeln,

Eine dünne Tomatenscheibe.

Für die Zubereitung die Frühlingszwiebeln fein hacken und hinzufügen

Sechs Esslöffel Mayonnaise-Dressing,

Ein Esslöffel Essig.

Gründlich mischen und dann servieren.

ITALIENISCHES CANAPE

Zwei Zweige Petersilie,

Eine kleine Zwiebel,

Eine halbe grüne Paprika.

Fein hacken und dann in zwei Esslöffeln Salatöl weich kochen, dabei darauf achten, dass es nicht braun wird. Nun die dünnen Maisbrotscheiben leicht anrösten und mit dieser Mischung bestreichen. Mit geriebenem Käse und Paprika bestreuen.

CANAPE A LA-MODUS

Schneiden Sie zwei Esslöffel der vom Frühstück übriggebliebenen Makrele in Stücke, legen Sie sie auf einen Teller und fügen Sie sie hinzu

Drei Esslöffel Mayonnaise-Dressing,

Ein Teelöffel Paprika,

Ein Esslöffel fein gehackte Petersilie.

Zu einer glatten Paste verrühren und dann auf gerösteten Brotdreiecken verteilen. Mit Petersilie garnieren.

GEBRATENE SCHWEINEFÜSSE

Lassen Sie den Metzger die Füße knacken; waschen und zum Kochen in einen Topf mit kochendem Wasser geben. Vorsichtig kochen, bis sie sich leicht von den Gelenken lösen lassen. Aus dem Wasser nehmen und abkühlen lassen. Nach dem Erkalten in Portionen aufteilen, in Ei und Crackerstaub tauchen und in kochend heißem Schmalz anbraten. Mit Krautsalat oder Chow-Chow servieren.

HACKFLEISCH

Während der Weihnachtsfeiertage veranstalteten die Barone und Ritter der frühen Tage einen Tag der offenen Tür. Große Feste und Fröhlichkeit waren an der Tagesordnung. Das große Fest fand am Weihnachtstag statt. An diesem Tag wetteiferten die Hausherrinnen in freundschaftlicher Rivalität mit ihren Gerichten aus Hammelfleischpastete.

Die Mutton Pie, wie sie 1596 genannt wurde, ist die Mince Pie von heute. Sie war auch unter den Namen Xmas Pie oder Shredds bekannt. Zu Herricks Zeiten galt es als äußerst wichtig, eine bewaffnete Wache aufzustellen, die die Weihnachtspies bewachte, damit sie nicht von einem Naschkatzen stiehlt werden und es dann keine Pies mehr gibt, die das Fest zieren. Wie immer in kriegführenden Ländern waren Nahrungsmittel knapp und teuer und galten dementsprechend als großer Luxus.

HACKFLEISCH

Jetzt kann das Hackfleisch für die Feiertage zubereitet werden. Wenn es an einem kühlen Ort aufbewahrt wird, hat es genügend Zeit, sich zu vermischen und zu reifen. Hier sind einige preiswerte Rezepte:

Eine halbe Tasse Talg,

Eine halbe Tasse geriebene Karotten,

Sechs Tassen Äpfel, fein gehackt,

Zwei Tassen Rosinen, gehackt,

Eine halbe Tasse gekochtes Fleisch, fein gehackt,

Eine halbe Tasse Zitrone, fein gehackt,

Eine halbe Tasse Orangenschale, fein gehackt,

Zwei Esslöffel Zimt,

Ein halber Esslöffel Muskatnuss,

Ein halber Esslöffel Nelken,

Eineinhalb Tassen Melasse,

Eine Tasse gekochter Apfelwein.

In der angegebenen Reihenfolge mischen. In eine Schüssel oder einen Topf füllen. Gut abdecken und dann an einem kühlen Ort reifen lassen. Es kann kaltes Restfleisch verwendet werden.

NEUENGLAND-HACKFLEISCH

Geben Sie ein halbes Pfund Hamburgersteak in einen Topf und fügen Sie eine Tasse Apfelwein hinzu. Fünfzehn Minuten kochen lassen; Dann aus dem Topf nehmen, in eine große Schüssel geben und hinzufügen

Sechs Unzen zerkleinerter Talg,

Ein halbes Pfund Johannisbeeren,

Ein halbes Pfund Rosinen,

Zwei Pfund gehackte Äpfel,

Vier Unzen gehackte Zitrone,

Vier Unzen gehackte Orangenschale,

Vier Unzen gehackte Zitronenschale,

Zwei Esslöffel Zimt,

Ein Esslöffel Piment,

Dreiviertel Esslöffel Nelken,

Zweieinhalb Tassen Sirup,

Eine Tasse gekochter Apfelwein.

In der angegebenen Reihenfolge mischen und dann in ein Glas oder einen Topf füllen. Gut abdecken und dann an einem kühlen Ort reifen lassen.

ORANGEN-HACKFLEISCH

Den Saft von drei Orangen auspressen. Legen Sie die Schale in einen Topf mit kaltem Wasser. Kochen, bis es weich ist. Abgießen und dann durch den Zerkleinerer gießen. In eine Schüssel geben und hinzufügen

Sechs Tassen Äpfel, mäßig fein gehackt,

Eine Tasse Talg, fein gehackt,

Eine Tasse Rosinen, fein gehackt,

Eine Tasse eingedampfte Pfirsiche, fein gehackt,

Eine Tasse eingedampfte Aprikosen, fein gehackt,

Eine halbe Tasse Zitrone, fein gehackt,

Eine Tasse geriebene Karotte,

Zwei Esslöffel Zimt,

Ein halber Esslöffel Piment,

Ein halber Esslöffel Muskatblüte,

Ein halber Esslöffel Ingwer,

Ein halber Esslöffel Nelken,

Zwei Tassen Melasse,

Eine Tasse gekochter Apfelwein.

In der angegebenen Reihenfolge mischen und dann in eine große Schüssel, einen Topf oder einen Steintopf füllen. Dicht abdecken und anschließend zehn Tage lang an einem kühlen Ort reifen lassen.

GRÜNE TOMATEN UND APFELHACK

Geben Sie einen Liter fein gehackte grüne Tomaten in ein Sieb. Mit zwei Esslöffeln Salz bedecken. Zwei Stunden abtropfen lassen. In einen Topf geben und hinzufügen

Eine Tasse Sirup,

Eine Tasse Apfelwein.

Eine halbe Stunde lang sanft kochen; Nun in eine Schüssel füllen und hinzufügen

Drei Viertel einer Tasse zerkleinerter Talg,

Fünf Tassen Äpfel, gehackt,

Eine Karotte, fein gerieben,

Zwei Tassen Rosinen, fein gehackt,

Zwei Tassen Datteln, fein gehackt,

Eine halbe Tasse Feigen, fein gehackt,

Eine halbe Tasse Erdnüsse, fein gehackt,

Eineinhalb Esslöffel Zimt,

Ein halber Esslöffel Nelken,

Ein halber Esslöffel Muskatnuss,

Ein halber Esslöffel Ingwer,

Eineinhalb Tassen Melasse,

Eine Tasse gekochter Apfelwein.

In der angegebenen Reihenfolge mischen; Anschließend wie in den vorherigen Rezepten beschrieben aufbewahren. Schälen Sie die Äpfel nicht. Wenn Sie Talg, Rosinen und Trockenfrüchte durch den Zerkleinerer geben, fügen Sie eine getrocknete Brotkruste hinzu, um ein Verstopfen zu verhindern.

EIER

Die Ähnlichkeit im Verhältnis von Schale, Eigelb und Eiweiß bei Hühnereiern besteht darin, dass die Schale durchschnittlich etwa ein Zehntel, das Eigelb etwa drei Viertel und das Eiweiß etwa vier Zehntel ausmacht. Allein die Schale wird als Abfall gezählt. Das Weiß enthält etwa sechs Achtel Wasser, die Feststoffe des Weiß sind praktisch ausschließlich stickstoffhaltige Stoffe oder Proteine. Das Eigelb enthält etwa die Hälfte Wasser und ein Drittel Fett, der Rest besteht aus stickstoffhaltigem Material oder Eiweiß.

Frisch gelegte oder frische Eier haben eine halbtransparente, gleichmäßige, blassrosa Tönung; Die Schale enthält eine sehr kleine Luftkammer, die die Haut und die Schale des Eies trennt und mit Luft gefüllt ist. Diese Kammer vergrößert sich mit dem Alter der Eizelle.

Bei niedriger Temperatur gekochte Eier sind empfindlich und leicht verdaulich und können für Kranke und Personen mit einer empfindlichen Verdauung verwendet werden.

WIE MAN EIER KOCHE

Gekochte Eier sind verdorbene Eier; Die Ärzte sagen uns, dass die Verdauung hartgekochter Eier dreieinhalb Stunden dauert. Beachten Sie dies beim Kochen von Eiern. Wasser kocht bei einer Temperatur von 212 Grad Fahrenheit. Eier sollten bei einer Temperatur zwischen 165 und 185 Grad Fahrenheit gekocht werden.

Wasser in einen Topf geben und zum Kochen bringen; Drei Minuten kochen lassen und die Eier hinzufügen. Stellen Sie die Eier auf die Rückseite des Herds und lassen Sie sie acht Minuten stehen, wenn sie sehr weich gekocht sind, und fünfundzwanzig Minuten lang, wenn sie hart gekocht sind. Das Wasser sollte heiß gehalten werden, also knapp unter dem Siedepunkt.

SPIEGELEIER

Legen Sie das Fett in die Pfanne und erhitzen Sie es, bis es sehr heiß ist. Stellen Sie es dann so auf, dass die Pfanne diese Hitze beibehält, ohne noch heißer zu werden. Wenn Sie Gas verwenden, schalten Sie den Brenner herunter. Fügen Sie die Eier hinzu. Lassen Sie sie sehr langsam kochen, bis sie fest sind, und wenden Sie sie dann, falls gewünscht. Auf diese Weise gekochte Eier nehmen kein Fett auf, sind zart und zart und weisen am Rand keine Kruste aus knusprigem Ei auf.

EIER CARTHEOTH

Für dieses Gericht werden im Allgemeinen Tomaten, Paprika und Piment verwendet. Bereiten Sie die Tomaten oder Paprika vor, indem Sie eine Scheibe von der Oberseite abschneiden und dann die Mitte aushöhlen. Ein Ei aufschlagen und anschließend mit Salz, Pfeffer und etwas fein gehackter Petersilie würzen. Mit zwei Esslöffeln Sahnesauce bedecken. In den Ofen geben und zehn Minuten backen. Vor dem Hinzufügen der Sahnesoße kann fein gehackter Schinken oder Speck über das Ei gestreut werden.

Auch kalt gekochtes oder übrig gebliebenes Gemüse wie Mais, Erbsen, Spargel, Zwiebeln oder Blumenkohl kann verwendet werden. Der Abwechslung halber können anstelle von Tomaten, Paprika oder Piment auch kalt gekochte Kartoffeln, Rüben, Rüben usw. verwendet werden. Mit einer dicken, stark gewürzten Soße servieren.

POCHIERTE EIER

Um pochierte Eier zuzubereiten, geben Sie Wasser in einen Topf und geben Sie zu jedem halben Liter Wasser einen Esslöffel Essig hinzu. Zum Kochen bringen, dann das Ei auf einer Untertasse öffnen und in das kochende Wasser gleiten lassen, langsam köcheln lassen, bis es sich bildet, und dann mit einer Schaumkelle auf eine Serviette heben und abtropfen lassen. Dann sanft auf einer Scheibe gebuttertem Toast rollen.

Wenn Sie altmodische Muffinringe haben, legen Sie diese flach auf den Boden des Topfes, gießen Sie dann die Eier hinein und pochieren Sie sie. Oder Sie können einen der Wilderer verwenden, die in jedem Einrichtungsgeschäft erhältlich sind.

OMELETT

Einfache und lockere Omeletts werden auf die gleiche Weise wie Spiegeleier zubereitet.

EINFACHES OMELETT

Geben Sie drei Esslöffel Backfett in eine Bratpfanne und geben Sie dann unter Erhitzen die drei Eier in eine Schüssel und fügen Sie sie hinzu

Ein Esslöffel Milch,

Ein Esslöffel Wasser.

Mit einer Gabel gründlich verrühren und dann, wenn die Pfanne rauchend heiß ist, die Mischung darin wenden. Platzieren Sie es dann dort, wo das Omelett sehr langsam garen soll. Würzen und dann wenden, falten und rollen, dabei auf einer heißen Platte wenden.

Spanisches Omelett

Verwenden Sie das Rezept für ein lockeres Omelett und hacken Sie dann zwei mittelgroße Tomaten fein, lassen Sie sie von der Feuchtigkeit abtropfen und fügen Sie eine mittelgroße Zwiebel und vier große, fein gehackte Oliven hinzu. In einer kleinen Pfanne mit einem Esslöffel Butter erhitzen. Wenn es heiß ist, verteilen Sie es auf dem Omelett und falten und rollen Sie es oder stellen Sie es in einen heißen Ofen und backen Sie es.

Flauschiges Omelett

Trennen Sie Eigelb und Eiweiß von drei Eiern. Geben Sie das Eigelb in eine Schüssel und fügen Sie drei Esslöffel Milch hinzu. Schlagen Sie alles gut durch und schlagen Sie dann das Eiweiß, bis es sehr steif ist. Das Eigelb schneiden und unter das vorbereitete Eiweiß heben, dann in eine Pfanne geben und langsam kochen lassen. Falten und rollen und auf eine heiße Platte stellen.

Spiegeleier und Omeletts können mit Schinken, Speck, fein gehackter Petersilie garniert werden; Piment und grüne Paprika.

Um Omeletts mit verschiedenen Geschmacksrichtungen zuzubereiten, bereiten Sie das Omelett wie ein einfaches Omelett zu und fügen Sie dann kurz vor dem Wenden und Rollen das gewünschte Aroma hinzu. Dann das Omelett aufrollen, falten und auf eine heiße Platte stürzen. Erhitzen Sie die Füllung, bevor Sie sie auf dem Omelett verteilen. Übriggebliebene Gemüse- und Fleischreste lassen sich auf diese Weise zu attraktiven Gerichten verarbeiten.

TIGERAUGEN-SANDWICHES

Verwenden Sie hierfür ausschließlich frische Eier. Eiweiß und Eigelb trennen und das Eigelb bis zur Verwendung in der Schale aufbewahren. Eine Prise Salz zum Eiweiß geben und sehr steif schlagen. Auf einer quadratischen Toastscheibe zu einer Pyramide stapeln. Machen Sie eine Mulde in der Mitte des Eiweißes und geben Sie dann das Eigelb hinein. Leicht mit Paprika bestäuben und dann sieben Minuten im heißen Ofen backen.

MESSUNGEN

Viele Frauen wissen, wie wichtig genaue Messungen bei der Zubereitung von Lebensmitteln sind. Andere beschweren sich häufig über die Probleme, die sie mit Rezepten haben, aber was sie eigentlich wissen müssen, ist, dass wir nicht mehr in der Zeit leben, in der für frische Eier 25 Cent pro Pfund und für cremige Butter 30 Cent pro Pfund gelten Hervorragende Qualität ist Vergangenheit.

Vorbei sind die Zeiten des Überflusses, in denen der extravagante Koch der beste Koch war. Verbannen Sie alle Rezepte, die Tassen Butter erfordern.

Aus Gründen der realen praktischen Ökonomie verwenden wir jetzt Füllstandmessungen; Das bedeutet, dass Sie zuerst Ihr Mehl in eine Schüssel sieben und dann das Maß füllen, indem Sie es mit einem Löffel füllen und dann die Oberseite des Maßes mit einem Messer nivellieren. Unter Füllstandsmessung versteht man alles, was unterhalb des Tassen- oder Löffelrandes liegt.

Der erfahrene Koch mit einem Auge für Messungen kann die Mengen sehr oft genau abschätzen. Auch wenn ihr manchmal ein Fehler unterläuft, wird sie dies niemals auf ihr Maß oder die Art und Weise der Zusammenstellung der Zutaten zurückführen; Oft gibt sie dem Mehl, dem Backpulver oder sogar dem Ofen die Schuld.

Eine Frau schrieb mir, sie wolle wissen, was das Problem mit ihren Kuchen sei. Ich bat sie um das Rezept und sie antwortete, sie verwende normalerweise eine Schüssel zum Abmessen und nehme dann Zucker, Eier, Butter, Mehl und genug Milch oder Wasser, um einen Teig zuzubereiten – es gebe keine wirklich genauen Mengenangaben. Als ich ihr antwortete, sagte ich ihr, dass es die von ihr verwendeten Maße und Methoden seien, die häufig zu Misserfolgen führten. Aber sie war sich sicher, dass das nicht der Fall sei, denn ihr Kuchen sei normalerweise gut und es käme nur ab und zu vor, dass er misslang. Ich brauchte also einige Zeit, um sie davon zu überzeugen, dass genaue Maße immer die gleichen Ergebnisse und den garantierten Erfolg bringen und dass sie 365 Tage im Jahr denselben Kuchen backen könne, ohne dass ein Misserfolg eintritt.

Heute möchte diese Frau nicht mehr zu ihrer alten Kochweise zurückkehren und vor kurzem erhielt ich eine kleine Notiz von ihr, in der sie mich aufforderte, auch den anderen Hausfrauen mittleren Alters und jungen Hausfrauen mitzuteilen, wie wichtig Genauigkeit ist.

Sie wissen, dass das genaue Abmessen nur ein paar Minuten länger dauert, und dann können Sie den köstlichen Kuchen ohne Fehler backen. Keine Ausfälle, keine Verschwendung. Die Worte „auf das Glück vertrauen" sollten in der Küche einer effizienten Frau wirklich tabu sein.

Wenn Sie erfolgreich kochen möchten, müssen Sie der Versuchung widerstehen, einem Rezept nur etwas mehr Zucker, Mehl oder Backfett hinzuzufügen, um es zu verbessern. Wenn Sie beim Backen von Kuchen Pflanzenöl anstelle von Butter verwenden, reduzieren Sie die Fettmenge um ein Drittel. Viele Kuchenrezepte enthalten zu viel Fett.

Wenn die Menge weniger als eine Tasse beträgt, ist es häufig einfacher, sie mit einem Löffel abzumessen. Denken Sie daran, dass alle Maße eben sind:

Sechzehn Esslöffel	1 Tasse
Acht Esslöffel	½ Tasse
Vier Esslöffel	¼ Tasse

Fünf Esslöffel plus ein Teelöffel ⅓ Tasse

Vor dem Abmessen das Mehl einmal sieben. Standard-Messbecher mit einem Fassungsvermögen von einem halben Pint sind auf einer Seite in Viertel und auf der anderen Seite in Drittel geteilt und sind normalerweise in allen Einrichtungsgeschäften erhältlich. Sie können zwischen Aluminium, Glas oder Zinn wählen.

Messlöffelsätze sparen Zeit und Ärger. Die Löffel reichen von einem viertel Teelöffel bis zu einem Esslöffel und ermöglichen so genaue Messungen zum Würzen und Würzen.

Ein Spachtel zahlt sich im ersten Monat seiner Verwendung um ein Vielfaches aus. Mit diesem Messer ist es möglich, jedes Lebensmittelpartikel aus einer Rührschüssel zu entfernen.

Wie kann man ein Haus ohne eine zuverlässige Waage führen? Wissen Sie, wie viel das Huhn gewogen hat, das Sie am Samstag gekauft haben, und wissen Sie, wie viel Abfall angefallen ist? oder das Gewicht des Knochens im Fleisch, das Sie am Mittwoch gekauft haben? Wägen Sie Ihre Einkäufe manchmal ab? Denken Sie darüber nach, kaufen Sie dann eine gute Waage und bewahren Sie sie an einem geeigneten Ort auf.

Liste äquivalenter Maßnahmen:—

1 Salzlöffel	¼ Teelöffel

3 Teelöffel	1 Esslöffel
3 Esslöffel	1 Kochlöffel
4 Esslöffel	¼ Tasse
8 Esslöffel	½ Tasse
12 Esslöffel	¾ Tasse
16 Esslöffel	1 Tasse
2 Tassen	1 Pint
2 Pints	1 Quart
4 Quarts	1 Gallone

TROCKENMASS

8 Quarts	1 picken
2 Quarts	¼ picken
4 Quart	½ picken
2 Tassen Kristallzucker	1 Pfund
2¾ Tassen brauner Zucker	1 Pfund
3½ Tassen gemahlener Kaffee	1 Pfund
3 Tassen Maisstärke	1 Pfund
2 Tassen Butter	1 Pfund
2 Tassen Schmalz	1 Pfund
3 Tassen granuliertes Maismehl	1 Pfund
3¾ Tassen Roggenmehl	1 Pfund
3¾ Tassen Grahammehl	1 Pfund
3¾ Tassen ungesiebtes Weizenmehl	1 Pfund
4 Tassen gesiebtes Mehl	1 Pfund
3½ Tassen Vollkornmehl	1 Pfund

| 9 Tassen Kleiemehl | 1 Pfund |
| 2 Tassen Reismehl | 1 Pfund |

ITALIENISCHES DRESSING

Eine halbe Tasse Salatöl,

Vier Esslöffel Essig,

Ein Teelöffel Salz,

Ein Teelöffel Paprika,

Drei Esslöffel geriebener Käse.

In ein Obstglas geben und dann schütteln, um es zu vermischen.

Sauerrahm-Gurken-Dressing

Eine mittelgroße Gurke schälen, reiben und anschließend mit einem Teelöffel Salz bestreuen. Eine Stunde stehen lassen, dann abtropfen lassen und eine Tasse Sauerrahm in eine Schüssel geben. Schlagen Sie alles steif und fügen Sie die vorbereitete Gurke hinzu

Ein Teelöffel Senf,

Ein Teelöffel Pfeffer,

Zwei Esslöffel fein gehackte Zwiebeln,

Zwei Esslöffel fein gehackte Petersilie,

Saft einer halben Zitrone.

Vor dem Servieren gut vermischen.

Rahmkohl

Den Kohl fein schneiden und anschließend in kaltes Salzwasser geben, bis er knusprig ist. Gut abtropfen lassen und dann hinzufügen

Pro Liter eine grüne oder rote Paprika, fein gehackt

Kohl,

Ein Esslöffel Senfkörner

und dann ein Dressing wie folgt zubereiten:

Geben Sie das Eigelb eines Eies in einen Suppenteller und fügen Sie es hinzu

Ein Teelöffel Essig,

Ein Teelöffel Senf,

Ein Teelöffel Zucker,

Ein Teelöffel Paprika.

Mit einer Gabel zu einer glatten, dicken Paste verarbeiten und dann langsam eine halbe Tasse Salatöl hinzufügen. Wenn es sehr dick ist, mit vier Esslöffeln Kondensmilch und sechs bis acht Esslöffeln Essig auf die gewünschte Konsistenz reduzieren. Mit einem Dover-Schneebesen schlagen und dann über den Kohl gießen.

SALATE

Den Salat waschen, abtropfen lassen und anschließend mit einer scharfen Schere fein zerkleinern. In eine Schüssel geben, ein Bund Frühlingszwiebeln und eine Stange Sellerie fein hacken und zum Salat geben. Mit Mayonnaise-Dressing bedecken und zum Mittagessen mit einem Teller Cremesuppe servieren. Toast und ein leichtes Dessert runden diese Mahlzeit ab.

ENGLISCHER BRUNNENKRESSE-SALAT

Fünf Streifen Speck in Würfel schneiden und anschließend in einer Bratpfanne schön anbraten. Heben Sie den gekochten Speck an, lassen Sie das Fett abtropfen und lassen Sie nur etwa fünf Esslöffel in der Pfanne. Nun in eine Tasse geben

Ein halber Teelöffel Senf,

Ein halber Teelöffel Zucker,

Ein Teelöffel Salz,

Ein halber Teelöffel Paprika,

Vier Esslöffel Essig.

Auflösen und in das heiße Fett gießen, zum Kochen bringen und dann den gekochten Speck hinzufügen. Geben Sie nun die vorbereitete Brunnenkresse in eine Schüssel und gießen Sie den Speck mit dem vorbereiteten Dressing darüber. Vorsichtig vermischen und dann mit hartgekochten Eiern (in Scheiben geschnitten) garnieren.

Zur Abwechslung können anstelle der Brunnenkresse auch Maissalat, Kohl, Kopfsalat, Römersalat und Escarolle-Salat verwendet werden.

Radieschen sollten gut gewaschen und anschließend in kaltem Wasser knusprig werden. Von der Spitze bis zum Stielende in Viertel teilen. Große

Radieschen können geschält und in kochendem Wasser weich gekocht, dann abgetropft und zur Abwechslung mit Sahne, Hollandaise oder einfacher Buttersauce serviert werden.

ALTES ENGLISCHES SENFDRESSING

Ein Esslöffel Kondensmilch,

Ein Teelöffel Senf.

In einen Suppenteller geben und vermischen, dann einen Esslöffel Öl hinzufügen. Lassen Sie dann den Essig und dann das Öl fallen, bis Sie es aufgebraucht haben

Acht Esslöffel Salatöl,

Ein Esslöffel Essig.

Auf Salat, Gurken, Fleisch oder Fisch servieren.

REICHhaltiges, gekochtes Salatdressing

Eine halbe Tasse Wasser,

Dreiviertel Tasse Essig,

Fünf Esslöffel Maisstärke.

Die Stärke in Wasser auflösen und zum Kochen bringen. Drei Minuten kochen lassen und dann hinzufügen

Ein gut geschlagenes Ei,

Eine halbe Tasse dicke Sahne,

Ein Esslöffel Zucker,

Ein Teelöffel Salz,

Ein Teelöffel Paprika.

Zucker und Gewürze mit der Sahne verrühren und das Ei dazugeben, dann zur kochenden Masse geben und sofort vom Herd nehmen. Sechs Esslöffel Salatöl langsam unterrühren. Kühl gelagert ist das Ganze sechs Wochen haltbar.

SPARGEL-VINAIGRETTE

Den Spargel waschen und schaben, wobei pro Portion vier Stangen übrig bleiben. Das Mark vom Stangenende entfernen und dann in kochendem Wasser garen, bis er weich ist. Den Spargel herausnehmen und gut abtropfen lassen, dann in eine Schüssel geben und mit der folgenden Soße bedecken:

Vier Esslöffel Salatöl,

Zwei Esslöffel Essig,

Ein halber Esslöffel geriebene Zwiebeln,

Ein halber Esslöffel fein gehackter grüner Pfeffer,

Ein Teelöffel Salz,

Ein Teelöffel Paprika,

Ein viertel Teelöffel Senf.

Zum Mischen verrühren und dann zum Abkühlen auf Eis stellen. Eiskalt auf knackigen Salatblättern servieren.

OTTAWA-KLEID

Eine halbe Tasse Ketchup,

Zwei große Zwiebeln gerieben,

Eine große grüne Paprika, fein gehackt,

Eine halbe Tasse Salatöl,

Sechs Esslöffel Essig,

Ein Teelöffel Zucker,

Ein Teelöffel Salz,

Ein Teelöffel Senf,

Ein Teelöffel Paprika.

Gewürze mit Essig vermischen und dann kräftig verrühren.

BALTIMORE-KLEIDUNG

Eine Tasse Mayonnaise,

Eine halbe Tasse gut abgetropfte Dosentomaten,

Zwei Zwiebeln, fein gerieben,

Ein Esslöffel Worcestershire-Sauce,

Zwei Teelöffel Salz,

Ein Teelöffel Senf,

Ein Teelöffel Paprika.

Gründlich vermischen und dann eiskalt servieren.

SPARGEL-SELLERIE-SALAT

So viel Sellerie sehr fein hacken, dass eine Tasse groß ist. In eine Schüssel geben und hinzufügen

Eine mittelgroße Zwiebel,

Eine grüne Paprika.

Sehr fein zerkleinern und dann hinzufügen

Eine halbe Tasse Mayonnaise,

Ein Esslöffel Essig,

Ein Teelöffel Salz,

Ein halber Teelöffel Paprika.

Mischen und dann in ein Nest aus knackigen Salatblättern füllen und mit den Spargelspitzen aus der Dose garnieren.

KÄSE-Dressing

Vier Esslöffel geriebener Käse,

Ein Teelöffel Senf,

Ein Teelöffel Paprika,

Ein Teelöffel Salz,

Acht Esslöffel Öl,

Vier Esslöffel Essig.

In eine Schüssel geben und gut vermischen.

Teufels-Eiersalat

Kochen Sie zwei Eier hart, entfernen Sie dann die Schale und schneiden Sie das Ei der Länge nach auf. Entfernen Sie das Eigelb und reiben Sie es anschließend durch ein feines Sieb und fügen Sie es hinzu

Ein halber Teelöffel Senf,

Ein viertel Teelöffel Paprika,

Ein Teelöffel geriebene Zwiebel,

Ein Teelöffel fein gehackte Petersilie,

Ein halber Teelöffel Salz,

Drei Esslöffel Mayonnaise.

Gut vermischen und dann Kugeln formen, wobei eine Kugel an der Stelle im Eiweiß platziert wird, die vom Eigelb zurückgeblieben ist. Legen Sie nun jedes weiße oder halbe Ei in das Salatnest und legen Sie es um das Ei herum

Sechs gekochte Bohnen,

Eine Tomatenscheibe, halbiert,

Zwei dünne Zwiebelscheiben,

und mit zwei Esslöffeln russischem Dressing garnieren.

KALBFLEISCH

Kalbfleisch ist der geputzte Kadaver eines Kalbes. Das Fruchtfleisch sollte fest und rosa-weiß sein und gut gegart sein, damit es seinen Geschmack und seine nahrhaften Eigenschaften entfalten kann. Die Schnitte sind Hals, Schultern, Gesäß, Brust, Lende und Bein. Die Schultern, die Brust und die Lende werden zum Braten verwendet, der Hals und das Ende der Keule zum Schmoren, die Keule für Koteletts und der Rost für Koteletts. Die Kalbskeule kann für Eintöpfe, Suppen, Brühe oder Pfefferstreuer verwendet werden.

Weitere Produkte vom Kalb sind Köpfe, Gehirne, Herzen, Bries, Füße, Kalbsleber, Kutteln, Nieren und Zunge. Die Nieren bleiben normalerweise in der Lende.

KOCHEN

Die Schulter kann entbeint und gerollt sein oder glatt bleiben oder einfach den Schulterblattknochen entfernen und dann eine Füllung verwenden. Bei der Brust können die Knochen entfernt und dann eine Tasche gemacht und gefüllt werden.

Zum Braten die Lende abschneiden, in Form binden und dann braten.

Fleisch vom Hals, der Brust und der Haxe wird häufig zu Hühnchen verwendet und ist bei richtiger Zubereitung köstlich. Brühe aus Kalbsknochen ist reich an Gelatine und kann für Fleischbrote, Formen und Sülzen verwendet werden.

ZUR ZUBEREITUNG VON PANIERTEN KOTTELETS

Schneiden Sie die Koteletts in geeignete Stücke, wälzen Sie sie dann in Mehl, tauchen Sie sie in geschlagenes Ei und tauchen Sie sie dann erneut in feine Semmelbrösel, wobei Sie sie fest tupfen. Schnell goldbraun braten. Zum Fertiggaren in den heißen Ofen stellen. Das Schnitzel kann entweder mit brauner Soße oder Tomatensauce serviert werden.

Kalbfleischkroketten

Eine Tasse Milch,

Fünf gestrichene Esslöffel Maisstärke.

In einen Topf geben und dann die Stärke in der Milch auflösen. Zum Kochen bringen und fünf Minuten kochen lassen. Jetzt hinzufügen

Eineinhalb Tassen gekochtes Kalbfleisch, fein gehackt,

Ein Esslöffel geriebene Zwiebel,

Zwei Esslöffel fein gehackte Petersilie,

Eineinhalb Teelöffel Salz,

Ein Teelöffel Pfeffer,

Ein Esslöffel Worcestershire-Sauce.

Gut verrühren, dann auf eine gefettete Platte gießen und zum Formen vier Stunden lang an einem kühlen Ort ruhen lassen. Zu Kroketten formen und dann in geschlagenes Ei und dann in feine Semmelbrösel tauchen; im heißen Fett anbraten. Mit Tomatensauce servieren.

DIE AUSGEZEICHNETEN SCHNITTE ZUBEREITEN

Gehirne vorbereiten

Eine Stunde in kaltem Wasser einweichen und den Saft einer halben Zitrone hinzufügen. Abgießen und anschließend zehn Minuten vorkochen. Abtropfen lassen und dann überschüssiges Gewebe entfernen. Legen Sie es unter ein Gewicht, um es zu glätten und bei Bedarf fester zu machen, oder schneiden Sie es in zwei Teile und tauchen Sie es in Mehl, dann in Ei und schließlich in feine Semmelbrösel. Im heißen Fett goldbraun braten. Mit Sauce Hollandaise servieren.

Gebratene Kalbsschulter

Lassen Sie den Metzger für die Füllung eine Tasche in das Kalbfleisch machen. Weichen Sie nun so viel altbackenes Brot in kaltem Wasser ein, dass es nach dem Auspressen etwa zwei Tassen misst. Das Brot in einen Topf geben und hinzufügen

Eine Tasse fein gehackte Zwiebeln,

Drei Esslöffel fein gehackte Petersilie,

Eine grüne Paprika, fein gehackt,

Eine halbe Tasse Backfett.

Gründlich vermischen und dann langsam kochen, damit die Zwiebel nicht braun wird. Wenn es weich ist, hinzufügen

Ein Teelöffel Paprika,

Zwei Teelöffel Salz,

Ein Teelöffel Pfeffer.

Gründlich vermischen, dann abkühlen lassen und in das Kalbfleisch füllen. Die Öffnung mit einer Stopfnadel und einer festen Schnur zunähen oder mit Zahnstochern befestigen. Das Fleisch gut mit Mehl bestäuben und dann im heißen Ofen bräunen lassen. Reduzieren Sie dann die Hitze des Ofens auf eine mittlere Stufe und braten Sie es. Warten Sie 30 Minuten, bis das Fleisch zu garen beginnt, und 25 Minuten, bis es fertig ist. Alle zehn Minuten begießen mit:

Eine halbe Tasse Gemüsesalatöl hinein

Eineinhalb Tassen kochendes Wasser.

KALBSHERZ A LA MODE

Waschen Sie das Herz und weichen Sie es einige Minuten lang in Wasser ein. Entfernen Sie dann die Schläuche und Adern und schneiden Sie das Herz in Würfel. Vorkochen, bis es weich ist. Anschließend so viel Wasser hinzufügen, dass alles bedeckt ist

Eine halbe Tasse Essig,

Vier Zwiebeln, fein gehackt,

Zwei Karotten, in Würfel geschnitten,

Ein Teelöffel süßer Majoran,

Zwei Teelöffel Salz,

Ein Teelöffel weißer Pfeffer.

Die Soße eindicken und mit gerösteten Brotstreifen servieren.

Das Kalbsherz kann in dünne Scheiben geschnitten, in Mehl getunkt und dann gebraten werden. Kalbsleber ist sehr empfindlich und muss schnell gegart werden, entweder durch Schwenken oder Grillen. Der Kopf wird für Scheinschildkrötensuppe verwendet, gekocht und mit brauner Soße serviert oder zu Kälberkopfkäse verarbeitet. Die Zunge kann gekocht werden, bis sie weich ist, und dann in Essig eingelegt werden.

Die Füße können anstelle des Kopfes für eine Suppe mit künstlichen Schildkröten und anstelle des Knöchels für die Zubereitung von Pfefferstreuern verwendet werden.

Kutteln im Teig gebraten

Die Kutteln in austerngroße Stücke schneiden, würzen und in einen Teig tauchen. Im heißen Fett goldbraun braten und anschließend mit Sauce Hollandaise servieren.

DER TEIG

Ein Ei in einer Tasse aufschlagen und mit Milch auffüllen. In eine Schüssel geben und hinzufügen

Eineinviertel Tassen Mehl,

Ein Teelöffel Salz,

Ein halber Teelöffel Pfeffer.

Gut schlagen, um Klumpen zu entfernen.

Kreolische Kutteln

Vier Zwiebeln fein hacken und dann mit vier Esslöffeln Backfett in einen Topf geben; Die Zwiebeln hinzufügen und kochen, bis sie weich, aber nicht braun sind. Geben Sie nun vier Esslöffel Mehl hinzu. Umrühren, bis alles gut vermischt ist, und dann hinzufügen:

Zwei Tassen passierte Tomaten,

Eine grüne Paprika, fein gehackt,

Ein halbes Pfund zubereitete Pilze,

Ein Pfund Kutteln, in Zollblöcke geschnitten.

Zwanzig Minuten sanft kochen, dann würzen und servieren.

Eingelegte Kutteln

Schneiden Sie die vorbereiteten Kutteln in 2,5 cm breite und 5 cm lange Streifen, geben Sie sie in eine Porzellanschüssel und fügen Sie sie hinzu

Vier in Ringe geschnittene und vorgekochte Zwiebeln,

Zwei Lorbeerblätter,

Ein Dutzend Nelken,

Ein halbes Dutzend Piment

und ausreichend Essig zum Bedecken. Vor der Verwendung zwei Tage stehen lassen.

SCHILDKRÖTE UND SCHNAPPER

Legen Sie die Schildkröte auf den Rücken und schneiden Sie den Kopf ab. Lassen Sie die Schildkröte zwanzig Minuten lang ausbluten. Trennen Sie den Körper von der Schale und entfernen Sie die Eingeweide. Trennen Sie Leber und Herz sorgfältig. Nun mit einem scharfen Messer das Fleisch aus der Schale lösen und zwei Minuten in kochendes Wasser legen. Abfluss. Reiben Sie die Beine und das gesamte Fleisch mit der Außenhaut mit einem groben Handtuch ab, bis die Haut entfernt ist. Nun hacken Sie die Schale mit einem Hackbeil in fünf Stücke und legen Sie sie fünf Minuten lang in kochendes Wasser. Aus dem heißen Wasser nehmen. Mit dem Messer Haut und Borsten von der Schale abziehen. Legen Sie nun das Fleisch und die Schale für eineinhalb Stunden in kaltes Wasser. Sie haben jetzt weißes und grünes Schildkrötenfleisch zum Kochen bereit.

KOCHEN

Geben Sie das Fleisch und die Schale in einen großen Einmachkessel und füllen Sie es mit ausreichend kaltem Wasser

Ein Glas gedünstete Tomaten,

Eine Stange Sellerie,

Ein Bund Kräuter,

Ein Bund Petersilie,

Drei Nelken,

Vier Piment,

Vier große Zwiebeln,

Zwei Lorbeerblätter,

Eine mittelgroße Karotte,

Schale einer halben Zitrone,

Drei Esslöffel Worcestershire-Sauce.

Gewürze und Gemüse in ein Käsetuch binden und zum Kochen bringen. Langsam kochen, bis das Fleisch zart ist, dann das weiße Fleisch entfernen. Das grüne Fleisch, das sich größtenteils in der Schale befindet, kochen, bis es zart ist. Das Fleisch, wenn es zart ist, in kaltes Wasser legen und blanchieren. Die Flüssigkeit für die Suppe verwenden. Abseihen und einen

Teil des Schildkrötenfleischs, hartgekochtes Ei, geriebene Zitronenschale und Zitronensaft hinzufügen. Den Schnapper genauso zubereiten wie die Grüne Schildkröte. Den Schnapper nur zehn Minuten ausbluten lassen.

KRABBENSALAT

Öffnen Sie zwei große Dosen Garnelen, lassen Sie sie abtropfen und waschen Sie sie unter kaltem Wasser. Zerkleinern Sie nun die groben grünen Außenblätter des Salats sehr fein. Messen Sie zwei Tassen ab, geben Sie sie in eine Schüssel und fügen Sie hinzu

Eine grüne Paprika,

Eine Zwiebel, sehr fein gehackt,

Eine halbe Tasse Mayonnaise-Dressing.

Gut vermischen und dann in ein Nest aus knackigen Salatblättern füllen. Die Garnelen darauf legen und mit Mayonnaise bestreichen. Mit zwei hartgekochten Eiern garnieren und vierteln.

GARNELE

Garnelen gibt es in der Regel gekocht, aber um Garnelen zu kochen: Tauchen Sie die Garnelen in einen für Krabben vorbereiteten Kessel. Zehn Minuten kochen, dann abgießen und abkühlen lassen. Entfernen Sie die Schale und Sie können sie dann für Salate, Kroketten und frittierte Garnelen verwenden.

SCHIMMELSCHILDECKE

Am besten eignen sich Diamantschildkröten oder Salzwasserschildkröten. Für Kroketten und Püree können Süßwasserschildkröten verwendet werden. Reinigen Sie die Sumpfschildkröte, indem Sie sie sechs Stunden lang in frisches Wasser legen. Waschen Sie sie in warmem Wasser und legen Sie sie dann lebendig in kochendes Wasser. Fünf Minuten kochen lassen. Entfernen Sie den Hals, die Beine und den Schwanz und reiben Sie ihn anschließend mit einem groben Tuch ab, um die Haut zu entfernen. Nochmals waschen. Zurück in den Topf. Kochen, bis sich die Keulen leicht vom Körper lösen. Normalerweise etwa fünfunddreißig Minuten für kleine Sumpfschildkröten und fünfundsiebzig Minuten für große. Alter und Zustand bestimmen den Garzeitpunkt. Cool. Nun, bevor es vollständig abgekühlt ist, trennen Sie die Sumpfschildkröte von der Schale, entfernen Sie den Dünndarm, die Schale, die Galle usw. Schneiden Sie das Fleisch in Stücke.

In Sahnesoße à la Maryland kochen; in brauner Soße für a la Mode oder gedünstete Sumpfschildkröte.

Geschmorter Schnapper

Öffnen Sie eine Dose Schnapper, geben Sie ihn in eine Porzellanschüssel und lassen Sie ihn eine Stunde lang stehen. in einen Topf geben.

Zwei Tassen Wasser,

Vier Esslöffel Maisstärke, in Wasser aufgelöst,

Schwuchtel aus Suppenkräutern,

Zwei Nelken,

Zwei Esslöffel Butter,

Eineinhalb Teelöffel Salz,

Ein Teelöffel Paprika,

Saft einer Zitrone,

Abgeriebene Schale einer viertel Zitrone.

Zum Kochen bringen und fünfzehn Minuten lang langsam kochen lassen; Dann das Schnapperfleisch hinzufügen, 10 Minuten lang langsam erhitzen und servieren.

STEAKS

Die Auswahl des Steaks hängt ganz von der Anzahl der zu bedienenden Personen ab. Ein Steak kann nicht als billiges Fleisch eingestuft werden; Die Anteile an Knochen und Besatz machen dieses Fleisch in Zeiten hoher Preise zu einem seltenen Luxus.

Doch es gibt Zeiten, in denen die Männer ein Steak wollen – und zwar ein Steak. Es gibt drei Arten von Fleisch, die in Steaks geschnitten werden; nämlich Lende, Rumpf und Rund. Alle drei schmecken köstlich, wenn sie richtig zubereitet werden.

Beim runden Steak entsteht am wenigsten Abfall, und wenn die Steaks aus den ersten drei Teilstücken stammen, sollten sie zart und saftig sein, vorausgesetzt, sie sind ausreichend dick geschnitten und richtig gegart.

Das Rumpsteak ist genauso zart und schmackhaft wie Lende und enthält etwa ein Drittel weniger Abfall. Das Lendenstück ist das erlesenste Teilstück des gesamten Schlachtkörpers und enthält verhältnismäßig viel Abfall.

Lassen Sie den Metzger das runde Steak etwa einen halben Zoll dick schneiden und dann mit einer Fleischaxt darauf klopfen, um das zähe Gewebe zu zerbrechen. Auf eine Platte legen, mit Salatöl bestreichen und eine halbe Stunde ruhen lassen. Nun wie gewohnt grillen und alle vier

Minuten wenden. Auf eine heiße Platte heben und mit der unten aufgeführten ausgewählten Fleischbutter bestreichen.

Rumpsteaks sollten fünf Zentimeter dick geschnitten und von Knochen und Fett befreit sein. Schneiden Sie nun den Rand des Fettes ein, bestreichen Sie ihn mit Salatöl und grillen Sie ihn dann wie ein rundes Steak.

Das Lendensteak sollte fünf Zentimeter dick sein. Lassen Sie den Schweineknochen und dann das Flankenende vom Metzger entfernen. Lassen Sie ihn am Flankenende ein Stück Talg hinzufügen; Geben Sie es dann durch den Zerkleinerer für Hamburgersteak. Es ist ein Fehler, die Flanke mit dem Lendenstück zu kochen. Das Steak mit Salatöl bestreichen und dann grillen. Auf eine heiße Platte heben.

Geben Sie einen halben Liter Wasser und einen Esslöffel Salz auf den Boden der Grillpfanne, um zu verhindern, dass das tropfende Fett Feuer fängt. Drehen Sie das Fleisch alle vier Minuten um, damit es gleichmäßig gart. Um das Fleisch beim Grillen zu testen, drücken Sie mit einem Messer darauf; Wenn es weich und schwammig ist, ist es roh. Beobachten Sie genau, und wenn es gerade erst anfängt, fest zu werden, kommt es selten vor. Warten Sie vier Minuten für mittelstark und sechs Minuten für gut durchgegart.

Drehen Sie das Fleisch nicht mit einer Gabel. Durch die starke Hitze ist die Oberfläche versiegelt oder angebraten und das Fleisch hat seinen Saft zurückgehalten. Wenn Sie es mit einer Gabel wenden, stechen Sie ein Loch hinein oder machen eine Öffnung, damit dieser Saft entweichen kann.

Ein 2-Pfund-Steak ist in zwölf Minuten rare, in fünfzehn Minuten medium und in achtzehn Minuten durchgegart. Heben Sie es immer auf eine heiße Platte.

FRANZÖSISCHE BUTTER

Zwei Esslöffel fein gehackter Schnittlauch,

Ein Esslöffel fein gehackter Lauch,

Ein Esslöffel fein gehackter Estragon,

Saft einer halben Zitrone,

Zwei Esslöffel geschmolzene Butter,

Ein halber Teelöffel Salz,

Ein halber Teelöffel Paprika.

Zu einer glatten Paste verarbeiten.

Französische, italienische und Schweizer Köche servieren häufig eine Gemüsebeilage zu Steaks. Es wird wie folgt zubereitet:

Eine grüne Paprika, fein gehackt,

Zwei Lauchstangen, fein gehackt,

Acht Zweige Petersilie, fein gehackt,

Zwei Zwiebeln, fein gehackt,

Zehn Zweige Estragon, fein gehackt,

Eine halbe Tasse Schnittlauch, fein gehackt.

Geben Sie vier Esslöffel Backfett oder Pflanzenöl in eine Bratpfanne, fügen Sie die Kräuter hinzu und kochen Sie es sehr langsam, bis es weich ist. Achten Sie dabei darauf, dass es nicht braun wird. Nun mit Salz und Pfeffer würzen und auf einer heißen Platte einen kleinen Hügel an der Unterseite des Steaks bilden. Mit einer Zitronenscheibe garnieren.

ENGLISCHE BUTTER

Ein Esslöffel Butter,

Ein viertel Teelöffel weißer Pfeffer,

Ein viertel Teelöffel Senf,

Ein halber Teelöffel Salz.

Zu einer Paste verarbeiten und dann auf einem Steak verteilen, sobald Sie es auf die Platte legen.

LONDON-BUTTER

Ein Esslöffel geschmolzene Butter,

Ein Esslöffel Worcestershire-Sauce,

Ein halber Teelöffel Salz,

Ein halber Teelöffel Pfeffer,

Ein Esslöffel Zitronensaft.

Mischen und dann über das Steak gießen.

SCHWEIZER BUTTER

Ein Esslöffel geriebene Zwiebel,

Ein Esslöffel fein gehackte Petersilie,

Ein halber Teelöffel Salz,

Ein viertel Teelöffel Paprika,

Eineinhalb Esslöffel Butter.

Zu einer glatten Paste verarbeiten.

ITALIENISCHE BUTTER

Eine grüne Paprika, sehr fein gehackt,

Ein Teelöffel Paprika,

Ein halber Teelöffel Salz,

Zwei Esslöffel Butter.

Zu einer glatten Paste verarbeiten und dann auf dem Fleisch verteilen.

GEMÜSEGARNITUR

Karotten, Rüben und Pastinaken können in Würfel geschnitten und dann wie ein Korken geformt werden. In kochendem Wasser weich kochen und anschließend in etwas heißem Fett schnell anbraten. Rüben und Rüben können gekocht werden, bis sie weich sind. Dann die Kerne herauslöffeln und mit Zwiebeln oder Gurkenmayonnaise füllen.

GEBRATENES HAMBURG-STEAK

Braten oder schwenken Sie kein Hamburgersteak aus Lendenstücken. Fleisch in eine Schüssel geben und hinzufügen

Dreiviertel Tasse feuchte Semmelbrösel,

Eine Zwiebel, fein gehackt,

Zwei Esslöffel Petersilie,

Ein Teelöffel Salz,

Ein halber Teelöffel Paprika,

Ein Ei.

Mischen, zu Fladen formen, mit Salatöl bestreichen; Auf die Auflaufform legen. Acht Minuten im Gasgrill grillen, dann weitere sieben Minuten in den heißen Ofen stellen. Mit der gewünschten Butter bestreichen und in einer Auflaufform auf den Tisch stellen. Dies ergibt ein köstlich aromatisiertes Fleisch anstelle des üblichen trockenen, geschmacklosen Kuchens, der häufig serviert wird.

SALATE

Salate sind ein beliebtes Sommergericht. Sie sollten aus frischem Gemüse hergestellt werden, das die gesundheitsfördernden Elemente enthält, die für unser körperliches Wohlbefinden so wichtig sind. Es gibt auch Mineralsalze, die helfen, den Blutkreislauf zu reinigen und uns so körperlich fit zu halten.

Eier usw., die zur Zubereitung der Dressings verwendet werden, haben einen Nährwert, der in unserer Tagesration berücksichtigt werden kann. Schwere Salate, die aus Fleisch bestehen, sollten bei heißem Wetter am besten weggelassen werden. Ersetzen Sie sie durch leichte, köstliche und attraktive Salate, die nicht nur appetitlich, sondern auch leicht verdaulich sind.

Einen gelungenen Salat zuzubereiten ist eine wahre Kunst. Die verschiedenen Zutaten richtig zu vermischen und dann ein gut abgestimmtes Dressing und Garnituren zu verwenden, sodass der Salat nicht nur das Auge erfreut, sondern auch den Gaumen verführt, ist ein echter Salat.

Die richtigen Kombinationen sind sehr wichtig; es muss Harmonie herrschen. Eine Kombination aus Rüben, Tomaten und Karotten wäre beispielsweise nicht nur unkünstlerisch, sondern auch eine schlechte Kombination. Bei der Zubereitung des Salats oder anderer Grünpflanzen ist Vorsicht geboten. Alle Pflanzen, die Köpfe bilden, müssen einzeln und gründlich gewaschen werden, um sie von Schmutz und Insekten zu befreien. Anschließend sollten sie ein letztes Mal in Wasser gewaschen werden, das einen Esslöffel Salz auf zwei Liter enthält, und dann in Eiswasser abgespült werden. Das Bad in Salzwasser entfernt die winzigen und fast unsichtbaren Milben und Schnecken, die an diesen Grünpflanzen haften.

Viele Salatdressing-Varianten können aus Mayonnaise oder dem in Flaschen gekauften Dressing zubereitet werden. Wenn es der Hausfrau nicht gelingt, ein gutes Mayonnaise-Dressing zuzubereiten, oder die Familie klein ist, kann ein bereits zubereitetes gutes Standard-Dressing gekauft und in den folgenden Rezepten verwendet werden:

RUSSISCHER DRESSING

Eine Tasse Salatdressing oder Mayonnaise,

Eine rohe Rübe,

Eine rohe Karotte,

Eine rohe Zwiebel.

Das Gemüse schälen und dann reiben, in das Salatdressing geben und dann hinzufügen:

Ein Teelöffel Salz,

Ein Teelöffel Paprika,

Ein Esslöffel Zucker,

Ein halber Teelöffel Senf.

Zum Mischen schlagen und dann verwenden. Dieses Dressing ist eine Woche haltbar, wenn es in eine Flasche gefüllt und an einem kühlen Ort gelagert wird.

FRANZÖSISCHE KLEIDUNG

In eine Flasche geben:

Eine halbe Tasse Salatöl,

Drei Esslöffel Essig oder Zitronensaft,

Ein Teelöffel Salz,

Ein halber Teelöffel Senf,

Ein halber Teelöffel Pfeffer.

Rühren, bis die Masse cremig ist, und dann an einem kühlen Ort aufbewahren. Dies bleibt bis zur Verwendung gut erhalten.

ROQUEFORT-Dressing

Ein halber Teelöffel Salz,

Ein halber Teelöffel Paprika,

Ein Esslöffel Roquefort-Käse,

Ein Esslöffel Zitronensaft,

Zwei Esslöffel Salatöl.

Glatt vermischen und servieren.

GEKOCHTES DRESSING

Eine Tasse Essig,

Dreiviertel Tasse Wasser,

Drei gestrichene Esslöffel Maisstärke.

Die Stärke im Wasser auflösen und zum Kochen bringen. Fünf Minuten kochen lassen und dann hinzufügen:

Ein gut geschlagenes Ei,

Vier Esslöffel Salatöl,

Ein Teelöffel Senf,

Eineinhalb Teelöffel Salz,

Ein Teelöffel Paprika,

Zwei Teelöffel Zucker.

Gut verrühren und dann drei Minuten lang langsam kochen lassen. In Einmachgläser oder Marmeladengläser füllen und bei Bedarf mit Sahne oder Kondensmilch verdünnen.

PIMENTO-DRESSING

Geben Sie einer halben Tasse fertigem Salatdressing vier fein gehackte Pimentos hinzu.

PAPRIKA-DRESSING

Fügen Sie dem French Dressing eineinhalb Teelöffel Paprika hinzu. Zum Vermischen gut schütteln. Paprika ist eine süße, milde rote Paprika, die nicht auf der Zunge beißt.

Verwenden Sie bei warmem Wetter zweimal täglich Salate und beginnen Sie den Tag Ihrer Gesundheit zuliebe mit Brunnenkresse, Radieschen oder knackigen jungen Zwiebeln oder Salatblättern.

Blondes französisches Dressing

In eine Weithalsflasche füllen,

Ein Teelöffel Zucker,

Ein Teelöffel Senf,

Ein halber Teelöffel Salz,

Vier Esslöffel Weißweinessig,

Eine halbe Tasse pflanzliches Salatöl.

Schütteln, bis eine cremige Konsistenz entsteht.

Die Verwendung von Paprika ist deutlich besser als die von scharfem Pfeffer. Dieser Pfeffer ist ein leicht süßliches Gewürz, das die empfindliche Schleimhaut des Rachens oder Magens nicht reizt. Genauso wichtig wie die grünen Vorspeisen sind nun die leckeren Salate, Salat, Maissalat, Endivie, Römersalat, Tomaten, Zwiebeln, Gurken, Kohl und das gekochte Gemüse wie Limabohnen, Erbsen, Bohnen, Rüben usw.

Der Erfolg von Salaten hängt ganz von den dazu verwendeten Dressings ab. Vor diesem Hintergrund bereiten wir nun einige köstliche Dressings zu. Geben Sie sie in ein Obstglas und stellen Sie sie dann in den Kühlschrank, wo sie jederzeit griffbereit sind.

Sie wissen, dass ein kühler, knackiger Salat, dünn geschnittenes Butterbrot und eine Tasse Tee Sie oft, wenn Sie erschöpft nach Hause kommen und sich vielleicht nicht die Zeit zum Mittagessen genommen haben, nicht nur sättigen und erfrischen, sondern auch erfrischen werden beugt auch Kopfschmerzen vor.

A LA MODE CANADIENNE

Die groben grünen Salatblätter fein zerkleinern, dann in eine Salatschüssel geben und hinzufügen:

Zwei gekochte Karotten,

Zwei gekochte Rüben, in Würfel geschnitten,

Zwei Zwiebeln, fein gehackt.

Vorsichtig vermischen und dann das folgende Dressing zubereiten:

In ein Obstglas geben,

Eine halbe Tasse pflanzliches Salatöl,

Zwei Esslöffel geriebene Zwiebeln,

Vier Esslöffel Essig,

Drei Esslöffel fein gehackter grüner oder roter Pfeffer,

Ein Teelöffel Paprika,

Eineinhalb Teelöffel Salz,

Dreiviertel Teelöffel Senf,

Eine halbe Tasse Ketchup oder Chilisauce.

Schütteln, bis alles gut vermischt ist, und beim Servieren über den Salat gießen.

Probieren Sie dieses Dressing auf einfachem Salat

Waschen Sie einen Bund Frühlingszwiebeln und entfernen Sie alle Unreinheiten. Dann fein hacken und hinzufügen:

Eine halbe Tasse Mayonnaise,

Zwei Esslöffel Essig,

Eineinhalb Teelöffel Salz,

Ein Teelöffel Paprika,

Ein halber Teelöffel Senf.

Gewürze und Gewürze mit dem Essig vermischen und zur Mayonnaise geben. Dann die fein gehackten Frühlingszwiebeln hinzufügen. Auf Natursalat servieren.

PARISER SELLERIE

Füllen Sie die Rillen des Selleries mit stark gewürztem Käse.

Frühlingszwiebeln in Italien

Zwei Bund Frühlingszwiebeln waschen und von Unreinheiten befreien, fein hacken, dann kochen und abtropfen lassen. Kochen Sie nun 110 ml Makkaroni in kochendem Wasser, bis sie weich sind. Abgießen, unter kaltem Wasser blanchieren und erneut abtropfen lassen. Nun die gekochten Makkaroni und die vorbereiteten Frühlingszwiebeln in einen Topf geben und hinzufügen:

Eine Tasse braune Soße,

Eine Tasse dicke Sahnesauce,

Eine Unze geriebener Käse,

Zwei Teelöffel Salz,

Ein Teelöffel Paprika.

Vorsichtig umrühren, bis es heiß ist, und dann zum Mittagessen anstelle des Fleisches mit Waffeln servieren.

ERBSEN-UFER-KUCHEN

Eine tiefe Puddingform gut einfetten. Schneiden Sie jede gewünschte Fischsorte in etwa 60 Gramm schwere Stücke. Von Gräten und Haut befreien, dann in Mehl wälzen und eine Schicht Fisch darauf legen, dann eine Schicht dünn geschnittene Tomaten, eine Schicht dünn geschnittene Kartoffeln und dann eine Schicht vorbereiteten Fisch. Jede Schicht mit Salz, Pfeffer und fein gehackten grünen Paprika würzen. Gießen Sie zwei Tassen dicke Sahnesoße darüber

Ein halbes Dutzend Muscheln,

Eine Tasse gekochte Erbsen,

Zwei Teelöffel Salz,

Ein Teelöffel Paprika,

Zwei Esslöffel fein gehackte Petersilie.

Mit einer gerollten, einen halben Zoll dicken Kruste bedecken. Bei mittlerer Hitze eineinhalb Stunden backen. Bestreichen Sie den Teig mit Milch und bedecken Sie ihn, sobald er leicht gebräunt ist, mit einem Tortenteller, damit er nicht zu dunkel wird.

FISCHSOUFFE

Für dieses köstliche Gericht wird eine halbe Tasse kalt gekochter Fisch durch ein feines Sieb gerieben. Dann füge hinzu

Eine Tasse kalte Sahnesauce,

Ein Esslöffel Salz,

Ein Teelöffel Paprika,

Ein halber Teelöffel Senf,

Drei Esslöffel fein gehackte Petersilie,

Ein Esslöffel Worcestershire-Sauce,

Eigelb von zwei Eiern.

Kräftig verrühren und dann das steif geschlagene Eiweiß von zwei Eiern vorsichtig unterheben. In gut gefettete Puddingförmchen füllen, die Förmchen dann in eine Pfanne mit warmem Wasser stellen und bei mittlerer Hitze backen, bis die Masse in der Mitte fest ist, normalerweise etwa zwanzig Minuten.

FISCHLAB

Zwei Tassen kalt gekochter Fisch,

Eine Tasse vorbereitete Semmelbrösel,

Eine Tasse dicke Sahnesauce,

Eineinhalb Teelöffel Salz,

Ein Teelöffel Paprika,

Zwei Teelöffel geriebene Zwiebeln,

Eine grüne Paprika, fein gehackt,

Ein gut geschlagenes Ei.

Mischen und dann in die vorbereitete Laibform füllen. Stellen Sie diesen Topf in einen größeren Topf mit heißem Wasser. Bei mittlerer Hitze fünfzig Minuten backen. Aus dem Ofen nehmen und einige Minuten stehen lassen.

Anschließend auf einer heißen Platte aus der Form lösen und mit kreolischer Soße servieren.

Um die Krümel zuzubereiten, weichen Sie altbackenes Brot in kaltem Wasser ein. Anschließend in ein Tuch geben und ausdrücken. Durch ein feines Sieb reiben und anschließend abmessen.

Um die Pfanne vorzubereiten, fetten Sie die Pfanne ein und legen Sie sie dann mit gefettetem und bemehltem Papier aus.

GEKOCHTER SALZ KABELJAU

1 1/4 Pfund grätenlosen Kabeljau vier Stunden einweichen, dann abtropfen lassen, in einem Käsetuch abtupfen und in einen tiefen Topf mit ausreichend kochendem Wasser geben, um den Fisch zu bedecken. Zum Kochen bringen und dann 35 Minuten kochen lassen. Herausnehmen, gut abtropfen lassen und auf eine heiße Platte legen. Mit zwei Tassen Sahnesauce bedecken und mit einer viertel Tasse fein gehackter Petersilie garnieren und dann mit zwei Esslöffeln geriebenem Käse bestreuen.

Fischsuppe aus Connecticut

Für dieses Gericht eignet sich jeder billige Fisch, der frisch ist, oder es kann aus den Köpfen, Flossen und Rückgraten des Fisches zubereitet werden, der für Filets oder zum Grillen verwendet wird. Legen Sie die Köpfe, Flossen und Rückgrate von drei mittelgroßen Fischen in einen tiefen Topf und fügen Sie hinzu

Zwei Liter kaltes Wasser,

Zwei Zwiebeln, fein geschnitten,

Eine Karotte, in kleine Würfel geschnitten,

Ein halbes Lorbeerblatt,

Ein halber Teelöffel Thymian.

Abdecken und zum Kochen bringen. Eine Stunde lang langsam kochen. Entfernen Sie nun die Köpfe, Flossen und Rückgrate, lösen Sie das Fleisch von den Köpfen und Rückgraten und geben Sie es zurück in die Brühe.

Reiben Sie nun eine Tasse gedünstete Tomaten durch ein Sieb und fügen Sie fünf Esslöffel Speisestärke hinzu. Rühren, bis sich die Stärke aufgelöst hat, und dann zur Brühe hinzufügen. Schnell zum Kochen bringen und hinzufügen:

Zwei Tassen gewürfelte und vorgekochte Kartoffeln,

Salz und Pfeffer nach Geschmack,

Zwei Esslöffel Butter,

Zwei Esslöffel fein gehackte Petersilie.

Einmal aufkochen lassen und dann servieren. Das ist köstlich. Anstelle von Köpfen, Flossen und Rückgrat kann ein Pfund Fisch verwendet werden.

FISCHKOTTELETT

In eine Rührschüssel geben

Zwei Tassen kalter Fischflocken,

Eineinhalb Tassen fertiges altbackenes Brot,

Zwei Zwiebeln gerieben,

Vier Esslöffel fein gehackte Petersilie,

Ein Esslöffel Salz,

Ein Teelöffel Paprika,

Ein Esslöffel Worcestershire-Sauce,

Ein halber Teelöffel Senf,

Ein gut geschlagenes Ei.

Gründlich vermischen und dann zu Schnitzeln formen. In Mehl wälzen und dann in geschlagenem Ei und dann in feinen Semmelbröseln wenden. In heißem Fett anbraten.

Um das Brot zuzubereiten, weichen Sie altes Brot in warmem Wasser ein, bis es weich ist. In ein Tuch geben und dann ausdrücken, bis es sehr trocken ist. Dann durch ein Sieb reiben, um die Klumpen zu entfernen. Fischkoteletts werden als Menü wie folgt serviert:

LACHS-CHARTREUSE

Öffnen Sie eine Dose Lachs und lassen Sie ihn abtropfen. Haut und Knochen entfernen und mit einer Gabel zerkleinern. Drei Esslöffel Gelatine in einer halben Tasse kaltem Wasser einweichen und dann in einen Topf geben

Zwei Esslöffel fein gehackte Zwiebeln,

Zwei Esslöffel fein gehackte Petersilie,

Zwei Esslöffel Karotten,

Schwuchtel aus Suppenkräutern,

Zwei Tassen Wasser.

Zum Kochen bringen und zehn Minuten lang langsam kochen lassen. Abseihen und dann hinzufügen

Der Saft einer halben Zitrone,

Eineinhalb Teelöffel Salz,

Ein Teelöffel Paprika,

und die aufgelöste Gelatine.

Gründlich mischen, dann abkühlen lassen und den vorbereiteten Lachs hinzufügen.

Ein Esslöffel geriebene Zwiebel,

Drei Esslöffel fein gehackte Petersilie.

In eine mit kaltem Wasser ausgespülte und auf Eis gekühlte Form füllen. Zum Formen an einen kühlen Ort stellen. Zum Servieren auf einem Salatbett aus der Form lösen und mit russischem Dressing servieren. Dies kann am Samstagnachmittag vorbereitet werden.

GEBRATENE SALZMAKRELE, FLÄMISCHE ART

Die Makrele über Nacht in reichlich kaltem Wasser einweichen, so dass sie bedeckt ist, mit der Hautseite nach oben. Morgens den Kopf entfernen, dann waschen und vorkochen. Abtropfen lassen, dann auf eine Auflaufform legen und leicht mit Speck oder Schinkenfett bestreichen und leicht mit Mehl bestäuben. In den Grill des Gasherds geben und grillen, bis es schön gebräunt ist. Während die Makrele kocht, bereiten Sie nun wie folgt eine flämische Soße zu:

Eine Zwiebel,

Eine grüne Paprika,

Zwei Zweige Petersilie.

Sehr fein hacken und dann mit drei Esslöffeln Butter in einen Topf geben. Gut abdecken und dünsten, bis das Gemüse weich ist. Fügen Sie nun hinzu:

Ein Esslöffel Essig,

Ein Teelöffel Zucker,

Ein halber Teelöffel Senf,

Ein Teelöffel Kürbis,

Zwei Esslöffel kochendes Wasser.

Zum Kochen bringen und über den Fisch gießen. Mit Kresse garnieren.

Kabeljau, Vermont

Wählen Sie eine dicke Mitte; schneiden und eine Stunde in warmem Wasser einweichen. In ein Stück Käsetuch wickeln und in kochendes Wasser tauchen. Fünfzehn Minuten kochen lassen und dann abtropfen lassen. Auf vier einzelne Auflaufformen verteilen und mit Sahnesoße bedecken. Mit feinen Semmelbröseln und etwas geriebener Zwiebel bestreuen und zehn Minuten im heißen Ofen backen.

FLEISCH

Um Fleisch intelligent einzukaufen und das beste Preis-Leistungs-Verhältnis zu erhalten, ist es notwendig, die Beschaffenheit der Teilstücke zu kennen und insbesondere die verhältnismäßigen Mengen an magerem Fleisch, Fett und Knochen, die sie enthalten; außerdem die ungefähren Nährwerte des aus verschiedenen Teilen des Schlachtkörpers gewonnenen Fleisches.

HINTERHAND

Lendensteak durchschnittlich 57 Prozent. mager, 33 Prozent. sichtbares Fett, 10 Prozent. Knochen. Lendensteaks enthalten im Allgemeinen einen größeren Anteil an magerem Fleisch und weniger Fett als Porterhouse- oder Clubsteaks.

Rippenstücke enthalten 52 Prozent. mageres Fleisch, 31 Prozent. Fett, 17 Prozent. Knochen. Der größte Anteil an magerem Fleisch findet sich in der sechsten Rippe, der geringste im elften und zwölften Rippenstück.

Bei Rundsteaks handelt es sich um rund geschnittenes Fleisch. Sie liegen im Durchschnitt bei 67 Prozent. mageres Fleisch, 20 Prozent. Fett und 16 Prozent. Knochen. Die runden Steaks enthalten 73 Prozent. auf 84 Prozent. mageres Fleisch.

Der Rumpf enthält 49 Prozent. Mageres Fleisch, das rund als Schmorbraten etwa 86 Prozent enthält. mageres Fleisch; Der größte Fettanteil ist im Rumpsteak enthalten. Suppenknochen enthalten ab 8 Prozent. auf 60 Prozent. mageres Fleisch.

DAS VORDERGEBIET

Das Vorderviertel des Rindfleisches enthält das Futter, die Schulter, die Scholle, den Hals und die Haxe. Das Futter enthält 67 Prozent. mageres Fleisch, 20 Prozent. Fett und 12 Prozent. Knochen. Chuck Steak variiert von 60 Prozent. auf 80 Prozent. mager und von 8 Prozent auf 24 Prozent. fett.

Der Schoten- oder Bolarschnitt enthält 82 Prozent. mageres Fleisch und 5 Prozent. Knochen.

Im Chuck Rib-Braten ist verhältnismäßig mehr mageres und weniger fettes Fleisch enthalten als im Teilstück vom Hochrippen-Braten.

Der Nabel, die Brust und die Rippenenden betragen durchschnittlich 52 Prozent. mageres Fleisch, 40 Prozent. Fett und 8 Prozent. Knochen. Die Brust- und Nabelstücke haben ähnliche Proportionen, während die Rippenenden einen etwas höheren Knochenanteil aufweisen und weniger mager sind.

Flanksteak enthält 85 Prozent. mageres Fleisch und 15 Prozent. fett. Haxenstücke oder Suppenknochen aus der Haxe schwanken zwischen 15 Prozent. auf 67 Prozent. mageres Fleisch und ab 25 Prozent. auf 76 Prozent. Knochen, während die knochenlose Haxe, die für Eintöpfe, Gulasch, Haschisch und Hackfleisch verwendet wird, 85 Prozent enthält. mageres Fleisch und 15 Prozent. fett.

Die Stücke der Lende reduzieren bei Steaks ihr Gewicht um etwa 13 Prozent. und diese Beilagen machen durchschnittlich 4,6 Prozent aus. Fett und 2 Prozent. Knochen. Rundsteaks werden um etwa 7 Prozent reduziert. nach Gewicht in Abfällen, hauptsächlich in Fett; Chucksteaks etwa 6½ Prozent, hauptsächlich Knochen.

Das Gewicht von Rumpf, Schulter, Schmorbraten und Nacken wird durch Fett- und Knochenreste erheblich reduziert, wobei die Größe und der Zustand des Tieres die tatsächlichen Mengen bestimmen. Der tatsächliche Anteil an magerem Fleisch, Fett und Knochen in den verschiedenen Teilstücken, ihr relativer wirtschaftlicher Wert, bestimmt die Preise für den Verbraucher.

Wenn wir die Fleischstücke in der richtigen Reihenfolge betrachten, erhalten wir:

Zuerst der Hals für Suppe, Eintöpfe und Corning. Die Kosten sind sehr gering und der Abfall beträchtlich.

Zweitens das Spannfutter. Dieser umfasst die gesamte Schulter und enthält fünf Rippen. Die ersten beiden Rippen werden normalerweise als Schulter-, Braten- und Steakrippe verkauft und sind zwar von etwa der gleichen Qualität wie Nr. 9, kosten aber deutlich weniger.

Drittens, der Schulterklumpen. Dies ist Teil des Spannfutters und kann in fast allen Märkten erworben werden. Der Preis ist niedrig und es entsteht kein Abfall. Es wird hauptsächlich für Steaks und Schmorbraten verwendet. Bei Steaks das Fleisch gut einschneiden.

Viertens, Schaft. Laut Marktpreis ist dies der günstigste Teil des Rindfleisches. Allerdings sind es 54 Prozent. auf 57 Prozent. Abfall und erfordert langes Kochen. Es wird für Suppen und Eintöpfe verwendet.

Fünftens: Rippen. Enthält acht Rippen; Fünf davon sind erstklassige Stücke und werden ausschließlich zum Rösten verwendet.

Sechstens: Lendenstück. Die Lende, einige Teilstücke, enthält nur 3 Prozent Abfall. Das Lendenstück ist zart; daher schnell und einfach zubereitet. Aus diesem Grund ist es einer der beliebtesten Schnitte.

Siebtens, Porterhouse. Dieser Teil der Lende enthält die erlesensten Steaks, ausgezeichnet und nahrhaft und leicht zuzubereiten. Das Filet oder Filet ist ein Teil der Lende und macht durchschnittlich etwa 13 Prozent aus. Abfall.

Achtens, Rumpf. Dieses Stück ist sehr nahrhaft, erfordert aber sorgfältiges Kochen, um es zart zu machen; es enthält etwas mehr Abfall als die Runde. Gute Steaks erhält man aus dem Rumpf; Es wird auch zum Schmoren und Schmoren von Schmorbraten verwendet.

Neunte, Nadelknochen, der mittlere Teil der Lende. Es ist von ausgezeichneter Qualität, zart und von gutem Geschmack und genauso beliebt wie die Lende. Es handelt sich um den Gesichtsschnitt des Hinterteils.

Zehnte Runde. Ein preiswerter Schnitt, der nur 7 Prozent Abfall enthält. Es ist nahrhaft wie Filet, aber nicht so zart. Das erste, was beim Kochen wichtig ist, besteht darin, die Außenseite anzubraten, um den Saft zu behalten, und dann langsam zu kochen, bis sie weich ist.

Steaks und Braten werden von der Rundung und der Rückseite oder Ferse geschnitten und für Schmorbraten und Eintöpfe verwendet.

Ein Faktor, der dazu beiträgt, die hohen Lebensmittelpreise aufrechtzuerhalten, ist, dass die durchschnittliche Frau, wenn sie auf den Markt geht, an ausgefallene Preise und ausgewählte Stücke für Braten, Steaks und Koteletts *denkt*. Die Wahlkürzungen machen etwa 26 Prozent aus. des gesamten Schlachtkörpers, so dass etwa 74 Prozent übrig bleiben. entsorgt werden. Wenn dies nun schwierig wird, müssen die ausgefallenen Stücke die zusätzlichen Kosten tragen und werden daher entsprechend teurer.

Nehmen Sie ein quer geschnittenes Stück Rindfleisch mit einem Gewicht von etwa sechs Pfund, wischen Sie es mit einem feuchten Tuch ab, tupfen Sie eine halbe Tasse Mehl hinein und bräunen Sie es dann schnell auf beiden

Seiten in einer Bratpfanne und stellen Sie es dann in einen Herd ohne Feuer oder in einen mittelgroßen Ofen zusammen mit

Zwei mittelgroße Zwiebeln,

Eine Karotte, in Viertel geschnitten,

Eineinhalb Tassen kochendes Wasser,

und langsam garen, dabei eine halbe Stunde Zeit lassen, bis das Fleisch gart, und dann fünfundzwanzig Minuten bis zum Kochen. Häufig begießen. Wenn es in der Herdplatte gebacken wird, sollte ein köstlicher, wohlschmeckender Braten entstehen, der auch die anspruchsvollste Familie mit einem guten, gehaltvollen Essen versorgt.

Der Bolarschnitt von der Schulter kann auf die gleiche Weise vorbereitet werden.

Fleisch vom Hals und Schienbein kann für Eintöpfe, Gulasch und Hackbraten verwendet werden.

Schmorbraten vom Schienbein nach englischer Art

Lassen Sie den Metzger ein Stück Rindfleisch mit dem Knochen im oberen Teil des Schienbeins abschneiden. Wischen Sie es mit einem feuchten Tuch ab und tupfen Sie dann eine halbe Tasse Mehl hinein. Auf beiden Seiten kurz anbraten, dann in einen tiefen Topf geben und hinzufügen

Eine große Rübe, in Viertel geschnitten,

Eine große Karotte, in Viertel geschnitten,

Eine Schwuchtel Suppenkräuter,

Ein halber Teelöffel süßer Majoran,

Zwei Tassen kochendes Wasser.

Gut abdecken und langsam kochen, bis das Fleisch zart ist. Geben Sie dem Fleisch eine halbe Stunde Zeit, um zu garen, und fünfundzwanzig Minuten pro Pfund, wobei die Zeit gezählt wird, in der es in den Kessel gegeben wird.

Der Teller und das Bruststück können für Suppen, Eintöpfe und Gulasch sowie zum Corning verwendet werden. Die Rinderbrust ergibt einen herrlichen Schmorbraten, wenn sie entbeint und gerollt wird. Auch der Teller oder das Bruststück können für den À-la-Modus verwendet werden.

Das Flanksteak ist ein erlesenes Stück mageres, knochenloses Fleisch, das dicht an den Rippen liegt und zwischen eindreiviertel und zweieinhalb Pfund wiegt. Es kann für Steaks verwendet werden, wenn es in schräge Scheiben geschnitten wird, für Scheinfilet oder gerollt oder für Hamburgersteak.

Beachten Sie Folgendes beim Kochen oder Dünsten von Fleisch: Damit Fleisch schmackhaft und saftig ist, muss es Nährstoffe enthalten; Es muss in kochendes Wasser getaucht werden, um die Oberfläche zu versiegeln und das Eiweiß im Fleisch zu koagulieren. und dann sollte es knapp unter dem Siedepunkt gekocht werden, bis es weich ist, wobei man dem Fleisch eine halbe Stunde Zeit zum Erhitzen und Garen geben sollte und dann 25 Minuten, bis es weich ist. Fügen Sie Salz hinzu, bevor Sie es vom Feuer nehmen.

Denken Sie daran, dass Salz den Saft entzieht, wenn es zu einem Zeitpunkt hinzugefügt wird, an dem das Fleisch gerade erst zu garen beginnt.

Bei Schmorbraten, Schmorgerichten usw. ist es notwendig, das Fleisch schnell auf der Oberfläche anzubraten, aus demselben Grund, aus dem das Fleisch in kochendes Wasser getaucht wurde, und dann langsam zu garen, wobei die gleiche Zeitspanne wie beim Kochen oder Schmoren eingeplant werden muss.

Das eigentliche Ziel beim Garen von Fleisch besteht darin, den Saft zu behalten, ihn ausreichend zum Verzehr zu bringen und seinen Geschmack zu verstärken.

RINDERRAGOUT

Schneiden Sie 2,5 Pfund geschmortes Rindfleisch in 5 cm große Stücke, wälzen Sie es dann in Mehl und bräunen Sie es in heißem Fett. Dann fügen Sie drei Pints kochendes Wasser hinzu. Zum Kochen bringen und eine Stunde lang langsam kochen; dann in einen Topf geben

Zwei Tassen Mehl,

Ein halber Teelöffel Pfeffer,

Ein Teelöffel Salz,

Ein Esslöffel Backpulver.

Zum Mischen zwischen den Händen verreiben und dann eine dreiviertel Tasse kaltes Wasser hinzufügen, bis ein Teig entsteht. Zwischen den Händen Kugeln formen und dann in den Eintopf geben. Gut abdecken und zwölf Minuten lang schnell kochen lassen. Nun den Deckel abnehmen und noch drei Minuten garen. Anschließend würzen und servieren.

ZUM VORBEREITEN VON FISCH ZUM BRATEN

Kopf, Flossen und Gräten entfernen und für den Fischfond verwenden. Die Filets in eine Schüssel geben und eine Stunde darin marinieren

Drei Esslöffel Zitronensaft oder Essig,

Zwei Esslöffel Salatöl,

Zwei Esslöffel geriebene Zwiebeln,

Ein Teelöffel Salz,

Ein Teelöffel Paprika.

Dann leicht in Mehl wälzen und in verquirltem Ei, dann in feinen Bröseln wenden und im heißen Fett goldbraun braten.

GEGRILLTEN FISCH

Es können Meerforelle, Streifenbarsch oder andere Fische verwendet werden. Den Fisch säubern, entgräten, dann in eine Auflaufform legen und großzügig mit Salatöl bestreichen. Zwölf Minuten im Grill des Gasherds grillen oder fünfzehn Minuten im heißen Ofen backen. Mit einer wie folgt zubereiteten Fischsauce servieren:

Fein hacken

Vier Zwiebeln,

Drei große Tomaten,

Zwei grüne Paprika.

Schneiden Sie nun zwei Unzen gesalzenes Schweinefleisch oder fetten Speck sehr fein, geben Sie es in eine Pfanne und kochen Sie es, bis es schön gebräunt ist. Die fein gehackten Zwiebeln, Tomaten und grünen Pfeffer dazugeben und langsam kochen, bis das Gemüse weich ist. Anschließend mit würzen

Ein halber Teelöffel Zucker,

Ein Teelöffel Salz,

Ein halber Teelöffel weißer Pfeffer,

Saft einer halben Zitrone.

Gründlich vermischen und mit dem Fisch servieren.

FISCHBROT

Bereiten Sie eine Soße wie folgt zu:

In einen Topf geben

Eine Tasse Milch,

Fünf Esslöffel Mehl.

Mit einer Gabel umrühren, bis sich das Mehl aufgelöst hat, und dann schnell zum Kochen bringen. Drei Minuten kochen lassen, dann herausnehmen und in eine Rührschüssel geben und hinzufügen

Zwei Tassen kaltgekochter Fisch,

Eine Tasse kaltgekochter Reis,

Eine Tasse altbackenes Brot, zubereitet wie für Fischkotelett,

Vier Esslöffel Backfett (nach Belieben fein gehacktes gesalzenes Schweinefleisch),

Eine große Zwiebel,

Eine große grüne Paprika,

Sechs Zweige Petersilie, sehr fein gehackt,

Ein Esslöffel Paprika,

Ein halber Teelöffel Senf,

Ein Esslöffel Worcestershiresauce,

Ein halber Teelöffel Majoran,

Ein Ei.

Kräftig verrühren, bis alles gut vermischt ist, und dann in eine gut gefettete und bemehlte Kastenform gießen. Diese Form in eine größere Form mit heißem Wasser stellen. Eine Stunde lang in einem mäßig heißen Ofen backen. Mit einer Soße wie folgt servieren:

Zwei Tassen gedünstete Tomaten,

Vier Zwiebeln, fein gehackt,

Eine grüne Paprika, fein gehackt.

Kochen, bis Zwiebeln und Paprika weich sind und dann durch ein grobes Sieb reiben. Nun hinzufügen

Eine halbe Tasse Wasser,

Drei Esslöffel Maisstärke,

Zwei Teelöffel Salz,

Ein Teelöffel Zucker,

Ein halber Teelöffel Pfeffer,

Eine Prise Nelken.

Gut vermischen und dann in die Tomatenmischung gießen. Gut umrühren, bis der Siedepunkt erreicht ist, und dann drei Minuten kochen lassen. Zwei Esslöffel Butter hinzufügen und servieren.

GEBRATENER BASS

Lassen Sie den Fisch vom Fischhändler zum Grillen teilen, waschen Sie ihn dann, tupfen Sie ihn mit einer Papierserviette trocken und bestreichen Sie die Schnittfläche des Fisches mit Salatöl. Auf ein Backblech legen und im Grill des Gasherds grillen, bis es schön gebräunt ist. Anschließend für fünf Minuten in den Ofen stellen, um den Garvorgang abzuschließen.

CREME FINNAN HADDIE

Decken Sie den Fisch mit kaltem Wasser ab und bringen Sie ihn dann zum Kochen. Abgießen und mit Sahnesauce bedecken. Fügen Sie nun hinzu:

Eine grüne Paprika, fein gehackt,

Eine Zwiebel gerieben,

Fünf Esslöffel fein gehackte Petersilie,

Zwei Esslöffel Butter.

Zehn Minuten lang langsam köcheln lassen, um die Kräuter zu kochen. dann zum Toast heben.

LONG ISLAND SOUND COCKTAIL

In eine Schüssel geben

Eine halbe Flasche Tomaten-Ketchup,

Ein Esslöffel geriebene Zwiebel,

Zwei Esslöffel fein gehackte Petersilie,

Ein Esslöffel fein gehackter grüner Pfeffer,

Ein Esslöffel Worcestershire-Sauce,

Ein halber Teelöffel Senf.

Gut vermischen, dann die Muschelschalen nehmen und sauber schrubben. Füllen Sie die Mischung wie folgt ein:

Eine Tasse kalt gekochter Fisch,

Eine Zwiebel, fein gehackt,

Eine grüne Paprika, fein gehackt.

Gut mischen. In die Mitte eine Mulde drücken und mit Soße füllen. Mit Paprika bestäuben und eiskalt servieren.

FILETFISCH, SÜDLICHE ART

Fisch putzen, waschen und abtropfen lassen. Nicht trocknen. Lassen Sie Fett heiß räuchern. Legen Sie den Fisch in die Pfanne, reduzieren Sie die Hitze und kochen Sie ihn langsam, bis er braun und knusprig ist.

FISCHKUCHEN

Fünfzehn große Kartoffeln kochen, dann fein zerstampfen und hinzufügen

Ein halbes Pfund zubereiteter, zerkleinerter Kabeljau,

Ein Ei,

Ein Stück Butter in der Größe eines Eies,

Ein Teelöffel Paprika.

Gründlich vermischen und dann zu Kugeln formen. In Mehl wälzen und im heißen Fett goldbraun braten.

KALTE GEWÜRZZUNGE

Wählen Sie eine mittelgroße Zunge ohne Speiseröhre und waschen Sie sie gut; Anschließend vier Stunden in warmem Wasser einweichen. In einen tiefen Topf geben, mit warmem Wasser bedecken und hinzufügen

Eine Karotte, in Würfel geschnitten,

Zwei Zwiebeln in Scheiben geschnitten,

Eine Schwuchtel Suppenkräuter,

Zwei Lorbeerblätter,

Zwei Piment,

Vier Nelken,

Eine Tasse starker Apfelessig.

Gut abdecken und zum Kochen bringen; Anschließend köcheln lassen und drei Stunden knapp unter dem Siedepunkt halten. In der Flüssigkeit abkühlen lassen und dann, wenn es kalt ist, vor dem Schneiden im Eisfach abkühlen lassen.

Die groben Reste der Zunge können für Hackbraten, Kroketten oder Haschisch verwendet werden.

Eingelegte Kutteln

Schneiden Sie ein Pfund gekochte Wabenkutteln in 2,5 x 7,6 cm große Stücke. In eine Auflaufform geben und hinzufügen

Eine Tasse Essig,

Eine halbe Tasse Wasser,

Eine Zwiebel, fein geschnitten,

Ein Teelöffel Salz,

Ein halber Teelöffel weißer Pfeffer,

Ein Lorbeerbrot,

Acht Nelken,

Zehn Pimente,

Eine kleine rote Paprikaschote.

Abdecken und im heißen Ofen 30 Minuten backen und dann abkühlen lassen.

GEBACKENER SCHINKEN, VIRGINIA

Einen kleinen Schinken schrubben und kochen, bis er weich ist. Der feuerlose Kocher verhindert, dass der Schinken beim Kochen verschwendet wird. Wenn es weich ist, heben Sie die Haut an und entfernen Sie sie. In Form schneiden und dann in eine Schüssel geben

Dreiviertel Tasse brauner Zucker,

Eine viertel Tasse Zimt,

Ein Teelöffel Muskatnuss,

Ein Teelöffel Nelken,

Ein Teelöffel Piment.

Gründlich vermischen und dann den Schinken tupfen und einreiben. In einen heißen Ofen stellen und vierzig Minuten lang backen, dabei häufig mit einer halben Tasse Wasser und einer halben Tasse Essig begießen.

MAIS-BEEF-HASH

Schneiden Sie das gekochte Fleisch in 1,5 cm große Würfel, geben Sie es in einen Topf und geben Sie es zu jeder Tasse Fleisch

Eineinhalb Tassen geschälte und gewürfelte Kartoffeln,

Eine halbe Tasse fein gehackte Zwiebeln,

Eine Tasse kochendes Wasser.

Gut abdecken und dämpfen, bis Fleisch und Kartoffeln zart sind und das Wasser verdampft ist; dann würzen. Nun drei Esslöffel Backfett in einer eisernen Bratpfanne schmelzen und das Haschisch darin wenden, sobald es heiß ist, sodass in der Hälfte der Pfanne eine Omelettform entsteht. Wenn es schön gebräunt ist, wenden Sie das Haschisch mit einem Kuchenwender, behalten Sie dabei die Omelettform bei und bräunen Sie es. Auf eine heiße Platte legen und mit fein gehackter Petersilie garnieren.

BRAUNER SCHMACHBRATEN VON SHIN BEEF

Wischen Sie das Fleisch mit einem feuchten Tuch ab und tupfen Sie dann eine halbe Tasse Mehl hinein. Nun das übriggebliebene Speckfett vom Braten des Frühstücksspecks in einem Topf erhitzen und in das Fleisch geben. Schnell bräunen, dabei häufig wenden, bis alle Teile schön gebräunt sind; Fügen Sie dann zwei Tassen Wasser hinzu, decken Sie es gut ab und lassen Sie es eine Stunde lang langsam kochen. Jetzt hinzufügen

Vier mittelgroße Karotten,

Vier mittelgroße Zwiebeln.

Würzen und abdecken und langsam kochen, bis das Fleisch und das Gemüse zart sind, normalerweise etwa fünfunddreißig Minuten. Fügen Sie nun so viel Wasser hinzu, dass eine dreiviertel Tasse Soße entsteht.

Bereiten Sie die Knödel wie folgt zu: Geben Sie einen Liter kochendes Wasser in einen Topf und fügen Sie einen Teelöffel Salz hinzu. In eine Rührschüssel geben

Eineinhalb Tassen Mehl,

Ein Teelöffel Salz,

Ein viertel Teelöffel Pfeffer,

Zwei Teelöffel Backpulver,

Eine Zwiebel, gerieben,

Ein Teelöffel Backfett.

Gut vermischen und dann eine halbe Tasse Wasser hinzufügen. Zu einem Teig formen und teelöffelweise in das kochende Wasser geben. Den Topf gut abdecken und 15 Minuten kochen lassen; dann auf einen warmen Teller heben und den Knödel als Rand um die Platte legen. Fleisch und Gemüse in die Mitte heben und die Soße darüber gießen.

VIRGINIA-SAUCE

Die Flüssigkeit aus der Pfanne, in der der Schinken gebacken wurde, abgießen und eine halbe Tasse Mehl hinzufügen. Gut anbraten und dann hinzufügen

Zweieinhalb Tassen der Flüssigkeit aus der Pfanne,

Eine Tasse Essig,

Eine halbe Tasse Sirup,

Zwei Teelöffel Salz,

Ein Teelöffel Paprika,

Ein halber Teelöffel Muskatnuss.

Zum Kochen bringen und zehn Minuten kochen lassen. Nun in eine Soßenschüssel abseihen und servieren.

SCHWEINEFILET

Eineinhalb Pfund Schweinefilets ergeben acht große Filets. Auf eine Platte legen und damit begießen

Eine kleine Zwiebel, fein gehackt,

Drei Esslöffel Zitronensaft,

Zwei Esslöffel Salatöl,

Ein Teelöffel Salz,

Ein Teelöffel Paprika.

Wenden Sie das Filet zum Marinieren, heben Sie es an, rollen Sie es leicht in Mehl und tauchen Sie es dann in geschlagenes Ei und dann in feine Semmelbrösel. Im heißen Fett goldbraun braten.

FRISCHEN SCHINKEN BRATEN

Wählen Sie einen kleinen Schweineschinken aus, nehmen Sie den Metzgerknochen und lassen Sie dann Platz für die Füllung. Mit einem feuchten Tuch abwischen und dann vorbereiten und mit stark gewürzten Semmelbröseln füllen. In eine Form binden, dann mit Mehl bestäuben, in eine Auflaufform legen und zum Bräunen in den heißen Ofen stellen. Reduzieren Sie dann die Hitze und begießen Sie das Ganze regelmäßig mit heißem Wasser. Warten Sie, bis der Schinken 30 Minuten anfängt und das Fleisch anschließend 30 Minuten bis zum Anschlag gart. Zum Servieren auf eine warme Platte heben, mit Petersilie oder Brunnenkresse garnieren und mit Virginiasauce servieren. Legen Sie zum Backen einen mittelgroßen Apfel mit dem Schinken hinein.

Geschmortes, gerolltes Flankensteak

Lassen Sie das Steak vom Metzger einritzen und zuschneiden. Weichen Sie nun ausreichend altbackenes Brot in kaltem Wasser ein, damit es weich wird. Trocken drücken und anschließend durch ein feines Sieb reiben. Messen Sie zwei Tassen ab, geben Sie sie in die Rührschüssel und geben Sie sie hinzu

Vier Esslöffel Backfett,

Eine Tasse fein gehackte Zwiebeln,

Ein Bund Kräuter, fein gehackt,

Ein gestrichener Esslöffel Salz,

Ein gestrichener Teelöffel Pfeffer.

Gut vermischen und dann auf einem Steak verteilen und aufrollen. Mit einer festen Schnur festbinden und dann eine Dreivierteltasse Mehl in das Fleisch tupfen. Vier Esslöffel Backfett in einem tiefen Topf schmelzen und das vorbereitete Fleisch hinzufügen, wenn es noch heiß ist. Das Fleisch unter häufigem Wenden anbraten und dann, wenn es schön gebräunt ist, eine Tasse kochendes Wasser hinzufügen und langsam köcheln lassen, wobei man dem Fleisch eine halbe Stunde und dreißig Minuten Zeit zum Garen geben sollte. Fügen Sie vier große Zwiebeln hinzu und heben Sie, wenn Sie bereit sind, eine Tasse kochendes Wasser für die Soße auf. Normalerweise muss diese Soße nicht eingedickt werden.

Geplanktes Steak

Lassen Sie den Metzger das Steak vom breiten Ende des Lendenstücks aus in 5 cm dicke Stücke schneiden. Entfernen Sie das Flankenende und dann das Filet, entfernen Sie auch die Knochen. Das erledigt der Metzger für Sie. Wenn Sie nun bereit sind, das Steak zuzubereiten, legen Sie das Brett eine Stunde lang in kaltes Wasser. Erhitzen Sie den Grill und legen Sie dann das Brett in den Ofen. Das Steak im Grill garen, bis es ganz schön gar ist, und dann auf ein heißes Brett heben. Bereiten Sie einen Rand aus Kartoffelpüree vor und legen Sie ihn in einen Spritzbeutel, der entlang der Kante des Bretts herausgedrückt wird. Mit Zwiebeln und gehackten grünen Paprika garnieren und bestreuen. Für zehn Minuten in den heißen Ofen stellen. Verwenden Sie das Filet für Minutensteaks. Die Flanke mit Hamburgern belegen und Hamburgersteaks servieren.

LEBER UND SPECK, KRÖLISCH

Lassen Sie die Leber vom Metzger in dünne Scheiben schneiden. Mit einem sauberen, feuchten Tuch abwischen, dann in Mehl wälzen und im heißen Fett anbraten. Jetzt hinzufügen

Eine Tasse gedünstete Tomaten,

Eineinhalb Tassen dünn geschnittene Zwiebeln,

Zwei grüne Paprika, fein gehackt.

Gut abdecken und fünf Minuten kochen lassen, dann hinzufügen

Zwei Esslöffel Maisstärke,

Eineinhalb Teelöffel Salz,

Ein Teelöffel Paprika,

Ein viertel Teelöffel Senf,

Eine halbe Tasse kaltes Wasser.

Lösen Sie die Stärke und die Gewürze gut auf, bringen Sie die Mischung dann zum Kochen und kochen Sie sie fünfzehn Minuten lang langsam. Legen Sie nun das Kartoffelpüree auf eine große Platte und formen Sie es flach darauf. Legen Sie die Leberscheiben darauf, gießen Sie die Sauce darüber und garnieren Sie sie mit schön braunen Speckstreifen. Mit fein gehackter Petersilie bestreuen und servieren.

CHOP SUEY

Vom kalten Schweinebraten ausreichend Fleisch abschneiden. Schneiden Sie es nun in 1,5 cm große Blöcke, legen Sie es in eine Pfanne und fügen Sie es hinzu

Eine Tasse Sellerie, in Würfel geschnitten,

Eine grüne Paprika, fein gehackt,

Vier Zwiebeln, fein gehackt,

Eine Tasse fein geriebener Kohl,

Eineinhalb Tassen dicke braune Soße,

Zwei Teelöffel Salz,

Ein Teelöffel Pfeffer,

Ein Teelöffel Worcestershire-Sauce.

Langsam bis zum Siedepunkt erhitzen und kochen, bis Sellerie und Kohl weich sind. Dann einen Rand um eine große heiße Platte mit gekochten

Nudeln formen und das Chop Suey darauf heben. Mit fein gehackter Petersilie garnieren und servieren.

HINWEIS : Aus der restlichen Soße und den Knochen eine braune Soße zubereiten und eine Brühe herstellen.

DELMONICO RASTBEEF

Lassen Sie den Metzger die siebte und achte Rippe aus einem Braten schneiden und dabei den Schweineknochen entfernen. Lassen Sie ihn nun die Klinge und das Fleisch zwischen Klinge und Haut entfernen und die Oberseite der Rippen abschneiden. Dadurch entsteht ein herzförmiges Stück sehr zartes Rindfleisch. Es ist wirklich das Auge dieser beiden Rippen. Legen Sie den Braten in eine Pfanne, bestäuben Sie ihn leicht mit Mehl und stellen Sie ihn dann für 30 Minuten in den heißen Ofen, um mit dem Garen zu beginnen. Reduzieren Sie nun die Hitze und kochen Sie das Ganze zwanzig Minuten pro Pfund, wobei Sie die Zeit ab dem Moment zählen, in dem Sie die Hitze reduzieren.

Verwenden Sie die Oberseite der Rippchen und das Stück Fleisch vom Messer für den Schmorbraten oder ein Rindfleisch à la mode. Lassen Sie den Metzger die Klinge entfernen und das lappenartige Stück um die Rippen rollen und mit einem Spieß befestigen. Alternativ kann das gesamte Stück entbeint und gerollt werden.

GEBACKENE SCHINKENSCHEIBE

Lassen Sie den Schinken vom Metzger in 2,5 cm dicke Scheiben schneiden. Schneiden Sie die Ränder ab und schneiden Sie sie dann alle fünf Zentimeter ab, um ein Aufrollen zu verhindern. Auf eine Auflaufform legen und über den Schinken gießen

Eine Tasse Wasser,

Zwei Esslöffel Sirup.

Im langsamen Ofen 25 Minuten backen.

Gebratene Lammschulter

Nehmen Sie den Schlachterknochen und rollen Sie die Schulter. Wenn Sie sie verwenden möchten, wischen Sie sie mit einem feuchten Tuch ab und füllen Sie sie mit der folgenden Mischung: Sehr fein hacken

Drei Zwiebeln,

Vier Zweige Petersilie,

Ein Lauch.

Mit Mehl bestäuben und dann im Ofen rösten. 30 Minuten Zeit zum Garen und 20 Minuten auf das Bruttogewicht geben. Begießen Sie das Fleisch, sobald es anfängt zu bräunen, mit anderthalb Tassen kochendem Wasser.

Die Saison für Frühlingslamm ist von Januar bis Juli. Das Fleisch ist zart und zwar weniger nahrhaft als Hammelfleisch, aber köstlich.

Einjähriger Lamm ist eine hervorragende Wahl. Es ist genauso nahrhaft wie Hammelfleisch, ohne das überschüssige Fett von Hammelfleisch. Fettes Hammelfleisch verträgt Menschen mit einer empfindlichen Verdauung häufig nicht und sollte daher von der Speisekarte gestrichen und durch einjähriges Hammelfleisch ersetzt werden.

Das erlesene Hammelfleisch wird in Virginia, Pennsylvania und North Carolina gezüchtet, während das aus Wisconsin stammende Hammelfleisch von hervorragender Qualität ist. Kanada schickt uns auch gutes Fleisch.

Hochwertiges Hammelfleisch ist groß und schwer, das Fett ist fest und weiß und das Fleisch ist tiefrot und sehr feinkörnig. Dieses Fleisch enthält genauso viele Nährstoffe wie Rindfleisch.

Suppen und Brühen aus entfettetem Hammelfleisch sind sehr bekömmlich und werden von Ärzten häufig in Diäten verordnet. Hammelfleisch sollte zum Reifen für kurze Zeit aufgehängt werden, Lammfleisch hingegen sollte kurz nach dem Anrichten verzehrt werden.

Die Schnitte in der Seite von Lamm oder Hammel sind normalerweise sechs: (1) der Hals, (2) das Futter, das einige der Rippen bis zum Schulterblatt umfasst, (3) die Schulter, (4) die Flanke bzw Brust, (5) die Lende und (6) das Bein.

In manchen Teilen des Landes macht der Metzger einen Schnitt, indem er das Ende der Lende und das Schweinefilet für die Herstellung der Rippchen oder französischen Koteletts verwendet. Der Begriff „Koteletts" soll Fleisch bezeichnen, das vom Rost oder der Lende in Koteletts geschnitten wird, vorzugsweise 3,5 cm dick. Während das Fleisch mit neun Rippen auf der Lende geschnitten wird, werden die Schulter und der Rest des Schweinefilets in Koteletts zum Schwenken oder Schmoren geschnitten. Diese Koteletts benötigen eine längere Garzeit als Koteletts, die vom Rost oder der Lende geschnitten werden.

BEILAGEN FÜR LAMM UND HAMM

Dazu passt gebratene Lammschulter oder -keule, Minzsauce, grünes Traubengelee, Erbsen oder Spargel und Ofenkartoffeln. Zu Hammel- oder Lammkoteletts servieren Sie grünes Traubengelee, Minze oder Johannisbeergelee.

Hammelfleisch kann gekocht und mit Kapern- oder Soubis-(Zwiebel-)Sauce, Johannisbeergelee-Sauce, Salzkartoffeln oder Kartoffelpüree, Erbsen, Buschbohnen, Spargel, gefüllten Tomaten und Krautsalat serviert werden.

So unterscheiden Sie Lamm und Hammel

Schauen Sie sich zuerst das Gelenk über dem Huf an. Beim Lamm ist dieses Gelenk gezackt oder zahnförmig, wenn es gebrochen ist, während es beim Jährling und Hammel das glatte ovale Kugelgelenk ist. Beim Lamm sind die Knochen rosafarben, beim Hammel sind sie blau-weiß. Die rosafarbene Haut sollte vor dem Kochen von Lamm und Jährling entfernt werden. Diese Haut enthält den wolligen Geschmack.

KNOCHEN UND GEFÜLLTE LAMMSCHULTER

Lassen Sie die Lammschulter vom Metzger entbeinen und wischen Sie sie anschließend mit einem feuchten Tuch ab. Bereiten Sie nun eine Füllung wie folgt vor: Zerkleinern Sie ausreichend Petersilie, um eine halbe Tasse zu messen. In eine Schüssel geben und hinzufügen

Eine grüne Paprika, fein gehackt,

Zwei Zwiebeln, fein gehackt,

Eine Tasse feine Semmelbrösel,

Zwei Teelöffel Salz,

Ein Teelöffel Pfeffer,

Ein halber Teelöffel süßer Majoran.

Mischen Sie die Füllung, verteilen Sie sie, rollen Sie sie auf und binden Sie sie fest. Tupfen Sie nun gerade so viel Mehl in das Fleisch, dass es bedeckt ist. Auf einen Rost in der Backform legen und in den heißen Ofen schieben. Sobald das Fleisch braun wird, beginnen Sie mit dem Übergießen mit einer Tasse kochendem Wasser. Reduzieren Sie die Hitze auf einen mäßigen Ofen.

Die Garzeit: Lassen Sie das Fleisch 30 Minuten lang erhitzen, damit es mit dem Garen beginnen kann, und dann 20 Minuten pro Pfund, wobei das Bruttogewicht gezählt wird.

Bedenken Sie, dass das gerollte und gefüllte Fleisch mehr Zeit benötigt als nur die einfache Schulter.

Um die Schulter ohne Knochen zu braten, lassen Sie eine halbe Stunde mit dem Garen beginnen und dann fünfzehn Minuten auf das Pfund.

Die Lammkeule kann entbeint und gerollt oder gerollt und gefüllt und dann wie die Schulter gegart werden.

BENGALISCHES LAMMCURRY

Verwenden Sie die gebrochenen und groben Fleischstücke vom Lammbraten. Fein hacken, dann in einen Topf geben und gerade so viel Wasser hinzufügen, dass es knapp bedeckt ist. Jetzt hinzufügen

Eine Zwiebel, fein gehackt,

Eine grüne Paprika, fein gehackt,

Vier Zweige Petersilie.

Langsam kochen, bis das Fleisch sehr zart ist. Nun die Soße mit Maisstärke andicken und mit

Ein Teelöffel Worcestershiresauce,

Vier Esslöffel Ketchup,

Zwei Teelöffel Salz,

Ein Teelöffel Paprika,

Ein halber Teelöffel Currypulver.

Legen Sie auf einer heißen Platte einen Rand aus gekochtem Reis an. Heben Sie das Curry in die Mitte der Platte und garnieren Sie es mit einem hartgekochten, fein gehackten Ei.

GEBACKENES LAMMHACKFLEISCH IN GRÜNEN PAPRIKA

Den restlichen Teil des Lammbratens fein hacken, dann die übrig gebliebene Füllung abmessen und hinzufügen. In einen Topf geben und gerade so viel kochendes Wasser hinzufügen, dass alles bedeckt ist. Langsam kochen, bis es zart ist, und dann die Soße eindicken. Nun zu einer Tasse des kalten Fleisches hinzufügen

Eine Tasse gekochter Reis,

Eine Tasse Tomaten aus der Dose,

Drei Zwiebeln, fein gehackt,

Ein Esslöffel Salz,

Ein Teelöffel Paprika.

Mischen und dann in die vorbereiteten Paprika füllen. In eine Backform geben und eine Tasse kochendes Wasser hinzufügen. Bei mittlerer Hitze fünfunddreißig Minuten backen. Mit Käsesauce servieren. Anstelle des

Bratens kann in diesen Gerichten auch gekochtes Hammel- oder Lammfleisch verwendet werden.

WIE MAN LAMMRESTE VERWENDET

Schneiden Sie Scheiben vom Lammbraten ab und legen Sie dann eine große Platte mit knackigen Salatblättern aus. Die Fleischscheiben auf die Platte legen. Mit Minze oder Johannisbeergelee servieren. Verwenden Sie die ungleichmäßigen Stücke für Lammcurry oder gebackenes Lammfleisch mit grünen Paprika und Gemüsesalat.

MIT RAVOLI GEKOCHTES LAMM

Lassen Sie vom Metzger ein Pfund Lammhals zum Schmoren zuschneiden. Waschen und in einen Topf geben und hinzufügen

Drei Liter kaltes Wasser,

Eine Schwuchtel Suppenkräuter,

Eine Karotte, sehr fein geschnitten,

Zwei Zwiebeln, fein gehackt.

Ganz langsam kochen, bis das Fleisch zart ist, dann die Brühe abseihen. Abkühlen lassen, dann das Fleisch von den Knochen lösen. Das Fleisch sehr fein hacken und hinzufügen

Eineinhalb Teelöffel Salz,

Ein Teelöffel Paprika,

Zwei Zwiebeln, gerieben,

Eine grüne Paprika, fein gehackt,

Ein Ei.

Gründlich vermischen und dann wie folgt einen Teig zubereiten: In eine Rührschüssel geben

Zwei Tassen Mehl,

Ein Teelöffel Salz,

Ein Teelöffel Paprika,

Drei Esslöffel fein gehackte Petersilie.

Durch Verreiben zwischen den Händen vermischen und dann aus einem großen Ei und fünf Esslöffeln Wasser einen Teig herstellen. Sehr glatt kneten und dann papierdünn ausrollen. In 10 cm große Quadrate schneiden und die Ränder mit Wasser bestreichen. Geben Sie einen Löffel vorbereitetes Fleisch auf den Teig, falten Sie ihn zusammen und drücken Sie die nassen Ränder des Teigs fest zusammen. Wenn alles fertig ist, in einen großen Topf mit kochendem Wasser geben. 15 Minuten kochen lassen und dann mit einer Schaumkelle anheben; In eine Schüssel geben und mit der erhitzten und gewürzten Lammbrühe übergießen. Dann streuen Sie alle vier Esslöffel geriebenen Käse und zwei Esslöffel fein gehackte Petersilie darüber.

LAMM-BOHNE

Weichen Sie einen halben Liter Limabohnen über Nacht ein und schauen Sie sie sich dann morgens genau an. Vorkochen und dann in eine Auflaufform geben

Eine halbe Tasse gewürfelte Zwiebeln,

Ein Pfund Hammelhals, in Schnitzel geschnitten,

Eine Tasse Tomaten aus der Dose.

Mit Salz und Pfeffer würzen und so viel kochendes Wasser hinzufügen, dass alles bedeckt ist. In einen mittelgroßen Ofen stellen und drei Stunden backen.

INDIVIDUELLE LAMM-TÖPFE

Das restliche Fleisch der Lammkeule zerkleinern. In einen Topf geben, mit kaltem Wasser bedecken und hinzufügen

Eine Karotte, gewürfelt,

Vier Zwiebeln,

Vier Kartoffeln halbieren.

Langsam kochen, bis das Gemüse weich ist; Zwiebeln und Kartoffeln anheben, die Soße andicken und damit würzen

Zwei Teelöffel Salz,

Ein Teelöffel Pfeffer,

Eine grüne Paprika, fein gehackt,

Ein Esslöffel Worcestershire-Sauce.

Einen Teil des Fleisches, zwei Kartoffeln, eine Zwiebel und etwas Soße in einzelne Auflaufformen geben. Mit einer Teigkruste bedecken und bei mittlerer Hitze zwanzig Minuten backen.

Spanische Makkaroni

Fein hacken

Drei grüne Paprika,

Vier Zwiebeln,

Zwei Tomaten.

Geben Sie nun fünf Esslöffel Fett in eine Bratpfanne, fügen Sie das vorbereitete Gemüse hinzu und kochen Sie es langsam, bis es weich ist, ohne zu bräunen, und fügen Sie dann eine halbe Packung gekochte Makkaroni hinzu

Zwei Teelöffel Salz,

Ein Teelöffel Pfeffer,

Eine halbe Tasse Soße vom Niereneintopf.

Fünfzehn Minuten lang langsam kochen.

HERBSTMENÜ

FRÜHSTÜCK

Orangen

Müsli und Sahne

Rahmrindfleisch in Popover-Förmchen

Kaffee

ABENDESSEN

Radieschen   Geschnittene Gurken

Nierenkuchen

Spanische Makkaroni   Butterrüben

Krautsalat

Orangenpudding   Kaffee

ABENDESSEN

Reiskroketten mit Sahne-Rindfleisch

Soße

Krautsalat

SO ZUBEREITEN SIE REZEPTE

POPOVERS

Stellen Sie die Popover-Pfannen zum Erhitzen in den Ofen. Schlagen Sie ein Ei in einem Messbecher auf, füllen Sie es mit Milch auf, geben Sie es in die Rührschüssel und geben Sie es hinzu

Ein halber Teelöffel Salz,

Eine Tasse gesiebtes Mehl.

Mit einem Dover-Schneebesen fünf Minuten lang schlagen, dann die rauchend heißen Popover-Pfannen aus dem Ofen nehmen und gut einfetten. Den Teig einfüllen, sofort in den heißen Ofen stellen und 35 Minuten backen. Öffnen Sie die Ofentür zehn Minuten lang nicht, nachdem die Popovers in den Ofen gestellt wurden. Wenn die Popovers 25 Minuten im Ofen sind, reduzieren Sie die Gaszufuhr und backen Sie sie dann langsam, damit sie für die restliche Backzeit vollständig trocknen.

Diese Menge ergibt acht kleine oder sechs große Popovers. Während nun die Popovers backen, kann das Rahmfleisch zubereitet werden. Schneiden Sie ein Viertel Pfund getrocknetes Rindfleisch mit einer Schere fein. In einen Topf geben, mit kochendem Wasser bedecken und fünf Minuten stehen lassen. Abgießen und dann wie folgt eine Sahnesauce zubereiten:

Geben Sie eineinhalb Tassen Milch in einen Topf, fügen Sie sechs Esslöffel Mehl hinzu und rühren Sie um, bis es sich auflöst. Bringen Sie es dann zum Kochen und kochen Sie es drei Minuten lang. Das vorbereitete Trockenfleisch und zwei Esslöffel fein gehackte Petersilie dazugeben und langsam köcheln lassen, bis die Popovers fertig sind.

Schneiden Sie eine Scheibe von der Oberseite der Popovers ab und füllen Sie sie mit der vorbereiteten Rindfleischcreme. Einen kleinen Tropfen Butter auf jedes Popover geben und leicht mit Paprika bestäuben.

Nierenkuchen

Die Fleischpastete kann zu einem preiswerten Gericht zubereitet werden. Diese Kuchen werden im Chelsea Coffee House in London serviert.

Eine große Rinderniere vom Fett und den Röhren befreien und anschließend in walnussgroße Stücke schneiden. In einen Topf geben, drei Tassen kochendes Wasser hinzufügen und zehn Minuten lang langsam köcheln lassen. In ein Sieb geben und das kalte Wasser fünf Minuten lang über die Niere laufen lassen. Nun die Niere zurück in den Topf geben und hinzufügen

Ein halber Teelöffel Thymian,

Ein halber Teelöffel süßer Majoran,

Vier Zwiebeln, in Stücke geschnitten.

Langsam kochen, bis es weich ist, und dann so viel kochendes Wasser hinzufügen, dass es bedeckt ist. Fügen Sie die wie folgt zubereiteten Knödel hinzu: Gießen Sie die Soße aus der Niere ab und fügen Sie ausreichend Wasser hinzu, um dreieinhalb Tassen abzumessen. In einen Topf geben und beim Kochen die wie folgt zubereiteten Knödel hinzufügen. In eine Rührschüssel geben

Eine Tasse Kartoffelpüree,

Eine Tasse Mehl,

Ein Esslöffel Backpulver,

Ein Teelöffel Salz,

Ein Teelöffel Paprika,

Drei Esslöffel geriebene Zwiebeln,

Zwei Esslöffel fein gehackte Petersilie,

Ein Ei.

Zu einer glatten Paste verarbeiten und dann Kugeln in der Größe einer großen Walnuss formen, in die vorbereitete Brühe geben und zehn Minuten kochen lassen. Die Soße leicht anheben und andicken. Nun wie folgt einen Teig zubereiten:

Drei Tassen Mehl,

Ein Teelöffel Salz,

Zwei Teelöffel Backpulver.

Sieben und dann das halbe Pfund fein gehackten Talg dazugeben und in die Mehlmulde einreiben. Mit zwei Dritteln Tasse Wasser zu einem Teig verrühren und auf einem bemehlten Arbeitsbrett etwa einen Zentimeter dick ausrollen. Eine große Auflaufform oder einzelne Puddingförmchen damit auslegen. Nun eine Schicht Niere auf den Boden legen und mit Salz, Pfeffer und fein gehackten Zwiebeln würzen. Legen Sie einen Knödel darauf und dann eine Schicht dünn geschnittenes hartgekochtes Ei. Mit gut gewürzter Soße und dann mit einer Kruste bedecken und die Ränder der Kruste gut mit Wasser bestreichen. Schneiden Sie nun zwei Einschnitte in die Oberseite der Kruste, damit der Dampf entweichen kann, und bestreichen Sie die Oberseite dann mit Wasser. Wenn Sie einen großen Kuchen haben, backen

Sie ihn eine Stunde lang. Wenn es einzelne sind, backen Sie sie 35 Minuten lang in einem mäßigen Ofen. Für den Nierenkuchen drei Eier verwenden.

Orangenpudding

In eine Rührschüssel geben

Eine halbe Tasse Zucker,

Eigelb eines Eies,

Vier Esslöffel Backfett.

Gut schaumig schlagen und dann den Saft und das Fruchtfleisch von zwei Orangen hinzufügen, die jeweils eine Dreivierteltasse betragen sollten

Eineinviertel Tasse Mehl,

Drei Teelöffel Backpulver.

Zum Mischen verrühren, dann in eine gut gefettete und bemehlte Form geben und die Form abdecken. Eine Stunde kochen lassen und dann mit folgender Soße servieren:

Dreiviertel Tasse Zucker,

Eine halbe Tasse Wasser,

Saft einer Orange,

abgeriebene Schale einer Orange,

Zwei Esslöffel Maisstärke.

Umrühren, um Zucker und Stärke aufzulösen, dann zum Kochen bringen, drei Minuten kochen lassen und servieren.

REISKROKETTE MIT RAHMENFLEISCH

Gut gewürzten, gekochten Reis zu Kroketten formen; Dann eintauchen, bemehlen und in heißem Fett anbraten.

Bereiten Sie eine Sahnesauce wie folgt zu: In einen Topf geben

Zwei Tassen Milch,

Eine halbe Tasse Mehl.

Umrühren, um das Mehl aufzulösen, dann zum Kochen bringen und fünf Minuten lang langsam kochen lassen. Fügen Sie ein halbes Pfund getrocknetes Rindfleisch hinzu, das wie zum Frühstück zubereitet wird, und servieren Sie es mit den Kroketten.

ORANGE KURZER KUCHEN

In eine Rührschüssel geben

Eine Tasse Mehl,

Ein halber Teelöffel Salz,

Zwei Teelöffel Backpulver,

Fünf Esslöffel Zucker,

Eine halbe Tasse Wasser.

Zu einem festen Teig schlagen und dann auf einer gut gefetteten und bemehlten Kuchenform verteilen, sodass der Teig am Rand höher ist als in der Mitte der Form. Mit geschnittenen Orangen belegen und mit einem scharfen Messer in kleine Stücke schneiden. Nun in eine Schüssel geben:

Sechs Esslöffel brauner Zucker,

Zwei Esslöffel Mehl,

Ein halber Teelöffel Muskatnuss.

Gut vermischen und dann auf dem Mürbeteig verteilen und 30 Minuten lang bei mittlerer Hitze backen. Ein Großteil der eigentlichen Zubereitung des Menüs kann am Samstag vorbereitet werden.

Für das Krautsalat-Dressing das Eigelb eines Eies verwenden. Für Orangenkuchen verwenden

Eiweiß von einem Ei,

Ein halbes Glas Gelee.

In eine Schüssel geben und schlagen, bis die Mischung ihre Form behält. Orangen-Shortcake darauf stapeln.

HALLOWEEN

An Halloween dürfen sich die guten Feen vor ihren vielen Freunden sichtbar machen – so erzählen es uns die Traditionen Irlands. Und die Kleinen, wie sie von der romantischen, lebenslustigen irischen Nation genannt werden, spielen ihren Feinden in dieser Nacht viele Streiche und belohnen ihre wahren Freunde mit vielen Segen.

Es ist wirklich eine wundervolle Nacht für das romantische Mädchen, in die Zukunft einzutauchen und ihr Glück zu finden oder zu finden, wenn sie nach Wissen über ihren zukünftigen Lebenspartner sucht. In jenen guten alten Zeiten vor langer Zeit verbrachten der Junge und das Mädchen einen angenehmen Abend damit, alle Glückszauber auszuprobieren, um ihnen den Erfolg ihrer Liebesbeziehungen für das kommende Jahr zu sichern.

Und inmitten von viel Heiterkeit werden viele Spiele gespielt; da hüpft und duckt man sich nach Äpfeln, dreht den Teller, Post, schwer, schwer, was hängen bleibt und verfällt. Dies waren einige der altmodischen Arten, wie die Jungen und Mädchen von damals einen fröhlichen Abend verbrachten.

Andere alte Legenden erzählten, dass es den Gespenstern oder Geistern in dieser einen Nacht im Jahr erlaubt war, über die Erde zu streifen, sodass alle, um ihrer Aufmerksamkeit zu entgehen, maskiert werden mussten – daher verkleideten sich unsere jungen Leute und wanderten auf der Suche von Haus zu Haus Unterhaltung; denn an diesem Vorabend fanden viele informelle Partys statt und niemandem wurde der Zutritt verweigert; Jeder Besucher wurde mit Äpfeln und Nüssen verwöhnt und machte sich dann auf den Weg.

Lassen Sie Ihre jungen Leute ihre Freunde mit einer guten, altmodischen Halloween-Party unterhalten; Lassen Sie sie die alten Spiele von vor langer Zeit spielen und servieren Sie dann kurz vor Mitternacht ein echtes, altmodisches Halloween-Abendessen.

EINIGE VORSCHLÄGE FÜR MENÜS

Nr. 1.

Apfelwein

Gesalzene Nüsse   Oliven

Sardinen und Kartoffelsalat

Jack o'Lantern-Kuchen Kaffee

Nr. 2.

Apfelweinbecher

Radieschen   Sellerie

Gloucester-Kabeljau a la King

Käsesandwiches

Obstkuchen   Kaffee

Nüsse   Rosinen   Äpfel

Nr. 3.

Sellerie   Gesalzene Nüsse

Gebackener Virginia-Schinken

Kartoffel-Paprika-Salat

Rollen   Butter

Eiscreme   Kaffee

Nummer 4.

Radieschen   Hausgemachte Gurken

Gebratene Austern

Kartoffel-Sellerie-Salat

Brötchen und Butter

Frucht-Ingwerbrot   Kaffee

Halten Sie Maishülsen und Kürbisse für die Dekoration bereit; Verwenden Sie aneinandergereihte Herbstblätter für die Wanddekoration. Decken Sie den Tisch mit einem Tischtuch und dann mit einer Leinentischdecke ab und stellen Sie in die Mitte des Tisches einen neuen, mit Apfelwein gefüllten Holzeimer. Füllen Sie die Seiten des Eimers mit Maisschalen, goldenen Ähren und Herbstblättern.

Verdrahten Sie nun den Griff so, dass er in einer aufrechten Position steht. Wickeln Sie den Griff mit gelbem Seidenpapier um und befestigen Sie eine kleine Kürbislaterne am Griff, sodass sie in der Mulde des Eimers hängt. Ordnen Sie den Tisch wie gewohnt an. Servieren Sie den Apfelwein aus diesem Brunnen zum Abendessen.

Hohlen Sie einen mittelgroßen Kürbis aus, schneiden Sie eine Kürbislaterne hinein und stellen Sie Schalen in die Kürbisse, um die Radieschen, Gurken, Sandwiches, Zucker usw. aufzubewahren. Machen Sie aus dem gelben Krepppapier kleine Kürbisse und füllen Sie sie mit Hartpapier Süßigkeiten als Souvenirs.

WIE MAN DEN APFELBECHER ZUBEREITET

Etwas zerstoßenes Eis in eine große Schüssel geben und

Eine Gallone Apfelwein,

Drei Bananen, in dünne Scheiben geschnitten,

Zwei Orangen, in dünne Scheiben geschnitten,

Drei Bratäpfel, in Stücke geschnitten.

Mischen und dann servieren.

SARDINEN-KARTOFFEL-SALAT

(Fünfundzwanzig Personen)

Waschen Sie die Kartoffeln und kochen Sie sie dann, bis sie weich sind. Wenn sie abgekühlt sind, schälen Sie sie und schneiden Sie sie in dünne Scheiben. Geben Sie sie in eine große Rührschüssel. Jetzt hinzufügen

Eine Tasse fein gehackte Zwiebeln,

Eine halbe Tasse fein gehackte Petersilie,

Eine Tasse fein gehackte grüne Paprika,

Zwei Tassen fein gehackter Sellerie,

Zwei Tassen Mayonnaise oder gekochtes Dressing,

Eine halbe Tasse Essig,

Ein Esslöffel Salz,

Ein Teelöffel Pfeffer,

Eineinhalb Teelöffel Senf.

Gut vermischen, dann einzelne Salatnester zubereiten und jeweils eine Dreivierteltasse des Kartoffelsalats in jedes Nest geben. Formen Sie daraus einen Kegel und legen Sie dann vier Sardinen mit dem Schwanzende nach oben auf den Salat. Mit fein gehackter Petersilie garnieren und servieren.

JACK O'LATERN-KUCHEN

Einen Biskuitkuchen in Einzel- oder Muffinformen backen, dann mit Schokoladenwasserglasur glasieren und mit weißem Zuckerguss das Laternengesicht formen.

GLOUCESTER COD A LA KING

(Zwölf Personen)

Wählen Sie ein drei Pfund schweres Stück gesalzenen Kabeljau ohne Gräten aus dem Mittelstück aus; Drei Stunden lang einweichen, dann in ein Stück Käsetuch legen und locker zubinden, in kochendes Wasser tauchen und dreißig Minuten kochen lassen. Abfluss. Geben Sie zwei Liter Milch in einen Topf und fügen Sie eineinhalb Tassen Mehl hinzu. Mit einem Drahtlöffel umrühren, um das Mehl aufzulösen, dann zum Kochen bringen und zehn Minuten lang langsam kochen lassen. Jetzt hinzufügen

Zwei gut geschlagene Eier,

Der vorbereitete Fisch, mit einer Gabel in Flocken zerkleinert,

Saft einer Zitrone,

Zwei grüne Paprika, in Stücke geschnitten und vorgekocht,

Ein Esslöffel geriebene Zwiebel,

Ein Teelöffel Paprika.

Langsam erhitzen, bis es sehr heiß ist, und dann auf Toast servieren.

FRUCHTKUCHEN

In eine Rührschüssel geben

Zweieinhalb Tassen Sirup,

Eine Tasse Backfett.

Gut schaumig schlagen und dann hinzufügen

Acht Tassen Mehl,

Vier gestrichene Esslöffel Backpulver,

Eine Tasse Milch,

Eine halbe Tasse Kakao,

Ein Esslöffel Zimt,

Ein Teelöffel Nelken,

Ein Teelöffel Piment,

Zwei Eier,

Zwei Tassen fein gehackte Erdnüsse.

Gut verrühren, dann eine Backform einfetten und bemehlen und den Teig darin wenden. Legen Sie die Rosinen einzeln auf den Teig und drücken Sie sie vorsichtig in den Teig. Im langsamen Ofen fünfzig Minuten backen.

Abkühlen lassen, dann glasieren, mit Halloween-Figuren dekorieren und dann in Blöcke schneiden.

HERBSTMENÜ

FRÜHSTÜCK

Trauben

Müsli und Sahne

Gebratener Butterfisch, kreolisch

Gehackte braune Kartoffeln Brunnenkresse

Rollen   Kaffee

ABENDESSEN

Traubensaftcocktail

Schmorbraten, Spanisch

Braune Kartoffeln Bohnen

Tomatensalat

Rollen   Kaffee

ABENDESSEN

Gebratene Tomaten Sahnesoße

Kartoffelsalat

Körnerbrot   Apfelsoße

Tee

SCHMETTERLING, KRÖLISCH

Den Fisch säubern, gut waschen und anschließend abtropfen lassen. Nun leicht in Mehl wälzen und im heißen Fett schnell anbraten. In eine Auflaufform geben und folgende Soße hinzufügen:

Eine Tasse gedünstete Tomaten,

Vier Zwiebeln, fein gehackt,

Ein Teelöffel Salz,

Ein Teelöffel Paprika,

Ein halber Teelöffel Thymian.

Zwanzig Minuten im Ofen backen und dann aus der Form servieren. Anstelle des Butterfisches können auch andere Fische verwendet werden.

WINTERMENÜ

FRÜHSTÜCK

Trauben

Müsli und Sahne

Virginia-Griddle-Kuchen Sirup

Kaffee

ABENDESSEN

Hausgemachtes Chow-Chow   Piccalilli

Ye Olde-Tyme English Oyster Pye

Kartoffelpüree   Gebutterte und gewürzte Rüben

Krautsalat

Trauben-Tapioka-Blanc-Mange

Kaffee

ABENDESSEN

Bohnenwürste Sahnesoße

Kartoffelsalat

Rosinenkuchen   Tee

Eine schöne Abwechslung für die Familie besteht darin, ihnen anstelle von Brot Maismuffins und einfache Brötchen oder Kekse zu geben.

Normalerweise hat die Hausfrau in der Hektik, die Geschäftsleute morgens rechtzeitig Feierabend zu machen und dann die Kinder für die Schule vorzubereiten, keine Zeit, diese heimeligen, altmodischen Brote zum Frühstück zuzubereiten.

Der Butterpreis macht es fast unerschwinglich, sie als Aufstrich für warme Kuchen zu verwenden, aber wir alle mögen den Buttergeschmack. Folgen wir also dem Beispiel der sparsamen Frau aus Neuengland, die den Sirup in einen großen Krug gibt und dann zwei Esslöffel Butter zu eineinhalb Tassen Sirup hinzufügt. Stellen Sie den Krug in einen Topf mit warmem Wasser und erhitzen Sie ihn. Dabei häufig umrühren, damit die Butter schmilzt und sich gut mit dem Sirup vermischt. Kurz vor dem Senden an den Tisch gründlich schlagen. Dies ergibt nicht nur einen köstlichen Aufstrich für heiße Kuchen, Waffeln und dergleichen, sondern ist auch eine echte Ersparnis und eine Einsparung von Butter.

TRAUBENSAFT-COCKTAIL

Geben Sie ein Pfund Weintrauben in einen Topf und fügen Sie drei Tassen Wasser hinzu. Zum Kochen bringen und weich kochen. Durch ein feines Sieb reiben und anschließend süßen und kalt stellen. In Cocktailgläser füllen und servieren.

POT RAST BEEF, SPANISCH

In eine Rührschüssel geben und fein hacken

Zwei Tomaten,

Vier Zwiebeln,

Drei grüne Paprika,

Vier Zweige Petersilie.

Jetzt hinzufügen

Ein Teelöffel Paprika.

Mischen und in das Fleisch packen, dabei gut in die Rolle drücken. Rollen Sie das Fleisch in Mehl, schmelzen Sie dann den Talg in einem tiefen Topf und geben Sie das Fleisch hinzu. Gut anbraten und eine halbe Tasse Mehl hinzufügen. Rühren Sie, bis es gut gebräunt ist, und fügen Sie dann einen Liter kochendes Wasser hinzu. Gut abdecken und dann garen, dabei pro Pfund Fleisch (Bruttogewicht) eine halbe Stunde einplanen. Eine Stunde vor dem Kochen sechs kleine Zwiebeln und eine geviertelte Karotte hinzufügen.

Zum Servieren einen Liter kochendes Wasser hinzufügen und abschmecken. Dadurch erhalten Sie ausreichend Soße für zwei Mahlzeiten.

TRAUBEN-TAPIOKA-BLANC-MANGE

In einen Topf geben

Eine Tasse Wasser,

Zwei Tassen Traubensaft,

Dreiviertel Tasse fein granulierte Tapioka.

Zum Kochen bringen und dann dreißig Minuten lang langsam kochen lassen und dann hinzufügen

Dreiviertel Tasse Zucker,

Ein halber Teelöffel Salz.

Fünf Minuten länger kochen. Spülen Sie nun die Puddingförmchen mit kaltem Wasser aus und gießen Sie die Zuckerrübe hinein. Abkühlen lassen, dann auf eine Untertasse stellen und mit der daraus hergestellten Fruchtpeitsche belegen

Eiweiß von einem Ei,

Ein halbes Glas Gelee.

Schlagen, bis es seine Form behält.

Bohnenwurst

Eine Dose Bohnen öffnen und gut abtropfen lassen, dann pürieren und durch ein Sieb in eine Rührschüssel geben. Hinzufügen

Zwei Zwiebeln, gerieben,

Zwei Esslöffel Petersilie, fein gehackt,

Ein viertel Teelöffel Senf,

Ein halber Teelöffel Paprika.

Gut vermischen und dann zu Würstchen formen. In Mehl wälzen und im heißen Fett anbraten. Verwenden Sie die aus den Bohnen abgetropfte Flüssigkeit und ausreichend Milch, um eineinhalb Tassen abzumessen. In einen Topf geben und fünf Esslöffel Mehl hinzufügen. Zum Auflösen umrühren, dann zum Kochen bringen und fünf Minuten kochen lassen. Hinzufügen

Dreiviertel Teelöffel Salz,

Ein viertel Teelöffel Pfeffer,

Zwei Esslöffel fein gehackte Petersilie.

VIRGINIA GRIDDLE CAKES

Eine Tasse Maismehl in eine Rührschüssel geben und hinzufügen

Ein Teelöffel Salz,

Drei Esslöffel Backfett,

Drei Esslöffel Sirup,

Eine Tasse kochendes Wasser.

Zum Mischen schlagen und dann hinzufügen

Zwei Tassen kaltes Wasser,

Ein Ei,

Zweieinhalb Tassen Mehl,

Zwei gestrichene Esslöffel Backpulver.

Zum Vermischen kräftig verrühren und dann auf einer heißen Grillplatte backen.

Gebutterte und gewürzte Rüben

Die Rüben kochen, bis sie weich sind, dann abgießen und in Scheiben schneiden. Nun in einen kleinen Topf geben

Ein Esslöffel Butter,

Zwei Esslöffel Essig,

Zwei Esslöffel heißes Wasser,

Ein Teelöffel Salz,

Ein Teelöffel Paprika,

Ein Achtel Teelöffel Senf,

Eine kleine Prise Nelken.

Wenn es kochend heiß ist, über die geschnittenen Rüben gießen.

Verwenden Sie das Eigelb für die Zubereitung des Krautsalat-Dressings und das Eiweiß und ein halbes Glas Gelee für die Zubereitung des Baisers für die Trauben-Tapioka-Blanc-Mange.

IHR ALTER TYPISCHER OYSTER PYE

Für die Kruste in eine Rührschüssel geben

Zwei Tassen gesiebtes Mehl,

Ein Teelöffel Salz,

Zwei Teelöffel Backpulver.

Zum Mischen sieben und dann ein Viertel Pfund Talg durch den Zerkleinerer geben. Anschließend den fein gehackten Talg durch ein feines Sieb reiben, um die fadenziehenden Teile zu entfernen. Nun den Talg in das Mehl einreiben und mit einer halben Tasse kaltem Wasser zu einem Teig verrühren. Dann hacken und zwei Minuten lang falten. Auf ein bemehltes Backbrett stürzen und in zwei Stücke teilen. Rollen Sie eine Hälfte des Teigs aus, bis er einen Zentimeter dick ist, drehen Sie dann einen großen Teller über diesen Teig und schneiden Sie ihn am Rand des Tellers entlang. Stellen Sie sicher, dass der Teller mindestens fünf Zentimeter größer ist als die Oberseite der Back- oder Auflaufform.

Lassen Sie nun die Austern abtropfen und achten Sie sorgfältig auf Schalenreste. Legen Sie die Austern in eine Auflaufform oder eine Auflaufform und fügen Sie auch den zuvor abgekratzten und gewürfelten Sellerie hinzu und kochen Sie ihn ebenfalls, bis er weich ist

Eine geriebene Zwiebel,

Drei Esslöffel Petersilie,

Drei Tassen dicke Sahnesauce,

Eineinhalb Teelöffel Salz,

Ein Teelöffel weißer Pfeffer,

Ein Achtel Teelöffel Thymian.

Gründlich vermischen und dann zwei oder drei kleine Einschnitte in die Oberseite der Kruste machen und die Austern damit bedecken, dabei die Kruste gut gegen die Ränder der Form drücken. Bestreichen Sie die Oberseite der Kruste mit Wasser und backen Sie sie 35 Minuten lang bei mittlerer Hitze.

Für die Sahnesauce gleiche Teile Austernlikör und Milch verwenden. Die Sellerieblätter und den Stängel hacken.

Rollen Sie nun den Rest des Teigs aus und schneiden Sie ihn in 7,6 cm große Quadrate. Die Oberseite mit einem Messer leicht einschneiden oder mit einer Gabel einstechen, auf ein Backblech legen und zart hellbraun backen. Zum Warmhalten in eine Serviette wickeln. Wenn Sie bereit sind, die Austernpastete zu servieren, legen Sie zwei der Teigquadrate auf einen Teller, heben Sie sie dann auf die Austernpastete und legen Sie dann ein zweites

Stück direkt über die Tortenkruste. Über dieses obere Stück Teig zwei Esslöffel der Soße der Austernpastete gießen.

ROSINENKUCHEN

In eine Rührschüssel geben

Dreiviertel Tasse Zucker,

Ein Ei,

Vier Esslöffel Backfett,

Zwei Tassen Mehl,

Vier Teelöffel Backpulver,

Dreiviertel Tasse Wasser.

Gut verrühren und dann in eine gut gefettete und bemehlte Kastenform gießen. Nun eine halbe Packung Rosinen darauf verteilen und mit der Rückseite des Löffels leicht andrücken, bis der Teig sie bedeckt. Bei mittlerer Hitze fünfunddreißig Minuten backen.

TRUTHAHN

Nachfolgend finden Sie eine kreolische Methode zum Braten von Truthahn, Huhn, Ente oder Wild bzw. zum Grillen von Geflügel, Vögeln oder Wild. Reinigen Sie den Vogel und bereiten Sie ihn entsprechend Ihrem Geschmack vor. Wenn er zum Kochen, Grillen, Braten oder Backen bereit ist, spicken Sie die Brust mit vielen Streifen gepökeltem Schweinefleisch oder Speck oder befestigen Sie sie mit Zahnstochern. Zum Anbraten in einen heißen Ofen stellen und dann den Vogel, egal ob groß oder klein, auf der Brust wenden. Dreiviertel der Zeit auf der Brust braten, backen oder grillen, dabei alle zehn Minuten begießen. Gelegentlich mit Mehl bestreuen. Würzen Sie nicht zu Beginn des Garvorgangs, sondern warten Sie damit bis zum letzten Viertel der Garzeit des Vogels, und wenden Sie ihn dann auf der Brust an, bis er braun ist.

Fertig kochen und alle zehn Minuten begießen. Diese Methode ermöglicht es, den schwersten Teil des Vogels durch die Hitze langsam zu garen, so dass durch das Drehen auf der Brust die Knochenstruktur die intensive Hitze erhalten kann.

Alte Vögel oder Geflügel sollten vor dem Braten gedämpft werden. Diese Methode macht sie zart und saftig.

FÜLLUNG UND SOßE

TROCKENABFÜLLUNG

Ein Pint altbackene Semmelbrösel,

Eine große Zwiebel, fein gehackt,

Ein Teelöffel Geflügelgewürz,

Ein Teelöffel Salz,

Zwei Esslöffel Speckfett oder gutes Rinderfett.

Alles zu einer krümeligen Masse verreiben und dann in das Geflügel füllen.

Wildfleischfüllung

Geben Sie durch den Zerkleinerer so viele Selleriespitzen mit Blättern, dass eine Tasse voll entsteht, außerdem:

Eine mittelgroße Zwiebel,

Ein gestrichener Teelöffel süßer Majoran,

Ein gestrichener Teelöffel Salbei,

Zwei Teelöffel Petersilie, fein gehackt,

Ein viertel Teelöffel Pfeffer,

Eine Tasse gut getrocknete Semmelbrösel.

Gut vermischen und dann in die Wildente oder Gans füllen.

GEBACKENES HÜHNCHEN UND NUDELN

Bereiten Sie das Hähnchen für das Frikassee vor, kochen Sie es, bis es weich ist, und heben Sie es dann hoch. Nun die Nudeln in der Brühe kochen und würzen. Heben Sie die gekochten Nudeln in eine Back- oder Auflaufform. Nun das Hähnchen in einer Bratpfanne schnell auf einer Seite anbraten, dabei gerade so viel Backfett verwenden, dass es nicht anbrennt. Legen Sie das Huhn auf die Nudeln und verdicken Sie dann die Brühe leicht

Ein Esslöffel gehackte Petersilie,

Ein Esslöffel gehackte Zwiebeln.

Über das Hähnchen und die Nudeln gießen und im heißen Ofen 25 Minuten backen.

APFEL-ROSINEN-FÜLLUNG FÜR ENTE

Schneiden Sie so viele Äpfel fein, dass ein halber Liter (1 Pint) gemessen wird. Hinzufügen

Eine halbe Tasse entkernte Rosinen,

Eineinhalb Tassen Semmelbrösel.

Mit Salz, Pfeffer und süßem Majoran würzen. Mit zwei Esslöffeln geschmolzener Butter vermischen. In die Ente packen.

Innereiensoße

Die Innereien fein zerkleinern. In zwei Esslöffel Speckfett anbraten und zwei Esslöffel Mehl hinzufügen. Gut anbraten, dann einen Liter Wasser hinzufügen. Langsam kochen, während das Geflügel anderthalb Stunden lang röstet. Durch ein Sieb reiben, dann zurück zum Feuer stellen und zum Kochen bringen. Anschließend ist es servierfertig.

Gehackte Innereien auf Toast

Kochen Sie die Innereien eine Stunde lang in einem halben Liter Wasser. Durch den Zerkleinerer geben und hinzufügen

Eine Zwiebel,

Ein hartgekochtes Ei,

Eine viertel Tasse Tomatenkonserven.

Mit würzen

Ein Achtel Teelöffel Senf, Salz und Pfeffer nach Geschmack.

Zum Mittagessen auf gerösteten Brotstreifen servieren.

Putenfleischkekse

Bereiten Sie den Teig wie für Kekse vor. Auf ein Backbrett legen und etwa einen Zentimeter dick ausklopfen oder ausrollen. Eine Hälfte des Teigs mit dem vorbereiteten Putenfleisch bestreichen. Restlichen Teig darüberklappen, fest andrücken. Mit einem scharfen Messer in Quadrate schneiden und die Oberseite der Kekse mit Milch bestreichen. Zwanzig Minuten im heißen Ofen backen.

HINWEIS : Diese Kekse können am Vorabend zubereitet, an einem kalten Ort aufbewahrt und am Morgen gebacken werden.

ÜBRIGE TÜRKEI

Den übriggebliebenen Truthahn verwerten

Nehmen Sie das Fleisch aus dem Kadaver und trennen Sie dabei das weiße vom dunklen Fleisch. Nehmen Sie den Kadaver sauber, brechen Sie die

Knochen ab, geben Sie ihn in einen Suppenkessel, bedecken Sie ihn mit kaltem Wasser und fügen Sie ihn hinzu

Eine halbe Tasse gehackte Zwiebeln,

Eine halbe Tasse gewürfelte Karotten,

Ein Bündel Suppenkräuter.

Zum Kochen bringen und zwei Stunden lang langsam kochen lassen. In eine Schüssel abseihen und diese Brühe kann für Suppen, Soßen und Bratensoßen verwendet werden.

TRUTHAHN-KROKETTEN

Eineinhalb Tassen sehr dicke Sahnesauce,

Eine Tasse feine Semmelbrösel,

Eineinhalb Tassen Putenfleisch,

Drei Esslöffel fein gehackte Petersilie,

Zwei Esslöffel geriebene Zwiebeln,

Zwei Teelöffel Salz,

Ein Teelöffel Paprika.

Gut vermischen, dann Kroketten formen und in verquirltem Ei und anschließend in feinen Semmelbröseln wenden. In heißem Fett goldbraun ausbacken.

Überbackener Truthahn

Zwei Tassen dicke Sahnesauce,

Eineinhalb Tassen Putenfleisch,

Ein Esslöffel geriebene Zwiebeln,

Drei Esslöffel fein gehackte Petersilie,

Zwei hartgekochte Eier, fein gehackt,

Eineinhalb Teelöffel Salz,

Ein halber Teelöffel Pfeffer.

Vermischen und dann in eine Auflaufform geben. Mit feinen Semmelbröseln und zwei Esslöffeln geriebenem Käse bedecken und 35 Minuten bei mittlerer Hitze backen.

Truthahn, Sumpfschildkrötenart

Verwenden Sie das dunkle Fleisch. Bereiten Sie eineinhalb Tassen Sahnesauce zu und fügen Sie sie hinzu

Eineinhalb Tassen zubereitetes Putenfleisch,

Zwei hartgekochte Eier, in Achtel geschnitten,

Prise Muskatnuss,

Ein Teelöffel Salz,

Ein halber Teelöffel weißer Pfeffer,

Saft einer Zitrone.

Langsam bis zum Siedepunkt erhitzen und dann eine halbe Tasse braune Soße aus Putenbrühe hinzufügen. Einen Teelöffel geriebene Zitronenschale hinzufügen und servieren.

FLEISCHROLLE

Verwenden Sie Füllstandmessungen. Dies ist ein sehr schönes Gericht für ein Mittagessen. In eine Schüssel geben

Zwei Tassen gesiebtes Mehl,

Eineinhalb Teelöffel Salz,

Ein viertel Teelöffel Paprika,

Vier Teelöffel Backpulver.

Zweimal sieben, dann drei Esslöffel Backfett einreiben und dann mit zwei Dritteln einer Tasse Wasser zu einem Teig verrühren. Auf einem leicht bemehlten Brett etwa einen Viertel Zoll dick ausrollen und mit fein gehacktem, gewürztem Putenfleisch bestreichen

Ein Esslöffel geriebene Zwiebel,

Eine grüne oder rote Paprika, fein gehackt,

Ein Teelöffel Salz,

Ein halber Teelöffel Paprika.

Zu einer Biskuitrolle rollen und die Ränder gut zusammendrücken. In eine gut gefettete Backform geben und 45 Minuten im heißen Ofen backen. Beginnen Sie mit dem Begießen mit einer Tasse Putenbrühe, nachdem das Brötchen zehn Minuten lang im Ofen war. In Scheiben schneiden und dann mit Sahnesauce bedecken.

TRUTHAHN-EINTOPF

In eine Auflaufform eine Schicht vorgekochte und gewürfelte Kartoffeln legen. Mit fein gehackten Zwiebeln und Petersilie sowie fein gehackter grüner oder roter Paprika würzen. Fügen Sie nun eine Schicht Putenfleisch hinzu. Wiederholen Sie dies, bis die Schüssel voll ist, und fügen Sie dann eine Soße hinzu

Eine Tasse Milch,

Eine Tasse Putenbrühe,

Fünf Esslöffel Mehl.

Rühren, bis sich das Mehl in der Milch und der Brühe aufgelöst hat, und zum Kochen bringen. Würzen und dann über den Truthahn in der Auflaufform gießen. Decken Sie die Oberseite der Form mit gitterförmigen Teigstreifen ab. Mit Milch oder Wasser bestreichen und 45 Minuten im heißen Ofen backen.

EINIGE SUPPEN MIT PUTENBRÜHE

Hergestellt durch Kochen von Putenknochen und Truthahnkadavern in ausreichend Wasser, um sie zu bedecken.

Truthahnsuppe, ITALIENISCH

Kochen Sie drei Unzen Makkaroni in einem Liter kochendem Wasser zwanzig Minuten lang, lassen Sie sie dann abtropfen und blanchieren Sie sie unter fließendem Wasser. In einen Topf geben und hinzufügen

Zweieinhalb Pints Putenbrühe,

Zwei Zwiebeln, fein geschnitten,

Ein kleines Stück Knoblauch.

Fünfzehn Minuten lang langsam kochen und dann mit geriebenem Käse servieren.

MULLIGATAWNEY

Vier Tassen Putenbrühe in einen Topf geben und hinzufügen

Drei Äpfel, fein gehackt.

Eine Karotte,

Eine kleine Zwiebel.

Zum Kochen bringen und langsam kochen, bis das Gemüse weich ist. Dann drei Esslöffel Backfett in einen Topf geben und eine halbe Tasse Mehl hinzufügen. Rühren Sie, bis es gut gebräunt ist, und fügen Sie dann zwei

Tassen Putenbrühe hinzu. Zehn Minuten kochen lassen und zur Suppe hinzufügen. Zum Kochen bringen, dann abseihen und mit würzen

Ein gestrichener Esslöffel Salz,

Eineinhalb Teelöffel Paprika,

Ein viertel Teelöffel Muskatnuss,

Drei Pints Putenbrühe,

Eine halbe Tasse fein gehackter Sellerie,

Eine Karotte gewürfelt,

Vier Esslöffel gewaschener Reis.

Zum Kochen bringen und ganz langsam fünfunddreißig Minuten kochen lassen und dann würzen.

Kohlpudding

Einen mittelgroßen Kohlkopf fein hacken und vorkochen, bis er weich ist. Dann abtropfen lassen, in eine Schüssel geben und hinzufügen

Zwei Zwiebeln, gerieben,

Eine Tasse übrig gebliebenes kaltes Fleisch, fein gehackt.

Gut würzen und dann eine Schicht des vorbereiteten Kohls in eine Auflaufform geben und dann eine Schicht Semmelbrösel darauf legen. Übergießen Sie alles mit zwei Tassen dicker Sahnesauce und legen Sie eine dünne Schicht Semmelbrösel darauf. Im mäßigen Ofen 30 Minuten backen.

FAMILIEN-DANKSAGENDESSEN FÜR SECHS PERSONEN, AUS EINEM BAUERNHAUS IN NEU-ENGLAND

Austernsuppe

Hausgemachte eingelegte Zwiebeln

Chow-Chow   Chilisoße

Bostoner Schwarzbrot

Fischbällchen

Gebratener Truthahn   Braune Soße

Austernfüllung   Preiselbeersoße

Bannocks

Gebackenen Kartoffeln   Pürierte Rüben

Rahmzwiebeln   Pastinaken mit Butter

Krautsalat

Pepperhash   Maisrelish

Marmeladen, Gelees und Konserven

Hackfleisch- und Kürbiskuchen   Kaffee

Maple Fudge   Konservierte Pflaumen

Die gute, altmodische Austernsuppe, zubereitet nach dem berühmten Rezept, das schon so viele Jahre in Familienbesitz war, wurde aus zwei riesigen alten weißen Porzellanterrinen serviert. Opa Perkins, der am Kopfende des Tisches saß, schöpfte die Suppe aus, und nachdem sie platziert war und alle Platz genommen hatten, klopfte Opa mit dem großen Horngriff des Tranchiermessers auf den Tisch, und alle Köpfe neigten sich in stillem Gebet, während sie ihm gehörten Die Stimme erhob sich zu einem dankbaren Thanksgiving-Lob, auf den wir alle mit einem feierlichen Amen antworteten.

HÜHNCHENROLLE

In eine Rührschüssel geben

Drei Tassen gesiebtes Mehl.

Ein Teelöffel Salz,

Drei gestrichene Esslöffel Backpulver.

Zum Mischen sieben, fünf Esslöffel Backfett einreiben und mit einer Tasse Wasser zu einem Teig verrühren. Auf einem viertel Zoll dicken Teigbrett ausrollen und mit der vorbereiteten Füllung bestreichen. Rollen Sie es wie eine Biskuitrolle, legen Sie es in eine gut gefettete und bemehlte Backform und backen Sie es bei mittlerer Hitze 35 Minuten lang. Mit Tomaten- oder kreolischer Sauce servieren.

VORBEREITETE FÜLLUNG

Die Innereien fein zerkleinern, das Fleisch vom Hals und vom Kadaver lösen und die Haut durch den Zerkleinerer schneiden. In eine Schüssel geben und hinzufügen

Zwei Zwiebeln, gerieben,

Eine grüne Paprika, fein gehackt,

Vier Esslöffel fein gehackte Petersilie,

Eine halbe Tasse Speck, in Würfel geschnitten und schön gebräunt,

Ein Teelöffel Salz,

Ein halber Teelöffel weißer Pfeffer.

Gründlich vermischen und wie angegeben auf dem Teig verteilen.

BOSTONER SCHWARZBROT

In eine Rührschüssel geben

Eine halbe Tasse Maismehl,

Eine halbe Tasse Gerstenmehl,

Eine halbe Tasse Reismehl,

Ein Teelöffel Salz,

Eine halbe Tasse Melasse,

Ein gestrichener Teelöffel Soda,

Eineinhalb Tassen Sauermilch.

Zum Mischen verrühren und dann in gut gefettete, leere 1-Pfund-Kaffeedosen füllen und diese zu drei Vierteln füllen. Abdecken und in einen tiefen Topf geben. Füllen Sie den Topf zu zwei Dritteln mit kochendem Wasser. Eineindreiviertel Stunden lang stetig kochen lassen; Nehmen Sie dann den Deckel von der Kaffeedose ab und stellen Sie sie zum Trocknen eine Dreiviertelstunde lang in einen warmen Ofen.

Als nächstes kommen die Fischbällchen – nicht die großen, runden, fettgetränkten, handelsüblichen Bällchen, sondern die köstlichsten goldbraunen Bällchen in der Größe von Zwergeiern, in rauchend heißem Fett frittiert und in Stapeln auf schneeweiße Servietten gelegt, mit Zweigen davon Petersilie steckte dazwischen.

AUNT POLLY RIVES' EIN-EI-KUCHEN

Ein Ei,

Eine Tasse brauner Zucker,

Fünf Esslöffel Backfett,

Gut schaumig schlagen und dann hinzufügen

Eineinhalb Tassen Mehl,

Vier Teelöffel Backpulver,

Eine Tasse Milch.

Schlagen, um alles gründlich zu vermischen. Fügen Sie eine Tasse entkernte Rosinen hinzu; In eine gut gefettete und bemehlte Laibform geben und vierzig Minuten bei mittlerer Hitze backen.

ECHTE ALTE VERMONT-AUSTERNSUPPE

Für sechs Personen.

Lassen Sie ein Dutzend Austern von der Flüssigkeit abtropfen und geben Sie die Flüssigkeit dann in einen Topf. Waschen Sie die Austern und untersuchen Sie sie sorgfältig, um alle Schalenreste zu entfernen. Die Austern sehr fein hacken und dann wieder in die Austernflüssigkeit geben. Fügen Sie einen Esslöffel Butter und eine kleine Prise Thymian hinzu; Dann bis zum Siedepunkt erhitzen und zweieinhalb Tassen kochend heiße Milch hinzufügen. Zum Kochen bringen, vom Feuer nehmen und servieren. Die Milch im Wasserbad erhitzen.

Cousine Hettys Fischbällchen

„Es gab eine Zeit", sagte Cousine Hetty, „als wir Fisch in Stücke zerkleinerten, aber seit Bruder und der alte Amos in das Fischgeschäft einstiegen, verwenden wir im Allgemeinen den zerkleinerten Fisch."

Rezept für sechs Personen. Öffnen Sie eine Packung vorbereiteten, zerkleinerten Kabeljau, wickeln Sie ihn in ein Stück Käsetuch und tauchen Sie ihn vier- oder fünfmal in eine große Schüssel mit heißem Wasser. Auspressen. Kochen und zerstampfen Sie dann genügend Kartoffeln, um drei Tassen zu messen, und fügen Sie dann den vorbereiteten Fisch hinzu

Zwei Esslöffel geriebene Zwiebeln,

Vier Esslöffel fein gehackte Petersilie,

Ein Teelöffel Paprika,

Eine viertel Tasse Milch,

Zwei Esslöffel Butter.

Zum gründlichen Mischen kräftig schlagen und dann kleine Kugeln formen; Mehl einrollen; In verquirltem Ei und Milch eintauchen, dann in feinen Krümeln wälzen und im heißen Fett goldbraun braten.

BANNOCKS

Für sechs Personen. In einen Topf geben

Zwei Tassen kochendes Wasser,

Ein halber Teelöffel Salz,

Zwei Esslöffel Ahornzucker,

Vier Esslöffel Sirup,

Dreiviertel Tasse Maismehl.

Kochen, bis ein dicker Maismehlbrei entsteht, dann abkühlen lassen. Sehr dünn auf einem gut gefetteten Backblech verteilen; Mit geschmolzenem Backfett bestreichen und im heißen Ofen backen. Früher wurden diese Bannocks meist vor dem offenen Feuer gebacken.

Das Highlight des Abendessens waren drei große Truthähne, die goldbraun und saftig zart gegart wurden. Kurz vor dem ersten Oktober erlässt die Großmutter den strengen Befehl, jeden Bissen Brotkrümel aufzubewahren, auch wenn es sich nur um das Kriegsbrot handelt. Denn wie Sie wissen, werden für die Fischfrikadellen und die anschließende Füllung der Vögel viele Semmelbrösel benötigt. Dieses altbackene Brot wird gründlich getrocknet, dann durch den Zerkleinerer gegeben und anschließend gesiebt. Die groben Krümel werden zum Füllen des Truthahns verwendet.

In den guten alten Zeiten von gestern, als die große Mehrheit von uns der Meinung war, dass Thanksgiving ohne den Truthahn unvollständig wäre, war eine sorgfältige Planung erforderlich, um die Reste ohne Abfall zu verwenden, da die Familie schnell genug von zu viel Truthahn hatte, wenn er für drei oder drei Personen serviert wurde vier Mahlzeiten.

Übrig gebliebenes Huhn oder Truthahn kann jedoch in den folgenden Gerichten serviert werden:

BRAUNES EMINCE-GEFLÜGEL

Das Fleisch vom Rücken, vom Kadaver und vom Hals lösen und die Innereien fein hacken. In einen Topf geben und zu eineinhalb Tassen des zubereiteten Fleisches hinzufügen.

Eine Zwiebel,

Eine grüne Paprika, fein gehackt,

Dreiviertel Tasse kochendes Wasser.

25 Minuten leicht kochen lassen, dann zwei Esslöffel Backfett und vier Esslöffel Mehl in einen Topf geben. Gut umrühren und dann goldbraun braten. Den vorbereiteten Emmé dazugeben und umrühren und mit

Salz,

Weißer Pfeffer,

Eine kleine Prise Senf,

Eine winzige Prise Geflügelgewürz.

Formen Sie auf einer warmen Platte einen Rand aus Kartoffelpüree, füllen Sie die Portion in die Mitte der Platte und garnieren Sie mit fein gehackter Petersilie.

HÜHNERKNÖDEL

Entfernen Sie das gesamte Fleisch vom übrig gebliebenen Kadaver und brechen Sie die Knochen. Die Knochen in einen Suppentopf geben und hinzufügen

Drei Liter kaltes Wasser,

Zwei Zwiebeln,

Eine Schwuchtel Potherbs,

Eine Tasse gut zerdrückte Tomaten.

Zum Kochen bringen und zweieinhalb Stunden lang langsam köcheln lassen. Die Brühe abseihen und mit würzen

Salz,

Weißer Pfeffer,

Drei Esslöffel fein gehackte Petersilie.

Legen Sie nun so viel vom Kadaver gepflücktes Fleisch durch das gehackte Essen, dass es, wenn es fein gehackt ist, eine Tasse misst; In eine Schüssel geben und hinzufügen

Eine große Zwiebel, gerieben,

Vier Esslöffel fein gehackte gehackte Petersilie,

Ein Teelöffel Salz,

Ein halber Teelöffel weißer Pfeffer,

Zwei Tassen gesiebtes Mehl,

Drei gestrichene Teelöffel Backpulver,

Ein Esslöffel Backfett,

Ein gut geschlagenes Ei,

Sieben Esslöffel Wasser.

Zu einem glatten Teig verarbeiten und dann vom Esslöffel in die kochende Brühe geben. Gut abdecken und fünfzehn Minuten kochen lassen. Heben Sie eine Scheibe Toast an und geben Sie sie dann schnell in die Brühe

Eine Tasse gehacktes Hühnchen.

Dann auflösen

Eine halbe Tasse Mehl,

Eine halbe Tasse Wasser,

und umrühren, um alles gründlich zu vermischen. Zur Brühe hinzufügen und dann zum Kochen bringen; Fünf Minuten kochen lassen und über die Knödel gießen. Mit fein gehackter Petersilie bestreuen und sofort auf den Tisch stellen.

HÜHNERLAIT

Dieses köstliche alte Südstaatengericht wird von der Familie immer gern gegessen. Geben Sie das vom Kadaver und Hals gezupfte Fleisch mit den Innereien durch den Zerkleinerer, etwa eineinhalb Tassen. Eine halbe Tasse Speck und so viele Zwiebeln fein zerkleinern, dass eine Tasse groß ist. Den Speck anbraten und die Zwiebeln im Speckfett köcheln lassen, bis sie weich sind. Dabei darauf achten, dass sie nicht braun werden. Jetzt hinzufügen

Zweieinhalb Tassen kalt gekochter Reis,

Eine Tasse sehr dicke Sahnesauce,

Eine Tasse feine Semmelbrösel,

Ein Esslöffel Worcestershire-Sauce,

Eineinhalb Teelöffel Salz,

Ein Teelöffel weißer Pfeffer,

Ein gut geschlagenes Ei.

Gründlich vermischen und dann in eine gut gefettete und bemehlte Kastenform füllen. Stellen Sie die Pfanne in eine große Pfanne mit warmem Wasser und backen Sie sie eine Stunde lang im langsamen Ofen. Nehmen Sie die Pfanne mit dem Wasser heraus und lassen Sie den Laib fünfzehn Minuten lang im Ofen bei mittlerer Hitze stehen. Heiß mit Petersilie, Sahne oder Tomatensauce servieren; Den Rest kalt schneiden und mit Mayonnaise oder Tartarsauce servieren.

WEIHNACHTSESSEN

Klare Tomatensuppe

Zwiebelrelish   Lockiger Sellerie

Gebackenes Hühnchen

Würzige Füllung   Braune Soße

Cranberry-Gelee

Süßkartoffel-Pone Pürierte Rüben

Krautsalat

Mince Pie   Kaffee

ZWIEBEL-RELISH

Die Zwiebeln so fein hacken, dass sie eine Tasse groß sind, und dann zwei Esslöffel Fett in eine Bratpfanne geben. Wenn es heiß ist, die Zwiebeln dazugeben, gut abdecken und langsam köcheln lassen, bis sie weich sind. Mit Salz und Paprika und drei Esslöffeln Essig würzen. Abkühlen lassen und als Relish servieren.

Lockiger Sellerie

Kratzen Sie zwei Stangen Sellerie gründlich ab und entfernen Sie einen Teil der grünen Oberseite sowie die gequetschten Außenstücke. Schneiden Sie jeden Stiel von der Wurzel bis zum Stiel in zwei Hälften und teilen Sie ihn dann erneut. In kaltes Wasser legen und knusprig und abkühlen lassen.

DIE WÜRZIGE FÜLLUNG VON OMA PERKINS

Legen Sie die grünen und rauen äußeren Teile des Selleries hinein

Vier Zwiebeln,

Ein Bund Kräuter,

durch den Zerkleinerer geben und fein hacken; dann füge hinzu

Drei Tassen alte Semmelbrösel,

Eineinhalb Teelöffel Salz,

Fünf Esslöffel Backfett,

Ein Teelöffel Pfeffer,

Dreiviertel Tasse Hühnerbrühe.

Mischen und dann in das vorbereitete Hähnchen füllen. Nähen Sie die Öffnung mit einer stabilen Stopfnadel und einer Schnur zu. Nun das Hähnchen gründlich mit Backfett einreiben und mit Mehl bedecken. In den Ofen geben und leicht bräunen lassen; Drehen Sie dann die Hähnchenbrust um und begießen Sie sie alle zehn Minuten. Durch das Wenden des Hähnchens mit der Brust nach unten dringt der Bratensaft in das weiße Fleisch ein und macht es dadurch zart und saftig.

Wenden Sie das Hähnchen und lassen Sie die Brust etwa zwanzig Minuten bräunen, bevor Sie sie aus dem Ofen nehmen.

GEBACKENES HÜHNCHEN

Wählen Sie ein dickes Schmorhuhn von etwa fünf Pfund aus und versengen Sie es, ziehen Sie es heraus und waschen Sie es gründlich. Langsam abdecken und dämpfen, bis es weich ist; Dann mit einer würzigen Füllung füllen und in einem mittelmäßigen Ofen eineinhalb Stunden lang rösten, dabei alle zehn Minuten begießen.

Um sicherzustellen, dass das Geflügel ausreichend zart ist, denken Sie daran, es vorher zu dämpfen.

Cranberry-Gelee

Ein halbes Liter Preiselbeeren waschen; dann abtropfen lassen und in einen Topf geben. Fügen Sie eine dreiviertel Tasse Wasser hinzu. Abdecken und kochen, bis es weich ist; Anschließend durch ein feines Sieb reiben. Zwei Tassen braunen Zucker hinzufügen und zum Kochen bringen. Zehn Minuten kochen lassen und dann zum Formen in kleine Puddingförmchen füllen.

SÜßKARTOFFELPONE

Ein Viertel der Süßkartoffeln waschen und dann kochen. Abkühlen lassen und die Häute entfernen. In eine Schüssel geben und pürieren, mit würzen

Ein halber Teelöffel Muskatnuss,

Eineinhalb Teelöffel Salz,

Ein halber Teelöffel Pfeffer,

Zwei Esslöffel Butter.

Fetten Sie eine Backform gut ein, bestäuben Sie sie mit Mehl und verteilen Sie die vorbereiteten Süßkartoffeln etwa 2,5 cm dick darin. Streuen Sie Muskatnuss darauf und verteilen Sie einen Esslöffel Butter in kleinen

Klecksen darauf. Backen Sie die Süßkartoffeln 25 Minuten lang bei mittlerer Hitze. Nehmen Sie sie aus dem Ofen und lassen Sie sie fünf Minuten lang stehen. Schneiden Sie sie in Quadrate und heben Sie sie mit einem Kuchenwender auf einen heißen Teller.

KRAUTSALAT

Den Kohl fein zerkleinern und dann eine grüne Paprika hacken. In Wasser legen, bis er knusprig ist. Bereiten Sie ein Mayonnaise-Dressing zu, indem Sie es auf einen Teller geben

Eigelb von einem Ei,

Ein Teelöffel Senf,

Ein halber Teelöffel Paprika,

Ein Teelöffel Zucker,

Ein Teelöffel Essig.

Zu einer glatten Paste verarbeiten und dann das Öl zunächst langsam und dann schneller hinzufügen, bis das gesamte Öl vollständig eingearbeitet ist, dabei kräftig verrühren. Fügen Sie das Salz nach Geschmack hinzu. Fügen Sie nun den Essig hinzu, bis die gewünschte Konsistenz erreicht ist. Anschließend den Kohl abgießen, auf einem Tuch trocknen lassen und anschließend über das Dressing gießen. Verwenden Sie eine dreiviertel Tasse Salatöl.

MINCE PIE

Zwei Tassen Mehl,

Ein halber Teelöffel Salz,

Ein Teelöffel Backpulver,

Zwei Teelöffel Zucker.

In eine Rührschüssel geben und anschließend sieben. Reiben Sie nun eine dreiviertel Tasse Backfett ein und verrühren Sie es mit etwa sechs Esslöffeln Wasser zu einem Teig. Den Teig teilen, dann ausrollen und einen Tortenteller bedecken. Verwenden Sie zum Füllen eineinhalb Pfund Hackfleisch. Mit einer Kruste bedecken und dann mit geschlagenem Ei waschen. Bei mittlerer Hitze 45 Minuten backen.

HINWEIS : Zum Waschen des Kuchens die Hälfte des geschlagenen Eies verwenden und den Rest in die Hühnerfüllung geben.

Wissen Sie, es gibt eine tolle kleine Geschichte über die kuchenliebenden Neu-Engländer, und der Legende nach gibt es nur zwei Arten von Kuchen, nämlich „'Tis mince" und „tain't mince". Also, wie Oma Perkins sagt: „Das ist alles Hackfleisch."

So bereiten Sie das Hackfleisch zu

Zwölf mittelgroße Äpfel,

Ein halbes Pfund kandierte Zitronen,

Eine halbe Packung entkernte Rosinen,

Ein Pfund geschälte Erdnüsse,

Dreiviertel Pfund Talg,

Ein Pfund getrocknete Pfirsiche,

Eine Zitrone.

Alles durch den Zerkleinerer geben und dann platzieren

Ein Liter Sirup,

Ein Pfund brauner Zucker,

in einen Einkochtopf geben und zum Kochen bringen. Zehn Minuten kochen lassen und dann die vorbereiteten Früchte und Talg hinzufügen, die durch den Zerkleinerer gegeben wurden, und hinzufügen

Eine Packung entkernte Rosinen,

Ein Esslöffel Zimt,

Ein Teelöffel Ingwer,

Ein Teelöffel Nelken,

Ein halber Teelöffel Piment,

Ein halber Teelöffel Muskatnuss,

Ein halber Teelöffel Salz,

Dreiviertel Tasse starker Apfelessig.

Umrühren, um alles gründlich zu vermischen, dann zehn Minuten kochen lassen. Abkühlen lassen und dann in Obstgläser füllen. Einen Esslöffel Salatöl darüber gießen; Passen Sie das Gummi und den Deckel und die Dichtung an. Zwanzig Minuten im heißen Wasserbad verarbeiten, dann abkühlen lassen und aufbewahren.

Dieses Hackfleisch schmeckt am besten und ist bis zur Verwendung haltbar. Der Großvater von Oma Perkins war ein Hiram Teesdale aus Gloucester, England, und dieses Rezept ist über 400 Jahre alt. Das Originalrezept hieß Christmas Mynce Pye, und an den Feiertagen wurde stets ein großer Pye Gloucester Mynce, hergestellt von der guten Dame Teesdale, als Zehnten von der Grafschaft an die gute Queene Elizabeth geschickt, und auf diese Weise wurde königliche Gunst verliehen über diese Familie von der Königin, die von der wunderbaren Zubereitung begeistert war.

Im Originalrezept wurden schwarze Walnüsse und Haselnüsse verwendet, aber da diese Nüsse recht teuer sind, eignen sich die Erdnüsse genauso gut.

WEIHNACHTSGESCHENK

In längst vergangenen Zeiten, vor der Zeit der beheizten Wohnungen und wasserbeheizten Häuser, nutzte die Hausfrau den Keller als Kühlraum. Heute ist das unmöglich. Für den Hausbesitzer, der über eine geschlossene Außenküche oder eine Sommerküche verfügt, ist die Aufbewahrung der festlichen Köstlichkeiten recht einfach. Aber für diejenigen von uns, die in Wohnungen und Appartements wohnen, muss eine andere Lösung gefunden werden.

Hier sind zwei neue Ideen, die einen Versuch wert sind: Erstens ein Blumenkasten auf der Schattenseite des Hauses. Dieser Kasten muss innen mit Asbestpapier ausgekleidet und dann außen mit demselben Papier und einer zusätzlichen Abdeckung aus Öltuch abgedeckt werden.

Durch diese Abdeckung des Kastens wird der Hausfrau ein kleinerer Lagerraum mit gleichmäßiger Temperatur gewährleistet. Weder extreme Kälte noch Hitze können dieser Box etwas anhaben. Als Auskleidung kann eine dicke Schicht Zeitungspapier zwischen der Asbest-Innenabdeckung und der Öltuchabdeckung an der Außenseite der Box verwendet werden.

Hackfleisch muss zum Mischen und Reifen an einem kühlen, trockenen Ort gelagert werden, ohne dass die Gefahr des Einfrierens besteht. Dies ist auch ein idealer Zeitpunkt für die Mutter, die Hilfe der Familie einzuplanen und gleichzeitig die familiären Bindungen sehr eng zu knüpfen. Das Zuhause, in dem die Familie abends zusammenkommt, um die saisonalen Köstlichkeiten zuzubereiten, ist ein sehr glückliches Zuhause. Lassen Sie die Kinder einige ihrer Freunde zu sich nehmen, die ihnen bei den Vorbereitungen helfen.

HÜHNERPUFF

Einen halben Liter Hühnerbrühe in eine Rührschüssel geben und hinzufügen

Eine kleine Zwiebel, gerieben,

Eineinhalb Teelöffel Salz,

Ein halber Teelöffel Paprika,

Vier Eier.

Schlagen Sie, bis alles gut vermischt ist, und füllen Sie es dann in gut gebutterte Puddingbecher aus Glas. Stellen Sie die Becher in eine Backform und füllen Sie die Pfanne zur Hälfte mit warmem Wasser. Im langsamen Ofen backen, bis es fest ist. Aus dem Ofen nehmen und fünf Minuten lang ruhen lassen, dann die Ränder der Vanillesoße mit einem Messer von den Tassen lösen, eine Toastscheibe auflegen und mit Petersiliensoße servieren. Dies ist ein köstliches Mittagsgericht.

Fleischloses Hackfleisch

In eine Rührschüssel geben

Vier Pfund Äpfel, fein gehackt,

Ein Pfund Erdnüsse, fein gehackt,

Ein Pfund getrocknete Aprikosen, fein gehackt,

Ein Pfund getrocknete Pfirsiche, fein gehackt,

Ein Pfund Talg, fein gehackt,

Zwei Päckchen entkernte Rosinen,

Eine Packung Johannisbeeren,

Ein Viertel Pfund kandierte Zitronen, fein gehackt,

Ein Viertel Pfund kandierte Orangenschale, fein gehackt,

Ein Viertel Pfund kandierte Zitronenschale, fein gehackt,

Zwei Esslöffel Zimt,

Ein Teelöffel Muskatblüte,

Ein Teelöffel Ingwer,

Ein Teelöffel Piment,

Ein Teelöffel Nelken,

Ein Teelöffel Salz,

Ein halbes Liter Glas Trauben- oder andere Konfitüre,

Ein Liter Melasse,

Ein Liter Apfelwein, fünfzehn Minuten lang gekocht.

Gründlich vermischen und dann auf die gleiche Weise wie das altbackene Hackfleisch aufbewahren.

YE OLDE-TYME-HACKFLEISCH

Kaufen Sie ein Pfund Rinderschinken und ein halbes Pfund gute Suppenknochen, vorzugsweise Knochen vom Kinn oder der Rippe. Wischen Sie das Fleisch ab, legen Sie es und die Knochen in einen Topf und geben Sie drei Tassen kochendes Wasser hinzu. Ohne Gewürze langsam garen, bis das Fleisch zart ist. Kühlen Sie das Fleisch ab, lösen Sie es von den Knochen, geben Sie das gesamte Fleisch durch den Zerkleinerer in eine große Schüssel und fügen Sie es hinzu

Ein Pfund Talg, fein zerkleinert,

Fünf Pfund Äpfel, fein gehackt,

abgeriebene Schale von drei Zitronen,

Saft von drei Zitronen,

Ein halbes Pfund kandierte Orangenschale, fein gerieben,

Ein halbes Pfund Zitronenschale, fein gerieben,

Ein halbes Pfund Zitronenschale, fein gerieben,

Ein Pfund getrocknete oder eingedampfte Pfirsiche, fein zerkleinert,

Ein Pfund geschälte Erdnüsse, fein gehackt,

Zwei Pakete entkernte Rosinen,

Eine Packung Johannisbeeren,

Drei gestrichene Esslöffel Zimt,

Zwei gestrichene Teelöffel Muskatblüte,

Zwei gestrichene Teelöffel Piment,

Ein gestrichener Teelöffel Nelken,

Ein gestrichener Teelöffel Ingwer,

Zwei gestrichene Teelöffel Salz.

Gut vermischen und dann in einen tiefen Topf geben

Ein Liter Sirup,

Ein Pfund brauner Zucker,

Eineinhalb Tassen Brühe vom Fleisch,

Ein Liter Apfelwein,

Eine viertel Tasse Essig.

Zum Kochen bringen und zwanzig Minuten kochen lassen. Über das Hackfleisch gießen und gründlich vermischen. In Töpfe oder Gläser füllen; Gut abdecken und an einem kühlen Ort aufbewahren oder in Ganzglasgläser füllen und Gummi und Deckel anpassen. Verschließen und dann in ein heißes Wasserbad legen. Eine halbe Stunde lang bei einer Temperatur von 185 Grad Fahrenheit verarbeiten. Herausnehmen und an einem kühlen Ort aufbewahren. Sterilisiertes Hackfleisch ist bis zur Verwendung haltbar.

GRÜNES TOMATENHACK

Einen Liter dünn geschnittene grüne Tomaten in eine Schüssel geben und mit vier Esslöffeln Salz bestreuen. Vier Stunden stehen lassen, dann abtropfen lassen und ausdrücken. Zurück in die Schüssel geben und hinzufügen

Ein halbes Pfund fein gehackter Talg,

Zweieinhalb Pfund fein gehackte Äpfel,

Eine Tasse fein gehackte getrocknete Aprikosen,

Eine Tasse fein gehackte, entkernte Rosinen,

Eine Tasse fein gehackte Erdnüsse,

Eine Tasse Pflaumenkonfitüre,

Zwei Tassen Melasse,

Eineinhalb Tassen gekochter Apfelwein,

Ein Esslöffel Zimt,

Ein halber Teelöffel Muskatnuss,

Ein halber Teelöffel Nelken,

Ein viertel Teelöffel Piment,

Ein halber Teelöffel Ingwer.

Gründlich vermischen und dann auf die gleiche Weise lagern wie das alte Hackfleisch.

HACKFLEISCH FÜR ZWEI

Eine halbe Tasse fein gehacktes, kalt gekochtes Fleisch,

Dreiviertel Tasse fein gehackter Talg,

Sechs Tassen fein gehackte Äpfel,

Eine Tasse fein gehackte kandierte Orangen- und Zitronenschale, gemischt,

Eine Tasse entkernte Rosinen,

Eine Tasse Johannisbeeren,

Eine Tasse gehackte Erdnüsse,

Eine Tasse gehackte Aprikosen,

Eineinhalb Tassen Melasse,

Eine Tasse Apfelwein,

Vier Esslöffel Essig,

Ein Esslöffel Zimt,

Ein Teelöffel Muskatnuss,

Ein Teelöffel Piment,

Ein halber Teelöffel Ingwer,

Ein halber Teelöffel Salz.

Mischen und lagern Sie es dann auf die gleiche Weise wie das herkömmliche Hackfleisch.

Jüdisches oder koscheres Hackfleisch

Schneiden Sie das restliche, kaltgekochte Rind- oder Lammfleisch fein und fettfrei in zwei Tassen. In eine große Schüssel geben und hinzufügen

Zwei Liter fein gehackte Äpfel,

Eine Tasse fein gehackte kandierte Orangenschale,

Eine Tasse fein gehackte kandierte Zitronenschale,

Eine Tasse fein gehackte Zitrone,

Eine Tasse fein gehackte Aprikosen,

Je zwei Tassen kernlose Rosinen und Korinthen,

Eine Tasse fein gehackte geschälte Mandeln,

Eine Tasse Maisöl,

Eineinhalb Esslöffel Zimt,

Ein Teelöffel Nelken,

Ein Teelöffel Muskatnuss,

Ein Teelöffel Piment,

Ein halber Teelöffel Ingwer,

Ein Teelöffel Salz.

Nun in einen Topf geben

Ein Liter Apfelwein.

Ein Pfund brauner Zucker,

Eine Tasse Melasse.

Zum Auflösen umrühren, dann zum Kochen bringen und fünfzehn Minuten kochen lassen. Über das Hackfleisch gießen und gründlich vermischen. In Töpfe oder Gläser füllen und wie herkömmliches Hackfleisch aufbewahren.

Wenn Sie Hackfleisch in Töpfen oder Gläsern lagern, bedecken Sie es etwa einen Viertel Zoll hoch mit Salatöl, um Luft auszuschließen. Verwenden Sie ein gutes Salatöl. Dadurch kann auf die Verwendung von Alkohol zur Aufbewahrung des Hackfleisches verzichtet werden.

Die Hausfrau der Braut, die ein Thanksgiving-Dinner für „nur uns zwei" plant, befindet sich häufig in einem Dilemma. Der Truthahn ist viel zu groß für sie und Hähnchen reizt sie an diesem Tag kaum. Nachfolgend finden Sie jedoch einige empfehlenswerte Menüs für ein Thanksgiving-Dinner für zwei Personen.

Nr. 1.

Sellerie   Radieschen

Austern auf der Halbschale

Planked Squab Gewürzte Traubenmarmelade

Gebackene Süßkartoffeln

Rahmzwiebeln

Endiviensalat   Russischer Dressing

Individuelle Mince-Törtchen

Kaffee

Käse und Kekse   Nüsse und Rosinen

Nr. 2.

gegrillte Austern

Sellerie

Flunderfilets, Piemont

Perlhuhn, Marie-Cranberry-Gelee

Kandierte Süßkartoffeln   Blumenkohl

Krautsalat

Kürbistörtchen   Kaffee

Käse   Nüsse und Rosinen

Nr. 3.

Krabbencocktail

Sellerie   Oliven

Gebratenes Täubchen-Entenküken, Johannisbeergelee

Rahmkartoffelpüree   Erbsen

Kopfsalat   Piment-Dressing

Hackfleisch-Umschlag   Kaffee

Käse und Kekse

Nüsse und Rosinen

SO BEREITEN SIE DAS MENÜ VOR

Legen Sie die Austern in den Kühlschrank, in die Nähe des Eises, bis sie serviert werden. Schaben und säubern Sie den Sellerie, schneiden Sie die Wurzel spitz zu und teilen Sie sie dann vom Wurzelende bis zur Spitze in zwei Hälften.

In kaltes Wasser legen und die Radieschen putzen, anschließend säubern. Die Radieschen von der Spitze bis fast zum Stielende vierteln; dazu ein scharfes Messer verwenden, so entstehen acht Schnitte in den Radieschen. In kaltes Wasser legen.

Waschen Sie die Austernschalen und legen Sie sie beiseite, bis Sie die Austern servieren möchten.

PLANKED SQUAB

Teilen Sie den Rumpf auf der Rückseite auf und zeichnen Sie ihn dann. In kaltem Wasser gut waschen und das Brustbein entfernen. In eine Backform geben, mit Backfett einreiben und ganz leicht mit Mehl bestäuben. In einen heißen Ofen stellen und 35 Minuten lang backen. Häufig mit heißem Wasser übergießen. Nun auf ein heißes Brett heben und mit Speckstreifen belegen. Die Süßkartoffeln teilen und an jeder Ecke platzieren. Leicht mit Butter bestreichen, mit Zimt und braunem Zucker bestäuben. Für zwölf Minuten in den heißen Ofen stellen.

GUINEA-HENNE MARIE

Lassen Sie die Henne vom Metzger am Rücken aufspalten und das Brustbein entfernen. Waschen und trockenwischen, dann gut mit Backfett einreiben und mit Mehl bestäuben. In eine Backform legen und in den heißen Ofen stellen. Alle zehn Minuten mit kochendem Wasser übergießen. Vierzig Minuten lang in einem mäßigen Ofen garen und das Huhn nur zehn Minuten vor dem Herausnehmen aus dem Ofen mit Speckstreifen bedecken und abdecken

Drei Zwiebeln, fein gehackt,

Eine grüne Paprika, fein gehackt,

GEGRILLTE AUSTERN

Untersuchen Sie die Auster sorgfältig und entfernen Sie alle Schalenteile. Waschen und dann in Mayonnaise wälzen, in Semmelbrösel tauchen. Zurück in die tiefe Schale geben und zehn Minuten im heißen Ofen grillen oder backen.

GEBÄCK FÜR ZWEI

In eine Rührschüssel geben

Eine Tasse Mehl,

Ein Teelöffel Backpulver,

Ein halber Teelöffel Salz.

Zum Mischen sieben, dann drei Esslöffel Backfett einreiben und mit drei Esslöffeln Wasser zu einem Teig verrühren. Das Wasser in das Mehl zerhacken, dann auf dem Teigbrett wenden und etwa einen Zentimeter dick ausrollen. Verwendung für Torten und Teigtaschen. Mit Milch oder Sirup und Wasser bestreichen und bei mittlerer Hitze backen.

KUCHEN FÜR ZWEI

In eine Rührschüssel geben

Dreiviertel Tasse weißer Maissirup,

Eigelb eines Eies,

Vier Esslöffel Wasser,

Eine Tasse gesiebtes Mehl,

Drei gestrichene Teelöffel Backpulver,

Ein gestrichener Teelöffel Aroma.

Zum gründlichen Mischen schlagen und dann zwei Esslöffel geschmolzenes Backfett hinzufügen und vorsichtig unterheben. Wenn alles gut vermischt ist, das Eiweiß schneiden und unter den Teig heben. In eine gut gefettete und bemehlte Backform mit einem Rohr in der Mitte geben und bei mittlerer Hitze 25 Minuten backen.

VORSCHLAGENDES MENÜ FÜR EINE HOCHZEIT IM FAMILIENHAUS
25 PERSONEN, ABENDESSEN 19 UHR

Gesalzene Nüsse   Süße Gurken

Sellerie

Austerncocktail

Gegrillter frischer Lachs Ravigote-Sauce

Gebratener Truthahn, braune Soße

Cranberry-Gelee

Kandierte Süßkartoffeln

Spargelsalat   Piment-Dressing

Eiscreme   Hochzeitstorte

Kaffee

Benötigte Materialien für 25 Personen:

Ein halbes Pfund Mandeln,

Zwei kleine Gläser mit süßen Mixed Pickles,

Fünfundzwanzig schmorende Austern,

6-Pfund-Stück frischer Lachs,

Ein Bund Petersilie,

Drei Bündel Brunnenkresse,

Ein Bund Lauch,

Ein Bund Thymian,

Zwei fünfzehn Pfund schwere Truthähne,

Ein Liter Preiselbeeren,

Drei-Pfund-Dose weißer Maissirup,

Dreiviertel Päckchen Süßkartoffeln,

Drei große Dosen Spargel,

Drei feste Salatköpfe,

Eine Dose Piment,

Zwei große Flaschen Ketchup,

Eine kleine Flasche Worcestershire-Sauce,

Ein Glas Meerrettich,

Sechs Liter Eis, fünf Viertel in Stücke schneiden,

Zehn oder zwölf Pfund schwere Hochzeitstorte,

Ein Pfund Kaffee,

Ein halbes Liter Sahne,

Ein Pfund Zucker,

Ein Pfund Butter,

Fünfzig Brötchen.

AUSTERNCOCKTAILSAUCE

Öffnen Sie den Ketchup, die Worcestershiresauce und den Meerrettich und vermischen Sie alles gut. Fügen Sie eine halbe Tasse Essig hinzu, vermischen Sie alles erneut und verwenden Sie es für einen Austerncocktail. Pro Person sollten Sie fünf Austern nehmen.

Geben Sie keine Füllung in den Truthahn. Er ähnelt dann dem gegrillten Truthahn von New Orleans.

Preiselbeergelee mit Sirup

Kaufen Sie den weißen Maissirup, geben Sie ihn in einen Topf und fügen Sie die Preiselbeeren hinzu. Bringen Sie ihn zum Kochen und lassen Sie ihn zwanzig Minuten lang langsam kochen. Geben Sie ihn dann in eine Schüssel, um ihn zu formen. Wenn Sie die Kerne und Schalen herausfiltern möchten, reiben Sie ihn durch ein grobes Sieb.

Wenn Sie die Preiselbeeren aus der Schüssel nehmen möchten, spülen Sie die Schüssel mit kaltem Wasser aus, bevor Sie das Gelee hineingießen.

ABENDBUFFET

Nr. 1

Gesalzene Nüsse   Sellerie

Thunfisch à la King

Spargelsalat   Russischer Dressing

Eiscreme   Kuchen

Kaffee

Nr. 2

Oliven   Gurken

Hühnchensalat   Apfelgelee

Reiskroketten

Eiscreme   Kuchen   Kaffee

Nr. 3

Oliven   Radieschen

Gebackene Schinkensandwiches

Kartoffel-Sellerie-Salat

Eiscreme   Kuchen   Kaffee

FÜR MENÜ NR. 1

Benötigte Materialien:

Pfund Mandeln,

Sechs Stangen Sellerie,

Acht große Dosen Thunfisch,

Eine Dose Pimentos,

Ein halbes Pfund Pilze,

Sechs Liter Milch,

Drei große Dosen Spargel,

Sechs Liter Eiscreme, geschnitten in fünf Blöcke pro Liter,

Acht Pfund schwere Hochzeitstorte,

Ein Pfund Kaffee,

Ein Pfund Zucker,

Eine Dose Milch,

Fünfundzwanzig Rollen,

Ein Pfund Butter.

THUNFISCH A LA KING

Fischdosen öffnen und in eine große Schüssel geben. Die Soße wie folgt zubereiten. In einen Topf geben

Sechs Liter Milch,

Fünf gestrichene Tassen Mehl.

Gut verrühren, dann zum Kochen bringen und fünf Minuten lang langsam kochen lassen. Nun hinzufügen

Eine Dose gehackte Pimentos,

Die zubereiteten Pilze,

Drei gestrichene Esslöffel Salz,

Zwei gestrichene Esslöffel Paprikapulver,

Ein Teelöffel Pfeffer.

Der Thunfisch sollte in große Stücke zerteilt werden. Langsam erhitzen und heiß auf dünnen Toastscheiben servieren.

Zubereitung der Pilze

Die Pilze schälen und dann Kappe und Stiel in kleine Stücke schneiden. Fünf Minuten in kochendem Wasser vorkochen, dann abgießen und verwenden.

Für den quadratischen oder runden Tisch kann eine Herzform angefertigt werden. Lassen Sie die Form von einem Schreiner anfertigen und befestigen Sie kleine Leisten darunter, damit sie nicht von der Tischplatte rutscht. Die Leisten müssen so angeordnet werden, dass sie die Tischkante erfassen.

Abendessen für Abendveranstaltungen

Getoastete Käsesandwiches

Lebkuchen   Tee

Käse-Paprika-Sandwiches oder

Speck-Zwiebel-Sandwich

Tee

Schottisches Kaninchen

Brot und Butter

Tee

Trockene Austernpfanne

Toast   Kakao

Käse- und Omelette-Sandwiches

Tee

GERÖSTETE KÄSE-SANDWICHES

Entfernen Sie die Kruste von einem Brotlaib und schneiden Sie ihn dann in 2,5 cm dicke Scheiben. Toasten Sie den amerikanischen Käse und schneiden Sie ihn dann in 2,5 cm dicke Scheiben. Auf Toast legen und leicht mit geriebenen Zwiebeln bestreichen. Zum Rösten des Käses in die Pfanne in einen heißen Ofen stellen.

LEBKUCHEN

Dieser Kuchen kann in 45 Minuten zubereitet und gebacken werden. In eine Schüssel geben

Eineinhalb Tassen Melasse,

Eine halbe Tasse Backfett,

Eine Tasse Wasser,

Vier Tassen gesiebtes Mehl,

Drei gestrichene Esslöffel Backpulver,

Eineinhalb Teelöffel Zimt,

Ein Teelöffel Muskatnuss,

Ein Teelöffel Ingwer,

Ein halber Teelöffel Piment,

Ein viertel Teelöffel Nelken.

Gerade genug verrühren, um alles zu vermischen, dann in eine gut gefettete und bemehlte Backform gießen und vierzig Minuten lang bei mittlerer Hitze backen. Auf Wunsch kann es geschnitten und heiß gegessen werden.

KÄSE-PFEFFER-SANDWICHES

In eine Schüssel geben

Eine Tasse Hüttenkäse,

Eine Zwiebel, fein gehackt,

Zwei Paprika, fein gehackt,

Eine halbe Tasse Mayonnaise,

Ein Teelöffel Salz,

Ein Teelöffel Paprika.

Das Brot verrühren, mit Butter bestreichen und in dünne Scheiben schneiden. Eine Schicht Käsemischung auflegen, abdecken und halbieren.

SPECK-ZWIEBEL-SANDWICHES

Eineinhalb Tassen Zwiebeln fein hacken. Vorkochen, bis er weich ist, und dann 110 Gramm Speck fein hacken. In Würfel schneiden. In der heißen Pfanne leicht anbraten und die Zwiebeln dazugeben. Rühren, bis die Zwiebeln schön gebräunt und zart sind. Zwischen gebutterten Roggenbrotscheiben verteilen.

RINDERFILET A LA RIGA

Für dieses Gericht können Round-Rock-, Flank- oder Chuck-Steaks verwendet werden. Schneiden Sie eineinhalb Pfund dünnes, rundes Steak in vier Stücke. Jetzt sehr fein hacken

Zwei Unzen gesalzenes Schweinefleisch,

Zwei Zwiebeln,

Vier Zweige Petersilie.

Hinzufügen

Eineinhalb Tassen fertiges Brot,

Zwei Teelöffel Salz,

Ein Teelöffel Paprika,

Ein Teelöffel Worcestershire-Sauce.

Gut vermischen, dann eine Wurst formen, auf das vorbereitete Steak legen und aufrollen, dabei an drei Stellen mit weißer Schnur festbinden. Rollen Sie das Steak in Mehl, geben Sie dann vier Esslöffel Backfett in einen tiefen Topf, geben Sie die vorbereiteten Filets hinzu und bräunen Sie alles gut an. Wenn die Filets schön gebräunt sind, zwei Esslöffel Mehl gut unterrühren und hinzufügen

Zwei Tassen kochendes Wasser,

Eine Karotte, in Viertel geschnitten,

Vier kleine Zwiebeln.

Gut abdecken und eine Stunde kochen lassen und dann hinzufügen

Zwei Teelöffel Salz,

Ein halber Teelöffel Pfeffer,

Saft einer halben Zitrone,

Eine Tasse Erbsen.

Bis zum Siedepunkt erhitzen und dann zehn Minuten kochen lassen. Legen Sie nun für jedes Filet eine Toastscheibe auf eine heiße Platte und heben Sie das Filet an. Entfernen Sie die Fäden, heben Sie dann die Karotte und die Zwiebeln heraus und legen Sie sie auf eine Platte. Über die Soße gießen, dann die Erbsen als Rand um die Platte legen und mit dünnen Tomatenscheiben garnieren.

SCHOTTISCHES KANINCHEN

Geben Sie ein halbes Pfund geriebenen Käse in einen Topf oder eine Chafing Dish und fügen Sie hinzu

Eine Zwiebel, gerieben,

Dreiviertel Tasse gut abgetropfte Dosentomaten,

Ein Esslöffel Worcestershire-Sauce,

Ein gut geschlagenes Ei,

Ein Teelöffel Salz,

Ein Teelöffel Paprika.

Mischen und erhitzen, bis der Käse schmilzt. Auf dem Toast servieren.

TROCKENE AUSTERNPANNE

Planen Sie für jede Person ein halbes Dutzend Austern ein. Schauen Sie sich die Austern sorgfältig an und waschen Sie sie, um Schalenreste zu entfernen. Gut abgetropfte Austern in einen Topf geben und auf den Herd stellen. Ständig schütteln, bis es gar ist, normalerweise etwa vier bis fünf Minuten. Mit Salz, Pfeffer und einem Esslöffel Worcestershire-Sauce würzen. Heben Sie eine dicke Scheibe Toast auf und gießen Sie einen Esslöffel geschmolzene Butter über die Austern. Teilen Sie dann die Flüssigkeit in der Pfanne auf und gießen Sie sie über den Toast. Mit fein gehackter Petersilie bestreuen und servieren.

REIS-MUFFINS

Eine Tasse kalt gekochten Reis durch ein feines Sieb in eine Rührschüssel reiben und hinzufügen

Ein Ei,

Eine Tasse Milch,

Ein Teelöffel Salz,

Vier Esslöffel Sirup,

Drei Esslöffel Backfett,

Eineinhalb Tassen Mehl,

Vier Teelöffel Backpulver.

Zum Vermischen kräftig verrühren, dann in gut gefettete und bemehlte Muffinformen füllen und im heißen Ofen zwanzig Minuten backen.

Spanisches Brötchen

Eineinhalb Tassen Zucker,

Dreiviertel Tasse Backfett,

Eigelb von fünf Eiern.

Sahne aufschlagen, bis eine leichte Zitronenfarbe entsteht, und dann hinzufügen

Drei Teelöffel Backpulver,

Fünf Tassen Mehl,

Eine Tasse Milch,

Eine Packung kleine kernlose Rosinen oder Johannisbeeren,

Ein halber Teelöffel Salz.

Schlagen Sie gerade so viel, dass sich alles vermischt, und schneiden Sie dann das steif geschlagene Eiweiß von fünf Eiern hinein und heben Sie es unter. In eine quadratische Form gießen, die mit Papier ausgelegt und dann gefettet und bemehlt wurde. Im mäßigen Ofen eine Stunde lang backen. Mit Wasserglasur glasieren und mit einem Messer in Scheiben schneiden, solange die Glasur weich ist.

GEMÜSE A LA JARDINIERE

Schälen und in Würfel schneiden

Zwei Karotten,

Eine Tasse Sellerie,

Eine Tasse geschnittene Zwiebeln.

In einen Topf geben, mit kochendem Wasser bedecken und weich kochen; Dann abtropfen lassen und dann drei Scheiben Speck fein hacken. Bräunen Sie den Speck, heben Sie ihn dann hoch und fügen Sie das Gemüse zu dem Fett hinzu, das beim Bräunen des Specks übrig geblieben ist. Hinzufügen

Eine Tasse Erbsen aus der Dose,

Eineinhalb Teelöffel Salz,

Ein Teelöffel Paprika,

Ein Esslöffel Essig.

Fünfzehn Minuten lang langsam kochen.

Geschmorte Ochsenschwänze

Hierzu können die großen Ochsenschwanzgelenke oder der übliche Ochsenschwanz verwendet werden. Zweieinhalb Pfund Schwänze fünfzehn Minuten lang in warmem Wasser einweichen, dann gut waschen, abtropfen lassen und trockenwischen. In Mehl wälzen und dann im heißen Fett schnell anbraten. Nun in einen tiefen Topf heben und hinzufügen

Drei Tassen kochendes Wasser,

Zwei Tassen geschnittene Zwiebeln,

Zwei Karotten, in Würfel geschnitten.

Eineinviertel Stunden lang langsam kochen und dann mit würzen

Zwei Teelöffel Salz,

Ein Teelöffel Pfeffer,

Vier Esslöffel fein gehackte Petersilie.

Zum Servieren nun ein dreiviertel Pfund Makkaroni zwanzig Minuten lang in kochendem Wasser kochen, dann abgießen, würzen und auf eine heiße Platte legen. Legen Sie die gekochten Ochsenschwänze auf die Makkaroni und gießen Sie die Soße mit den Zwiebeln und Karotten darüber. Mit fein gehackter Petersilie garnieren und servieren.

KARTOFFELPFANNKUCHEN

Drei Scheiben Speck in eine Rührschüssel geben, fein hacken und braten, bis sie schön gebräunt sind

Drei Esslöffel Speckfett,

Ein Ei,

Dreiviertel Tasse Milch,

Eineinhalb Tassen Mehl,

Eine dreiviertel Tasse Kartoffeln durch ein feines Sieb reiben,

Vier Teelöffel Backpulver.

Zum gründlichen Vermischen kräftig verrühren und dann auf einer Grillplatte backen oder in heißem Fett braten.

BANANEN A LA JAMIQUE

Drei Bananen schälen und dann halbieren. In eine Schüssel geben und mit dem Saft einer Zitrone beträufeln. Zum Marinieren eine Stunde stehen lassen, dann in einen Teig tauchen und goldbraun braten. Eine dünne Biskuitscheibe auflegen und den Kuchen mit Ananasgelee oder Marmelade bestreichen. Mit der Fruchtaufschlämmung hoch stapeln und mit fein gehacktem kristallisiertem Ingwer garnieren.

BOSTON GEBACKENE BOHNEN

Einen halben Liter Bohnen über Nacht in reichlich kaltem Wasser einweichen und morgens sorgfältig waschen, in einen Topf geben und erneut mit Wasser bedecken. Zum Kochen bringen und zehn Minuten kochen lassen, dann abtropfen lassen, in eine Auflaufform oder eine Auflaufform geben und hinzufügen

Ein halbes Pfund gepökeltes Schweinefleisch, in 5 cm große Blöcke geschnitten,

Eine Tasse gedünstete Tomaten durch ein Sieb reiben,

Vier Esslöffel Melasse,

Ein Teelöffel Salz,

Eine Zwiebel, fein gehackt,

Ein halber Teelöffel Pfeffer,

Ein viertel Teelöffel Senf.

Gut vermischen und dann so viel Wasser hinzufügen, dass die Masse bedeckt ist. Im mäßigen Ofen drei Stunden lang backen.

VOLLWEIZEN-MUFFINS

In eine Rührschüssel geben

Zwei Tassen Buttermilch,

Ein Teelöffel Backpulver,

Ein Teelöffel Salz,

Drei Esslöffel Zucker,

Vier Esslöffel Backfett,

Ein Ei,

Drei Tassen Vollkornmehl,

Zwei Teelöffel Backpulver.

Zum Vermischen kräftig verrühren, dann in gut gefettete Muffinformen füllen und zwanzig Minuten im heißen Ofen backen.

Das Kleiebrot von gestern

In eine Rührschüssel geben

Drei Tassen Buttermilch,

Eineinhalb Teelöffel Salz,

Zwei Teelöffel Backpulver,

Dreiviertel Tasse Sirup,

Eine halbe Tasse Backfett.

Zum gründlichen Mischen schlagen und dann hinzufügen

Vier Tassen Vollkornmehl,

Drei Tassen Kleie,

Eineinhalb Tassen Weißmehl,

Zwei Teelöffel Backpulver.

Zum Vermischen kräftig verrühren und dann in zwei gut gefettete und bemehlte Kastenformen gießen und gleichmäßig verteilen. Zehn Minuten stehen lassen und dann bei mittlerer Hitze vierzig Minuten backen. Zur Abwechslung kann einem Laib eine halbe Packung entkernte Rosinen oder eine dreiviertel Tasse fein gehackte Nüsse hinzugefügt werden. Im Alter von einem Tag verwenden.

Buttermilchpudding

In eine Rührschüssel geben

Eigelb eines Eies,

Zwei Eier,

Eineinhalb Tassen Buttermilch,

Ein Teelöffel Vanilleextrakt,

Eine halbe Tasse Zucker,

Drei Esslöffel Mehl.

Zu einem glatten Teig verrühren, dann in Puddingbecher gießen, die Becher in einen Topf mit warmem Wasser stellen und in einem langsamen Ofen backen, bis die Masse in der Mitte fest ist. Herausnehmen, abkühlen lassen und dann einen Schneebesen daraus herstellen

Eiweiß von einem Ei,

Ein halbes Glas Gelee.

Zu einer steifen Baisermasse schlagen und dann jede einzelne Vanillesoße darauf verteilen. Eiskalt servieren, mit Zimt bestäubt.

YANKEE-PFANNKUCHEN

In eine Rührschüssel geben

Eineinhalb Tassen Buttermilch,

Zwei Esslöffel Sirup,

Ein Esslöffel Backfett,

Ein Teelöffel Backpulver,

Ein Teelöffel Salz.

Zum Mischen schlagen und dann hinzufügen

Eine Tasse Vollkornmehl,

Eine halbe Tasse Maismehl,

Ein Teelöffel Backpulver.

Zum Mischen verrühren und dann auf einem heißen Grill backen.

BUTTERMILCHBROT

Zwei Tassen Buttermilch überbrühen und dann abkühlen lassen. Durch ein Sieb passieren, um den großen Quark zu zerkleinern, dann in eine Rührschüssel geben und hinzufügen

Vier Esslöffel Zucker,

Ein Esslöffel Salz,

Vier Esslöffel Backfett,

Ein Hefekuchen in einer halben Tasse Wasser aufgelöst.

Zum Mischen kräftig verrühren, dann acht Tassen Mehl hinzufügen und zu einem glatten Teig verarbeiten. Fetten Sie die Schüssel ein und geben Sie den Teig hinein. Drehen Sie den Teig um, damit er gründlich mit dem Backfett bedeckt ist. Abdecken und über Nacht gehen lassen, dann frühmorgens gut durchkneten und eine Stunde lang wenden. Auf ein Formbrett legen und in Laibe teilen. Den Laib formen und dann in gut gefettete Pfannen legen und eine Stunde gehen lassen. Im mäßigen Ofen vierzig Minuten backen.

Es ist wichtig, dass die Temperatur der überbrühten und abgekühlten Buttermilch etwa 70 Grad Fahrenheit beträgt. Wenn Sie das Brot über Nacht aufstellen, stellen Sie sicher, dass es an einem Ort steht, an dem die Durchschnittstemperatur im Sommer 65 Grad Fahrenheit und im Winter 70 Grad Fahrenheit beträgt und an dem es keine Zugluft gibt.

BUTTERMILCH-DONUTS

In eine Rührschüssel geben

Eine Tasse Buttermilch,

Zwei Esslöffel Backfett,

Ein Ei,

Eine Tasse Zucker,

Ein Teelöffel Backpulver,

Ein Teelöffel Muskatnuss,

Ein halber Teelöffel Ingwer.

Zum Mischen schlagen. Jetzt hinzufügen

Fünf Tassen gesiebtes Mehl,

Zwei Teelöffel Backpulver,

und zu einem glatten Teig verarbeiten. Auf einem gut bemehlten Arbeitsbrett etwa einen Zentimeter dick ausrollen, schneiden und in heißem Fett goldbraun braten.

BUTTERMILCHKÄSEKUCHEN

Geben Sie einen Liter Buttermilch in eine Pfanne und erhitzen Sie sie vorsichtig auf etwa 110 Grad Fahrenheit. Abkühlen lassen, dann in ein Stück Käsetuch wickeln und zwei Stunden lang abtropfen lassen. Messen Sie nun eineinhalb Tassen Molke ab, geben Sie sie in einen Topf und fügen Sie sechs Esslöffel Maisstärke hinzu. Zum Auflösen umrühren, dann zum Kochen bringen und fünf Minuten kochen lassen. Jetzt hinzufügen

Eine Tasse Zucker,

Eigelb von zwei Eiern,

abgeriebene Schale einer halben Zitrone,

Ein Teelöffel Muskatnuss,

Ein halber Teelöffel Vanille.

Und der vorbereitete Käse, der im Käsetuch abgetropft ist. Mit dem Schneebesen sehr kräftig schlagen, um eine gründliche Mischung zu erzielen. In mit Blätterteig ausgelegte Formen füllen und 45 Minuten lang bei mittlerer Hitze backen.

Bestäuben Sie die Oberseite des Kuchens, bevor Sie ihn in den Ofen geben, entweder mit Muskatnuss oder Zimt, und wenn Sie möchten, können Sie zur Abwechslung eine halbe Tasse entkernte Rosinen oder fein gehackte Nüsse hinzufügen.

Restliches Eiweiß verwenden

Eine für Obstpeitsche;

Eine zum Dippen von Kroketten, Austern und Ähnlichem, die in tiefem Fett gebraten werden sollen.

SAUCEN

APFELSOßE (CHAMPAGNERSOßE)

Drei Esslöffel Schinkenfett in der Pfanne schmelzen, vier Esslöffel Mehl hinzufügen und schön braun braten, dann zwei Tassen Apfelwein hinzufügen. Rühren, bis alles gut vermischt ist, und dann zum Kochen bringen. Fünf Minuten lang langsam kochen und dann mit Salz, weißem Pfeffer und etwas Muskatnuss würzen.

Schein-Hollandaise

Zu einer Tasse Sahnesauce hinzufügen

Eigelb eines Eies,

Zwei Esslöffel Zitronensaft,

Ein Teelöffel Salz,

Ein Teelöffel Paprika,

Ein Teelöffel geriebene Zwiebel.

BATANDI-SAUCE

Eine Tasse dicke Sahnesauce,

Eigelb eines Eies,

Ein Teelöffel Paprika,

Ein Teelöffel Salz,

Ein Teelöffel geriebene Zwiebel,

Saft einer halben Zitrone,

Eine halbe Tasse gedünstete Tomaten,

Ein Esslöffel fein gehackte Petersilie.

Langsam erhitzen und gründlich verrühren, um alles zu vermischen. Durch ein feines Sieb reiben und dann kalt servieren.

TOMATENSAUCE

Eine Tasse Dosentomaten durch ein Sieb reiben,

Eineinhalb Tassen kaltes Wasser,

Vier Zwiebeln, fein gehackt,

Eine Karotte, fein geschnitten,

Ein Bündel Suppenkräuter.

Zwanzig Minuten lang langsam kochen und dann hinzufügen

Drei Esslöffel Maisstärke,

Ein Esslöffel Zucker,

Zwei Teelöffel Salz,

Ein Teelöffel Pfeffer,

Ein viertel Teelöffel Senf in einer halben Tasse kaltem Wasser auflösen.

Zum Kochen bringen und dann zehn Minuten kochen lassen. Durch ein feines Sieb reiben und verwenden.

BRAUNE SOSSE

Um eine braune Soße zuzubereiten, geben Sie vier Esslöffel Fett in eine Bratpfanne und fügen Sie drei Esslöffel Mehl hinzu. Rühren, bis es braun ist. Bräunen, bis eine sehr dunkle Farbe entsteht, und dann eine Tasse Brühe oder Wasser hinzufügen. Rühren Sie, bis die Mischung vollkommen glatt ist und drei Minuten lang kocht. Nach Belieben würzen.

AMERIKANISCHE SAUCE

Um eine Soße zu machen, nehmen Sie amerikanischen

Eine halbe Tasse dicke Sahnesauce,

Eine halbe Tasse gedünstete Tomaten,

Ein Esslöffel geriebene Zwiebeln,

Ein Teelöffel Salz,

Ein Teelöffel Paprika,

Ein Esslöffel geriebener Käse.

Mixen und durch ein feines Sieb passieren. Heiß servieren.

SAHNESAUCE

Eine Tasse Milch in einen Topf geben und drei gestrichene Esslöffel Mehl hinzufügen. Mit einer Gabel oder einem Schneebesen gut verrühren und dann zum Kochen bringen. Drei Minuten abkühlen lassen und dann ständig umrühren. Vom Herd nehmen und verwenden.

BÖHMISCHE SAUCE

Eine Tasse dicke Sahnesauce,

Saft einer halben Zitrone,

Ein Teelöffel Paprika,

Ein Teelöffel Salz,

Ein Esslöffel frisch geriebener Meerrettich.

Verrühren und dann heiß oder kalt servieren.

KANADISCHE SAUCE

In einen Topf geben

Zwei geriebene Zwiebeln,

Eine grüne Paprika,

Zwei Tomaten, sehr fein gehackt.

Langsam kochen, bis es weich ist, dann abkühlen lassen und hinzufügen

Sechs Esslöffel Salatöl,

Drei Esslöffel Essig,

Ein viertel Teelöffel Senf,

Ein halber Teelöffel Pfeffer,

Ein Teelöffel Salz,

Ein viertel Teelöffel Zucker.

Gut vermischen und kalt über dem Fisch servieren.

MEERRETTICH-SAUCE

Fügen Sie zwei Esslöffel geriebenen Meerrettich und einen Esslöffel Worcestershire-Sauce entweder zur Sahnesauce oder zur braunen Sauce hinzu.

MEXIKANISCHE CHILI-SAUCE

Ein Dutzend Chilis (grüne Paprika) aufschneiden und entkernen. Kratzen Sie nun die drei oder vier Adern ab, um die Kerne zu entfernen, die der Länge nach durch die Paprika verlaufen. Lassen Sie sie nun für fünfzehn Minuten in kochendes Wasser fallen. Die Haut entfernen und fein hacken. Geben Sie vier Esslöffel Öl in eine eiserne Bratpfanne und fügen Sie eine halbe Tasse fein gehackte Zwiebeln hinzu. Langsam kochen, bis es weich ist, dabei darauf achten, dass es nicht braun wird. Fügen Sie nun zwei Esslöffel Mehl hinzu. Gut vermischen und dann die Chilis dazugeben

Zwei Tassen Tomatenmark durch ein feines Sieb gerieben,

Eine Tasse kochendes Wasser.

Langsam köcheln lassen, bis eine dicke, glatte Soße entsteht. Mit Salz abschmecken. Reiben Sie Ihre Hände vor der Zubereitung der Paprika mit Salatöl ein, um Verbrennungen vorzubeugen.

GETRÄNKE

Um Schokolade als Getränk zuzubereiten, muss sie gründlich gekocht werden. Das bloße Übergießen des Kakaos mit kochendem Wasser oder Milch reicht nicht aus, um ihn ausreichend zu garen.

SO BEREITET MAN SCHOKOLADE ZU

Der mexikanische Feinschmecker hat schon vor langer Zeit herausgefunden, dass Schokolade nur erfolgreich hergestellt werden kann, wenn man sie kontinuierlich schlägt. Daher hat er einen Schokoladenquirl entwickelt, einen hölzernen Quirl, an dem mehrere Holzringe befestigt sind. Wird dieser zum Rühren der Schokolade verwendet, entsteht aus der Mischung Schaum.

Die Franzosen benutzen eine Anzahl zu einer Peitsche gebundener Ruten. Die amerikanische Hausfrau benutzt zu diesem Zweck eine flache Drahtpeitsche.

Kakao: Für jede gewünschte Tasse Kakao drei Viertel Tasse Wasser und zwei gestrichene Teelöffel Kakao in einen Topf geben. Zum Kochen bringen und dann fünf Minuten kochen lassen. Unter ständigem Rühren schlagen und dann für jede Tasse Kakao eine viertel Tasse Brühmilch hinzufügen. Nochmals aufkochen lassen und dann servieren.

Schokolade. – Verwenden Sie drei Unzen Schokolade auf einen Liter Wasser. Schneiden Sie die Schokolade fein, fügen Sie dann Wasser hinzu und rühren Sie ständig um. Zum Kochen bringen und zehn Minuten kochen lassen. Eine Tasse Brühsahne hinzufügen, erneut zum Sieden bringen und servieren. Kurz vor dem Servieren kann jeder Tasse ein Esslöffel Schlagsahne hinzugefügt werden.

WIE MAN EINE TASSE TEE ZUBEREITET

Von einem alten Teehändler in London erhielt ich meine Anweisungen für die Zubereitung einer perfekten Tasse Tee. Spülen Sie die Teekanne zunächst mit kaltem Wasser aus, füllen Sie sie dann mit kochendem Wasser und lassen Sie sie stehen, während Sie das für den Tee bestimmte Wasser zum Kochen bringen. Kurz bevor das Wasser kocht, schütten Sie das Wasser in der Teekanne aus und wischen Sie es trocken. Anschließend die Teeblätter dazugeben und mit dem frisch abgekochten Wasser aufgießen. Decken Sie die Kanne mit einem Teewärmer ab oder wickeln Sie sie in ein Handtuch und lassen Sie sie genau sieben Minuten stehen. Der Tee ist nun trinkfertig. Dadurch erhalten Sie ein köstliches Ambrosia-Getränk, das das Herz echter Liebhaber einer guten Tasse Tee erfreuen wird.

Die Verwendung eines Stövchens für die Teekanne dient dazu, die Wärme in der Kanne zu halten und so ein schnelles Auskühlen zu verhindern. Verwenden Sie einen gestrichenen Teelöffel Tee pro halbem Liter Wasser.

Messen Sie das Wasser vor dem Kochen ab. Das Wasser muss sofort nach Erreichen des Siedepunkts auf den Tee gegossen werden. Nach zweiminütigem oder längerem Kochen verliert das Wasser schnell seine natürlichen Gase.

KAFFEE

Auf dem Markt gibt es viele Sorten. Zu den Besten gehört der Araber, gefolgt von Liberian und Maragogipo. Nach der Kaffeeernte hängen Qualität und Wert von der sorgfältigen Lagerung und Verpackung ab. Brasilien beliefert die USA mit rund 80 Prozent des gesamten Kaffeekonsums. Mexiko und Mittelamerika liefern zusammen etwa 17 Prozent, so dass etwa 3 Prozent übrig bleiben. aus dem Ausland.

Verschiedene der Hausfrau bekannte Kaffeemarken sind:

Mokka,

Java,

Rio,

Santa Bourbon,

Weihnachtsmann,

Maracaibo,

Bogotá,

Erbsbeere.

Die erstgenannten sind am teuersten, die letztgenannten am günstigsten. Das Wort „Mischung" bedeutet im Zusammenhang mit Kaffee eine Mischung aus zwei oder mehr Sorten, wodurch ein Kaffee unterschiedlicher Stärke und mit einem weichen, milden Geschmack entsteht.

Nach dem Rösten sollte der Kaffee in luftdichten Dosen aufbewahrt werden. Das Schleifen ist der nächste wichtige Schritt, und dieser muss genau richtig sein, um die volle Festigkeit zu erreichen. Grob gemahlener Kaffee ist nicht erwünscht, da er eine lange Ziehzeit benötigt und daher verschwenderisch ist. Für diejenigen, die die Kaffeekanne im alten Stil verwenden, wird sich ein mittelfeiner Mahlgrad als praktisch erweisen. Zum Filtern mit dem Perkolator sollte der Kaffee ganz fein sein. Das Wasser fällt kontinuierlich über den Kaffee und sorgt für eine gleichmäßige Tasse.

So bereiten Sie mit der altmodischen Kaffeekanne guten Kaffee zu: Geben Sie für jede gewünschte Tasse einen gestrichenen Esslöffel mittelfein gemahlenen Kaffee in die Kanne. Das Wasser dazugeben und schnell zum Sieden bringen. Mit einem Löffel umrühren und dann eine kleine Prise Salz und vier Esslöffel kaltes Wasser hinzufügen, um den Boden zu setzen. Lassen Sie es fünf Minuten lang an einem warmen Ort stehen; dann servieren.

Perkolator-Methode: Geben Sie für jede gewünschte Tasse einen dreiviertel Esslöffel fein gemahlenen Kaffee in einen Perkolator. Geben Sie das Wasser hinzu und stellen Sie den Topf auf das Feuer. Lassen Sie den Kaffeefilter bereits vier Minuten nach dem ersten Pumpen des Wassers im Glasaufsatz kaffeefarben erscheinen. Dadurch entsteht eine gleichmäßige, gleichmäßige Tasse anregendes Getränk.

KAFFEE AU LAIT

Französischer Frühstückskaffee: Bereiten Sie den Kaffee nach der gewünschten Methode zu und geben Sie dabei nur die Hälfte der üblichen Menge ein. Erhitzen Sie nun so viel Milch bis zum Siedepunkt, dass jede Tasse zur Hälfte gefüllt ist. Wenn Sie servierfertig sind, gießen Sie die heiße Milch in die Tasse und füllen Sie sie dann mit Kaffee auf.

KAFFEE NOIR

Dieser Kaffee wird normalerweise aus der Halbtasse getrunken. Daher sollte er von höchster Stärke sein, normalerweise sind eineinhalb Esslöffel sehr fein gemahlener Kaffee pro zwei Tassen erlaubt. Es wird versickert, bis die Flüssigkeit sehr stark ist und eine satte schwarze Farbe hat; Dies dauert normalerweise acht bis zehn Minuten, nachdem der Kaffee zum ersten Mal seine Farbe im Glasaufsatz des Perkolators zeigt.

Genießer-kreolischer Kaffee

Viele der alten spanischen und französischen Granden, die die Vorfahren der französisch-spanischen neuen Weltstadt New Orleans waren, brachten die wunderschöne Porzellankaffeekanne von einst mit. Die Zubereitung des Kaffees nach dem Abendessen war eine wahre Kunst.

Die Kanne wurde mit heißem Wasser gefüllt und dann in einen Eimer mit kochendem Wasser gestellt, um sie warm zu halten, während der Kaffee gemahlen wurde. Generell wurde es jeden Tag frisch geröstet. Es wurde zu feinem Mehl gemahlen und dann in ein Stück dünnes, feines Musselin eingebunden. Das Wasser wurde aus der erhitzten Kanne abgelassen und der Kaffee hineingegeben. Dann wurde frisches kochendes Wasser hineingegossen. Der Ausguss und der Deckel wurden dicht mit einer Serviette abgedeckt und der Topf in den Eimer zurückgestellt, der ausreichend kochendes Wasser enthielt, um den Topf heiß zu halten. Es wurde zum Brauen vor das Feuer gestellt; Dies dauerte normalerweise zehn bis fünfzehn Minuten. Der Kaffee war fertig und sein köstliches Aroma und sein köstlicher Geschmack entschädigten die Zeit und Mühe, die für die Zubereitung aufgewendet wurden, mehr als einmal.

KAFFEE A LA CREME

Kaffee wird auf die übliche Weise zubereitet und dann mit Natur- und Schlagsahne serviert.

TÜRKISCHER KAFFEE

Der Kaffee für diesen Stil wird zu feinem Mehl gemahlen, dann mit kaltem Wasser übergossen, zum Sieden gebracht, gesüßt und ohne Sieben oder Filtern serviert. Russischer Kaffee ist schwer und schwarz und wird häufig mit einer Zitronenscheibe serviert.

SOMMERGETRÄNKE

Ein kühles Getränk mit reichlich Eis im Glas erfrischt und belebt am Ende eines warmen Tages. Aus frischen Früchten kann die Hausfrau mit wenig Aufwand viele köstliche Fruchtaromen zubereiten, die sich durch Zugabe von Eis und etwas kohlensäurehaltigem Wasser schnell in durstlöschende Getränke verwandeln lassen.

Einfaches kohlensäurehaltiges Wasser kann entweder in Pint- oder Quart-Flaschen gekauft werden; und wenn ein guter Korken verwendet wird, um das Öffnen der Flaschen zu verhindern, kann dieser nach dem Entfernen der Verschlüsse in bestimmten Abständen verwendet werden, vorausgesetzt, er wird auf Eis aufbewahrt.

PARISER TEE

Geben Sie zwei Teelöffel Tee in einen Krug und gießen Sie eine Tasse kochendes Wasser darüber. Gut abdecken und eine halbe Stunde stehen lassen. Abtropfen lassen und dann bis zum Gebrauch in den Kühlschrank stellen.

Zum Servieren vier Esslöffel des Teeaufgusses in ein hohes Glas geben und hinzufügen

Saft einer halben Zitrone,

Eine halbe Tasse zerstoßenes Eis,

Drei Minzblätter,

und mit kohlensäurehaltigem Wasser auffüllen.

Nach Belieben Puderzucker zum Süßen verwenden.

JOHANNISBEERE-SCHLINGE

Eine Schachtel Johannisbeeren in einen Topf geben und drei Tassen Wasser hinzufügen. Zum Kochen bringen und mit dem Kartoffelstampfer zerstampfen. Fünfzehn Minuten kochen lassen und dann abseihen. Zwei Tassen Zucker hinzufügen und zum Kochen bringen. Fünf Minuten kochen lassen und dann abkühlen lassen. Die Hälfte des Johannisbeersirups in ein hohes Glas geben und

Eine halbe Tasse zerstoßenes Eis,

Ein Esslöffel Zitronensaft,

Sechs Minzblätter,

und mit Sprudelwasser auffüllen.

ANANASLADEN

Eine Ananas schälen und reiben. In einen Topf geben und hinzufügen

Zwei Tassen Zucker,

Zwei Tassen Wasser.

Zum Kochen bringen und dann 15 Minuten köcheln lassen. Abkühlen lassen und dann hinzufügen

Ein halber Liter zerstoßenes Eis,

Eine Tasse kohlensäurehaltiges Wasser,

Saft von zwei Zitronen.

EIER-LIMONADE

Geben Sie das Eigelb in eine kleine Schüssel und fügen Sie es hinzu

Drei Esslöffel Puderzucker,

Zwei Esslöffel Zitronensaft,

Eine halbe Tasse eiskaltes Wasser.

Zum Mischen verrühren, dann in hohe, dünne Gläser füllen und steif geschlagenes Eiweiß dazugeben und vorsichtig unterheben. Fügen Sie vier Esslöffel zerstoßenes Eis hinzu und füllen Sie das Glas mit kohlensäurehaltigem Wasser. Anstelle des Zitronensafts kann auch Orangensaft verwendet werden.

MINZE-TASSE

Drei Zweige Minze in eine Tasse geben, zwei Esslöffel Zucker dazugeben und zerdrücken. Jetzt hinzufügen

Ein Tropfen Pfefferminzenessenz,

Ein Tropfen Nelkenessenz,

Eine halbe Tasse zerstoßenes Eis,

und mit kohlensäurehaltigem Wasser auffüllen.

GINGER ALE BECHER

In einen Topf geben

Saft einer Zitrone,

abgeriebene Schale einer viertel Zitrone,

Eine Tasse Zucker.

Langsam köcheln lassen, bis der Zucker im Sirup verschmilzt. Anwendung: Drei Esslöffel dieses zubereiteten Sirups in ein hohes, dünnes Glas geben und hinzufügen

Eine halbe Tasse geschabtes Eis,

Ein Zweig Minze,

Eine halbe Tasse Ginger Ale,

und mit kohlensäurehaltigem Wasser auffüllen.

CREME-KAFFEE-SHAKE

Nach dem Frühstück den restlichen Kaffee in einen Krug abgießen und beiseite stellen. Zum Servieren: In ein hohes Glas geben

Zwei Esslöffel Zucker,

Zwei Esslöffel Sahne,

Eine halbe Tasse kalten Kaffee,

Vier Esslöffel zerstoßenes Eis.

Zum Mischen umrühren, dann mit kohlensäurehaltigem Wasser auffüllen und einen Esslöffel Marshmallow-Schlagsahne darauf geben.

HIMBEERPUNK

Eine Schachtel Himbeeren in einen Topf geben und hinzufügen

Eine halbe Tasse Wasser,

Eineinhalb Tassen Zucker.

Zum Kochen bringen und langsam kochen, bis die Früchte weich sind. Durch ein feines Sieb reiben und eine halbe Tasse in kleine Stücke geschnittene Maraschinokirschen sowie die Flüssigkeit aus der Kirschenflasche hinzufügen.

Anwendung: Eine halbe Tasse des vorbereiteten Himbeersirups in ein hohes, dünnes Glas geben und hinzufügen

Ein Esslöffel Zitronensaft,

Eine halbe Tasse zerstoßenes Eis.

Mit kohlensäurehaltigem Wasser auffüllen.

PFIRSICHBECHER

Einen Liter geschälte und in Scheiben geschnittene Pfirsiche in einen Topf geben und hinzufügen

Ein Pfund Zucker,

Eine Tasse Wasser.

Kochen, bis die Früchte weich sind, dann durch ein feines Sieb reiben und den Saft einer Zitrone hinzufügen.

Anwendung: Eine halbe Tasse der Pfirsichmischung in ein Glas geben und hinzufügen

Zwei Esslöffel Sahne,

Eine halbe Tasse zerstoßenes Eis,

und mit kohlensäurehaltigem Wasser auffüllen.

Eine Schachtel mit Strohhalmen zum Servieren dieser Eisgetränke macht sie gleich doppelt attraktiv.

WIE MAN EIS ZUBEREITET

Bereiten Sie die Mischung frühmorgens zum Einfrieren vor, während Sie in der Küche arbeiten, und stellen Sie sie dann, wenn sie abgekühlt ist, in den Kühlschrank, um sie gründlich zu kühlen, bis sie benötigt wird. Die Dose überbrühen, abkühlen lassen und dann in den Kühlschrank stellen. Wenn Sie die Creme zum Einfrieren vorbereiten möchten, geben Sie das Eis in einen Beutel und zerstoßen Sie es mit einem Holzhammer fein. Gießen Sie nun die vorbereitete Mischung in die kalte Dose und setzen Sie den Rührstab auf.

Stellen Sie die Dose in den Gefrierschrank, stellen Sie die Drehkurbel ein und drehen Sie den Griff ein paar Mal, um sicherzustellen, dass alles problemlos funktioniert. Verwenden Sie nun eine Pint-Schüssel zum Abmessen und gießen Sie drei Maß Eis und dann ein Maß Salz hinein. Wiederholen Sie diesen Vorgang, bis sich Eis und Salz über der Mischung in der Dose befinden. Um gute Ergebnisse zu erzielen, ist Genauigkeit erforderlich.

Zufälliges Messen bedeutet nur Scheitern. Drehen Sie den Gefrierschrank, bis er sich nur noch schwer drehen lässt. Entfernen Sie dann den Rührstab, indem Sie ihn mit einem Holzlöffel ausschaben und verpacken. Sie müssen schnell arbeiten, da es wichtig ist, die Dose nicht länger als nötig offen zu lassen. Stecken Sie einen Korken in die Öffnung im Deckel der Dose, decken Sie die Oberseite der Dose mit einem Stück Wachspapier ab und setzen Sie dann den Deckel auf.

Lassen Sie nun das gesamte Wasser ab. Umpacken, mit vier Teilen Eis und einem Teil Salz. Gut abdecken und anderthalb Stunden zum Reifen stehen lassen.

Wenn alle Vorbereitungen früher am Tag getroffen werden, dauert es etwa eine halbe Stunde, um die Mischung zusammenzustellen und die Creme herzustellen.

Gefrorene Desserts werden in zwei Klassen unterteilt: Speiseeis und Eiscreme. Zu den Speiseeissorten gehören Sorbets, Wassereis, Frappés und Sorbets. Zu den Speiseeissorten gehören Philadelphia-Creme, amerikanische und französische Cremes, Parfaits und Mousses. Sorbets enthalten Gelatine oder Eiweiß und eine Wasser-Eis-Mischung. Wassereis sind mit Wasser gesüßte und verdünnte Fruchtsäfte. Frappés sind teilweise gefrorene Wassereissorten. Sorbets sind eine Mischung aus Aromen, die wie Wassereis oder gefrorener Punsch zubereitet werden.

EISCREME

Philadelphia-Eiscreme wird aus dünner, gesüßter Sahne hergestellt. Amerikanische Eiscreme ist eine Mischung aus dünner Sahne und einer gut gewürzten Vanillecreme, die dann gefroren wird. Häufig werden für diese Creme auch Dickmilchzubereitungen verwendet. Französische Eiscreme ist eine einfache, gefrorene, reichhaltige Vanillecreme. Parfaits sind Cremes aus dickem Sirup, Eigelb und Schlagsahne, die in eine Form gepackt und gefroren werden.

Mousses sind aromatisierte und gesüßte Sahne, die anschließend geschlagen, in eine Form gepackt und eingefroren werden.

Es ist wichtig zu beachten, dass die Dose nicht mehr als zwei Drittel voll sein darf. Alle Cremes nehmen während der Herstellung an Volumen zu und müssen daher ausreichend Platz zum Rühren haben. Stellen Sie sicher, dass alle Teile des Gefrierschranks frei funktionieren, bevor Sie beginnen. Wenn die Dose rostig oder steif ist, geben Sie ein oder zwei Tropfen Salatöl hinzu und rühren Sie dann, bis sie frei funktioniert.

REZEPTE

1 GAL.—PFIRSICH-EIS

Einen Liter Pfirsiche schälen und in dünne Scheiben schneiden, dann eineinhalb Tassen Zucker hinzufügen und eine Stunde lang beiseite stellen. Nun in einen Topf geben

Drei Liter Milch,

Eine viertel Tasse Maisstärke.

Umrühren, bis sich die Stärke auflöst, und dann zum Kochen bringen. Zehn Minuten kochen lassen, dann herausnehmen und hinzufügen

Zwei gut geschlagene Eier,

Ein halbes Liter Milch,

Eine Tasse Zucker.

Kräftig schlagen und dann abkühlen lassen. Nun die Pfirsiche zerdrücken und durch ein feines Sieb reiben, zum vorbereiteten Vanillepudding geben und wie gewohnt einfrieren.

ERDBEEREIS

Einen halben Liter Beeren waschen und entstielen. Mit einem Kartoffelstampfer zerdrücken. Mit einer Tasse Zucker bedecken und dann eine halbe Stunde stehen lassen. Durch ein Sieb in eine Schüssel reiben und bis zur Verwendung in den Kühlschrank stellen. Nun in einen Topf geben.

Eineinhalb Liter Milch,

Eine viertel Tasse Maisstärke.

Die Stärke in Milch auflösen und dann zum Kochen bringen. Fünf Minuten kochen lassen, dann vom Feuer nehmen und hinzufügen

Ein Ei,

Dreiviertel Tasse Zucker,

Ein Teelöffel Vanille.

Kräftig schlagen und dann abkühlen lassen. Bis zum Gebrauch in den Kühlschrank stellen. Wenn Sie es verwenden möchten, schlagen Sie es drei Minuten lang mit einem Dover-Schneebesen. Die Erdbeeren langsam hinzufügen und erneut verrühren. In die Dose füllen und einfrieren. Diese Menge reicht für zwei Portionen für eine vier- oder fünfköpfige Familie. Anstelle der Erdbeeren können auch Pfirsiche, Himbeeren usw. verwendet werden.

ORANGENEIS

Drei Tassen Milch.

Sechs Esslöffel Maisstärke.

In einen Topf geben und rühren, bis sich die Stärke aufgelöst hat. Anschließend zum Kochen bringen und fünf Minuten lang langsam kochen lassen. Anschließend herausnehmen und abkühlen lassen. Wenn die Mischung abgekühlt ist, hinzufügen

Eine Tasse abgesiebter Orangensaft,

Eigelb von zwei Eiern,

Eine Tasse Zucker,

Ein Teelöffel Orangenextrakt,

Ein Teelöffel Vanilleextrakt.

Gründlich vermischen, dann in den Gefrierschrank gießen und anfangen zu gefrieren; Wenn Sie den Mixer entfernen möchten, fügen Sie das steif geschlagene Eiweiß von zwei Eiern hinzu. Drehen Sie den Gefrierschrank noch ein paar Mal, um ihn gründlich zu vermischen, und entfernen Sie dann den Rührstab. Sichern Sie die Dose, damit das Salz nicht in die Sahne gelangt. In Salz und Eis einpacken und anderthalb Stunden lang reifen lassen.

Verwenden Sie zum Einfrieren eine Mischung aus einem Pint Salz und drei Pints fein zerstoßenem Eis.

VANILLE-EISCREME

Geben Sie drei Tassen Milch in einen Topf und fügen Sie vier Esslöffel Maisstärke hinzu. Die Stärke auflösen und zum Kochen bringen. Fünf Minuten kochen lassen, dann teilweise abkühlen lassen und hinzufügen

Eine Tasse Zucker,

Ein Teelöffel Vanille,

Eine Tasse Sahne.

Zum Mischen schlagen und dann abkühlen lassen. Dann einfrieren.

Gefrorener Erdbeerpudding

Ein kleiner 2-Liter-Gefrierschrank reicht bei sehr geringem Aufwand für eine normale Familie aus. Es werden etwa zehn Pfund Eis und eineinhalb Pfund Salz benötigt. Brechen Sie das Eis sehr fein und verwenden Sie eine Schüssel zum Abmessen. Lassen Sie für die Gefriermischung drei Teile Eis auf einen Teil Salz und für die Verpackungsmischung vier Teile Eis auf einen Teil Salz zu.

Bereiten Sie eine Vanillesoße zu, indem Sie drei Tassen Milch in einen Topf geben und eine halbe Tasse Maisstärke hinzufügen. Die Stärke in der kalten Milch auflösen und anschließend zum Kochen bringen. Fünf Minuten kochen lassen, dann herausnehmen und hinzufügen

Zwei gut geschlagene Eier,

Eineinviertel Tassen Zucker,

Ein Teelöffel Vanille.

Zum gründlichen Mischen schlagen und dann einen halben Liter zerdrückte Erdbeeren hinzufügen. Einfrieren, dann verpacken und zwei Stunden reifen lassen. Füllen Sie die Dose mit der Sahnemischung nicht zu mehr als drei Vierteln. Dadurch kann sich die Creme ausdehnen.

Gefrorener Kirschpudding

Einen Liter Kirschen entsteinen. In einen Topf geben und eine Tasse Zucker hinzufügen. Im eigenen Saft und Zucker kochen, bis sie weich sind. Nun in einen Topf geben

Drei Tassen Milch,

Eine viertel Tasse Maisstärke.

Die Stärke auflösen und zum Kochen bringen. Fünf Minuten lang langsam kochen und dann hinzufügen

Dreiviertel Tasse Zucker,

Zwei gut geschlagene Eier,

Die vorbereiteten Kirschen.

Zum Mischen verrühren, dann kalt stellen und einfrieren.

Gefrorener Ananaspudding

Schälen und reiben Sie eine mittelgroße Ananas, geben Sie sie dann in eine Schüssel und fügen Sie eine dreiviertel Tasse Zucker hinzu. Nun in einen Topf geben

Drei Tassen Milch,

Eine viertel Tasse Maisstärke.

Rühren Sie um, um die Stärke und dann die Salzlösung aufzulösen. zum Kochen bringen und zehn Minuten kochen lassen. Fügen Sie nun zwei gut geschlagene Eier hinzu. Gut verrühren und vom Herd nehmen. Die vorbereitete Ananas hinzufügen. Nochmals verrühren, um alles gründlich zu vermischen, und dann wie gewohnt einfrieren, wobei etwa drei Teile Eis und ein Teil Salz verwendet werden. Zum Reifen zwei Stunden lang einpacken.

WASSEREIS

Drei Esslöffel Gelatine eine halbe Stunde in einer Tasse kaltem Wasser einweichen und dann zum Schmelzen in ein heißes Wasserbad geben. Abseihen und dann einen halben Liter Fruchtsaft hinzufügen, z. B. Erdbeeren, Kirschen, Johannisbeeren, Traubensaft oder Pfirsiche, oder eineinhalb Tassen Orangensaft oder sieben Achtel Tasse Zitronensaft. Geben Sie nun zwei Tassen Zucker in einen Topf und fügen Sie einen Liter Wasser hinzu. Zum Kochen bringen und fünf Minuten kochen lassen. Gelatine und Fruchtsaft dazugeben, abkühlen lassen und einfrieren.

Mit diesen Suppenrezepten kann die Hausfrau ohne großen Aufwand für Abwechslung bei köstlichen, preiswerten Desserts sorgen. Für einen 2-Liter-Gefrierschrank werden etwa zehn Pfund Eis und etwa eineinhalb Pfund Salz benötigt.

Gefrorener Marshmallow-Pudding

In einen Topf geben

Zweieinhalb Tassen Milch,

vier Esslöffel Maisstärke.

Rühren, bis es sich aufgelöst hat, dann zum Kochen bringen und fünf Minuten lang langsam kochen lassen. Jetzt hinzufügen

Zwei gut geschlagene Eier,

Eine Tasse Zucker,

Eine Tasse Marshmallow-Peitsche.

Rühren, bis alles gut vermischt ist, dann abkühlen lassen. Mit einer Mischung aus drei Teilen Eis und einem Teil Salz einfrieren. Zum Reifen eineinhalb Stunden stehen lassen.

ERDBEERPARFAIT

Geben Sie ein knappes halbes Glas Apfelgelee in eine Schüssel und fügen Sie das Eiweiß eines Eies hinzu. Mit einem Dover-Schneebesen schlagen, bis die Mischung ihre Form behält. In eine Schüssel direkt auf das Eis geben. Trinken Sie eine Tasse feste Erdbeeren, waschen Sie sie sorgfältig, um den Sand zu entfernen, und schälen Sie sie dann. Zum Abtropfen ein Tuch aufdrehen. Zum Abkühlen auf das Eis legen.

Zum Servieren die Beeren vorsichtig unter die Sahne heben und anschließend in Parfaitgläser füllen. Mit fein geriebener Kokosnuss bestreuen und servieren.

SCHOKOLADENPARAFAIT

In eine Rührschüssel geben

Eiweiß von einem Ei,

Ein halbes Glas Apfelgelee.

Schlagen Sie, bis die Mischung ihre Form behält, und heben Sie dann eine Tasse Schlagsahne und die vorbereitete Schokolade unter. In eine Form gießen und zweieinhalb Stunden lang mit Eis und Salz füllen.

So bereiten Sie die Schokolade zu: Geben Sie eine Tasse Zucker in einen Topf und fügen Sie fünf Esslöffel Wasser hinzu. Langsam bis zum Siedepunkt erhitzen und dann eine Minute kochen lassen, dann zwei Unzen in kleine Stücke geschnittene Schokolade hinzufügen. Rühren, bis die Schokolade geschmolzen ist, dabei darauf achten, dass die Mischung nicht kocht, dann hinzufügen

Ein viertel Teelöffel Zimt,

Ein Teelöffel Vanille.

Zum Mischen schlagen. Abkühlen lassen und zur vorbereiteten Sahne hinzufügen.

Diät zur Gewichtsreduktion

Richtiges Essen ist für die Gesundheit von wesentlicher Bedeutung und daher spielt das richtige Kochen und Servieren von Speisen eine wichtige Rolle, sei es beim Aufbau oder bei der Reduzierung des Gewichts auf ein gewünschtes Durchschnittsgewicht.

Übergewichtige Menschen merken in der Regel selten, dass sie Lebensmittel zu sich nehmen, die für sie völlig ungeeignet sind; Sie lieben nicht nur stärkehaltige und überreiche Lebensmittel, sondern nehmen auch häufig eine großzügige Portion Süßigkeiten zu sich.

Nun zeigt unkluges Essen selten sofort seine Wirkung. Wenn man es bemerkt, ist der Körper bereits mit dicken Fettschichten belastet, die nicht nur Stress und Unwohlsein verursachen, sondern auch Krankheiten verursachen.

Nicht jeder von uns kann jedes Nahrungsmittel zu sich nehmen, das uns angeboten wird, aber wir können unsere Menüs so zusammenstellen, dass wir in der Lage sind, die Ernährung ausgewogen zu gestalten und auf diese Weise den Körper genau mit seinen Bedürfnissen zu versorgen.

Der Verzehr von zu großen Portionen von reichhaltigen Desserts, fetthaltigen Lebensmitteln und stärkehaltigen Produkten führt dazu, dass sich diese Lebensmittel in Fettgewebe verwandeln und dann im Körper als Fettgewebe gespeichert werden. Um gute Ergebnisse zu erzielen, sollte die Person, die reduzieren möchte, lernen, alle Lebensmittel gründlich zu kauen. Damit meine ich, das Essen sehr fein zu kauen, damit es sich gut mit dem Speichel vermischt und dann ohne große Anstrengung in den Magen fließt.

Sie wissen, dass alle stärkehaltigen Lebensmittel durch die Wirkung des Speichels in Invertzucker umgewandelt werden; Anschließend gelangen sie in den Magen, wo sie gründlich mit Magensäften verdünnt werden und schließlich in den Darm gelangen, wo die letzten Verdauungsprozesse stattfinden.

Diese Stärkeform wird von der Leber und den Nieren gespeichert und so an die verschiedenen Gewebe abgegeben, wo sie im Körper als Fett gespeichert wird.

Um dieses fleischige Gewebe zu reduzieren, ist es notwendig, die Speicherung von mehr Zucker, Stärke und Fetten im Körper zu verhindern und dafür zu sorgen, dass das, was dort bereits gespeichert ist, nach und nach verbraucht wird, um ein Verhungern zu verhindern.

Viele Menschen, die eine Diät zur Fleischreduzierung in wenigen Tagen machen, klagen über große Müdigkeit, Erschöpfung und einen nagenden Hunger in der Magengrube. Eine Diät, die die Nahrungszufuhr mit der Absicht reduziert, sie zu reduzieren, ist äußerst gefährlich, sofern sie nicht von einem Arzt überwacht wird. Aber Personen, die in einem Zeitraum von fünf bis sechs Wochen eine sichtbare Reduzierung des Fleisches bewirken möchten, können dies tun, wenn sie die Nahrungsmittel kennen lernen, die diese fleischbildenden Gewebe verursachen und ernähren, und lernen, diese durch nicht fettbildende zu ersetzen Lebensmittel.

Und der Sommer ist die ideale Zeit, um eine Fleischreduzierung durchzuführen, wenn Sie es ausprobieren möchten.

EINE REIHE VON MENÜS FÜR EINE WOCHE – FRÜHSTÜCKE

(1)

Brombeeren, etwa eine halbe Tasse (ohne Zucker oder Sahne)

Weichgekochtes oder pochiertes Ei

Zwei Scheiben Toast (keine Butter)

Vier Salatblätter

Schwarzer Kaffee

(2)

Eine halbe Cantaloupe-Melone

Drei-Zoll-Stück gebratener Schinken

Zwei Scheiben Toast (keine Butter)

Vier Blätter Salat

Schwarzer Kaffee oder Tee mit Zitrone

(3)

Saft einer halben Traubenfrucht (ohne Zucker)

Stück gegrillter Fisch

Zwei Scheiben Toast (keine Butter)

Schwarzer Kaffee

(4)

Saft einer Orange

Gegrillte Tomaten

Drei Stücke Speck

Zwei Scheiben Toast (keine Butter)

Schwarzer Kaffee

(5)

Geschmorte Heidelbeeren (ohne Zucker)

Hamburger Steak (gegrillt)

Zwei Scheiben Toast (keine Butter)

Schwarzer Kaffee

(6)

Geschmorte Pfirsiche (ohne Zucker)

Omelett

Geröstetes Vollkornbrot (zwei Scheiben)

Schwarzer Kaffee

(7)

Gebackene Pflaumen (ohne Zucker)

Cream Beef, etwa eine halbe Tasse

Zwei Scheiben Toast

Schwarzer Kaffee

WAS DIESES FRÜHSTÜCK ENTHÄLT

Der Zucker und die Sahne von Obst und Kaffee sowie die Butter vom Toast – allesamt fettbildende Lebensmittel. Durch das Toasten von Brot wird die Stärke degradiert und so die Verdauung dieses stärkehaltigen Produkts gefördert.

UHR eingenommen werden und ist so ausgewogen, dass auch diejenigen, die dort einkehren oder ihre Mahlzeiten in Restaurants einnehmen, die Diät problemlos einhalten können. Jetzt, bei warmem Wetter, ist es am wichtigsten, mittags leichte Mahlzeiten zu sich zu nehmen. Aus diesem Grund wird für ein leichtes Mittagessen gesorgt. Wer einer sitzenden Tätigkeit nachgeht, sollte einen Milch- *Ei-* Shake oder ein Schokoladen-Ei-

Milch zu sich nehmen; und dies wird bis zum Abendessen oder für Ihr Mittagessen ausreichen

(1)

Teller mit Salat

Geröstetes Käsesandwich

Eine kleine Scheibe Brot, geröstet (ohne Butter)

Kompott, eine halbe Tasse

Tee oder Kaffee (klar)

(2)

Brunnenkresse

Tomatensalat

Eine Scheibe Toast (keine Butter)

Gebackener Apfel

Tee oder Kaffee (klar)

(3)

Radieschen

Brunnenkresse-Salat

Mit drei Scheiben Speck

Braune Betty

Tee oder Kaffee

(4)

Klare Tomatensuppe

Teufelsei

Toastscheibe (keine Butter)

Geschmorte Pfirsiche

Tee oder Kaffee

(5)

Bohnensalat

Toast (keine Butter)

Tasse Vanillepudding

Tee

(6)

Pochiertes Ei auf einer Toastscheibe

Kantalupe

Tee

(7)

Gebratener Fisch

Kopfsalat

Himbeeren

Tee

Auf Butter und Kartoffeln wird bei dieser Mahlzeit verzichtet. Verwenden Sie Magermilch, deren Fettanteil im Rahm entfernt wurde, die aber dennoch den vollen Nährwert der Milch enthält.

(1)

ABENDESSEN

Rettich   Brunnenkresse

Gegrilltes Steak

Spinat   Bohnen

Eine Scheibe Toast (keine Butter)

Geschmortes frisches Obst

Kaffee

(2)

Oliven   Radieschen

Gebratener Fisch

Erbsen   Gedämpfter Kürbis

Kopfsalat

Eine Scheibe Toast (keine Butter)

Geschnittene Pfirsiche

Kaffee

(3)

Muschelbrühe

Gebackene Paprika

Sahnesauce aus Magermilch

Zerkleinerter Mais Geschmorte Gurken

Kopfsalat

Eine Scheibe Toast (keine Butter)

Wassermelone   Kaffee

(4)

Junge Zwiebeln

Lammkoteletts

Gebackene Tomate

Kopfsalat

Eine Scheibe Toast (keine Butter)

Kantalupe   Kaffee

(5)

Tomaten-Canape

Gegrilltes Hähnchen

Erbsen   Gedämpfter Kohl

Kopfsalat

Geschmorte Pfirsiche   Kaffee

(6)

Gehackte Muscheln auf Toast

Aubergine   Bohnen

Kopfsalat

Tasse Vanillesoße   Kaffee

(7)

Brunnenkresse

Schmorbraten vom Rind

Tomatenmus   Limabohnen

Gurkensalat

Eine Scheibe Toast (keine Butter)

Geschmorte Aprikosen   Kaffee

Diese Mahlzeit verzichtet auf Kartoffeln, Butter und die reichhaltigen, schweren Desserts. Die Portionen sollten etwa drei Unzen mageres Fleisch und eine halbe Tasse jedes Gemüses sowie drei Salatblätter umfassen. Verwenden Sie French Dressing für alle Salate und eine halbe Tasse Obst zum Nachtisch.

Diese Nahrungsmenge wird nicht nur sättigen, sondern, wenn sie beharrlich eingehalten wird, auch zu zufriedenstellenden Ergebnissen bei der Fleischreduzierung führen. Das bedeutet, dass Sie zwischen den Mahlzeiten keine Süßigkeiten und andere Süßigkeiten essen dürfen. Wenn Sie das Gefühl haben, dass Sie unbedingt etwas Süßes essen müssen, versuchen Sie es mit einem Stück Kaugummi. Wenn die Früchte zu sauer sind, versuchen Sie es mit Maissirup zum Süßen; etwa eine halbe Tasse pro Liter zubereitetes Obst. Frische Früchte entwickeln ihre ganz eigene, natürliche Süße, wenn sie gebacken statt im Topf gedünstet werden. Legen Sie sie einfach mit dieser

Menge Sirup oder klarem Wasser in eine Auflaufform und backen Sie sie 35 Minuten lang bei mittlerer Hitze.

Zimt-Toast

Geben Sie zwei Unzen Butter in eine Schüssel und schlagen Sie alles gut auf. Hinzufügen

Fünf Esslöffel Zucker,

Ein Teelöffel Zimtextrakt oder Zimtpulver.

Sahne einrühren und dann auf schön geröstetem Brot verteilen.

GEBRATENE AUSTERN

Wenn die Auster nicht attraktiv aussieht, einzeln eingetaucht und in einer attraktiven braunen Farbe frittiert wird, ist sie als frittierte Auster ein Fehlschlag; Nur wenige Hausfrauen scheinen in der Lage zu sein, ein perfektes Produkt herzustellen.

Verwenden Sie große Austern und prüfen Sie sie sorgfältig auf Schalenreste. Waschen und dann in stark gewürztem Maismehl wälzen. Zehn Minuten trocknen lassen, dann in das vorbereitete Ei tauchen und anschließend in feinen Semmelbröseln wälzen. Zehn Minuten lang zum Trocknen beiseite stellen. Im heißen Fett immer nur drei bis vier Stück anbraten. Es ist darauf zu achten, dass das Fett ausreichend heiß ist. Normalerweise reichen etwa 370 Grad Fahrenheit aus.

Wenn Sie zum Testen des Fettgehalts kein Fettthermometer verwenden, versuchen Sie es mit einem Stück Brot auf folgende Weise: Legen Sie eine Brotkruste in das Fett und beginnen Sie, 101, 102, 103, 104 usw. zu zählen, bis Sie erreichen 110: Das Brot sollte dann tief goldbraun sein. Fahren Sie dann mit dem Braten der Austern fort. Beachten Sie dabei, dass mehr als drei oder vier auf einmal die Temperatur des Fetts senken und es der Auster somit ermöglichen, das Fett aufzusaugen.

UM DAS MAISMEHL ZUBEREITEN

Eine Tasse Maismehl,

Zwei Teelöffel Salz,

Eineinhalb Teelöffel Paprika.

Dreimal sieben. So bereiten Sie den Eierdip zu:

Ein Ei,

Sechs Esslöffel Austernflüssigkeit,

Ein Esslöffel Worcestershire-Sauce,

Ein Teelöffel Salz,

Ein Teelöffel Paprika,

Ein Esslöffel gehackte Zwiebeln.

Gut verrühren und dann verwenden. Um die Semmelbrösel zuzubereiten, geben Sie das getrocknete Brot durch den Zerkleinerer, sieben Sie es und lagern Sie es bis zum Gebrauch.

GRATINIERTE AUSTERN, ITALIENISCH

Zwei grüne Paprikaschoten fein hacken und in eine Schüssel geben. Fügen Sie so viel fein gehackten Sellerie hinzu, dass eine Tasse voll ist

Eine Zwiebel, gerieben,

Zwei Tassen dicke Sahnesauce,

Zwei Teelöffel Salz,

Ein Teelöffel Paprika,

Fünfundzwanzig zubereitete Austern,

Zwei Tassen gekochte Makkaroni.

Mischen und dann in eine Gratinform füllen. Mit feinen Semmelbröseln bedecken und anschließend mit drei Esslöffeln geriebenem Käse bestreuen. Vierzig Minuten bei mittlerer Hitze backen.

Austernbrot

Von den French Rolls eine Scheibe abschneiden und die Krümel herauslöffeln. Die Innenseite des Laibs mit zerlassener Butter bestreichen, in den Ofen geben und anbraten. Jetzt platzieren

Eine Tasse dicke Sahnesauce in einen Topf geben und hinzufügen

Eine halbe Tasse fein gewürfelter Sellerie, vorgekocht,

Zwei hartgekochte Eier, fein gehackt,

Zwei Esslöffel fein gehackter Sellerie,

Ein Esslöffel geriebene Zwiebel,

Fünfundzwanzig Austern.

Waschen Sie die Austern und prüfen Sie sie sorgfältig auf Schalenreste. Abtropfen lassen und trocken tupfen, dann halbieren und hinzufügen

Zwei Esslöffel Zitronensaft,

Eineinhalb Teelöffel Salz,

Dreiviertel Teelöffel weißer Pfeffer.

Mischen und dann bis zum Siedepunkt erhitzen, in vier Rollen füllen und mit Petersilie garniert servieren.

GEWÜRZTE AUSTERN

Schauen Sie sich fünfundzwanzig Austern an, legen Sie sie dann in ihre eigene Flüssigkeit über das Feuer und bringen Sie sie zum Kochen. Zwei Minuten lang brühen lassen und dann abtropfen lassen. In kaltem Wasser waschen. Nach dem Abmessen die Austernflüssigkeit zurück in den Topf abseihen. Zu einer dreiviertel Tasse Austernflüssigkeit hinzufügen

Eine halbe Tasse Essig,

Eine Zwiebel, gerieben,

Eine grüne Paprika, fein gehackt,

Ein Lorbeerblatt,

Ein Teelöffel Salz,

Eineinhalb Teelöffel Paprika,

Drei Nelken,

Zwei Piment,

Ein Esslöffel Worcestershire-Sauce.

Zum Kochen bringen und zehn Minuten kochen lassen. Gießen Sie die Austern in alle Gläser, verschließen Sie sie und stellen Sie sie an einen kühlen Ort.

Austern und Spießchen

Den dünn geschnittenen Speck in austerngroße Stücke schneiden. Waschen Sie die Austern, achten Sie sorgfältig auf Schalenreste und tupfen Sie sie dann auf einem Handtuch trocken. Stecken Sie nun einen Streifen Speck auf einen Fleischspieß, dann eine Auster usw., bis der Spieß voll ist, wobei der Speck zuerst und zuletzt auf den Spieß gesteckt wird. Befestigen Sie die Enden des Spießes mit einem kleinen Stück Kartoffel oder Rübe. Austern und Speck gründlich mit Mehl bestäuben, auf ein Backblech legen und im heißen Ofen zehn Minuten backen. Mit Chilisauce servieren.

YANKEE OYSTER PIE

Zwei Tassen gewürfelte Kartoffeln, vorgekocht,

Drei mittelgroße Zwiebeln, gewürfelt und vorgekocht.

Eine Auflaufform einfetten und dann eine Schicht Zwiebeln und Kartoffeln auf den Boden legen und dann eine Schicht Austern. Bestreuen Sie die Auster mit einer halben Tasse fein gewürfeltem Sellerie. Jede Austernschicht würzen: mit anderthalb Tassen dicker Sahnesauce bedecken und dann mit einer Schicht Blätterteig belegen. Waschen Sie die Oberseite des Teigs mit kaltem Wasser und backen Sie ihn 45 Minuten lang bei mittlerer Hitze.

Teufelsaustern

Waschen Sie, schauen Sie nach und hacken Sie dann fünfundzwanzig Ostern fein. In eine Schüssel geben und dann hinzufügen

Eine Tasse sehr dicke Sahnesauce,

Ein Esslöffel geriebene Zwiebel,

Zwei Esslöffel fein gehackte Petersilie,

Ein Teelöffel Salz,

Ein Teelöffel Paprika,

Ein halber Teelöffel Senf,

Ein Esslöffel Worcestershire-Sauce,

Zwei hartgekochte Eier, fein gehackt,

Eine halbe Tasse feine Semmelbrösel.

Gründlich vermischen, dann auf eine Platte gießen und zum Abkühlen beiseite stellen. Schrubben Sie nun ein Dutzend tiefe Schalen sauber. Mit der vorbereiteten Masse füllen, mit verquirltem Ei bestreichen und mit feinen Krümeln bedecken. Im heißen Fett goldbraun braten.

Die Auster ist einer unserer demokratischsten Luxusgüter; In unseren luxuriösesten Restaurants erfreut es sich großer Beliebtheit, doch auch in unseren preisgünstigsten Speisesälen genießt es die gleiche Wertschätzung. Austern werden sowohl mit als auch ohne Schale, frisch und in Dosen, verkauft und können auf fast jede erdenkliche Art und Weise gegessen und zubereitet werden.

Zu den bekanntesten Sorten zählen Blue Point, Buzzard Bays, Cape Cods, Lynnhavens, Maurice Rivers, Rockaways, Saddle Rocks, Sea Tags, Shrewsberrys und Coruits sowie Oak Creeks. Viele dieser Titel haben durch Handelsmissbrauch ihre eigentliche Bedeutung verloren. Blaue Punkte werden beispielsweise oft, wenn auch fälschlicherweise, auf alle kleinen Austern angewendet, unabhängig von ihrer Herkunft.

Die Austernsaison beginnt im September und dauert bis Mai. Der Handel kennt üblicherweise drei Größen: Halbschalen, die kleinsten Schalen, die mittlere Größe und die Box, die die größte ist. Echte Austernliebhaber bevorzugen vor allem die großen Lynnhavens und andere mit tiefer Schale.

Der Genießer genießt es, rohe Austern zu essen; und während dies seinen Appetit stillt, versteht es sich auch, dass die rohe Auster praktisch aufgenommen wird, ohne die Verdauung zu belasten.

Austern kommen in fast allen Teilen der zivilisierten Welt vor, wobei jeder Ort seine eigene besondere Art hat.

In den Monaten Mai, Juni, Juli und August ist es allgemeiner Brauch, die Auster auf der Speisekarte zu streichen. An ihrer Stelle haben wir die Salzauster und die Muschel.

Austern können entweder auf der tiefen oder flachen Schale, auf einem Bett aus fein zerstoßenem Eis mit einer Zitronenscheibe, Worcestershire-Sauce, Ketchup, Meerrettich oder Tabasco-Sauce serviert werden. Zu rohen Austern passen im Allgemeinen herrlich knackiger Sellerie und geröstete Cracker . Decken Sie die Auster auf keinen Fall mit Eis ab. Austern können zu Cocktails verarbeitet oder eingefroren werden.

UM EINEN COCKTAIL ZU MACHEN

Eine halbe Tasse Ketchup,

Ein Esslöffel Worcestershire-Sauce,

Ein Esslöffel geriebene Zwiebel,

Zwei Tropfen Tabascosauce,

Saft einer halben Zitrone.

Gut vermischen und für vier Austerncocktails verwenden, sodass pro Person fünf kleine Austern möglich sind.

FRAPPE-AUSTERN

Legen Sie die Austern in den Gefrierschrank und lassen Sie sie einfrieren, bis ein weicher Brei entsteht. Anschließend servieren Sie sie in Cocktail- oder Sorbetgläsern mit Zitronengarnitur und fein gehackter Petersilie.

Austern können auch auf viele Arten zubereitet werden – Eintopf, Pfannengerichte, gegrillt, gebacken, gebraten und geröstet gehören zu den beliebtesten Zubereitungsarten.

TROCKENE AUSTERNPANNE

Waschen Sie ein Dutzend große Austern und befreien Sie sie von Schalenresten. Zum Abtropfen auf ein Tuch legen. Geben Sie nun zwei Esslöffel Butter in einen sauberen Topf und fügen Sie die Austern hinzu

Ein halber Teelöffel Selleriesalz,

Ein halber Teelöffel Paprika.

Zum Kochen bringen, drei Minuten kochen lassen, dann in eine heiße Schüssel geben und sofort servieren.

Um eine feuchte Pfanne vorzubereiten, geben Sie eine halbe Tasse abgesiebten Austernsaft in die trockene Pfanne.

PAN A LA CROUTON

Bereiten Sie eine trockene Pfanne vor und verteilen Sie sie dann auf einer schön gebräunten und mit Butter bestrichenen Toastscheibe.

PAN A LA SUISSE

Tauchen Sie die Soda-Cracker in heißes Wasser und stellen Sie sie dann zum Toasten in einen heißen Ofen. Bereiten Sie eine trockene Pfanne vor und fügen Sie hinzu

Ein Esslöffel geriebene Zwiebel,

Ein Esslöffel fein gehackte Petersilie,

Drei Esslöffel fein gehackter Sellerie.

Acht Minuten lang langsam kochen, dann auf den vorbereiteten Crackern anrichten und mit einer Zitronenscheibe garnieren.

GEBRATENE AUSTERN

Lassen Sie die Austern in der tiefen Schale öffnen, nehmen Sie sie dann heraus, waschen Sie sie und suchen Sie sorgfältig nach Schalenresten. In stark gewürzter Mayonnaise und dann in feinen Semmelbröseln wälzen und wieder in die Schale geben. Mit fein gehackten Speckstücken bestreuen und acht Minuten im heißen Grill oder Ofen grillen oder backen. In der Schale mit einer Zitronengarnitur servieren.

GEBRATENE AUSTERN, VIRGINIA

Erhitzen Sie die Bratpfanne sehr heiß und tupfen Sie die Austern trocken, legen Sie sie auf die Bratpfanne und lassen Sie sie leicht bräunen. auf die andere Seite drehen. Wenn es leicht gebräunt ist, heben Sie es auf ein Stück

Toast. Mit einem Esslöffel zerlassener Butter begießen und mit fein gehackter Petersilie und einer Zitronenscheibe garnieren.

GEBRATENE AUSTERN A LA MARYLAND

Die Austern in eine heiße Pfanne geben und von beiden Seiten leicht anbraten. Auf ein Stück Toast heben, mit Sahnesoße bedecken und mit fein gehackter Petersilie und einer Scheibe Speck garnieren.

AUSTER FARCI

Achtzehn kleine Austern,

Ein hartgekochtes Ei,

Ein Kalbsbries, vorgekocht,

Sechs Pilze, geschält und vorgekocht.

Fein hacken, in eine Schüssel geben und hinzufügen

Eine Tasse dicke Sahnesauce,

Ein Esslöffel fein gehackte Petersilie,

Ein Esslöffel geriebene Zwiebel,

Vier Esslöffel fein gehackter Sellerie,

Zwei gestrichene Teelöffel Salz,

Ein gestrichener Teelöffel Paprika,

Ein halber gestrichener Teelöffel Senf,

Dreiviertel Tasse feine Semmelbrösel,

Drei Esslöffel geschmolzene Butter.

Gründlich mischen und dann in gut gereinigte, tiefe Austernschalen füllen, dabei etwas über den Schalenrand hinaus füllen. Mit verquirltem Ei bestreichen und anschließend mit feinen Krümeln bestreuen. Im heißen Fett goldbraun braten oder im heißen Ofen zwanzig Minuten backen.

Austernkrapfen

Fünfundzwanzig kleine Austern fein hacken, dann die Flüssigkeit abmessen und so viel Milch hinzufügen, dass eine Tasse mit einem Fassungsvermögen von eineinhalb Tassen entsteht. In eine Schüssel geben und hinzufügen

Zwei Tassen Mehl,

Zwei Teelöffel Backpulver,

Eineinhalb Teelöffel Salz,

Ein Teelöffel Paprika,

Drei Esslöffel fein gehackte Petersilie,

Ein Esslöffel geriebene Zwiebel,

Die vorbereiteten Austern,

Ein gut geschlagenes Ei.

Zum Mischen schlagen; Anschließend im heißen Fett wie Krapfen frittieren. Für Austernpfannkuchen verwenden Sie die Austern-Küchlein-Mischung und backen sie wie Bratpfannenkuchen auf einer heißen Grillplatte.

OMLETT MIT AUSTERN; ODER ALS EIGENENAME "AUSTERN-OMLETT

Geben Sie das Eigelb von drei Eiern in eine Schüssel und fügen Sie vier Esslöffel Sahnesauce hinzu. Ein Dutzend Austern abtropfen lassen und trocken tupfen. Fein hacken und zum Eigelb geben

Ein Teelöffel Salz,

Ein halber Teelöffel weißer Pfeffer,

Zwei Esslöffel Semmelbrösel.

Das steif geschlagene Eiweiß von drei Eiern vermischen und unterheben. In eine Omelettpfanne mit drei Esslöffeln Speckfett gießen und braten, bis es fest ist. wenden, falten und rollen und dann mit Speck garnieren.

OYSTER TIMBALE

Schälen Sie die Timbale-Kessel nach den angegebenen Rezepten mit den Eisen. Die Schalen heiß halten und dann mit Austern à la Newburg füllen.

Austern à la Newburg

Eineinhalb Tassen dicke Sahnesauce,

Eigelb von zwei Eiern,

Saft einer Zitrone,

Eineinhalb Teelöffel Salz,

Ein Teelöffel Paprika.

Lassen Sie nun fünfundzwanzig Austern abtropfen und tupfen Sie sie trocken. Zur Soße hinzufügen und langsam erhitzen, bis der Siedepunkt erreicht ist. Fünf Minuten kochen lassen, dann in Schalen füllen und sofort servieren.

GEDÄMPFTE AUSTERN

Die Schale der Austern abschrubben und in ein Sieb über einen Topf mit kochendem Wasser geben. Gut abdecken, bis sich die Schale öffnet und die Auster anfängt, sich zu kräuseln. Aus dem Dampfgarer nehmen, die flache Schale abheben und in der tiefen Schale mit leicht gewürzter geschmolzener Butter, Sellerie und einer Zitronenscheibe servieren.

SÜSSKARTOFFELN

Süßkartoffeln sind die Wurzeln oder Röhren einer weinartigen Pflanze; Sie ist im tropischen Klima beheimatet, wird aber auch in Staaten nördlich von New York angebaut. Die köstlichen Yamswurzeln der Südstaaten und der Westindischen Inseln werden zu vielen attraktiven Lebensmitteln verarbeitet. Der Nährwert der Süßkartoffel ist eng mit dem der weißen Kartoffel verwandt, enthält jedoch 4 bis 10 Prozent. Zucker, wohingegen die gewöhnliche weiße Kartoffel keinen Zucker enthält. Und außerdem sorgt dieses gewöhnliche Gemüse für eine Vielzahl köstlicher Gerichte.

SÜSSKARTOFFELKROKETTE

Die Kartoffeln waschen und kochen, bis sie weich sind. Verwenden Sie sechs große Süßkartoffeln. Abgießen, abkühlen lassen und schälen. Fein pürieren und dann in eine Schüssel geben und hinzufügen

Ein Esslöffel Butter,

Zwei Esslöffel fein gehackte Petersilie,

Ein Teelöffel Salz,

Ein halber Teelöffel Pfeffer.

Zu Kroketten formen und dann in verquirltem Ei und dann in feinen Bröseln wenden und im heißen Fett goldbraun braten. Mit Käsesauce servieren.

SÜßKARTOFFEL-NESTER

Süßkartoffeln kochen, schälen, zerstampfen und dann zu Nestern formen. Legen Sie die Nester auf eine gut gefettete Auflaufform und füllen Sie sie mit Rahm-Dörrfleisch. Für zehn Minuten in den Ofen stellen und erhitzen. Mit geriebenem Käse bestreuen.

Süßkartoffeln können als Rand für Eintöpfe, Gulasch usw. verwendet werden. Probieren Sie diese Methode zum Backen der Kartoffeln aus: Waschen Sie sie gut und schrubben Sie sie mit einer Gemüsebürste. Anschließend gut trocknen, einfetten und zum Backen in den Ofen stellen. Diese Methode verhindert, dass sich eine dicke, grobe Haut bildet, an der das Fruchtfleisch haftet.

FRANZÖSISCHE GEBRATENE SÜßKARTOFFELN

Die Kartoffeln wie beim French Frying schälen, schneiden und anschließend im heißen Fett goldbraun braten.

GEBRATENE SÜßKARTOFFELN

Kalte, gekochte Kartoffeln schälen und dann in dünne Scheiben schneiden. In Speckfett tauchen und im Grill goldbraun braten.

SÜSSKARTOFFELKEKSE

Eine Tasse brauner Zucker,

Vier Esslöffel Backfett.

Gut schaumig schlagen und dann hinzufügen

Eine Tasse Süßkartoffelpüree,

Eineinhalb Tassen Mehl,

Ein Teelöffel Backpulver,

Ein halber Teelöffel Muskatnuss,

Dreiviertel Tasse Rosinen,

Ein Ei.

Zu einem glatten Teig verarbeiten, ihn dann auf einem bemehlten Backbrett ausrollen, etwa einen Zentimeter dick ausschneiden und dann acht Minuten im heißen Ofen backen.

WEST INDIES SÜSSKARTOFFELPUDDING

Eine Tasse brauner Zucker,

Drei Esslöffel Backfett.

Gut schaumig schlagen und dann hinzufügen

Zwei Tassen Süßkartoffeln, die durch ein feines Sieb gerieben wurden,

Eineinhalb Tassen Milch,

Ein gut geschlagenes Ei,

Ein viertel Teelöffel Salz,

Ein halber Teelöffel Zimt.

Zum gründlichen Mischen verrühren, dann in eine Auflaufform gießen und im Ofen bei mittlerer Hitze 35 Minuten backen.

Süßkartoffelkeks

Zwei Tassen Süßkartoffelpüree,

Eine Tasse Milch,

Vier Esslöffel Backfett,

Ein Ei,

Vier Esslöffel Zucker.

Zum Mischen schlagen und dann zusammen sieben

Ein Viertel Mehl,

Drei Esslöffel Backpulver,

Eineinhalb Teelöffel Salz.

Zur Kartoffelmischung hinzufügen und zu einem glatten Teig verarbeiten. Auf einem leicht bemehlten Backbrett ausrollen und mit einem Messer in Quadrate schneiden. Auf ein Backblech legen und gut mit Milch waschen, dann im heißen Ofen fünfzehn Minuten backen.

SÜßKARTOFFELPUDDING NACH KENTUCKY-ART

Vier große Süßkartoffeln schälen und dann in dünne, papierähnliche Scheiben schneiden. Fetten Sie nun eine Auflaufform gut ein und legen Sie eine Schicht vorbereitete Süßkartoffeln darauf. Anschließend leicht mit Zimt bestäuben und mit vier Esslöffeln braunem Zucker bedecken. Wiederholen Sie den Vorgang, bis die Schüssel voll ist, und platzieren Sie sie dann.

Eineinhalb Tassen Milch in eine Schüssel geben

Und hinzufügen

Ein ganzes Ei,

Eigelb eines Eies,

Eine halbe Tasse Zucker.

Gut verrühren und dann hinzufügen

Zwei Teelöffel Vanille.

Über die Kartoffeln gießen und 50 Minuten im langsamen Ofen backen. Zum übriggebliebenen Eiweiß und einem halben Glas Johannisbeergelee hinzufügen. Schlagen Sie, bis die Mischung ihre Form behält, und stapeln Sie sie dann hoch auf den kalten Pudding und servieren Sie ihn.

SÜSSKARTOFFEL-ANANAS

Sechs große Süßkartoffeln waschen und kochen, bis sie weich sind. Dann schälen und gut zerstampfen und dann hinzufügen

Ein Esslöffel Butter,

Ein Teelöffel Salz,

Ein halber Teelöffel Pfeffer.

Auf eine Auflaufform stapeln und zu einer Ananas formen. Mit einem Löffelstiel die Ananasaugen formen, mit verquirltem Ei bestreichen und mit feinen Semmelbröseln und anschließend mit zwei Esslöffeln geriebenem Käse bestreuen. Im heißen Ofen zwanzig Minuten backen.

SÜßKARTOFFELKUCHEN NACH GEORGIA-ART

Kochen Sie und schälen und zerstampfen Sie dann so viele Süßkartoffeln, dass zwei Tassen voll sind. In eine Schüssel geben und dann hinzufügen

Zwei Esslöffel Butter,

Zwei Esslöffel fein gehackte Petersilie,

Zwei Esslöffel fein gehackter roter Pfeffer,

Sechs Streifen Speck, fein gehackt und schön gebräunt.

Zu Fladen formen, in Mehl wälzen und im heißen Speckfett anbraten.

KANDIERTE SÜSSKARTOFFELN

Waschen Sie die Kartoffeln und kochen Sie sie in der Schale, bis sie weich sind. Anschließend lassen Sie sie abtropfen und schälen. Nun in eine Bratpfanne geben

Dreiviertel Tasse Sirup,

Stück Butter in der Größe einer Walnuss,

Ein halber Teelöffel Zimt,

Ein viertel Teelöffel Muskatnuss.

Zum Kochen bringen, dann die Kartoffeln dazugeben und dann im Sirup marinieren lassen, dabei häufig zwanzig Minuten lang wenden. Stellen Sie die Pfanne so auf, dass die Kartoffeln langsam garen, und geben Sie vier Esslöffel kochendes Wasser hinzu.

KARTOFFELSOUFFE

Reiben Sie zwei Tassen Kartoffelpüree durch ein feines Sieb, um die Klumpen zu entfernen. In eine Schüssel geben und hinzufügen

Eigelb von zwei Eiern,

Ein Teelöffel Salz,

Ein halber Teelöffel Paprika,

Ein halber Teelöffel geriebene Zwiebel,

Eine halbe Tasse Milch.

Zum Mischen verrühren und dann das steif geschlagene Eiweiß von zwei Eiern schneiden und unterheben. In eine gut gefettete Pfanne geben und bei mittlerer Hitze zwanzig Minuten backen.

KARTOFFELKROKETTE

Nach dem Zerkleinern so viel Speck fein zerkleinern, dass vier Esslöffel vorhanden sind. In eine Bratpfanne geben und zwei geriebene Zwiebeln hinzufügen; leicht anbraten und dann hinzufügen

Zwei Tassen Kartoffelpüree,

Ein Teelöffel Salz,

Ein halber Teelöffel Pfeffer.

Gründlich vermischen und dann zu Kroketten formen. In Mehl wälzen, dann in geschlagenes Ei tauchen und in feinen Krümeln wälzen. Im heißen Fett goldbraun braten.

WEISSE KARTOFFELN

KARTOFFELGRATIN

Kalte Salzkartoffeln in Würfel schneiden, mit Salz und Pfeffer würzen und schichtweise in eine Auflaufform legen. Mit feinen Krümeln und einem Esslöffel fein gehackter Zwiebel und zwei Esslöffel fein gehackter Petersilie bestreuen. Eine zweite Schicht auflegen und würzen, dann zwei Tassen Sahnesoße über die letzte Schicht gießen. Mit feinen Krümeln und etwas geriebenem Käse bestreuen und bei mittlerer Hitze 25 Minuten backen.

KARTOFFELCUSTARDS

Eine Tasse Kartoffelpüree durch ein feines Sieb in eine Schüssel reiben und hinzufügen

Eine Tasse Milch,

Zwei gut geschlagene Eier,

Ein Teelöffel Salz,

Eine Prise Muskatblüte.

Gründlich vermischen, dann in eine Auflaufform geben und in einem mäßigen Ofen backen, bis es fest ist, normalerweise etwa zwanzig Minuten.

KARTOFFELBECHER FÜR SALAT

Mittelgroße Kartoffeln in der Schale kochen. Abkühlen lassen und dann schälen. Mit einem Teelöffel eine Mulde in der Mitte ausstechen, so dass eine dünne Kartoffelwand übrig bleibt. Jetzt ordentlich in Form schneiden. In eine Schüssel geben und mit French-Dressing marinieren, dabei häufig wenden, damit jede Position gewürzt werden kann. Bereiten Sie nun eine Füllung wie folgt vor:

Eine kalt gekochte Rote Bete, in kleine Würfel geschnitten,

Eine halbe Tasse gekochte Erbsen,

Eine Zwiebel, gerieben,

Drei Esslöffel fein gehackte Petersilie,

Eine halbe Tasse kalte Salzkartoffeln, in kleine Würfel geschnitten.

Das Gemüse vorsichtig umrühren und vermischen. Mit Salz und Pfeffer würzen und vier Esslöffel Mayonnaise mit zwei Esslöffeln Essig reduzieren. In die Kartoffelbecher füllen und in ein Nest aus knackigen Salatblättern legen. Mit Mayonnaise garnieren und eiskalt servieren.

NEUE VERFAHREN ZUR HERSTELLUNG VON FRANZÖSISCHEN BRATKARTOFFELN

Große, kalt gekochte Kartoffeln wie bei Pommes Frites in Würfel schneiden, leicht mit Mehl bestäuben und im heißen Fett kurz anbraten. Diese Methode verhindert, dass die Kartoffel in der Mitte durchnässt wird.

KARTOFFELKRUST FÜR FLEISCHPATEN

Gekochte Kartoffeln zerstampfen und dann durch ein Sieb reiben, um die Klumpen zu entfernen. Jetzt hinzufügen

Ein Liter vorbereitete Kartoffeln,

Drei Esslöffel Backfett,

Zwei Teelöffel Salz,

Ein Teelöffel Paprika,

Zwei Teelöffel Backpulver,

Ein Teelöffel geriebene Zwiebel,

Ein gut geschlagenes Ei,

Sechs Esslöffel Milch.

Gut verrühren und dann in einer etwa 2,5 cm dicken Schicht auf Fleischpasteten verteilen. Die Oberseite mit Milch bestreichen und bei mittlerer Hitze 35 Minuten backen.

KARTOFFELKNÖDEL

Vier große kalte gekochte Kartoffeln in eine Rührschüssel reiben und hinzufügen

Eineinhalb Tassen Mehl,

Eineinhalb Teelöffel Salz,

Ein Teelöffel Pfeffer,

Eine kleine Zwiebel, gerieben,

Drei Esslöffel fein gehackte Petersilie,

Ein Ei,

Drei Esslöffel Wasser.

Zu einem glatten Teig verrühren und dann zu eigroßen Kugeln formen. In kochendes Wasser geben und fünfzehn Minuten kochen lassen. Heben Sie es an, lassen Sie es gut abtropfen und servieren Sie es entweder mit braunem Eintopf oder Käsesauce.

GEBACKENEN KARTOFFELN

Wählen Sie große, gut geformte Kartoffeln aus, wachsen Sie sie ein, fetten Sie sie gründlich mit Backfett ein und geben Sie sie zum Backen in den Ofen oder Grill. Wenn Sie fertig sind, schneiden Sie eine Scheibe von der Oberseite ab und löffeln Sie den Inhalt der Ofenkartoffeln in eine Schüssel. Die Kartoffeln zerstampfen und zu jeder Kartoffel etwas Milch, Salz und

Pfeffer sowie einen Esslöffel Butter hinzufügen. Schlagen Sie, bis sie sehr leicht und locker sind, und füllen Sie sie dann wieder in die Kartoffeln, wobei Sie sie hoch stapeln. Legen Sie einen Streifen Speck auf die vorbereiteten Kartoffeln und stellen Sie ihn in den heißen Ofen, um den Speck zu bräunen. Mit Paprika bestäuben und servieren.

KARTOFFELSALAT

Sechs gekochte Kartoffeln, gewürfelt,

Drei Zwiebeln, fein gehackt,

Zwei grüne Paprika, fein gehackt.

In eine Schüssel geben und vermischen; dann füge hinzu

Eine Tasse Mayonnaise-Dressing,

Eine viertel Tasse Essig,

Ein Esslöffel Salz,

Ein Teelöffel Paprika.

Aufschlag.

GEGELTER KARTOFFELSALAT

Bereiten Sie einen Liter dünn geschnittene, kalte Salzkartoffeln vor und fügen Sie sie dann hinzu

Zwei Tassen Salat, sehr fein geraspelt,

Drei mittelgroße Zwiebeln, fein gehackt,

Zwei grüne Paprika, fein gehackt,

Fünf Esslöffel fein gehackte Petersilie,

Zwei Teelöffel Salz,

Ein halber Teelöffel weißer Pfeffer.

Abdecken mit

Dreiviertel Tasse Mayonnaise-Dressing,

Eine viertel Tasse Essig.

Zum Mischen vorsichtig umrühren. Kühlen Sie nun eine Backform, indem Sie sie auf Eis stellen. Machen Sie zwei Liter Zitronengelatine. Geben Sie etwas Gelatine in die Pfanne und drehen Sie sie so, dass die gesamte Pfanne mit einer etwa 2,5 cm dicken Gelatineschicht bedeckt ist. Nun gleichmäßig auf dem Kartoffelsalat verteilen. Gießen Sie alle paar Minuten etwas Gelatine über den Salat, um die Spalten zu füllen und die Oberfläche zu bedecken. Zum Formen beiseite stellen und zum Servieren die Pfanne einige Minuten lang in warmes Wasser tauchen und dann auf einem Backbrett aus der Form lösen. In Quadrate schneiden und in ein Nest aus knackigen Salatblättern legen und mit einem Teelöffel Mayonnaise-Dressing garnieren.

GUTNEY RUN KARTOFFELKUCHEN

Zerkleinern Sie das Schweinefleisch mit ausreichend Salz, um eine halbe Tasse zu messen. In eine Bratpfanne geben und eine dreiviertel Tasse gehackte Frühlingszwiebeln hinzufügen. Langsam kochen, bis es weich ist, und dann einen Liter gut gewürztes Kartoffelpüree hinzufügen. Gut vermischen und dann in eine Schüssel geben. Abkühlen lassen, dann zu Kuchen formen, in Mehl wälzen und in heißem Schweinefett anbraten. Mit gut gewürzter Sahnesoße servieren.

HASHED-BRAUN-KARTOFFELN

Kalte Salzkartoffeln schälen und dann in 2,5 cm große Würfel schneiden. Gut mit Mehl bestäuben und dann vier Esslöffel Backfett in eine Bratpfanne geben und die Kartoffeln hinzufügen, wenn sie noch heiß sind. Vorsichtig schwenken, bis es schön gebräunt ist, und die Gewürze hinzufügen.

MAIS

Nirgendwo wird Mais so zart gekocht, wie er normalerweise im Maisgürtel zubereitet wird. Wählen Sie volle, wohlgeformte Maiskolben aus, entfernen Sie die Schale und lassen Sie nur die letzte Schicht übrig. Falten Sie nun diese Schalenschicht zurück und entfernen Sie die gesamte Seide vom Mais, indem Sie hierfür eine steife Gemüsebürste verwenden. Falten Sie die Schale wieder um den Mais und kochen Sie ihn.

So kochen Sie den Mais: Stellen Sie einen großen Wasserkocher mit reichlich kochendem Wasser bereit. Fügen Sie einen Teelöffel Zucker hinzu, fügen Sie Mais hinzu und kochen Sie zwölf Minuten für kleine Ähren und fünfzehn bis achtzehn Minuten für große Ähren; Decken Sie den Topf gut ab.

MAIS TROCKNEN – LANCASTER COUNTY REZEPT

Wählen Sie feste, volle Maiskolben und -schalen. Entfernen Sie die Seide mit einem Tuch, tauchen Sie die Maiskolben dann in kochendes Wasser und kochen Sie sie fünf Minuten lang. Herausnehmen, in kaltes Wasser tauchen und dann mit einem scharfen Messer vom Kolben abschneiden. Auf flachen Tabletts verteilen und in einem handelsüblichen oder selbstgebauten Trockner trocknen.

Dieser Mais kann im Ofen bei einer Temperatur von etwa 110 Grad Fahrenheit getrocknet werden. Lassen Sie die Backofentür offen, damit die Feuchtigkeit schnell verdunsten kann.

Die Bauern im Lancaster County trocknen diesen Mais in der Sonne und decken die Kisten mit Moskitonetzen ab; Sie werden nachts eingebracht, um sie vor Feuchtigkeit und Tau zu schützen, die beim Trocknen Schimmel auf dem Mais bilden würden.

MAISPLATTEN FÜR ZWEI PERSONEN

Den Mais von zwei mittelgroßen Ähren einritzen und abkratzen, dann in eine Schüssel geben und hinzufügen

Ein gut geschlagenes Ei,

Zwei Esslöffel fein gehackte Petersilie,

Dreiviertel Tasse Mehl,

Ein Teelöffel Backpulver,

Ein halber Teelöffel Salz,

Ein viertel Teelöffel Pfeffer.

Gut verrühren und dann entweder in heißem Fett braten oder auf einer Grillplatte backen.

Gesalzener Mais

Entfernen Sie die Schale vom Mais und lassen Sie dabei nur eine einzige Schicht am Mais übrig: Falten Sie diese einzelne Schicht Schale zurück und entfernen Sie die gesamte Seide, indem Sie sie mit einem trockenen Tuch abwischen. Geben Sie 5 cm Salz auf den Boden eines tiefen Topfes und stellen Sie die Ähren so auf, dass jedes ganz allein und vom Salz umhüllt ist. Stellen Sie die Spitze nach unten, füllen Sie sie dicht mit Salz und legen Sie eine 5 cm dicke Schicht darauf. Abdecken und an einem kühlen Ort aufbewahren. Wichtig ist, dass sich die Ohren nicht berühren.

TOMATEN

Tomaten-Eierpudding

Bereiten Sie vier Tomaten vor, indem Sie von oben Scheiben abschneiden und die Mitte mit einem Löffel herauslöffeln. Zwei Eier in eine kleine Schüssel geben und hinzufügen

Zwei Esslöffel Milch,

Ein Teelöffel geriebene Zwiebel,

Ein Teelöffel fein gehackte Petersilie,

Ein Teelöffel Salz,

Ein halber Teelöffel Paprika.

Zum Mischen verrühren und dann in die vorbereiteten Tomaten gießen. Bestreuen Sie jede Tomate mit feinen Semmelbröseln und backen Sie sie 30 Minuten lang bei mittlerer Hitze.

TOMATEN UND EIER, PARDUE

In einen Topf geben

Eineinhalb Tassen geschmorte Tomaten,

Eine geriebene Zwiebel,

Ein Esslöffel fein gehackte Petersilie,

Ein Teelöffel Salz,

Ein halber Teelöffel Paprika,

Drei gestrichene Esslöffel Maisstärke.

Stärke, Salz und Paprika in den kalten Tomaten auflösen und zum Kochen bringen. Zehn Minuten kochen lassen und dann in Puddingbecher füllen. Schlagen Sie nun in jede Tasse ein Ei auf und bestreuen Sie es mit feinen Krümeln. Geben Sie ein kleines Stück Butter in die Mitte der Tasse. Bei mittlerer Hitze achtzehn Minuten backen.

TOMATEN-OMELETT

Tauchen Sie zwei Tomaten in kochendes Wasser, um die Haut zu lösen. Schälen und dann in Scheiben schneiden. Geben Sie zwei Esslöffel Backfett in eine Pfanne und braten Sie die Tomatenscheiben unter häufigem Wenden an. Bereiten Sie ein Omelett vor und kochen Sie es in einer anderen Pfanne. Wenn das Omelett trocken ist und zum Umklappen bereit ist, gießen Sie die vorbereiteten Tomaten darüber. Würzen, falten und dann rollen und servieren.

GEBACKENE TOMATEN

Schneiden Sie eine Scheibe von der Oberseite der Tomate ab und entfernen Sie mit einem Löffel die Mitte. Die Kerne fein hacken, dann in eine Schüssel geben und hinzufügen

Eine Zwiebel, gerieben,

Zwei Esslöffel fein gehackte Petersilie,

Ein gut geschlagenes Ei,

Ein Teelöffel Salz,

Ein Teelöffel Paprika,

Dreiviertel Tasse feine Semmelbrösel,

Drei Esslöffel geschmolzenes Backfett.

Fetten Sie die Tomaten ein, damit sie nicht platzen, und füllen Sie sie dann so, dass oben eine Spitze entsteht. In eine gefettete Backform geben und eine halbe Tasse heißes Wasser hinzufügen. Vierzig Minuten backen.

TOMATEN-KRAFTSTOFFE

Kochen Sie eine ausreichende Menge Tomaten, um zwei Tassen zu messen, und fügen Sie hinzu

Eine Zwiebel, gerieben,

Zwei Teelöffel Salz,

Ein Teelöffel Pfeffer,

Prise Nelken,

Eine halbe Tasse Maisstärke, aufgelöst in

Eine halbe Tasse kaltes Wasser.

Dickflüssig kochen, dann in eine flache Pfanne gießen und an einem kühlen Ort vier Stunden lang formen lassen. In längliche Stücke schneiden, in verquirltes Ei tauchen und in feinen Bröseln wälzen. In heißem Fett goldbraun braten.

Überbackene Tomaten

Schneiden Sie sechs mittelgroße Tomaten in dünne Scheiben. Legen Sie eine 1,3 cm dicke Schicht Semmelbrösel in eine kleine Auflaufform, dann eine Schicht Tomaten, dann die Semmelbrösel und wieder die Tomaten. Wiederholen Sie dies, bis die Form voll ist. Gießen Sie eine Tasse dicke Sahnesauce darüber und bestreuen Sie sie mit feinen Bröseln. Backen Sie sie 25 Minuten lang in einem mäßig heißen Ofen.

Geröstete Tomaten

Wenn Sie den Braten zum Abendessen zubereiten, wischen Sie vier Tomaten ab, geben Sie sie in die Pfanne und braten Sie sie mit dem Fleisch, wobei Sie sie häufig begießen.

TOMATEN UND GRÜNBOHNEN

Es gibt viele Gemüsesorten, die der Abwechslung halber mit Tomaten kombiniert werden können. Geben Sie zwei Tassen gekochte Bohnen in einen Topf und fügen Sie hinzu

Eineinhalb Tassen gedünstete Tomaten,

Eine Zwiebel, gerieben,

Ein Teelöffel Zucker,

Eineinhalb Teelöffel Salz,

Ein Esslöffel Maisstärke.

Lösen Sie die Gewürze und die Stärke in den kalten Tomaten auf, bevor Sie sie zu den Bohnen geben. Anstelle der Bohnen können auch Limabohnen, Blumenkohl und Mais verwendet werden.

GEBACKENE AUBERPFEN UND TOMATEN

Die Aubergine schälen und dann in Scheiben schneiden. Leicht mit Salz bestreuen und dann abgedeckt zwei Stunden ruhen lassen. Anschließend waschen, gut abtropfen lassen und in Würfel schneiden. In eine Auflaufform geben und hinzufügen

Zwei grüne Paprika, fein gehackt,

Eine Zwiebel, fein gehackt,

Zwei Teelöffel Salz,

Ein Teelöffel Paprika,

Zwei Tassen vorbereitete Tomaten.

Die Oberseite mit feinen Krümeln und geriebenem Käse bestreuen. Im mittleren Ofen fünfundzwanzig Minuten backen. Um die Tomaten zuzubereiten, reiben Sie zwei Tassen kalt gedünstete Tomaten durch ein feines Sieb und geben Sie sechs Esslöffel Maisstärke hinzu. Auflösen, dann zum Kochen bringen und fünf Minuten lang langsam kochen lassen.

GRÜNE TOMATEN FÜR TORTEN

Schneiden Sie ein Viertel der grünen Tomaten in kleine Stücke und bestreuen Sie sie anschließend mit drei Esslöffeln Salz. Legen Sie es in ein Stück Käsetuch, binden Sie es zusammen und hängen Sie es an einen Ort, an dem es die ganze Nacht abtropfen kann. Geben Sie morgens eine 1,5-Pfund-Dose Maissirup in einen Topf und fügen Sie es hinzu

Ein halbes Pfund brauner Zucker,

Ein Esslöffel Zimt,

Ein Teelöffel Muskatnuss,

Ein halber Teelöffel Piment,

Ein halber Teelöffel Ingwer,

Zwei Päckchen Rosinen,

Eine halbe Tasse Salatöl.

Bringen Sie die Mischung zum Kochen und kochen Sie sie dann eine halbe Stunde lang langsam. In Gläser füllen und anschließend zwanzig Minuten im heißen Wasserbad verarbeiten. Abdichten und auf Undichtigkeiten prüfen. Kühl und trocken lagern. Das ergibt eine köstliche Kuchenfüllung.

Tomatenknödel

In eine Rührschüssel geben

Zwei Tassen Mehl,

Ein Teelöffel Salz,

Ein viertel Teelöffel Pfeffer,

Vier Teelöffel Backpulver.

Zum Mischen sieben, dann vier Esslöffel Backfett einreiben und mit zwei Dritteln einer Tasse Wasser einen Teig herstellen. In fünf Teile teilen und dann jedes Stück in Quadrate rollen. In die Mitte jeweils eine geschälte Tomate legen, in Scheiben schneiden und mit etwas geriebener Zwiebel, Petersilie, Salz und Pfeffer würzen. Den Teig umklappen. Auf ein Backblech legen und die Oberseite mit geschlagenen Eiern bestreichen. Im heißen Ofen dreißig Minuten backen. Mit Käsesauce servieren.

Gefüllte Tomaten mit Hühnersalat

Bereiten Sie die Hühnchen-Sandwich-Füllung vor. Wählen Sie feste, mittelgroße Tomaten aus, schneiden Sie dann eine Scheibe von der Oberseite ab und löffeln Sie mit einem Löffel die Mitte der Tomaten heraus. Mit den Salat-Sandwich-Mischungen füllen und dann in Wachspapier ausrollen.

TOMATEN-TOAST

Kochen Sie eine ausreichende Menge Tomaten, um eineinhalb Tassen abzumessen. Jetzt hinzufügen

Eine mittelgroße Zwiebel, in dünne Scheiben geschnitten,

Eine grüne Paprika, sehr fein gehackt.

Langsam kochen, bis die Zwiebel weich ist, dann durch ein feines Sieb reiben und zwei Esslöffel Maisstärke hinzufügen, die in drei Esslöffeln Wasser aufgelöst ist. Zum Kochen bringen und dann würzen. Nun die dicken, braun gerösteten Brotscheiben darübergießen und mit geriebenem Käse bestreuen.

GEBACKENE TOMATEN (KALT)

Wählen Sie feste Tomaten. Schneiden Sie eine Scheibe von der Oberseite ab und löffeln Sie dann vorsichtig die Mitte mit einem Löffel heraus. Reiben Sie die Außenseite der Tomaten mit reichlich Backfett ein. In eine Auflaufform geben und eine halbe Tasse Wasser in die Auflaufform mit den Tomaten gießen. Dadurch wird verhindert, dass die Haut platzt. Nun in eine Schüssel geben

Vier Eier,

Dreiviertel Tasse Milch,

Zwei Esslöffel fein gehackte Petersilie,

Ein Esslöffel geriebene Zwiebel,

Ein Teelöffel Salz,

Ein halber Teelöffel Paprika.

Zum Mischen verrühren und dann zu den Tomaten gießen. Bei mittlerer Hitze backen, bis die Creme in der Mitte fest ist. Abkühlen lassen und dann zum Abkühlen auf Eis stellen. Mit russischem Dressing servieren.

APFELBUTTER OHNE APFEL

Einen halben Korb Äpfel zerkleinern. Die Schnitzel in einen Einmachkessel geben und mit kaltem Wasser bedecken. Kochen, bis es weich ist, und dann die Flüssigkeit abseihen. Messen Sie sechs Liter dieses Safts ab, geben Sie ihn in einen Einmachkessel und fügen Sie die in sehr dünne Scheiben geschnittenen Äpfel hinzu. Kochen und dann hinzufügen

Eineinhalb gestrichene Esslöffel Zimt,

Ein Teelöffel Muskatnuss,

Ein Teelöffel Piment,

Ein halber Teelöffel Nelken,

Ein viertel Teelöffel Ingwer,

Eine halbe Tasse Apfelessig,

Eineinhalb Pfund brauner Zucker oder zweieinhalb Pfund Sirup.

Umrühren, um alles gründlich zu vermischen. Langsam kochen, bis es sehr dick ist. Legen Sie eine Asbestmatte unter den Einmachkessel.

Um die Apfelbutter für die zukünftige Verwendung aufzubewahren: Füllen Sie sie in sterilisierte Gläser und passen Sie den Gummi und den Deckel an. Gut verschließen und zum Sterilisieren zwanzig Minuten lang in ein heißes Wasserbad legen. Nehmen Sie die Gläser heraus, lassen Sie sie abkühlen und tauchen Sie sie oben in geschmolzenes Parawachs. Diese Apfelbutter ist bis zur Verwendung haltbar.

LANCASTER APFELBUTTER

In den Einmachkessel geben

Eineinhalb Gallonen Apfelwein.

Einen halben Korb Äpfel schälen, entkernen und in dünne Scheiben schneiden. Kochen Sie den Apfelwein eine halbe Stunde lang, fügen Sie die Äpfel hinzu und kochen Sie, bis die Mischung sehr dick ist und eine dunkelbraune Farbe hat

Zwei gestrichene Esslöffel Zimt,

Ein Teelöffel Nelken,

Ein halber Teelöffel Piment,

Ein Pfund brauner Zucker oder eineinhalb Pfund Sirup.

Dies muss häufig mit einem großen Holzlöffel umgerührt werden, um ein Anbrennen zu verhindern. Legen Sie eine Asbestmatte unter den Wasserkocher und kochen Sie langsam. Hartes, schnelles Kochen verdirbt den Geschmack dieser Butter.

Die Bäuerin bereitet ihre Apfelbutter normalerweise in einem großen Kessel zu, der auf einem Stativ im Hof hängt, und nachdem die Mischung den Siedepunkt erreicht hat, legt sie jeweils nur ein Stück Holz ins Feuer und rührt die Mischung ständig um.

Eingelegter Rotkohl

Wählen Sie einen festen Kohlkopf aus, schneiden Sie ihn in zwei Hälften und zerkleinern Sie ihn in einer ausreichenden Menge, so dass etwa zwei Tassen vorhanden sind. Den Kohl in eine Schüssel geben und hinzufügen

Zwei Zwiebeln, fein gehackt,

Eine grüne Paprika, fein gehackt,

Nun in einen Topf geben

Ein Esslöffel Speckfett,

Eine halbe Tasse Essig,

Ein Teelöffel Salz,

Ein Teelöffel weißer Pfeffer,

Ein viertel Teelöffel Senf.

Bis zum Siedepunkt erhitzen, dann über den Kohl gießen, abkühlen lassen und servieren.

GESCHMORTER ROTKOHL

Den Rest des Rotkohlkopfes fein hacken; In einen Topf geben und mit kochendem Wasser bedecken. Fünf Minuten kochen lassen, dann in ein Sieb geben und das kalte Wasser darüber laufen lassen. Gut abtropfen lassen und dann vier Esslöffel Speckfett in eine Bratpfanne geben und drei fein gehackte Zwiebeln und den vorbereiteten Kohl dazugeben. Gut abdecken und zwanzig Minuten lang bei schwacher Hitze schmoren lassen. Häufig wenden und kurz vor dem Servieren würzen

Ein halber Teelöffel Salz,

Ein viertel Teelöffel weißer Pfeffer,

Ein Esslöffel Essig.

Cranberry-Rolle

In eine Rührschüssel geben

Eineinhalb Tassen Mehl,

Ein halber Teelöffel Salz,

Zwei Teelöffel Backpulver.

Zum Mischen sieben, dann vier Esslöffel Backfett einreiben und mit der folgenden Mischung zu einem Teig verrühren: In eine Tasse geben

Drei Esslöffel Sirup,

Drei Esslöffel Wasser.

Gut vermischen und den Teig dann auf einem bemehlten Backbrett etwa einen Zentimeter dick ausrollen und mit den gekochten Preiselbeeren bedecken. Mit braunem Zucker bestreuen. Rollen Sie es wie eine Biskuitrolle und stecken Sie die Enden gut hinein. In eine gut gefettete Backform geben und die Oberseite mit Milch bestreichen. 45 Minuten im mäßigen Ofen backen. Mit Vanillesoße servieren.

ZUM FISCH GRILLEN

Verwenden Sie große Fische: Schwarzstreifenbarsch, Kabeljau, Weißfisch oder Steinfisch. Im zeitigen Frühjahr kann Maifisch verwendet werden. Den Fisch entschuppen, säubern und am Rücken aufteilen. Entfernen Sie die Flossen und den Kopf, legen Sie sie auf einen gut gefetteten Rost und kochen Sie sie, bis sie braun sind. Heben Sie es in eine heiße Schüssel und bedecken Sie es mit der kochenden Mischung, die wie folgt zubereitet wird: In einen kleinen Topf geben

Saft einer Zitrone,

Zwei Esslöffel geschmolzene Butter,

Ein Esslöffel Ketchup,

Ein Esslöffel gehackte Petersilie,

Ein Esslöffel Worcestershire-Sauce,

Eine halbe Tasse Wasser,

Ein Esslöffel Maisstärke,

Ein viertel Teelöffel Senf,

Ein Teelöffel Paprika,

Ein Teelöffel Salz.

Gut umrühren und dann zum Kochen bringen. Drei Minuten lang langsam garen, dann über den Fisch verteilen und servieren.

HALSKOTELETTEN IN AUFLAUF

Lassen Sie den Metzger eineinhalb Pfund Halskoteletts in vier Stücke schneiden und dann mit einem feuchten Tuch abwischen. In Mehl wälzen und im heißen Fett kurz anbraten. In eine Auflaufform heben und hinzufügen

Eine Tasse fein gehackte Zwiebeln,

Vier Esslöffel fein gehackte Petersilie,

Eineinhalb Tassen braune Soße.

Decken Sie die Form ab und stellen Sie sie für eineinhalb Stunden in einen langsamen Ofen. Machen Sie eine braune Soße, indem Sie vier Esslöffel Mehl zu dem Fett hinzufügen, das nach dem Bräunen des Fleisches in der Bratpfanne übrig bleibt.

ENGELSKUCHEN

Sieben

Eine Tasse Mehl,

Dreiviertel Tasse Zucker,

Ein gestrichener Teelöffel Sahnetatar.

Fünfmal sieben und dann das Eiweiß von fünf Eiern steif schlagen und die Zucker-Mehl-Mischung unterheben. In eine gefettete Röhrenform geben und vierzig Minuten lang bei mittlerer Hitze backen.

HERSTELLUNG VON SCRAPPLE- UND HOGSHEAD-KÄSE

Wenn die Familie klein ist, bereiten sparsame Frauen normalerweise Scrapple und Hogshead-Käse gleichzeitig zu. Lassen Sie sich vom Metzger einen schönen Schweinskopf aussuchen; spalten und dann die Augen, das Gehirn und die Zunge entfernen. Nun abbrühen und gut reinigen, dabei reichlich kaltes Wasser abspülen. In einen Einkochtopf geben und gerade so viel kaltes Wasser hinzufügen, dass der Kopf bedeckt ist. Jetzt hinzufügen

Zwei Zwiebeln,

Zwei Nelken,

Ein Bund Topf- oder Suppenkräuter,

Ein gestrichener Teelöffel Geflügelgewürz.

Langsam kochen, bis sich das Fleisch von den Knochen löst, dann ein Sieb in eine große Schüssel oder Pfanne geben und den Kopf hineindrehen. Messen Sie die Flüssigkeit ab und geben Sie sie zurück in den Topf. Entfernen Sie nun die Knochen vom Kopf und hacken Sie so viel Fleisch sehr fein, dass es drei Tassen misst, und legen Sie es für die Zubereitung der Scrapples beiseite.

Schneiden Sie den Rest des Fleisches in etwa 2,5 cm große Stücke und geben Sie zwei Tassen der Brühe in einen kleinen Topf. Hinzufügen

Saft einer Zitrone bzw

Sechs Esslöffel Apfelessig,

Eineinhalb Teelöffel Salz,

Ein Teelöffel weißer Pfeffer.

Zum Kochen bringen und zehn Minuten kochen lassen. Fügen Sie das in 2,5 cm große Stücke geschnittene Kopffleisch hinzu.

Laibformen mit kaltem Wasser ausspülen, den Käse hineingeben und an einem kühlen Ort zum Formen beiseite stellen. Verwenden Sie dasselbe wie Aufschnitt mit Senf- oder Meerrettichsauce.

DER SCHROTT

Die drei Tassen fein gehackten Kopfes zur Brühe im Einmachkessel geben und zum Kochen bringen. Fügen Sie nun für jeden Liter Flüssigkeit hinzu:

Zwei Drittel Tasse Maismehl,

Eine halbe Tasse Buchweizen,

Ein Teelöffel Salz,

Ein halber Teelöffel weißer Pfeffer.

Mischen und sehr langsam unter ständigem Rühren hinzufügen. Wenn es dick genug ist, um den Löffel aufrecht zu halten, spülen Sie die Backform mit kaltem Wasser aus und gießen Sie dann die Reste hinein. Zum Formen 24 Stunden ruhen lassen. Man kann es zum Frühstück verwenden, indem man es in Scheiben schneidet und knusprig braun frittiert, oder man verarbeitet es zu Kroketten, rollt es in Mehl und bräunt es in heißem Fett schön braun. Mit Tomatensauce servieren.

SCHNEEPUDDING

Eine Tasse Milch,

Vier gestrichene Esslöffel Maisstärke.

Umrühren, um die Stärke aufzulösen, dann zum Kochen bringen und eine halbe Stunde lang langsam im heißen Wasserbad kochen, dabei hinzufügen

Zwei Esslöffel Zucker,

Eiweiß von einem Ei, steif geschlagen,

Sechs Tropfen Vanille.

Zum Vermischen kräftig verrühren, dann vier Puddingbecher mit kaltem Wasser ausspülen und den Pudding hineingießen. Zum Formen beiseite stellen und mit Vanillesoße servieren, die wie folgt zubereitet wird: In einen Topf geben

Eine Tasse Milch,

Zwei Esslöffel Maisstärke.

Zum Auflösen umrühren, dann zum Kochen bringen und fünfzehn Minuten lang langsam kochen lassen. Jetzt hinzufügen

Zwei Esslöffel Zucker,

Ein halber Teelöffel Vanille,

Eigelb eines Eies.

Zum Vermischen kräftig verrühren und dann über den ungeformten Schneepudding gießen.

Gebratener Brei

In einen Topf geben

Zwei Tassen kochendes Wasser,

Ein Teelöffel Salz,

Zwei Drittel Tasse Maismehl.

Umrühren, um Klumpenbildung zu vermeiden, und dann eine halbe Stunde lang langsam kochen. Spülen Sie nun eine Brotform mit kaltem Wasser aus und wenden Sie den Brei hinein. 24 Stunden lang formen lassen, dann in 1,5 cm dicke Scheiben schneiden. In Mehl wenden und im heißen Fett braun braten.

Ihr KENTUCKY CORN DODGERS

In einen Topf geben

Eineinhalb Tassen kochendes Wasser,

Ein Teelöffel Salz,

Zwei Drittel Tasse Maismehl.

Umrühren, um alles gründlich zu vermischen, dann zwanzig Minuten lang kochen und abkühlen lassen. Zu brotstangengroßen Stäbchen formen, in Mehl wälzen und im heißen Fett anbraten.

Ihr altes Virginia-Teigbrot

In eine Rührschüssel geben

Eine Tasse Maismehl,

Ein halber Teelöffel Muskatnuss,

Ein Teelöffel Salz,

Vier Esslöffel Sirup,

Drei Esslöffel Backfett.

Gießen Sie eineinhalb Tassen kochendes Wasser darüber. Gut verrühren, dann abkühlen lassen und hinzufügen

Dreiviertel Tasse Mehl,

Zwei gut geschlagene Eier,

Vier gestrichene Teelöffel Backpulver,

Eineinhalb Tassen Milch.

Gut verrühren, dann in eine gut gefettete Auflaufform füllen und 30 Minuten im heißen Ofen backen. Aus der Schüssel servieren.

POLNISCHES MAISGERICHT

In einen Topf geben

Zwei Tassen kochendes Wasser,

Eine halbe Tasse fein gehackte Zwiebel,

Zwei Drittel Tasse Maismehl.

Umrühren, um Klumpenbildung zu vermeiden, und zwanzig Minuten lang langsam kochen. Jetzt hinzufügen

Eine halbe Tasse fein zerkleinertes getrocknetes Rindfleisch,

Ein Teelöffel Paprika.

Zum gründlichen Mischen kräftig verrühren und dann mit Tomatensoße servieren.

YANKEE MUSH

In einen Topf geben

Zweieinhalb Tassen kochendes Wasser,

Ein halber Teelöffel Salz,

Zwei Drittel Tasse Maismehl.

Das Maismehl sehr langsam in kochendes Wasser sieben und dann gut umrühren, um Klumpenbildung zu vermeiden. Stellen Sie den Topf an den Rand des Herdes und lassen Sie ihn eine halbe Stunde lang sehr langsam kochen. Anstelle des morgendlichen Müsli mit Honig und Milch servieren.

Für Abwechslung hinzufügen

Eine halbe Tasse gehackte, entkernte Rosinen oder

Eine halbe Tasse fein gehackte Erdnüsse,

Eine halbe Tasse fein gehackte Feigen,

Eine halbe Tasse fein gehackte Datteln,

Eine halbe Tasse fein gehackte entkernte Pflaumen,

Eine halbe Tasse fein gehackte getrocknete Aprikosen,

Eine halbe Tasse fein gehackte Kokosnuss.

Europa bietet uns auch einige neuartige Methoden zur Verwendung von Maismehl.

CAROLINA-MAISPONE

In einen Topf geben

Zwei Tassen kochendes Wasser,

Dreiviertel Tasse Maismehl,

Ein Teelöffel Salz.

Umrühren, bis alles gut vermischt ist und keine Klumpen mehr vorhanden sind, dann zehn Minuten kochen lassen. In eine Rührschüssel geben und

Sechs Esslöffel Sirup,

Drei Esslöffel Backfett,

Eineinhalb Tassen Sauermilch,

Eineinhalb Teelöffel Backpulver, aufgelöst in der Sauermilch,

Sechs Esslöffel Mehl.

Zum Mischen verrühren und dann in eine heiße, gut gefettete Backform gießen, gerade so viel, dass die Pfanne etwa 2,5 cm hoch bedeckt ist. Im heißen Ofen achtzehn Minuten backen. In Quadrate schneiden und servieren.

MAISMEHLWÜRSTE

In einen Topf geben

Eineinhalb Tassen kochendes Wasser,

Eine Tasse fein gehackte Zwiebel,

Eine Tasse fein gehacktes übriggebliebenes Fleisch,

Ein Teelöffel Salz,

Ein Teelöffel weißer Pfeffer,

Ein halber Teelöffel Geflügelgewürz,

Zwei Drittel Tasse Maismehl.

Gut umrühren, um Klumpenbildung zu vermeiden, und eine halbe Stunde lang langsam kochen. In eine Schüssel geben und abkühlen lassen. Zu Würstchen formen, dann in Mehl wälzen und im heißen Fett anbraten. Mit brauner Soße, Sahne oder Tomatensauce servieren.

CHILISOSSE

In einen Einmachkessel geben

Zwei Liter gedünstete Tomaten,

Zwei Tassen fein geschnittene Zwiebeln,

Eine Tasse fein gehackte grüne Paprika,

Eine halbe Tasse fein gehackte süße rote Paprika,

Eineinhalb Tassen Essig,

Eine Tasse brauner Zucker,

Eineinhalb Esslöffel Zimt,

Zwei Teelöffel Nelken,

Ein Teelöffel Piment,

Zwei Teelöffel Selleriesamen,

Zwei Teelöffel Senfkörner,

Ein Teelöffel Ingwer,

Ein Teelöffel Senf,

Vier Esslöffel Salz.

Umrühren, um alles gründlich zu vermischen, und dann kochen, bis es sehr dick ist. Abkühlen lassen und anschließend durch ein feines Sieb reiben. In sterilisierte Gläser füllen, Gummi und Deckel verschließen und verschließen. Zwanzig Minuten im heißen Wasserbad verarbeiten. Herausnehmen, abkühlen lassen und dann an einem kühlen, trockenen Ort aufbewahren.

ITALIENISCHE POLENTA

In einen Topf geben

Zweieinhalb Tassen kochendes Wasser.

Und dann hinzufügen

Ein Teelöffel Salz,

Ein Teelöffel Paprika,

Ein Esslöffel geriebene Zwiebel,

Dreiviertel Tasse Maismehl.

Umrühren, um Klumpenbildung zu vermeiden, und eine Dreiviertelstunde lang ganz langsam garen. Fügen Sie nun eine halbe Tasse geriebenen Käse hinzu und rühren Sie gut um, um alles gründlich zu vermischen. In Untertassen wie ein Müsli servieren. Mit Tomatensauce und fein geriebenem Käse bedecken.

TOMATENMARMELADE

Reiben Sie die gelbe Schale von zwei mittelgroßen Orangen ab und achten Sie darauf, dass Sie sie nur ganz leicht abreiben. In einen kleinen Topf geben und eine halbe Tasse Wasser hinzufügen. Einen Tag stehen lassen und dann langsam kochen, bis es weich ist. Fügen Sie diese Schale dem Saft hinzu

Zwei Orangen,

Eine Zitrone.

Dann in einen Einmachkessel geben und zwei Liter gedünstete Tomaten dazugeben und durch ein feines Sieb reiben.

Eine Packung entkernte Rosinen,

Zwei Stücke kandierten Ingwer, in Stücke geschnitten,

Vier Tassen Zucker,

und die folgenden Gewürze in ein Stück Käsetuch gebunden:

Zwei Teelöffel Zimt,

Ein Teelöffel Ingwer,

Ein Teelöffel Nelken,

Ein Teelöffel Muskatnuss,

Ein halber Teelöffel Piment.

Kochen Sie, bis die Mischung sehr dick wie Marmelade ist, und entfernen Sie dann den Gewürzbeutel. In sterilisierte Gläser füllen, abkühlen lassen und mit Paraffin bedecken. An einem kühlen Ort aufbewahren.

SÜSSE ROTE PFEFFERMARMELADE

Entfernen Sie die Kerne von dreißig süßen roten Paprikaschoten, waschen Sie sie anschließend gut und geben Sie sie durch den Zerkleinerer. In einen Topf geben und zwei Tassen gedünstete Tomaten hinzufügen. Kochen, bis die Paprika weich sind, dann abkühlen lassen und durch ein feines Sieb reiben. Messen Sie ab, geben Sie es zurück in den Wasserkocher und geben Sie für jeweils acht Tassen Paprika und Tomaten Folgendes hinzu:

Saft von zwei Orangen,

Saft einer Zitrone,

Eine halbe Packung entkernte Rosinen,

Eine halbe Tasse Maraschinokirschen, in Stücke geschnitten,

Ein Stück kandierte Zitrone, durch den Zerkleinerer gegeben,

Zwei Drittel Tasse Zucker für jede Tasse zubereitetes Paprikamark.

Langsam kochen, bis die Mischung sehr dick ist, und dann in sterilisierte Gläser füllen. Abkühlen lassen, mit Paraffin bedecken und an einem kühlen Ort aufbewahren.

SAUERKRAUT

Entfernen Sie die groben, gequetschten Außenblätter des Kohls und zerkleinern Sie dann den Kopf mit einem Krautsalatschneider fein. Legen Sie nun den Boden eines kleinen Fasses oder Holzeimers mit den äußeren Blättern aus und legen Sie dann eine Schicht des zerkleinerten Kohls hinein und bedecken Sie ihn mit Salz. Wiederholen Sie den Vorgang, bis das Utensil fast voll ist, und schlagen Sie beim Packen mit einem Holzhammer gut darauf. Streuen Sie das Salz darüber und bedecken Sie es mit großen Kohlblättern und dann mit einem mit Salzwasser ausgewrungenen Käsetuch. Stecken Sie die Enden vorsichtig ein, legen Sie dann ein Brett auf das Kraut und beschweren Sie es mit einem schweren Stein.

Jetzt muss der Kohl mit Salzlake bedeckt werden; Entfernen Sie den Schaum, wenn er nach oben steigt. Das Kraut ist in sechs Wochen gebrauchsfertig und muss an einem sehr kühlen Ort aufbewahrt oder in Dosen abgefüllt werden.

SAUERKRAUT KÖNNEN

In sterilisierte Ganzglasgläser füllen und das Glas anschließend bis zum Überlaufen mit kochendem Wasser auffüllen. Passen Sie Gummi und Deckel an und ziehen Sie sie teilweise fest. Eine Stunde im heißen Wasserbad verarbeiten, dann herausnehmen und gut verschließen. An einem trockenen, kühlen Ort aufbewahren.

BLUMENKOHL EINLEGEN

Bereiten Sie den Blumenkohl wie oben beschrieben in einem großen Fass oder Topf zu. Packen Sie den Blumenkohlkopf nach unten, bis das Fass oder der Topf zu drei Vierteln gefüllt ist, und füllen Sie ihn dann bis zum Überlaufen mit Salzlake, die wie folgt zubereitet wird:

In einen Kessel geben

Acht Liter Wasser,

Acht Tassen Salz.

Zum Kochen bringen und abschöpfen, dann abkühlen lassen. Decken Sie den Blumenkohl mit einem sauberen Käsetuch ab und legen Sie dann ein Brett darauf, das oben beschwert ist, damit der Blumenkohl mit der Salzlake bedeckt bleibt. Dieses Gewicht muss nicht so schwer sein wie das, das für das Kraut verwendet wird.

Auf diese Weise Ende Oktober und November zubereiteter Blumenkohl kann für den Tisch verwendet werden, indem man ihn in Wasser auffrischt und auf ähnliche Weise wie die gesalzenen Bohnen kocht, oder er kann nach drei Monaten in Dosen abgefüllt werden ein Vorrat an Obstgläsern.

Um den eingelegten Blumenkohl zu konservieren, nehmen Sie ihn aus der Salzlake und waschen Sie ihn unter fließendem kaltem Wasser. Eine Stunde stehen lassen und dann in die sterilisierten Gläser füllen; füllen Sie Gläser mit kochendem Wasser; Gummis und Deckel anpassen und teilweise abdichten. In ein heißes Wasserbad geben und eine Stunde lang verarbeiten. Herausnehmen, gut verschließen und anschließend abkühlen lassen und an einem kühlen, trockenen Ort aufbewahren.

BLUMENKOHL SALZEN

Wählen Sie die schönen Blumenkohlköpfe aus, entfernen Sie die äußeren Blätter und schneiden Sie sie dann in Form. Legen Sie nun eine 2,5 cm tiefe Salzschicht auf den Boden des Fasses oder Topfes, legen Sie dann den Blumenkohlkopf nach unten und füllen Sie ihn gut mit Salz. Lassen Sie nicht zu, dass sie sich gegenseitig berühren. Platzieren Sie das Salz etwa einen Zentimeter über dem Blumenkohlstiel. Zum Schluss mit einem sauberen Tuch abdecken und an einen kühlen Ort stellen.

Gesalzene Bohnen

Entfernen Sie die Fäden von den Bohnen und geben Sie dann eine Schicht Salz in den Topf. Fügen Sie eine Schicht Bohnen und dann eine Schicht Salz hinzu und wiederholen Sie den Vorgang, bis der Topf bis auf fünf Zentimeter über den Rand gefüllt ist. Lassen Sie die Schicht fünf Zentimeter hoch auf der Oberseite und geben Sie dann einen Liter Wasser zu jedem halben Scheffel Bohnenkorb. Gut abdecken und dann an einem kühlen Ort aufbewahren. Waschen Sie die Bohnen nicht.

YORKSHIRE PUDDING

Gießen Sie etwa eine halbe Stunde vor dem Servieren des Abendessens sechs Esslöffel Fett vom Roastbeef in eine Backform und fetten Sie die Form gründlich ein. Stellen Sie die Pfanne auf die Stelle, an der sie erhitzt werden soll, und stellen Sie sie dann in eine Schüssel

Eineinhalb Tassen Milch,

Ein Ei,

Ein Teelöffel Salz,

Ein Achtel Teelöffel weißer Pfeffer,

Ein Teelöffel geriebene Zwiebel,

Zwei Tassen gesiebtes Mehl,

Zwei Teelöffel Backpulver.

Mit einem Dover-Schneebesen fünf Minuten lang schlagen, diesen Teig dann in der gut erhitzten Pfanne wenden und im mäßigen Ofen zwanzig Minuten lang backen. Wenn der Pudding fast fertig ist, begießen Sie ihn mit einer halben Tasse Soße, die zum Rindfleisch serviert werden soll.

GEFÜLLTE PFEFFER-MANGOS

Legen Sie die Paprika in eine große Wanne und bedecken Sie sie mit der folgenden Salzlake:

Acht Liter Wasser,

Drei Tassen Salz.

Es ist notwendig, die Paprikaschoten mit einem Tuch abzudecken und dann ein Brett und ein leichtes Gewicht darauf zu legen, damit sie zweiundsiebzig Stunden lang in der Salzlake bleiben. Jetzt aus der Salzlake nehmen und für zwei Stunden in frisches Wasser legen, dann aus dem Wasser nehmen und mit einem scharfen Messer einen kleinen Kreis von der Oberseite der Paprika abschneiden. Zum Auswechseln als Abdeckung beiseite legen. Entfernen Sie nun die Kerne und den weißen, kernigen Teil. Eine Stunde in kaltem Wasser einweichen, dann abtropfen lassen und mit der folgenden Mischung auffüllen. Füllung für 25 Paprika:

Den Kohl so fein hacken, dass er drei Pints misst. In eine große Schüssel geben und hinzufügen

Ein Pint fein gehackte Zwiebeln,

Eine Tasse fein gehackte grüne Paprika,

Eine Tasse fein gehackte rote Paprika,

Eine Tasse fein gehackter Sellerie,

Zwei Unzen Senfkörner,

Eine Unze Selleriesamen,

Eine halbe Tasse geriebener Meerrettich,

Eine halbe Tasse Salz,

Eine halbe Tasse brauner Zucker,

Ein Liter Essig,

Ein Teelöffel Cayennepfeffer,

Zwei Teelöffel Paprika,

Ein Teelöffel Senf.

Gründlich vermischen und dann in die Paprika füllen, dabei darauf achten, dass die Mischung nicht zu dicht gepackt wird. Nähen Sie den Deckel oder Kreis, der oben ausgeschnitten wurde, mit einer Stopfnadel und einer dicken Schnur zusammen. Dicht in einen Topf geben. Nun in den Einmachkessel geben

Drei Liter Essig,

Zwei Liter Wasser,

Eine Tasse Salz,

Zwei Unzen Selleriesamen,

Drei Unzen Senfkörner,

Eine halbe Tasse ganze Nelken,

Eine viertel Tasse ganzer Piment,

Zwei Stangen Zimt,

Sechs Streitkolbenklingen.

Zum Kochen bringen, über die Mangos gießen und abkühlen lassen. Geben Sie nun eine dreiviertel Tasse Salatöl hinzu und stellen Sie es an einen kühlen Ort. Achten Sie darauf, dass die Gurke nicht verdunstet. Die Mangos können in Quartglas-Obstgläser verpackt und verschlossen werden, dann zwanzig

Minuten lang in einem heißen Wasserbad verarbeitet werden, danach sollten sie abgekühlt und an einem trockenen, kühlen Ort gelagert werden.

RINDERHALS, POLNISCHE ART

Nehmen Sie ein Pfund Fleisch vom Hals und wischen Sie es mit einem feuchten Tuch ab. In Mehl wälzen und im heißen Fett kurz anbraten. In einen Topf geben und eine halbe Tasse Mehl zu dem in der Bratpfanne verbliebenen Fett hinzufügen. Gut anbraten und einen Liter Wasser hinzufügen. Zum Siedepunkt bringen. Über das Fleisch gießen und eineinhalb Stunden lang sehr langsam garen. Würzen, eine Prise Kümmel hinzufügen und mit gekochten Nudeln servieren.

GEBRATENE KUCHEN

In eine Rührschüssel geben

Zwei Tassen Mehl,

Ein Teelöffel Salz,

Zwei Teelöffel Backpulver.

Sieben und verreiben Sie dann fünf Esslöffel Mehl und verarbeiten Sie es mit einer halben Tasse eiskaltem Wasser zu einem glatten Teig. Einen Zentimeter dick ausrollen und mit der für die Schweinepastete vorbereiteten Mischung bestreichen. Die Ränder mit Wasser bestreichen und fest andrücken. Fünfzehn Minuten ruhen lassen und dann im heißen Fett knusprig frittieren.

YE OLDE-TYME PORK PIE

Die englische Hausfrau verwendet für diesen Kuchen normalerweise einzelne Pfannen oder Puddingbecher. Entweder Puddingbecher oder einzelne Tortenteller mit dem wie folgt zubereiteten Teig auslegen: In eine Rührschüssel geben

Zwei Tassen gesiebtes Mehl,

Ein halber Teelöffel Salz,

Ein gestrichener Esslöffel Backpulver.

Zum Mischen sieben und dann eine dreiviertel Tasse fein gehackten Talg unter das Mehl reiben und mit einer halben Tasse Milch oder Wasser zu einem Teig verrühren. Rollen Sie den Teig etwa 2,5 cm dick auf einem bemehlten Backbrett aus, legen Sie dann die Förmchen aus und füllen Sie sie mit der folgenden Mischung. In eine Schüssel geben

Ein Pfund Wurstbrät,

Zwei Tassen Semmelbrösel,

Eine halbe Tasse geriebene Zwiebeln,

Vier Esslöffel fein gehackte Petersilie,

Acht Esslöffel Sahnesauce oder dicke braune Soße.

Gründlich vermischen und dann in fünf einzelne Kuchen teilen. Mit der oberen Kruste bedecken und Einschnitte in die obere Kruste schneiden. Mit Milch oder Wasser bestreichen und im langsamen Ofen eine Stunde lang backen.

SENFSOSSE

Ein Esslöffel Kondensmilch,

Ein halber Teelöffel weißer Pfeffer,

Ein halber Teelöffel Salz,

Ein halber Teelöffel Zucker,

Ein Teelöffel Senf,

Zwei Esslöffel Salatöl.

Gut vermischen und dann hinzufügen

Zwei Esslöffel geriebene Zwiebeln,

Zwei Esslöffel fein gehackte Petersilie,

und servieren.

Geschmorte Zwiebeln

Mittelgroße Zwiebeln schälen, dann vorkochen und abtropfen lassen. Geben Sie nun einen Esslöffel Backfett in einen Topf, wälzen Sie die Zwiebeln in Mehl und bräunen Sie sie in Fett leicht an. Gut abdecken und zwanzig Minuten lang sehr langsam kochen lassen, dabei den Topf gelegentlich schütteln und vier Esslöffel Wasser hinzufügen.

ENGLISCHER PFEFFERTOPF

Zwei gut rissige Wadenfüße gründlich waschen und reinigen. In einen Suppenkessel geben und einen großen Kalbsknochen hinzufügen

Ein Bund Kräuter,

Zwei große Zwiebeln, fein geschnitten,

Eine kleine Karotte, in Würfel geschnitten,

Eine kleine Rübe, gewürfelt.

Fügen Sie so viel Wasser hinzu, dass es bedeckt ist, normalerweise etwa vier Liter. Vier Stunden lang langsam kochen, dann die Brühe abseihen und das Fleisch von den Füßen fein hacken, ebenso das von den Knochen gelöste Fleisch. Zusammen mit in die Brühe geben

Ein Teelöffel süßer Majoran,

Ein Teelöffel Salz,

Ein halber Teelöffel Pfeffer,

Ein halber Teelöffel Thymian.

Die wie folgt zubereiteten Knödel dazugeben: In eine Schüssel geben

Eineinhalb Tassen Mehl,

Ein Teelöffel Salz,

Ein Teelöffel Pfeffer,

Ein gestrichener Esslöffel Backpulver,

Zwei Esslöffel geriebene Zwiebeln,

Ein halber Teelöffel gemahlener Thymian.

Gründlich vermischen, dann zwei Esslöffel Backfett einreiben und mit sechs Esslöffeln Milch zu einem Teig verrühren. Zu Kugeln formen und in kochende Brühe geben. Zwanzig Minuten kochen, dann leicht mit Mehl andicken und servieren.

CREME-CODFISCH

Den grätenlosen Fisch über Nacht einweichen und dann zwanzig Minuten lang vorkochen. Oder legen Sie eine Packung zerkleinerten Kabeljau in eine Serviette, tauchen Sie ihn in heißes Wasser und drücken Sie ihn anschließend trocken. Ort

Eineinhalb Tassen Milch,

in einen Topf geben und hinzufügen

Sechs Esslöffel Mehl.

Zum Auflösen umrühren, dann zum Kochen bringen und fünf Minuten kochen lassen. Den vorbereiteten Fisch hinzufügen und

Zwei Esslöffel fein gehackte Petersilie,

Ein Teelöffel Paprika.

Erhitzen und dann auf Toast servieren.

CHILI CON CARNE

Schneiden Sie ein Pfund Schmorfleisch in 2,5 cm große Stücke und geben Sie zwei Tassen Wasser in einen Topf. Langsam kochen, bis es weich ist, dann hinzufügen

Eine Tasse gebackene Bohnen,

Zwei Zwiebeln, fein gehackt,

Eine Tasse Tomate,

Ein Teelöffel Chilipulver.

Zum Kochen bringen und zwanzig Minuten lang langsam kochen lassen und dann in eine Schüssel geben

Vier Esslöffel Mehl,

Ein Teelöffel Salz,

Ein halber Teelöffel Paprika,

Ein Esslöffel Essig,

Fünf Esslöffel Wasser.

Zum Auflösen verrühren und zur Chilischote geben. Fünf Minuten kochen und dann servieren.

GEBRATENER FISCH NACH ENGLISCHER ART

Den Fisch gründlich reinigen, anschließend gut waschen und abtropfen lassen. In Mehl wenden, würzen und im heißen Fett goldbraun braten. Mit Senfsauce servieren.

CHOW-CHOW

Waschen Sie die Tomaten und schneiden Sie sie in große Stücke, so dass etwa drei Pints groß sind. In eine Porzellanschüssel geben und hinzufügen

Ein Pint kleine Zwiebeln,

und damit bedecken

Eine Tasse Salz.

Einen halben Tag stehen lassen. Anschließend abgießen und in einen Einkochtopf geben und hinzufügen

Ein Pint Blumenkohl, vorgekocht,

Ein Dutzend grüne Paprika, in Stücke geschnitten,

Ein halbes Dutzend rote Paprika, in Stücke geschnitten,

Ein Liter grüne Bohnen, in 2,5 cm große Stücke geschnitten und vorgekocht,

Ein Liter starker Apfelessig,

Drei Tassen Wasser.

Zum Kochen bringen und eine halbe Stunde kochen lassen. Nun in eine Schüssel geben

Eine halbe Tasse Mehl,

Eine viertel Tasse Senf,

Ein Esslöffel Paprika,

Ein Teelöffel Kurkuma,

Eine Unze Senfkörner,

Ein Esslöffel Selleriesamen,

Eine Tasse Essig.

Vor dem Hinzufügen zum Chow gründlich vermischen und dann gründlich umrühren und fünfzehn Minuten kochen lassen. In Ganzglasgläser füllen und heiß verschließen.

Quitten

Die Quitte ist die Frucht eines Baumes aus der Familie der Apfel- und Birnengewächse und ursprünglich in Südeuropa und Asien beheimatet. Es wird in allen gemäßigten Klimazonen angebaut.

Die alten Griechen und Römer schrieben der Quitte viele Heilkräfte zu. Es gibt eine Legende von einer schönen griechischen Magd, die das wahre Geheimnis der Herstellung von Marmelade entdeckte und diese nach den Eroberungen von den Mägden Athens ihren Liebsten serviert wurde.

Der Name Marmelade stammt aus dem Portugiesischen und heißt marmelo.

Die Quitte ist eine Frucht, die nicht roh verzehrt werden kann, aber am köstlichsten in Marmelade, Gelee-Marmelade und Quittenbutter schmeckt und neben Apfel und Guave die beste Frucht für die Herstellung von Gelee ist.

Die große, glatte Frucht ist die erste Wahl und muss vorsichtig gehandhabt werden, da sie schnell Druckstellen bekommt; Gequetschte Teile verfärben sich sehr schnell dunkelbraun. Um die Quitten lange aufzubewahren, wischen Sie sie häufig mit einem trockenen Tuch ab, legen Sie sie auf ein Gitterblech, damit eine freie Luftzirkulation gewährleistet ist, und stellen Sie sie in einen kühlen, trockenen und gut belüfteten Raum.

Die Samen der Quitte sind reich an schleimartigen Stoffen und bilden beim Einweichen in Wasser eine geleeartige Paste.

Ausgefallene Quittenmarmelade

Bereiten Sie die Quitten wie römische Quittenmarmelade zu und messen Sie die Früchte ab. Zu vier Liter gekochten Quitten und Saft hinzufügen

Eine Packung kernlose Rosinen,

Eine mittelgroße Flasche Maraschino-Kirschen, in kleine Stücke geschnitten,

Zwei Tassen fein gehackte Mandeln oder andere Nüsse,

Zweieinhalb Liter Kristallzucker.

In den Einmachkessel geben und zum Kochen bringen. Langsam kochen, bis eine dicke Marmelade entsteht, und dann in sterilisierte Gläser füllen. Passen Sie Gummi, Deckel und Dichtung an. Im heißen Wasserbad fünfzehn Minuten lang verarbeiten und anschließend an einem kühlen, trockenen Ort aufbewahren.

Quittengelee

Die Quitten waschen, halbieren, entkernen und entkernen. Die geschälten Quitten in dünne Scheiben schneiden, in eine Schüssel geben und mit kaltem Wasser bedecken.

Die Schalen und Kerne der Quitten in einen Einkochtopf geben und mit kaltem Wasser bedecken. Zum Kochen bringen und kochen, bis die Stücke sehr weich sind. Häufig zerdrücken, in einen Geleebeutel füllen und abtropfen lassen.

Messen Sie den Quittensaft bzw. die Quittenflüssigkeit ab und geben Sie diese zurück in den Einmachkessel. Zum Kochen bringen und zehn Minuten kochen lassen. Fügen Sie dann für jede Tasse Saft eine dreiviertel Tasse Zucker hinzu. Umrühren, um den Zucker vollständig aufzulösen, dann zum Kochen bringen und zehn Minuten kochen lassen. In sterilisierte Gläser füllen. Abkühlen lassen, mit geschmolzenem Paraffin bedecken und wie für Gelees üblich aufbewahren.

Geben Sie nun die in dünne Scheiben geschnittenen und mit kaltem Wasser bedeckten Quitten in den Einmachkessel, wobei Sie die geschnittenen

Quitten fünf Zentimeter über den Früchten im Wasserkocher mit Wasser bedecken. Zum Kochen bringen und dann langsam kochen, bis die Quittenscheiben weich sind. Lassen Sie den Saft ab und messen Sie dann die gekochten Früchte ab. Zurück in den Wasserkocher geben und hinzufügen

Ein Viertel Zucker,

Eine Tasse Wasser

auf jeweils drei Liter gekochte Quittenscheiben. Auf den Herd stellen und langsam kochen, bis eine sehr dicke Marmelade entsteht. In sterilisierte Gläser füllen und Gummi und Deckel anpassen und verschließen. Im heißen Wasserbad fünfzehn Minuten lang verarbeiten, dann abkühlen lassen und aufbewahren.

Die abgesiebte Flüssigkeit der gekochten Quitten für Gelee verwenden, dabei die Regel für Quittengelee beachten.

RÖMISCHE Quittenmarmelade

Die Quitten waschen, putzen und in dünne Scheiben schneiden. In einen Einmachkessel geben und mit kaltem Wasser bedecken. Auf den Herd stellen und kochen, bis es weich ist. Nun die Schalen, Kerne und Kerne in einen separaten Kessel geben und mit kaltem Wasser bedecken. Zum Kochen bringen und langsam kochen, bis das Fruchtfleisch sehr weich ist. Diese Flüssigkeit abseihen und zu den kochenden Quitten geben. Die Quitten kochen, bis sie sehr weich sind. Anschließend durch ein feines Sieb pürieren.

Nun das zerkleinerte Fruchtfleisch und den Saft abmessen und zurück in den Einmachkessel geben. Zum Kochen bringen und fünfzehn Minuten kochen lassen. Für jeden Liter des vorbereiteten Quittenmarks zwei Drittel Liter Zucker hinzufügen. Rühren Sie den Zucker um, bis er sich auflöst, bringen Sie ihn dann zum Kochen und kochen Sie ihn langsam, bis eine dicke Marmelade entsteht. In sterilisierte Gläser oder Schüsseln füllen und abkühlen lassen. Mit geschmolzenem Paraffin bedecken.

Dieser römischen Quittenmarmelade wird die heilende Wirkung bei Husten und Erkältungen zugeschrieben.

Quittenchips

Ein Dutzend Quitten waschen und schälen, dann vierteln und das Kerngehäuse entfernen. Nun in dünne Scheiben schneiden, in einen Einkochtopf geben und mit kaltem Wasser bedecken. Kochen, bis sie weich sind, dann die Schalen, Kerne und Kerne mit kaltem Wasser bedecken und kochen, bis sie sehr weich sind. Die Flüssigkeit abseihen, in den Einmachkessel zurückgeben und aufkochen lassen, bis die Menge auf zwei Tassen reduziert ist. dann fügen Sie vier Pfund Zucker hinzu. Rühren Sie um, um den Zucker gründlich aufzulösen, und kochen Sie ihn dann, bis er beim Testen mit einer Gabel einen Faden bildet. Geben Sie nun die gut abgetropften und weich gekochten Quitten hinzu und lassen Sie die Mischung zwei Stunden lang köcheln.

Nehmen Sie den Wasserkocher heraus und stellen Sie ihn über Nacht beiseite. Am nächsten Morgen die Quitten erneut erhitzen und zwei Stunden kochen lassen.

Vierundzwanzig Stunden lang beiseite stellen und drei Tage lang wiederholen. In ein Sieb stürzen oder durch ein Sieb abtropfen lassen. Wenn alles gut abgetropft und fast trocken ist, trennen Sie die einzelnen Quittenstücke und wälzen Sie sie in Kristallzucker. In einem warmen Raum trocknen lassen und dann in mit Wachspapier ausgelegte Kartons verpacken. Legen Sie Wachspapier zwischen die Schichten. Der aus den Quitten abgetropfte Likör kann in Gläser gefüllt und für Quittengelee aufbewahrt werden. Dieses köstliche griechische Konfekt wurde bei Banketten und allen Gala-Anlässen serviert.

RINDKROKETTEN

Eineinhalb Tassen fein gegartes Rindfleisch,

Eine Tasse sehr dicke Sahnesauce,

Ein Teelöffel Salz,

Ein Teelöffel Paprika,

Ein Teelöffel Worcestershire-Sauce,

Ein viertel Teelöffel Senf,

Zwei Esslöffel geriebene Zwiebel.

Gründlich vermischen, dann Kroketten formen und leicht in Mehl wälzen. Erst im verquirlten Ei wenden, dann in feinen Bröseln wenden und im heißen Fett goldbraun braten.

Spanisches Steak

Lassen Sie den Metzger zwei Pfund vom runden oder vom Chucksteak abschneiden und wischen Sie es dann mit einem feuchten Tuch ab. Nun gut mit Mehl bestäuben und auf eine Auflaufform legen. In den heißen Ofen stellen und alle zehn Minuten mit etwa einer Tasse kochendem Wasser übergießen. Zwanzig Minuten kochen lassen und dann hinzufügen

Eine Tasse geschnittene Zwiebeln,

Eine Tasse gut abgetropfte Tomaten.

Zurück in den Ofen und fünfzehn Minuten backen, dann herausnehmen und mit Salz, Paprika und vier Esslöffeln geriebenem Käse würzen. Zurück in den Ofen für fünf Minuten.

NUR DER KOPF UND DIE FÜSSE EINES SCHWEINS

Lassen Sie den Metzger den Kopf spalten und reinigen Sie ihn anschließend, indem Sie das Gehirn und die Zunge entfernen. Entsorgen Sie die Augen. Anschließend mit reichlich kaltem Wasser abwaschen und gründlich reinigen. Kopf, Füße und Zunge in einen großen Einmachkessel geben, mit kaltem Wasser bedecken und hinzufügen

Eineinhalb Tassen geschnittene Zwiebeln,

Zwei Karotten, in Würfel geschnitten,

Eineinhalb Tassen getrocknete Sellerieblätter,

Eine halbe Unze Selleriesamen,

Eine halbe Unze Senfkörner,

Ein Esslöffel Thymian,

Ein Esslöffel Salbei,

Ein Esslöffel süßer Majoran,

Ein Dutzend ganze Pimente,

Ein Bund Kräuter.

Zum Kochen bringen und häufig abschöpfen und kochen, bis das Fleisch an Kopf und Füßen zart ist. Entfernen Sie Kopf, Füße und Zunge und kochen Sie die Flüssigkeit zehn Minuten lang, um sie zu reduzieren. Abseihen und dann messen. Zu zweieinhalb Litern dieser Brühe hinzufügen

Ein Esslöffel schwarzer Pfeffer,

Drei Esslöffel Salz,

Zwei Tassen Haferflocken,

Drei Tassen Maismehl,

Eine Tasse Vollkornmehl,

und dann fein gehacktes Fleisch aus den Schweinefüßen. Langsam kochen, dabei häufig umrühren. Auf dem hinteren Teil des Herdes kochen, bis es sehr dick ist, wie Brei, und dann eine quadratische, laibförmige Pfanne mit kaltem Wasser ausspülen. Gießen Sie die Reste hinein und geben Sie dann den Rest der Brühe, drei Pints, in einen Einmachkessel und fügen Sie eine Tasse Essig hinzu. Zum Kochen bringen und 15 Minuten kochen lassen, um die Menge zu reduzieren. Das Fleisch dazugeben, vom Kopf lösen und in feine Stücke schneiden. Spülen Sie eine Laibform mit kaltem Wasser aus und gießen Sie dann das Hackfleisch hinein. Zum Formen an einen kühlen Ort stellen.

Die Scrapples können zu Kroketten geformt, in Mehl getaucht und goldbraun frittiert werden, oder sie können in dünne Scheiben geschnitten und auf die übliche Weise frittiert werden. Den Kopfkäse in Scheiben schneiden und mit Senfsauce servieren.

Kochen Sie die Gehirne zum Frühstück oder Mittagessen.

SÜSSIGKEITEN

ZUM SCHMELZEN VON SCHOKOLADE ZUM DIPPEN

Zum Dippen kann entweder reine oder süße Schokolade verwendet werden. Um Streifenbildung oder Vergrauung zu vermeiden, muss die Schokolade bei niedriger Temperatur geschmolzen werden, also den unteren Teil des Wasserbades mit kochendem Wasser füllen. Setzen Sie das obere Fach auf und geben Sie dann die fein geschnittene Schokolade hinein. Fügen Sie zu jedem halben Pfund einen Esslöffel Salatöl hinzu. Rühren Sie häufig um, bis die Schokolade schmilzt, und tauchen Sie sie dann in die Fondantkerne, Nüsse oder kandierten Fruchtstücke. Zum Trocknen auf ein mit Öltuch bedecktes Brett legen.

INGWERKRISTALLE

Drei gestrichene Esslöffel Gelatine eine Stunde lang in einer halben Tasse kaltem Wasser einweichen. Anschließend in einen fettfreien Topf geben

Zwei Tassen Zucker,

Eine Tasse Wasser.

Zum Kochen bringen und fünf Minuten kochen lassen, dann die vorbereitete Gelatine hinzufügen. Umrühren, bis es sich gründlich auflöst, dann erneut zum Kochen bringen und zwölf Minuten kochen lassen. Vom Feuer nehmen und hinzufügen

Ein Esslöffel Zitronensaft,

Zwei Drittel Tasse kristallisierter Ingwer, in kleine Stücke geschnitten.

Eine längliche Pfanne mit kaltem Wasser ausspülen und gut abtropfen lassen. Die gekochte Masse wenden und zwölf Stunden lang an einem kühlen Ort ruhen lassen, damit sie fest wird. Dann aus der Pfanne lösen und herausnehmen. Den Tisch aufdrehen und in Blöcke schneiden. Den Kristallzucker einrollen und zum Kristallisieren stehen lassen.

BON-BONS

Als erstes müssen Sie den Fondant vorbereiten, was ganz einfach ist, wenn Sie ein Bonbonthermometer besitzen. Einfach in einen absolut fettfreien Topf geben

Zwei Tassen Kristallzucker,

Eine viertel Tasse weißer Maissirup,

Eine halbe Tasse kochendes Wasser,

Ein halber Teelöffel Weinstein.

Passen Sie das Zuckerthermometer an die Seite des Topfes an.

An einem warmen Ort einige Minuten stehen lassen, um den Zucker zu schmelzen, dann gut umrühren. Wischen Sie die Seiten des Topfes mit einem feuchten Tuch ab, um die Zuckerkristalle zu entfernen. Den Topf auf den Herd stellen und zum Kochen bringen. Kochen, bis das Bonbonthermometer 240 Grad erreicht. Vom Herd nehmen. Auf eine gut geölte Fleischplatte gießen und abkühlen lassen. Nach dem Abkühlen zu einer cremigen Masse verarbeiten und dann wie einen Brotteig kneten. In eine Schüssel geben und einen Tag an einem kühlen Ort reifen lassen. Decken Sie die Schüssel mit einem mit heißem Wasser ausgewrungenen Tuch ab. Dieser Fondant kann zwischen Hälften englischer Walnüsse, als Mittelpunkt für Pralinen oder zum Überziehen von Mandeln oder Fruchtstücken verwendet werden. Es kann auch zum Dippen und zur Herstellung von Bonbons verwendet werden.

Zuckerfreie Süßigkeiten

Diese Fruchtpaste ist die Erfindung eines alten italienischen Obsthändlers, der sich vor Jahren auf kandierte Früchte spezialisiert hat. Durch den Zerkleinerer geben

Ein Viertelpfund Kokosnuss,

Ein halbes Pfund kernlose Rosinen,

Ein halbes Pfund Datteln, Feigen,

Ein Pfund geschälte Nüsse, zwei Esslöffel Sirup hinzufügen und Kugeln und Rechtecke formen.

FONDANT ZUM EINTAUCHEN VERWENDEN

Legen Sie die Hälfte des Fondants in den oberen Teil eines Wasserbads und füllen Sie den unteren Teil mit kochendem Wasser. Geben Sie etwa einen Esslöffel kochendes Wasser zum Fondant und rühren Sie ständig um, bis eine dicke Creme entsteht. Tauchen Sie die Nussstücke, kandierten Früchte oder Kugeln aus naturbelassenem Fondant darin ein. Lassen Sie den Fondant auf einem mit Wachspapier oder Wachstuch bedeckten Brett trocknen.

Wenn der Fondant zum weiteren Eintauchen zu trocken wird, kratzen Sie ihn mit einem Holzlöffel aus der Pfanne und formen Sie ihn zu Kugeln. Tauchen Sie sie in geschmolzene Schokolade.

Ein halbes Pfund geschälte Erdnüsse,

Ein halbes Pfund Pflaumen,

Ein halbes Pfund Aprikosen,

Ein halbes Pfund Zitrone.

Mischen und zu Kugeln oder Zylindern formen. In fein gehackten Kokosnüssen oder fein gehackten Nüssen wälzen; Oder legen Sie eine Blechdose, wie zum Beispiel die Zuckerwaffeln, mit Wachspapier aus und füllen Sie sie dann mit der Fruchtmischung. Fest andrücken, damit es fest wird, und vier Stunden lang stehen lassen. Aus der Schachtel nehmen und in 0,5 cm dicke Scheiben schneiden.

Eine Schachtel mit einer Auswahl dieser köstlichen hausgemachten Süßigkeiten ist ein sehr begehrenswertes Geschenk.

WEIHNACHTSESSEN

EINE AUSWAHL AN MENÜS FÜR EINE FAMILIE MIT ZEHN PERSONEN

Nr. 1

Sellerie · Radieschen

Austerncocktail

Kabeljaufilets · Tartarsauce

Kartoffelbällchen · Petersilienbutter

Eingelegte Gurken · Chow-Chow

Gebratener Truthahn mit New-England-Füllung

Braune Soße   Cranberry-Gelee

Kopfsalat   Kanadisches Dressing

Pflaumenpudding   Vanillesoße

Kaffee

Nüsse   Rosinen

Nr. 2

FÜR EINE SECHSKÖPFE FAMILIE

Hausgemachte Piccalilli   Brunnenkresse

Klare Tomatensuppe

gegrillte Austern

In der Pfanne gebratenes Hähnchen   Speckgarnitur

Braune Soße   Johannisbeergelee

Süßkartoffel-Pone   Bohnen

Kopfsalat   Russischer Dressing

Mince Pie   Kaffee

Nüsse   Rosinen

Nr. 3

FÜR EINE VIERKÖPFE FAMILIE

Grapefruit-Cocktail

Sellerie

Gebratene Stinte   Tartarsauce

Krautsalat

Gebackene Perlhuhnchen   Braune Soße

Gewürzte Konfitüre

Gebackene weiße Kartoffeln

Rahmzwiebeln

Kopfsalat   Sauerrahm-Dressing

Kürbiskuchen   Kaffee

Nüsse   Rosinen

Nummer 4

FÜR NUR UNS ZWEI

Grapefruit-Maraschino

Gebratene Austern

Heilbuttfilet   Kreolische Soße

Gegrillter Jungfisch   Speckgarnitur

Johannisbeergelee

Gebräunte Süßkartoffeln

Pürierte Rüben

Kopfsalat   Mayonnaise-Dressing

Individuelle Mince-Törtchen   Kaffee

Nüsse   Rosinen

Die Marketingliste für Menü Nr. 1 sieht wie folgt aus:

Ein Bund Sellerie mit sechs Stielen. (Der Kauf von gut gebleichtem Sellerie ist eine echte Wirtschaftlichkeit, da hier weniger Abfall anfällt.)

Zwei Bündel Radieschen,

Fünfzig kleine Austern für die Cocktails,

Eineinhalb Pfund geschnittener Kabeljau,

Ein Viertel Stück weiße Kartoffeln,

Ein viertel Pck Zwiebeln,

Fünfzehn Pfund Truthahn,

Ein Bund Petersilie,

Ein Pfund Preiselbeeren,

Ein halbes Päckchen Süßkartoffeln,

Zwei große Blumenkohl,

Ein großer Salatkopf,

Hausgemachte eingelegte Gurken und Chow-Chow,

Hausgemachter Plumpudding,

Ein halbes Pfund Mandeln,

Eineinhalb Pfund Rosinenschicht.

Kabeljaufilet, Tartarsoße

Die Scheiben in saubere Filets teilen, würzen und in Mehl wälzen. In geschlagenes Ei tauchen und dann in feinen Krümeln wälzen. Im heißen Fett goldbraun braten.

TARTAR-SAUCE

Als Basis für diese Soße verwenden Sie eifreie Mayonnaise. In einen Suppenteller geben

Drei Esslöffel Kondensmilch,

Ein Teelöffel Senf,

Ein Teelöffel Paprika,

Ein viertel Teelöffel weißer Pfeffer.

Mischen und schlagen Sie dann eine Tasse Salatöl und fügen Sie es hinzu

Eine halbe Tasse fein gehackte Petersilie,

Drei Zwiebeln, gerieben,

Eine große saure Gurke, fein gehackt,

Ein Esslöffel Essig,

Ein Teelöffel Salz.

Gut vermischen und dann kalt servieren.

Zur Zubereitung der Kartoffelbällchen verwenden Sie den Rest, der nach der Zubereitung der Bällchen übrig bleibt, zu Kartoffelpüree. Kochen Sie die

Bällchen in kochendem Wasser, normalerweise etwa zehn Minuten. Abgießen und dann mit einem Tuch abdecken, damit sie mehlig werden. Anschließend in geschmolzener Butter wälzen und mit fein gehackter Petersilie bestreuen.

KANDIERTE SÜSSKARTOFFELN

Die Kartoffeln in der Schale kochen, dann abkühlen lassen und die Schale entfernen. Nun in eine schwere Eisenpfanne geben

Eineinhalb Tassen Sirup,

Ein halber Teelöffel Zimt,

Ein halber Teelöffel Muskatnuss.

Zum Kochen bringen und fünf Minuten kochen lassen. Die Süßkartoffeln hinzufügen und kontinuierlich mit dem Sirup übergießen, sodass sie zwanzig Minuten lang langsam köcheln. Die Kartoffeln nicht schneiden oder in Scheiben schneiden.

Zubereitung des Truthahns

Wählen Sie einen fülligen, prallen Vogel und keinen großen, mageren. Entfernen Sie alle Federkiele, versengen und ziehen Sie den Vogel aus. Entfernen Sie den Hals und waschen Sie ihn gründlich in reichlich warmem Wasser. Bereiten Sie die folgende Füllung vor:

NEUE ENGLAND-FÜLLUNG

Die groben Außenäste des Selleries durch den Zerkleinerer geben und

Ein Liter Zwiebeln,

Ein halbes Bund Petersilie,

Eineinhalb Pfund altbackenes Brot.

In eine Schüssel geben und

Ein gestrichener Esslöffel Salz,

Ein gestrichener Teelöffel Pfeffer,

Eineinhalb Teelöffel Geflügelgewürz,

Eine halbe Tasse geschmolzenes Backfett.

Gründlich vermischen und dann in den Vogel füllen. Nähen Sie die Öffnung mit einer Stopfnadel und einer festen Schnur zu. Legen Sie einen Teil der Füllung vorne auf das Brustbein, ziehen Sie dann den Hautlappen nach hinten und befestigen Sie ihn. Reiben Sie den Vogel nun gut mit Backfett ein und tupfen Sie eine Tasse Mehl auf die Brust, die Flügel, die Schenkel und die Beine. In eine große Bratpfanne geben und in den heißen Ofen stellen. Lassen Sie den Truthahn leicht bräunen, drehen Sie dann die Brust nach unten, reduzieren Sie die Hitze auf mäßige Hitze und beginnen Sie mit dem Begießen mit der vorbereiteten Mischung. Alle zehn Minuten begießen, dabei den Truthahn eine halbe Stunde und zwanzig Minuten pro Pfund oder etwa dreieinhalb Stunden erhitzen lassen.

LUM GUM GUE

Saltine-Cracker mit Marshmallow-Schlagsahne dick bestreichen. Nun mit Gelee bestreichen und mit mehr Marshmallow abrunden. Mit fein gehackten Nüssen bedecken. In den heißen Ofen stellen und leicht bräunen.

CENTURY-KÄSE-SANDWICHES

Eine halbe Tasse Hüttenkäse,

Zwei Pimente, fein gehackt,

Eine Zwiebel, gerieben,

Eine halbe Tasse fein gehackte Petersilie,

Vier Esslöffel Mayonnaise-Dressing,

Ein Teelöffel Salz,

Ein Teelöffel Paprika.

Mischen und auf dünnen, mit Butter bestrichenen Brotscheiben verteilen. Ein knackiges Salatblatt zwischen die Semmelbrösel legen. Das Sandwich diagonal durchschneiden und Dreiecke formen. Eine Scheibe Gurke darauflegen und servieren.

FRUCHTSANDWICHES

Fein hacken

Eine halbe Tasse entkernte Rosinen,

Eine halbe Tasse Feigen, Pflaumen oder Aprikosen,

Ein Esslöffel Sirup,

Ein Esslöffel Zitronensaft.

Gut vermischen und dann auf den butterdünnen Crackern verteilen. Mit einem zweiten Cracker bedecken und servieren.

SPITZEN-KEKSE

In eine Rührschüssel geben

Eine Tasse Sirup,

Vier Esslöffel Backfett,

Ein Ei,

Dreieinhalb Tassen Haferflocken,

Dreiviertel Tasse Mehl,

Ein gestrichener Esslöffel Backpulver,

Ein Teelöffel Vanille.

Gerade so viel verrühren, dass eine Mischung entsteht, dann runde Kugeln formen und diese mit einem Abstand von 7,5 cm auf ein gut gefettetes Backblech legen. 15 Minuten im mäßigen Ofen backen. Auf jeden Keks einen halben Teelöffel Marshmallow geben.

GROSSMUTTERS FRUCHTKUCHEN

In eine Rührschüssel geben

Eine Tasse Zucker,

Eine Tasse Sirup,

Dreiviertel Tasse Backfett,

Zwei Eier.

Sahne schaumig schlagen und dann hinzufügen

Drei Esslöffel Kakao,

Ein Esslöffel Zimt,

Ein Teelöffel Muskatnuss,

Ein Teelöffel Piment,

Ein halber Teelöffel Nelken,

Dreiviertel Tasse schwarzen Kaffee,

Vier Tassen gesiebtes Mehl,

Drei Esslöffel Backpulver,

Zwei Tassen entkernte Rosinen,

Eine Tasse fein gehackte Nüsse,

Eine halbe Tasse fein gehackte Zitrone,

Eine halbe Tasse fein getrocknete Aprikosen,

Eine halbe Tasse fein gehackte, entsteinte Pflaumen.

Gründlich vermischen, dann die Form einfetten und mit dreifach dickem Papier auslegen. Das Papier einfetten und bemehlen. Die Kuchenmasse einfüllen und glatt streichen. Eineinhalb Stunden im langsamen Ofen backen. Stellen Sie die Backform in eine andere und geben Sie eine Tasse kochendes Wasser in die Form, in der die Kuchenform steht.

Diese Menge ergibt viereinhalb Pfund Kuchen und kann bei Bedarf auf zwei Formen aufgeteilt werden.

Wenn der Kuchen abgekühlt ist, nehmen Sie ihn vom Papier und bestreichen Sie ihn mit einer guten Marmelade oder Konfitüre. Zum Mischen in eine luftdichte Dose geben. Wenn Sie den Kuchen verwenden möchten, wischen Sie ihn mit einem feuchten Tuch ab und bestreichen Sie ihn mit Schokoladen- oder weißem Zuckerguss.

MÄHRISCHER FRUCHTKUCHEN

In eine Rührschüssel geben

Dreiviertel Tasse Sirup,

Eine halbe Tasse Zucker,

Eine halbe Tasse Backfett,

Zwei Esslöffel Kakao,

Zwei Teelöffel Zimt,

Ein Teelöffel Muskatnuss,

Ein halber Teelöffel Piment,

Ein halber Teelöffel Ingwer,

Ein halber Teelöffel Nelken,

Drei Tassen Mehl,

Zwei gestrichene Esslöffel Backpulver,

Dreiviertel Tasse Milch,

Ein Ei.

Zum Mischen schlagen und dann hinzufügen

Eineinhalb Tassen entkernte Rosinen,

Eine Tasse getrocknete Äpfel, fein gehackt,

Eine Tasse fein gehackte Nüsse,

Eine halbe Tasse fein gehackte Zitrone.

Die Früchte gründlich untermischen, dann die Form einfetten und mit Papier auslegen. Das Papier einfetten und bemehlen. Die Kuchenmischung wenden und im langsamen Ofen eine Stunde lang backen.

EIN KLEINER FRUCHTKUCHEN

In eine Rührschüssel geben

Eine halbe Tasse entkernte Rosinen,

Eine halbe Tasse fein gehackte Nüsse,

Eine halbe Tasse fein gehackte Zitrone,

Eine halbe Tasse fein gehackte Aprikosen,

Eine Tasse Sirup,

Eine halbe Tasse brauner Zucker,

Eine halbe Tasse Backfett,

Eine halbe Tasse kalten Kaffee,

Ein Ei,

Zweieinhalb Tassen Mehl,

Zwei Esslöffel Backpulver.

Gründlich vermischen und wie einen mährischen Obstkuchen backen.

EIN KRIEGSKUCHEN VON 1865

In eine Rührschüssel geben

Eineinhalb Tassen Melasse,

Eine Tasse Backfett,

Eine Tasse Quitten- oder Pfirsichkonfitüre,

Eine Tasse fein gehackte Nüsse,

Dreiviertel Tasse fein gehackte kandierte Orangenschale,

Eine halbe Tasse fein gehackte kandierte Zitronenschale,

Drei Tassen entkernte Rosinen,

Ein Esslöffel Zimt,

Ein Teelöffel Muskatnuss,

Ein halber Teelöffel Piment,

Ein halber Teelöffel Nelken,

Fünf Tassen gesiebtes Mehl,

Drei gestrichene Esslöffel Backpulver,

Ein Ei,

Eineinhalb Tassen dünne Apfelsauce.

Gründlich vermischen, dann die Form einfetten und mit Papier auslegen. Das Papier einfetten und mit Mehl bestäuben, die Mischung hineingeben und anderthalb Stunden im langsamen Ofen backen.

TOM-TIDDLE-LEBKUCHEN

In eine Rührschüssel geben

Eine Tasse Melasse,

Eine halbe Tasse brauner Zucker,

Eine halbe Tasse Backfett,

Ein Esslöffel Zimt,

Ein Teelöffel Ingwer,

Ein Teelöffel Piment.

Mischen und dann hinzufügen

Eine Tasse kalten Kaffee,

Vier Tassen gesiebtes Mehl,

Drei gestrichene Esslöffel Backpulver.

Zum Mischen schlagen. In eine gefettete und bemehlte Backform füllen, mit den vorbereiteten Krümeln bedecken und bei mittlerer Hitze vierzig Minuten lang backen.

GERÖSTETE KÄSE-SANDWICHES

Brot in fingerbreite Streifen schneiden. Toasten Sie sie, legen Sie eine dünne Käsescheibe auf den Toast und rösten Sie erneut. Mit Paprika bestäuben.

DELMONTE-KLEID

In eine Rührschüssel geben

Vier fein gehackte Pimente,

Eine geriebene Zwiebel,

Vier Esslöffel fein gehackte Petersilie,

Sieben Esslöffel Salatöl,

Drei Esslöffel Essig oder Zitronensaft,

Ein Teelöffel Zucker,

Ein Teelöffel Salz,

Ein Teelöffel Paprika,

Drei Esslöffel Ketchup.

Mischen und dann servieren.

Die gemütliche Vorbereitung des Weihnachtsessens sorgt dafür, dass es gelingt. Jede Familie ist eine Autorität für sich, wenn es um die Wahl des Widerstandsstücks geht. Truthahn, Ente, Gans, Huhn, Meerhuhn, Spanferkel, frische Schweineschulter und der gebackene Schinken bieten eine herrliche Vielfalt.

VORSCHLAGENDE MENÜS

Nr. 1

Klare Tomatensuppe

Sellerie

Gebratener Truthahn   Füllung

Braune Soße   Preiselbeergelee

Weiße Kartoffelpüree

Rahmzwiebeln   Krautsalat

Mince Pie   Kaffee

Nr. 2

Hausgemachte Pickles

Selleriesuppe   Radieschen

Gebratene Gans   Kartoffelfüllung

Gebratene Äpfel   Johannisbeergelee

Süßkartoffel-Pone   Blumenkohl

Sellerie-Kohl-Salat

Preiselbeerkuchen   Kaffee

Nr. 3

Oliven

Sellerie   Erbsensuppe

Gebackene frische Landschweineschulter

Braune Soße   Apfelsoße

Kandierte Süßkartoffeln   Spinat

Kopfsalat   Französisches Dressing

Kürbiskuchen

Kaffee

Nummer 4

Chow-Chow

Sellerie   Brunnenkresse

Austern auf halber Schale

Champagner-Sauce

Gebackener Schinken   Johannisbeergelee

Gebräunte Süßkartoffeln und weiße Kartoffeln

Gewürzte Gurkenringe

Mais   Erbsen

Kopfsalat   Cranberry-Rolle

Kaffee

GEBRATENE GANS

Wählen Sie einen dicken Vogel aus und entfernen Sie die Nadelfedern. Versengen und ziehen, dann gründlich in warmem Wasser waschen und die Haut mit einer Gemüsebürste schrubben. In kaltes Wasser tauchen. Nun die Gans in einen Einkochtopf geben und hinzufügen

Eine Schwuchtel Suppenkräuter,

Zwei Zwiebeln.

Ausreichend kochendes Wasser zum Bedecken. Zum Kochen bringen und eine Dreiviertelstunde kochen lassen. Herausnehmen und abkühlen lassen. Geben Sie eine halbe Tasse Backfett in eine große Bratpfanne und fügen Sie es hinzu

Eineinhalb Tassen fein gehackte Zwiebeln.

Weich kochen und hinzufügen

Zwei Tassen Kartoffelpüree,

Eine Tasse feine Semmelbrösel,

Eine halbe Tasse fein gehackte Petersilie,

Eine halbe Tasse fein gehackte Sellerieblätter,

Eine halbe Tasse fein gehackte Pimente,

Das Fleisch vom Hals und den Innereien abtrennen, ebenfalls fein hacken

Ein Teelöffel Thymian,

Dreiviertel Teelöffel süßer Majoran,

Ein viertel Teelöffel Salbei,

Ein halber Teelöffel Geflügelgewürz.

Langsam kochen, dabei häufig eine halbe Stunde wenden. Abkühlen lassen und dann die Gans füllen. Nähen Sie die Öffnung mit einer Stopfnadel und einer festen Schnur zu. Befestigen Sie die Klappe und den Hals und reiben Sie den Vogel dann gut mit reichlich Backfett ein. Dick mit Mehl bestäuben. Für zwanzig Minuten in eine Bratpfanne im heißen Ofen geben und dann mit kochendem Wasser übergießen. Reduzieren Sie die Hitze auf mittlere Stufe, drehen Sie die Gänsebrust herunter und garen Sie sie zweieinhalb Stunden lang. Drehen Sie den Vogel etwa eine halbe Stunde vor dem Herausnehmen aus dem Ofen auf den Rücken und lassen Sie die Brust schön bräunen. Auf einen warmen Teller heben und mit Brat- oder Bratäpfeln garnieren.

Für die Soße das Fett fast vollständig aus der Pfanne abgießen, ausreichend kochendes Wasser dazugeben und einige Minuten kochen lassen.

ERBSENSUPPE

Eine Tasse getrocknete Erbsen über Nacht in einem Liter warmem Wasser einweichen. Morgens waschen und abtropfen lassen, dann 110 Gramm gesalzenes Schweinefleisch fein hacken. In einen Topf geben und hinzufügen

Eineinhalb Tassen geschnittene Zwiebeln.

Langsam kochen, bis sie weich, aber nicht braun sind, dann die Erbsen hinzufügen und

Fünf Pints kaltes Wasser,

Ein Bund Suppenkräuter,

Ein halber Teelöffel Geflügelgewürz.

Gut gebrochene Knochen von der Schulter hinzufügen. Zum Kochen bringen und dreieinhalb Stunden lang langsam kochen lassen. Abkühlen lassen, dann durch ein grobes Sieb in eine Schüssel geben und bis zur Verwendung beiseite stellen. Zum Servieren: Nochmals erhitzen und zwei Esslöffel fein gehackte Petersilie hinzufügen. Wenn es zu dick ist, mit etwas kochendem Wasser reduzieren.

FRISCHE LÄNDLICHE SCHWEINESCHULTER

Wählen Sie eine dicke Schweineschulter mit einem Gewicht von etwa siebeneinhalb Pfund. Nehmen Sie den Metzgerknochen und rollen Sie die Schulter. Geben Sie nun die groben Zweige und ausreichend grüne Spitzen des Selleries durch den Zerkleinerer, um eine Tasse abzumessen. In eine Schüssel geben und hinzufügen

Eine Tasse fein gehackte Zwiebel,

Ein halber Teelöffel Salbei,

Ein Teelöffel Geflügelgewürz,

Ein Teelöffel Salz,

Ein halber Teelöffel Pfeffer.

Gut vermischen und dann in die Schulter packen. Wischen Sie die Schulter ab, reiben Sie sie gut mit Backfett ein und tupfen Sie eine Tasse Mehl hinein. In einen Bräter geben und in den heißen Ofen stellen. 30 Minuten bräunen lassen. Reduzieren Sie die gleichmäßige Hitze auf mäßige Hitze und beginnen Sie mit dem Begießen, indem Sie kochendes Wasser verwenden und alle fünfzehn Minuten begießen. Dreieinhalb Stunden kochen lassen. Häufig wenden und zum Servieren auf eine warme Platte heben und mit Petersilie garnieren. Lassen Sie das überschüssige Fett aus der Pfanne ab und geben Sie die erforderliche Menge kochendes Wasser hinzu, um die Soße zuzubereiten.

UNGARISCHES GULASCH

Schneiden Sie ein Pfund mageres Schmorfleisch in Stücke, geben Sie es in einen Topf und bedecken Sie es mit kochendem Wasser. Langsam kochen, bis es weich ist, und dann hinzufügen

Eine halbe Tasse Zwiebeln,

Eine Karotte, gewürfelt,

Ein Bündel Suppenkräuter.

Wenn das Fleisch zart ist, mit würzen

Ein Teelöffel Salz,

Eineinhalb Teelöffel Paprika.

Die Soße mit gebräuntem Mehl andicken und dann eine halbe Tasse Sauerrahm hinzufügen. Mit fein gehackter Petersilie garnieren.

MENÜS FÜR SECHS PERSONEN ZUM WEIHNACHTSTAG

FRÜHSTÜCK
9 UHR

Grapefruit

Müsli und Sahne

Gegrillte Makrele   Petersilienbutter

Lyonnaise-Kartoffeln Heiße Brötchen

Kaffee

WEIHNACHTSABENDESSEN16 UHR

Klare Tomatensuppe

Sellerie   Krautsalat

Thunfisch à la Newburg

Kartoffelbällchen   Geschnittene Gurken

Gebratener Truthahn

Spielfüllung   Braune Soße

Preiselbeersoße

Kandierte Süßkartoffeln

Spinat   Mais

Kopfsalat   Russischer Dressing

Individuelle Plumpuddings   Kaffee

ODER

FRÜHSTÜCK
9 UHR

Geschnittene Orangen

Müsli und Sahne

Gegrillter Schinken Petersilienbutter

Pochierte Eier

Gegrillte Kartoffeln   Maismuffins

Kaffee

ABENDESSEN16 UHR

Sellerie   Gurken   Oliven

Sardinen-Canape

Bouillon

Miniatur-Kabeljaubällchen   Tomatensauce

Petersilienkartoffelbällchen   Gurken

Gebackener Zuckerschinken

Johannisbeergelee   Champagner-Sauce

Paprikakartoffeln   Erbsen

Spargelsalat

Delmonte-Dressing

Einzelne heiße Mince-Törtchen   Kaffee

Fast jede Fleischsorte kann Truthahn oder Schinken ersetzen. Huhn, Meerhuhn, Ente, Gänse, Jungtaube oder Schweinchen – jedes davon passt sehr gut zusammen und sorgt für eine ausgewogene Mahlzeit.

Für sechs Personen bereiten Sie die Grapefruit früh am Vorabend zu und stellen sie dann bis zum Gebrauch in den Kühlschrank. Verwenden Sie ein vorbereitetes Frühstücksflocken wie Cornflakes usw. Dadurch entfällt das Kochen des Müsli.

GEBRATENE MAKRELE

Wählen Sie zwei mittelgroße oder drei kleine Makrelen aus und geben Sie sie in eine große Pfanne, um sie am Tag vor Weihnachten früh einzuweichen. Mit der Hautseite nach oben legen und mit warmem Wasser bedecken. Kurz nach dem Abendessen die Makrele abtropfen lassen, erneut mit warmem Wasser bedecken und über Nacht stehen lassen. Dadurch wird das überschüssige Salz entfernt. Morgens in eine große Backform geben, in den Grill oder in den heißen Ofen stellen und alle vier Minuten mit kochendem Wasser übergießen. Für eine große Makrele fünfzehn Minuten und für einen kleinen Fisch etwa zehn Minuten garen. Auf eine heiße Platte heben und damit bedecken

Petersilienbutter

Zwei Unzen Butter,

Eine halbe Tasse fein gehackte Petersilie,

Ein Esslöffel geriebene Zwiebel,

Ein Esslöffel Worcestershire-Sauce.

Zu einer glatten Masse verarbeiten, dann auf dem Fisch verteilen und mit einer in Keilstücke geschnittenen Zitrone servieren.

THUNFISCH A LA KING

Öffnen Sie eine Dose Thunfisch und verwandeln Sie sie in eine Porzellanschale. Nun in einen Topf geben

Eineinhalb Tassen Milch,

Vier Esslöffel Mehl.

Zum Mischen umrühren, dann zum Kochen bringen und fünf Minuten kochen lassen. Hinzufügen

Drei Esslöffel fein gehackte Petersilie,

Ein Esslöffel geriebene Zwiebel,

Ein gut geschlagenes Ei,

Ein Teelöffel Salz,

Ein Teelöffel Paprika.

Den in große Flocken zerkleinerten Thunfisch dazugeben. Hitze. Wenn es heiß ist, in Auflaufförmchen servieren. Stellen Sie die Auflaufform auf einen Teeteller und legen Sie dann vier Kartoffelbällchen auf einen kleinen Stapel, die in geschmolzener Butter gerollt und mit fein gehackter Petersilie bedeckt sind, dann geschnittene und gut gewürzte Gurken.

KLARE TOMATENSUPPE

Verwenden

Eine Dose Tomatensuppe,

Ein Liter Wasser,

Ein Teelöffel Salz,

Zwei Esslöffel geriebene Zwiebeln,

Zwei Esslöffel fein gehackte Petersilie,

Zwei Rindfleischwürfel.

Langsam erhitzen und dann mit kleinen Toaststücken servieren.

LYONNAISE-KARTOFFELN

Eine halbe Tasse fein gehackte Zwiebeln,

Ein Viertel dünn geschnittene kaltgekochte Kartoffeln.

Mischen Sie und geben Sie dann eine halbe Tasse Backfett in eine Bratpfanne. Sobald es heiß ist, fügen Sie die Kartoffeln hinzu. Langsam kochen, bis es gut gebräunt ist.

ZUR ZUBEREITUNG EINZELNER PFLAUMENPUDDINGS

Nehmen Sie einen großen Pudding und formen Sie ihn zu kleinen. In einen Wasserbad stellen und erhitzen.

FÜR MENÜ NR. 2

Den Schinken grillen oder backen.

Kartoffeln grillen: In dünne Scheiben schneiden und auf eine Backform legen. Mit Backfett bestreichen und zehn Minuten im Gasofen grillen.

PAPRIKA-KARTOFFELN

Wählen Sie mittelgroße Kartoffeln aus und backen Sie sie. Zum Servieren aufschneiden. In jede Kartoffel ein Stück Butter geben und mit Paprika bestäuben.

Für den Salat Dosenspargel verwenden.

SARDINE-CANAPE

Öffnen Sie eine große Dose Sardinen und stellen Sie sie auf einen Teller. abtropfen lassen. Dann schneiden und toasten Sie für jede Person ein längliches Stück Brot. Mit Butter bestreichen. Dann legen Sie zwei Sardinen auf den Toast. Bestreuen Sie sie damit

Ein Esslöffel fein gehackte Pimente,

Ein Teelöffel fein gehackte Zwiebel,

Ein Teelöffel fein gehackte Petersilie.

Mit einem keilförmigen Stück Schinkenscheiben servieren.

Für die Zubereitung der Bouillon die Brühwürfel verwenden.

Miniatur-Kabeljau-Kugeln

Eineinhalb Tassen Kartoffelpüree,

Dreiviertel Tasse zubereiteter Kabeljau,

Eine Zwiebel, gerieben,

Eine halbe Tasse fein gehackte Petersilie.

Mischen und dann kleine Kugeln formen. In Mehl wälzen, dann in geschlagenes Ei tauchen und in feinen Krümeln wälzen. Im heißen Fett goldbraun braten. Gekochte Kartoffelbällchen in zerlassener Butter und Petersilie wälzen.

Gebackener Zuckerschinken

Kochen Sie den Schinken, entfernen Sie dann die Haut und schneiden Sie ihn ab. Nun in eine Schüssel geben

Eine Tasse brauner Zucker oder Melasse,

Ein Esslöffel Zimt,

Ein Teelöffel Muskatnuss,

Ein Teelöffel Piment,

Ein halber Teelöffel Thymian.

Mischen, über den Schinken verteilen und im heißen Ofen eineinhalb Stunden backen. Alle zehn Minuten mit kochendem Wasser übergießen.

NEUJAHRSMENÜ

FRÜHSTÜCK

Geschnittene Bananen

Müsli und Sahne

Kabeljau-Kuchen Tomatensauce

Toast   Kaffee

ABENDESSEN

Gerstenbrühe mit Gemüse

Lammkoteletts, Mentone

Kartoffelpüree Pürierte Rüben

Selleriesalat

Rosinenkuchen   Kaffee

ABENDESSEN

Radieschen   Sellerie

Lachs à la King

Kartoffelkuchen

Krautsalat

Schokoladenkuchen   Tee

LACHS A LA KING

In einen Topf geben

Zwei Tassen Milch,

Sechs Esslöffel Mehl.

Zum Auflösen umrühren, dann zum Kochen bringen und 5 Minuten kochen lassen. Fügen Sie eine Dose Lachs ohne Gräten und Haut hinzu.

Saft einer Zitrone,

Ein Teelöffel Salz,

Ein halber Teelöffel Pfeffer,

Zwei gut geschlagene Eier.

Bis zum Siedepunkt erhitzen und auf Toast servieren.

LAMMKOTTELETS MENTONE

Lassen Sie den Lamm- oder Hammelhals für Koteletts vom Metzger abschneiden. Mit einem feuchten Tuch abwischen und in einen Topf geben

Zwei Zwiebeln,

Ein Liter kochendes Wasser.

Langsam kochen, bis sie weich sind, dann die Schnitzel herausnehmen und gut flach drücken. In Mehl wälzen und dann im heißen Fett anbraten. Geben Sie nun eineinhalb Tassen geschnittene Zwiebeln in das Fett in der Pfanne, das vom Bräunen der Koteletts übrig geblieben ist. Wenden und ganz leicht bräunen. Fügen Sie nun eine Tasse Wasser hinzu und kochen Sie, bis die Zwiebeln weich sind und das Wasser verdampft ist. Drei gestrichene Esslöffel Mehl über die Zwiebeln streuen und gründlich vermischen. Dann füge hinzu

Eine halbe Dose Tomatensuppe,

Dreiviertel Tasse Wasser.

Zum Kochen bringen; Die Schnitzel dazugeben und zehn Minuten köcheln lassen. Heben Sie die Zwiebeln auf eine heiße Platte, legen Sie die Schnitzel darauf und gießen Sie die Soße über das Fleisch. Mit einem Esslöffel fein gehackter Petersilie garnieren.

ROSINENKUCHEN

Eine Packung kernlose Rosinen in einen Topf geben und hinzufügen

Eine Tasse Sirup,

Dreiviertel Tasse Wasser,

Sechs Esslöffel Maisstärke.

Lösen Sie die Stärke im Wasser auf, bevor Sie sie zum Sirup und den Rosinen geben, und bringen Sie sie dann zum Kochen. Fünf Minuten lang langsam kochen, dann abkühlen lassen und für den Kuchen verwenden. Wenn Sie bereit sind, es in den Kuchen zu geben, fügen Sie es hinzu

Ein Esslöffel Zitronensaft,

Abgeriebene Schale einer viertel Zitrone.

TOMATENSAUCE

Eine halbe Dose Tomatensuppe in einen Topf geben und hinzufügen

Eine halbe Tasse Wasser,

Zwei gestrichene Esslöffel Maisstärke.

Umrühren, um die Stärke aufzulösen, dann zum Kochen bringen und fünf Minuten kochen lassen.

Gebackener Schinken nach Virginia-Art

Kaufen Sie einen gekochten Schinken ohne Knochen und legen Sie ihn in eine Backform.

1,5-Pfund-Dose Sirup öffnen und hinzufügen

Zwei Esslöffel Zimt,

Ein Esslöffel Muskatnuss,

Ein Teelöffel Piment,

Ein Teelöffel Nelken,

Ein Teelöffel Ingwer.

Gut vermischen, dann auf dem Schinken verteilen und leicht mit Mehl bestäuben. Häufig mit dem Sirup begießen. Im langsamen Ofen eineinhalb Stunden backen.

MENÜS FÜR DIE SILVESTERPARTY

Wenn Sie eine echte, altmodische Uhrenparty planen, um das alte und das neue Jahr zu Ende zu sehen, wird das eine echte Unterhaltung sein. Lassen Sie die Leute gegen 10 Uhr eintreffen und verbringen Sie dann anderthalb Stunden mit Tanzen, Singen und allgemein einer wirklich guten, altmodischen Zeit. Dann wird gegen 11.45 Uhr das Abendessen serviert, sodass kurz vor Mitternacht alle bereit sind, auf das neue Jahr anzustoßen.

Ordnen Sie den Tisch so an, dass jeder Gast an seinem Platz steht, mit einem Wassail-Becher in der Hand, und verdunkeln Sie dann um drei Minuten nach zwölf den Raum. Wenn es 12 Uhr ist, schalten Sie das Licht ein und wünschen ein frohes neues Jahr.

Das Neujahrsfest ist so alt wie die Geschichte Englands. Dort versammelt das Oberhaupt des Hauses die Familie um die Wassail-Schüssel, um auf die Gesundheit jedes Einzelnen zu trinken. Der sächsische Ausdruck „Wasshael" bedeutet „Ihre Gesundheit"; daher die Wassail-Schale. In vielen Grafschaften und Grafschaften besorgen sich die Jungen und Mädels eine große Schüssel und schmücken sie mit Bändern und künstlichen Blumen. Dabei besuchen sie den Adel und singen dabei Lieder, die zum Anlass passen.

EIN ENGLISCHES WASSAIL

Geben Sie zwei Gallonen Apfelwein in eine große Bowle und fügen Sie hinzu

Ein großer Eisklumpen,

Ein halbes Dutzend Bananen, in dünne Scheiben geschnitten,

Ein halbes Dutzend Orangen, in Scheiben und dann in kleine Stücke geschnitten,

Eine mittelgroße Flasche Maraschino-Kirschen,

Kleiner Bratapfel.

Die Kirschen in kleine Stücke schneiden und den Saft ebenfalls verwenden. Geben Sie für jeden Gast einen Bratapfel hinein. Anschließend werden die Äpfel mit der Gabel gegessen. Mischen und servieren.

Hier einige Vorschläge für das Abendessen:

MENÜ NR. 1

Sellerie   Oliven

Hausgemachte Gurken

Hähnchen a la König

Kartoffelkroketten

Käsecracker

Kuchen   Gelee   Kaffee

MENÜ NR. 2

Radieschen   Sellerie

Hausgemachte Relishes

Gebackener Virginia-Schinken

Kartoffelsalat

Rollen   Butter

Kaffee   Kuchen

LÄNDLICHES ABENDESSEN

Radieschen   Sellerie

Hausgemachte Relishes

Spanferkelbraten

Braune Soße   Apfelsoße

Weiße Kartoffelpüree Sauerkraut

Krautsalat

Brot und Butter

Cranberry-Kuchen   Kaffee

Ein alter Brauch des neuen Jahres wurde wiederbelebt: das Telefonieren. Heute kommen die Leute am Neujahrstag ganz auf die gleiche Art und Weise vorbei, wie Oma an diesem Tag Gäste bewirtete und den Tag der offenen Tür veranstaltete.

Zum Servieren bei Neujahrsbesuchen:

Sellerie   Oliven

Piment-Sandwiches

Gebackene Schinkensandwiches

Sellerie-Käse-Sandwiches

Tee, Kaffee oder Kakao

Andere Leute unterhalten sich lieber mit einem Neujahrsessen. Vielleicht gibt das hier einen Hinweis:

Austern auf halber Schale

Sellerie

Ye Olde-tyme Gemüsesuppe

Gekochter Fisch   Eiersauce

Gebackener Schinken   Champagner-Sauce

Gebräunte Kartoffeln   Erbsen

Krautsalat

Hackfleisch oder Apfelkuchen   Kaffee

Nüsse   Rosinen

COD BASSLANO

Das Servieren eines Fischgerichts zum Sonntagsessen verleiht der Mahlzeit die richtige Würze. Wählen Sie zwei Scheiben Kabeljau oder anderen in Scheiben geschnittenen Fisch. In kleine Filets schneiden, würzen und dann in Mehl wälzen. In geschlagenes Ei tauchen und dann in feinen

Semmelbröseln wälzen. In heißem Fett goldbraun braten und mit Tartarsauce servieren.

GEBRATENER SCHWEINEFLEISCH

Wählen Sie ein 2,5 bis 3,5 kg schweres Stück und lassen Sie den Metzger das gesamte Rückgrat entfernen. Wischen Sie es ab, legen Sie es in eine Backform und klopfen Sie es in eine Tasse Mehl. Entkernen Sie pro Portion einen Apfel und legen Sie das Fleisch in den heißen Ofen. Lassen Sie es bräunen, reduzieren Sie dann die Hitze und lassen Sie das Fleisch pro Pfund eine halbe Stunde lang in einem mäßig heißen Ofen garen. Mit kochendem Wasser begießen.

Preiselbeerknödel

Zwei Tassen Preiselbeeren sehr fein hacken und hinzufügen

Eine halbe Tasse kernlose Rosinen,

Eine Tasse brauner Zucker.

In die Rührschüssel geben

Eineinhalb Tassen Mehl,

Ein halber Teelöffel Salz,

Ein Teelöffel Backpulver.

Zum Mischen versteifen, dann drei Esslöffel Backfett einreiben und mit einer halben Tasse kaltem Wasser zu einem Teig verarbeiten. Einen Zentimeter dick ausrollen und mit der Preiselbeermischung bestreichen. Rollen Sie es wie eine Biskuitrolle und wickeln Sie es dann in ein Puddingtuch. In einen Topf mit kochendem Wasser tauchen; vierzig Minuten kochen lassen, dann anheben und abtropfen lassen. In zentimeterbreite Scheiben geschnitten und mit gesüßter Preiselbeersauce servieren.

Viele Menschen mögen die altmodische Idee, am Neujahrstag mit einem echten Abendessen aus alter Zeit zu unterhalten. Ideal sind acht oder zwölf Personen. Legen Sie die gesamte Menge Blätter auf den Esstisch und polstern Sie ihn schön aus. Decken Sie es mit Ihrer besten Tischdecke ab. Ein Miniaturbaum oder ein Mistel- oder Stechpalmenstrauch als Mittelstück ist sowohl saisonal als auch angemessen.

Um diese Mahlzeit mit einem Dienstmädchen zu servieren, muss es so arrangiert werden, dass es von den Kellneraufgaben entlastet wird. Formen Sie die Butter zu Kugeln und stellen Sie das Service so auf, dass zwischen den Gästen ein Abstand von mindestens 60 cm eingehalten werden sollte.

Platzieren Sie den Sellerie und das Relish in mehreren Glasschalen entlang der Tischkante und servieren Sie den Salat zum Abendessen.

EIN VORSCHLAGENDES KOLONIALMENÜ

Austernsuppe

Sellerie   Hausgemachte Relishes

Roastbeef, Yorkshire-Pudding

Braune Soße   Meerrettich-Sauce

Kartoffelpüree   Butterzwiebeln

Gewürzte Cantaloupe- und Wassermelonenschale

Rüben-Kohl-Salat

Pflaumenpudding   Mince Pie

Kaffee

REZEPTE FÜR ZWÖLF PERSONEN

Den Saft von fünfzig Schmoraustern abseihen, sie dann sorgfältig betrachten und alle Schalenreste entfernen. Waschen und dann in einen Topf geben und zwei Esslöffel Butter hinzufügen. Nun in einen großen Topf geben

Vier Liter Milch,

Ein halbes Liter Austernflüssigkeit,

Eine halbe Tasse Mehl.

Rühren Sie um, um das Mehl gründlich aufzulösen, und bringen Sie es dann schnell zum Kochen. Bringen Sie die Austern schnell zum Brühpunkt; zur Milch geben mit

Zwei Esslöffel fein gehackte Petersilie,

Ein Teelöffel geriebene Zwiebel,

Eineinhalb Teelöffel Salz,

Ein halber Teelöffel weißer Pfeffer.

Einige Minuten langsam köcheln lassen. Mit altmodischen Wassercrackern servieren.

Roastbeef-Yorkshire-Pudding

Wählen Sie ein schickes erstklassiges Stück eines jungen Ochsen aus und lassen Sie den Metzger die Rinde abschneiden und zum Braten zurechtschneiden. Ohne Gewürze in eine Backform geben. In den untersten Teil des Grillofens stellen . Kochen Sie es und lassen Sie es pro Pfund fünfzehn Minuten lang kochen. Das Fleisch alle fünfzehn Minuten wenden und mit dem eigenen Fett bestreichen. -

Das Garen des Fleisches vor der Flamme verleiht ihm den Geschmack und das Aussehen des alten Bratens am offenen Feuer.

Etwa zwanzig Minuten vor dem Servieren der Mahlzeit eine halbe Tasse Bratenfett aus der Bratpfanne in eine Backform geben und zum Erhitzen in den Ofen stellen. Während des Erhitzens den Pudding zubereiten. In eine Schüssel geben

Zweieinhalb Tassen Milch,

Zwei Eier.

Gut verrühren und dann hinzufügen

Eineinhalb Teelöffel Salz,

Ein halber Teelöffel Pfeffer,

Ein Teelöffel geriebene Zwiebel,

Zweieinhalb Tassen Mehl,

Zwei gestrichene Esslöffel Backpulver.

Schlagen Sie, um die Klumpen zu entfernen, und gießen Sie es dann in eine heiße, gut gefettete Backform mit einer Tiefe von etwa einem Zentimeter. Im heißen Ofen zwanzig Minuten backen und dreimal mit den Bratenfetten begießen.

Geben Sie das Mehl in die Pfanne, in der das Fleisch gebraten wurde. Gut anbraten und mit drei Tassen kaltem Wasser, Salz und Pfeffer abschmecken. Zum Sieden bringen und einige Minuten kochen lassen, dann servieren.

Manche Leute mögen englische Meerrettichsauce zum Braten. Und sie servieren die Soße über dem Pudding. In einen Topf geben.

Eine halbe Tasse Wasser,

Eine halbe Tasse weißer Essig,

Fünf Esslöffel Maisstärke.

Umrühren, um die Stärke aufzulösen, dann zum Kochen bringen und fünf Minuten kochen lassen. Hinzufügen

Eine halbe Tasse Sauerrahm,

Eineinhalb Teelöffel Salz,

Ein Teelöffel weißer Pfeffer,

Ein kleines Glas geriebener Meerrettich.

Unter häufigem Rühren bis zum Siedepunkt erhitzen.

Rüben-Kohl-Salat

Einen kleinen Kohlkopf fein zerkleinern. Eine Stunde lang in Salzwasser legen, damit es knusprig wird. Jetzt abtropfen lassen. Zum Trocknen ein Tuch auflegen. In eine Schüssel geben und hinzufügen

Eine Tasse fein geriebener Sellerie,

Zwei Zwiebeln, fein gehackt,

Zwei grüne Paprika, fein gehackt,

Eine Tasse Mayonnaise-Dressing,

Eineinhalb Teelöffel Salz,

Ein Teelöffel Paprika.

Gut vermischen und dann auf einzelnen Salattellern servieren. Mit fein gehackten eingelegten Rüben in Form eines Randes um jedes Service garnieren.

Eine Marktliste für zwölf Personen:

Neun Pfund stehendes Rippenlendenstück,

Fünfzig Austern,

Vier Zweige Sellerie,

Fünf Punkte Milch,

Ein halbes Pint Sahne für den Kaffee,

Ein viertel Pfund Kaffee,

Ein viertel Pck Zwiebeln,

Ein Bund Rüben,

Ein kleiner Salatkopf,

Zwei Paprika,

Zwei Dutzend Brötchen,

Ein Pfund Butter,

Zwei Eier,

Ein halbes Pfund Plumpudding,

Ein extra großer Kuchen, aus dem zwölf kleine Stücke bestehen,

Ein viertel Pfund Zucker.

Mais-Relish

In einen Einmachkessel geben

Eine Dose Schuhputzmais,

Ein Liter gekochte Bohnen,

Ein Liter gekochte Limabohnen,

Acht grüne Paprika, in kleine Stücke geschnitten,

Ein kleiner Kohlkopf, fein zerkleinert,

Eine Unze Senfkörner.

Zum Bedecken gleiche Teile Essig und Wasser hinzufügen. Zum Kochen bringen und fünfunddreißig Minuten kochen lassen. Nun in eine Schüssel geben

Eine Tasse Mehl,

Eine halbe Tasse gelber Senf,

Eine halbe Tasse Salz,

Eine halbe Tasse Zucker,

Eine Unze Paprika,

Zwei Tassen Essig.

Zum Auflösen umrühren und dann zur kochenden Mischung hinzufügen. Fünfzehn Minuten kochen lassen, dann in Ganzglasgläser füllen und verschließen. Kühl und trocken lagern.

FÜR ACHT PAARE

In englischen Gemeinden ist es Brauch, das vergangene Jahr zu beobachten und das Neue willkommen zu heißen. Die Bauern im Norden des Landes besuchen die Obstgärten, während die Leute im Hochland sie besuchen und zurückrufen.

Der Brauch des Neujahrsbesuchs ist in der Tat sehr alt, und vor langer Zeit genossen die damaligen Beau Brummels und Dandys den Neujahrsbesuch als einen sehr seltenen Sport.

Die Mummer, die an diesem Tag im Ausland sind, folgen dem alten Brauch des lieben alten Schottlands, wo diese Riten seit vielen Jahrhunderten vorherrschen.

Stoßen Sie mit einer liebevollen Tasse auf das alte und das neue Jahr an:

Rufe das Alte mit all seinem Hass heraus,

Läuten Sie das Neue mit Liebe und Fröhlichkeit ein,

Läutet weiter, oh Glocken der Zeit;

Läute vor Freude, bevor es zu spät ist.

So bereiten Sie für fünfzehn Personen einen liebevollen Becher zur Begrüßung des neuen Jahres vor:

Neujahrspunsch

Eineinhalb Gallonen Apfelwein,

Ein halbes Dutzend Bananen, in dünne Scheiben geschnitten,

Eine kleine Flasche Kirschen, in Stücke geschnitten.

Einen großen Klumpen in die Eisschüssel geben und umrühren. In hohen Punschgläsern servieren.

Ein Mitternachtsmahl

Austern à la Newburg

Piment-Sandwiches

Gurken   Sellerie

Gesalzene Nüsse

Neujahrspunsch   Kaffee

oder

Rahmhühnchen-Delmonte

Selleriesalat

Hausgemachte Gurken   Oliven

Rollen   Butter

Neujahrspunsch   Tee oder Kaffee

Man kann einen Punsch aus einem Teil Traubensaft und einem Teil Limonade zubereiten und dann die Früchte hinzufügen.

Austern à la Newburg

Für fünfzehn Personen. Schauen Sie sich die Austern genau an und waschen Sie sie anschließend. Abfluss. Nun in einen Topf geben

Ein Liter Austernflüssigkeit,

Ein Liter Milch,

Dreiviertel Tasse Mehl.

Zum gründlichen Auflösen umrühren; zum Kochen bringen und fünf Minuten kochen lassen. Nun schwenken Sie die Austern in ihrem eigenen Saft, indem Sie sie in einen Topf geben und unter ständigem Rühren kochen, bis sie den Siedepunkt erreichen. Die vorbereitete Soße mit hinzufügen

Zwei Zwiebeln, fein gehackt,

Eine große Dose Pimente, fein gehackt,

Zwei gut geschlagene Eier,

Ein gestrichener Esslöffel Salz,

Eineinhalb Teelöffel Paprika,

Ein halber Teelöffel weißer Pfeffer,

Eine halbe Tasse fein gehackte Petersilie.

Langsam erhitzen, bis der Siedepunkt erreicht ist, und dann auf dicken Toastscheiben servieren.

PIMENT-SANDWICHES

Setzen

Eine große Dose Piment,

Zwei Stangen Sellerie,

Acht Stängel Petersilie,

Zwei Zwiebeln,

durch den Zerkleinerer zerkleinern und dann hinzufügen

Eine Tasse Hüttenkäse,

Eine halbe Tasse Mayonnaise,

Ein Teelöffel Salz,

Ein Teelöffel Paprika.

Gut vermischen und dann das Roggenbrot mit Folgendem bestreichen:

Vier Unzen Butter,

Zwei Esslöffel Mayonnaise-Dressing,

Ein Teelöffel Paprika,

Ein halber Teelöffel Senf.

In eine Rührschüssel geben und zu einer Creme schlagen, dann die Mischung auf dem Brot verteilen und in dünne Scheiben schneiden. Die Pimentmischung darauf verteilen und mit einer zweiten Brotscheibe bedecken. In Dreiecke schneiden.

Rahmhuhn Delmonte

Wählen Sie ein großes Schmorhuhn mit einem Gewicht von 6,5 bis 7 Pfund. Sengen Sie es an, lassen Sie es abtropfen und waschen Sie es anschließend. Legen Sie es in einen Einmachkessel mit

Zwei Zwiebeln,

Eine Gewürznelke,

Eine Karotte, in Würfel geschnitten,

Zwei Stangen Sellerie, in kleine Stücke geschnitten,

Ein Bündel Suppenkräuter,

Zweieinhalb Liter kochendes Wasser.

Gut abdecken und zum Kochen bringen. Langsam köcheln lassen, bis es weich ist, und dann in der Brühe abkühlen lassen. Nun die Haut entfernen und das Fleisch in ordentliche Stücke von etwa einem Zoll im Quadrat schneiden. In einen großen Topf geben.

Ein Liter Hühnerbrühe,

Dreiviertel Tasse Mehl.

Umrühren, um alles gründlich zu vermischen, und dann zum Kochen bringen. Fünf Minuten kochen lassen und zwei Zwiebeln, fein gehackt, hinzufügen

Eine große Dose Pimente, fein gehackt,

Ein Liter Sellerie, in 2,5 cm große Stücke geschnitten und vorgekocht,

Drei gut geschlagene Eier,

Ein Esslöffel Salz,

Eineinhalb Teelöffel Paprika,

Das zubereitete Hühnerfleisch,

Saft von zwei kleinen Zitronen.

Erhitzen, bis es sehr heiß ist, und dann auf Toast servieren. Drei Spitzen Spargel aus der Dose, die im eigenen Saft erhitzt wurden, auflegen und anschließend mit fein gehackter Petersilie bestreuen.

Frisches Obst und Gemüse

AUF IHREM TISCH – DAS GANZE JAHR ÜBER

Jetzt ist es möglich, im Dezember das gleiche Obst und Gemüse auf dem Tisch zu servieren wie im Juli. Sparen Sie den Überschuss aus Ihren Gärten und Obstgärten im Sommer und helfen Sie, die Lebensmittelprobleme im Winter zu lösen.

„Atlas"
EZ-Siegelgläser

Sind echte Bewahrer. Da sie vollständig aus Glas bestehen, sind sie absolut hygienisch und lassen sich so einfach schließen und öffnen, dass ein Kind sie bedienen kann. Hergestellt in den Größen ½ Pint, Pint, Quart und ½ Gallone.

www.ingramcontent.com/pod-product-compliance
Lightning Source LLC
LaVergne TN
LVHW042342190726
843493LV00005B/898